AF252090

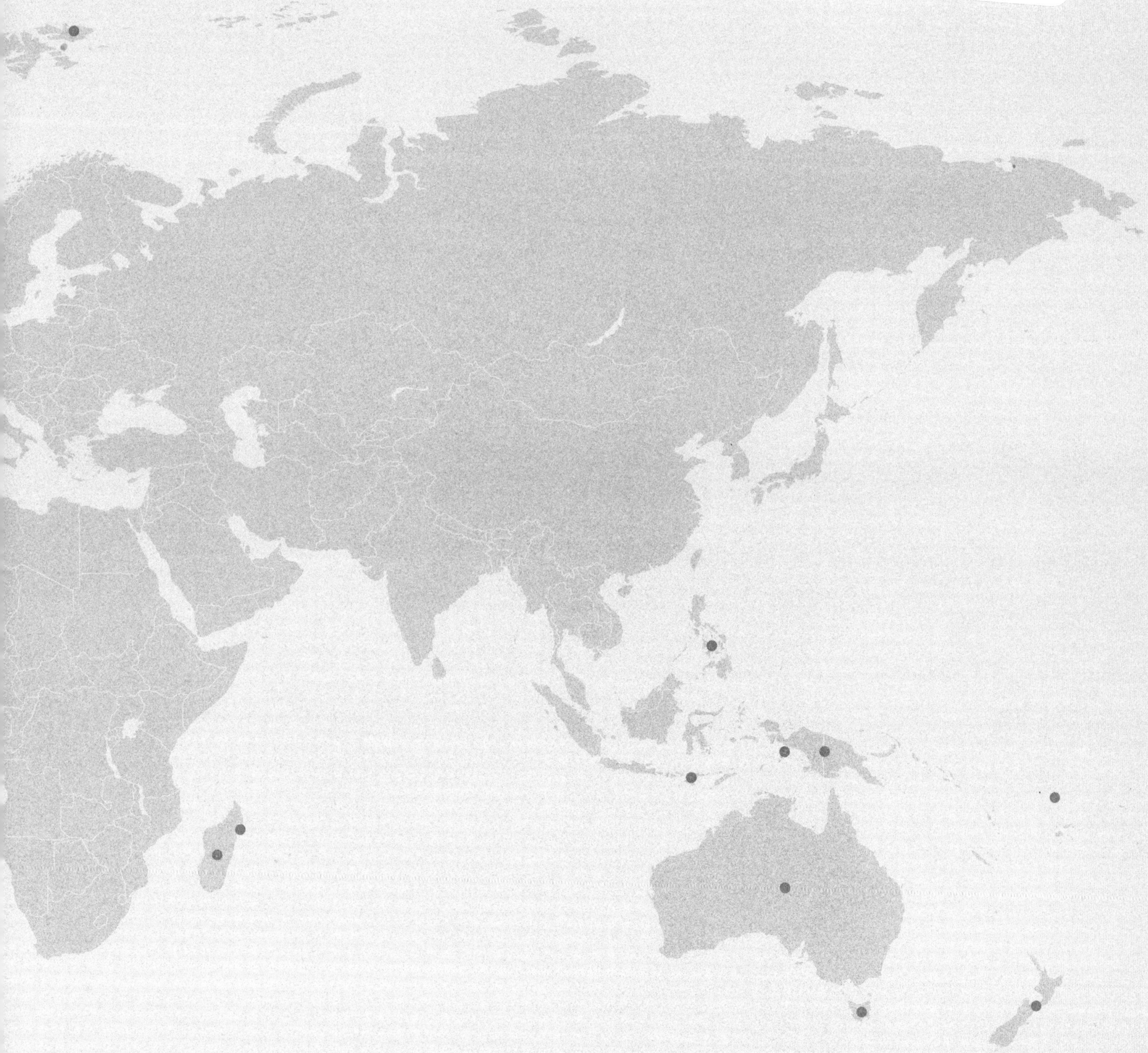

MARIO LUDWIG

ONE
OF A KIND

THE UNIQUE WORLD
OF ISLAND ANIMALS

RA
RI
TAS

DIE GEHEIME WELT
EINZIGARTIGER INSELTIERE

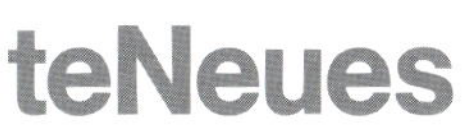

LIVING FOSSILS
LEBENDE FOSSILIEN

Ancient creatures from prehistoric times /
Oldtimer aus der Urzeit 8

GIANTS
RIESEN

The phenomenon of island gigantism /
Das Phänomen des Inselgigantismus 44

MINIATURES
MINIATUREN

Island dwarfism: When the animals get smaller /
Inselverzwergung: Wenn die Tiere kleiner werden 88

NO NEED TO FLY
FLIEGEN ÜBERFLÜSSIG

Feathered runners, swimmers and divers /
Gefiederte Läufer, Schwimmer und Taucher 132

DIVERSITY
VIELFALT

An abundance of species /
Die Fülle der Arten 172

Biography / *Der Autor* 222

Picture Credits / *Bildnachweis* 223

Imprint / *Impressum* 224

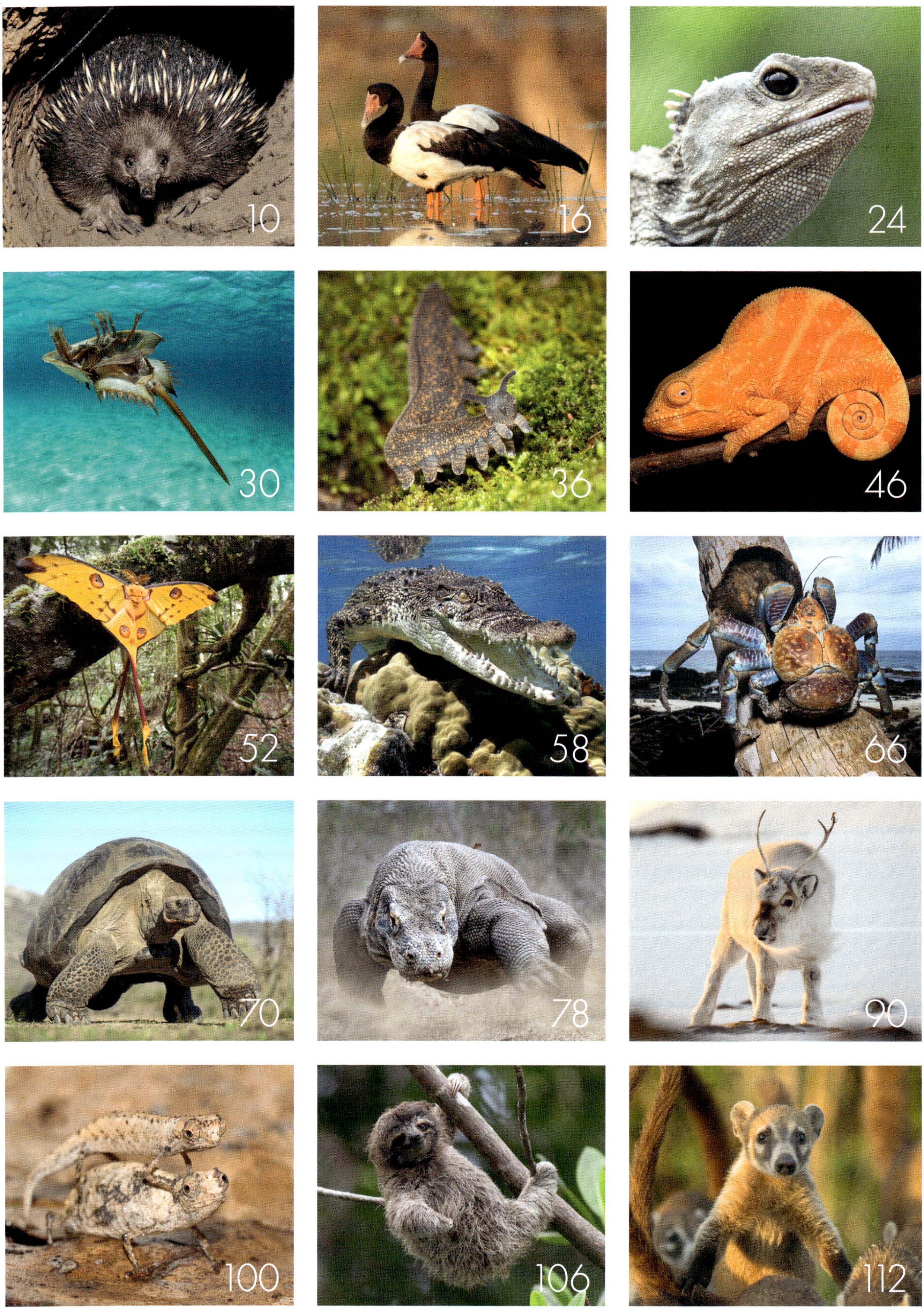

10

16

24

30

36

46

52

58

66

70

78

90

100

106

112

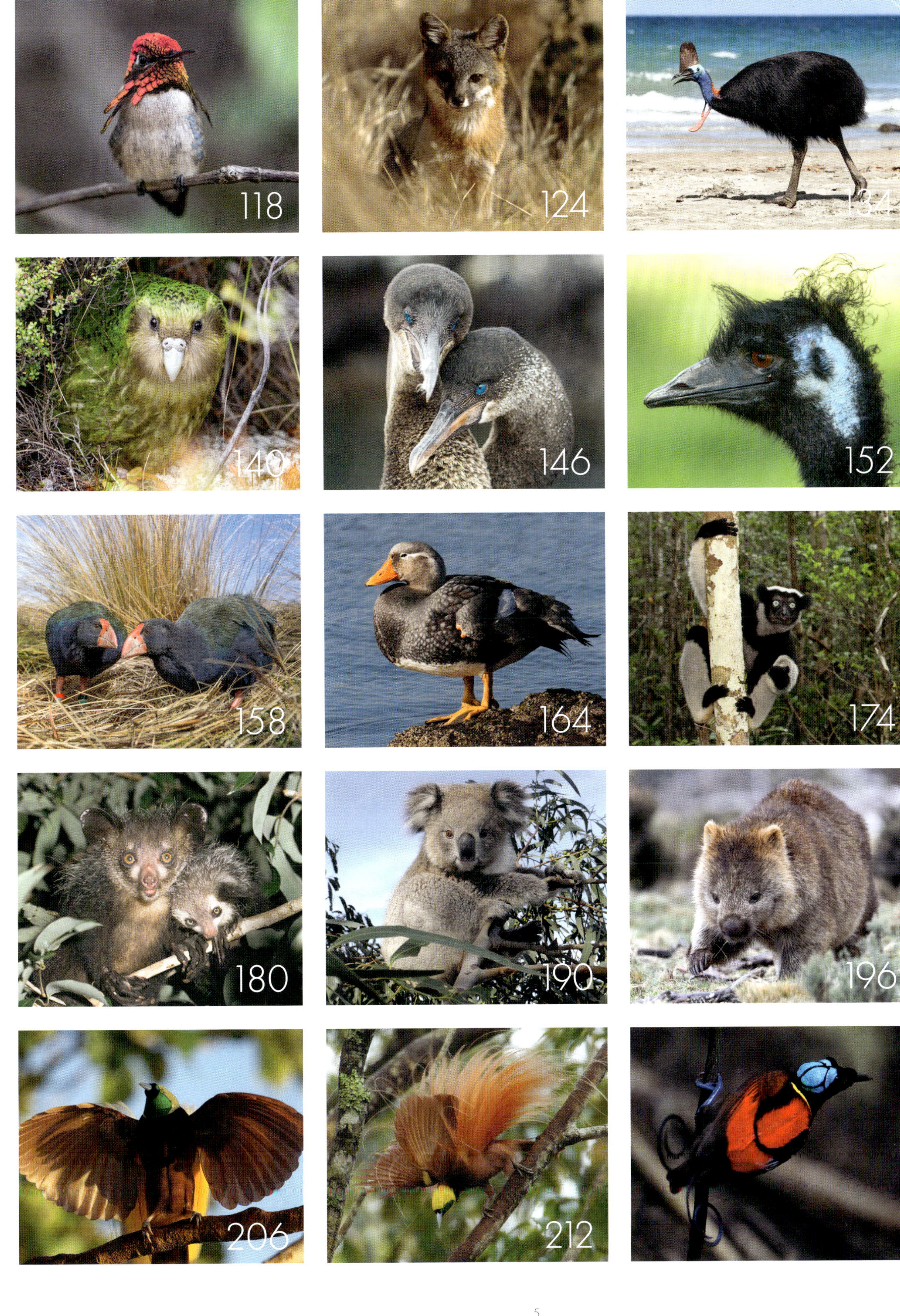

118
124
134
140
146
152
158
164
174
180
190
196
206
212

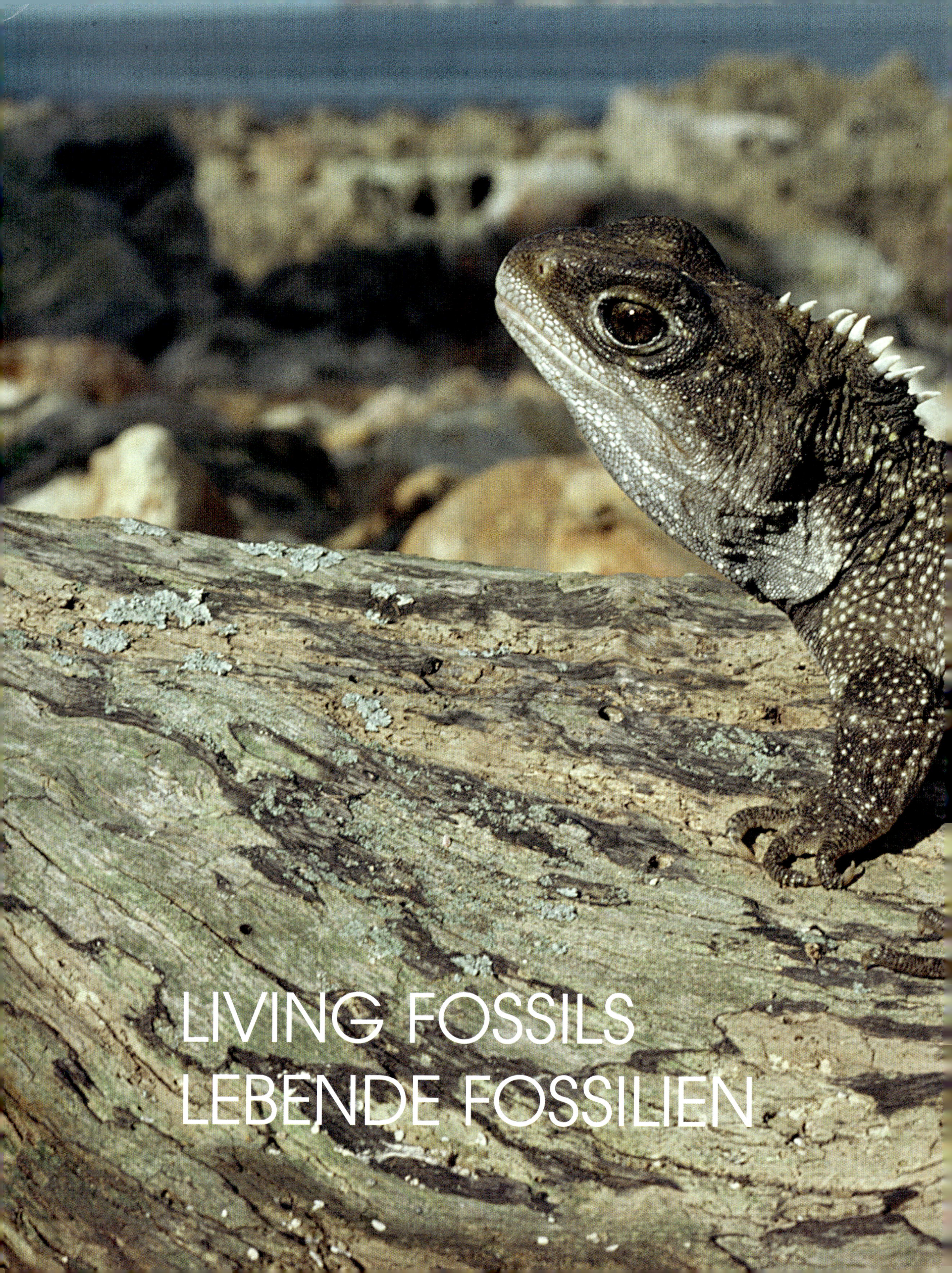
LIVING FOSSILS
LEBENDE FOSSILIEN

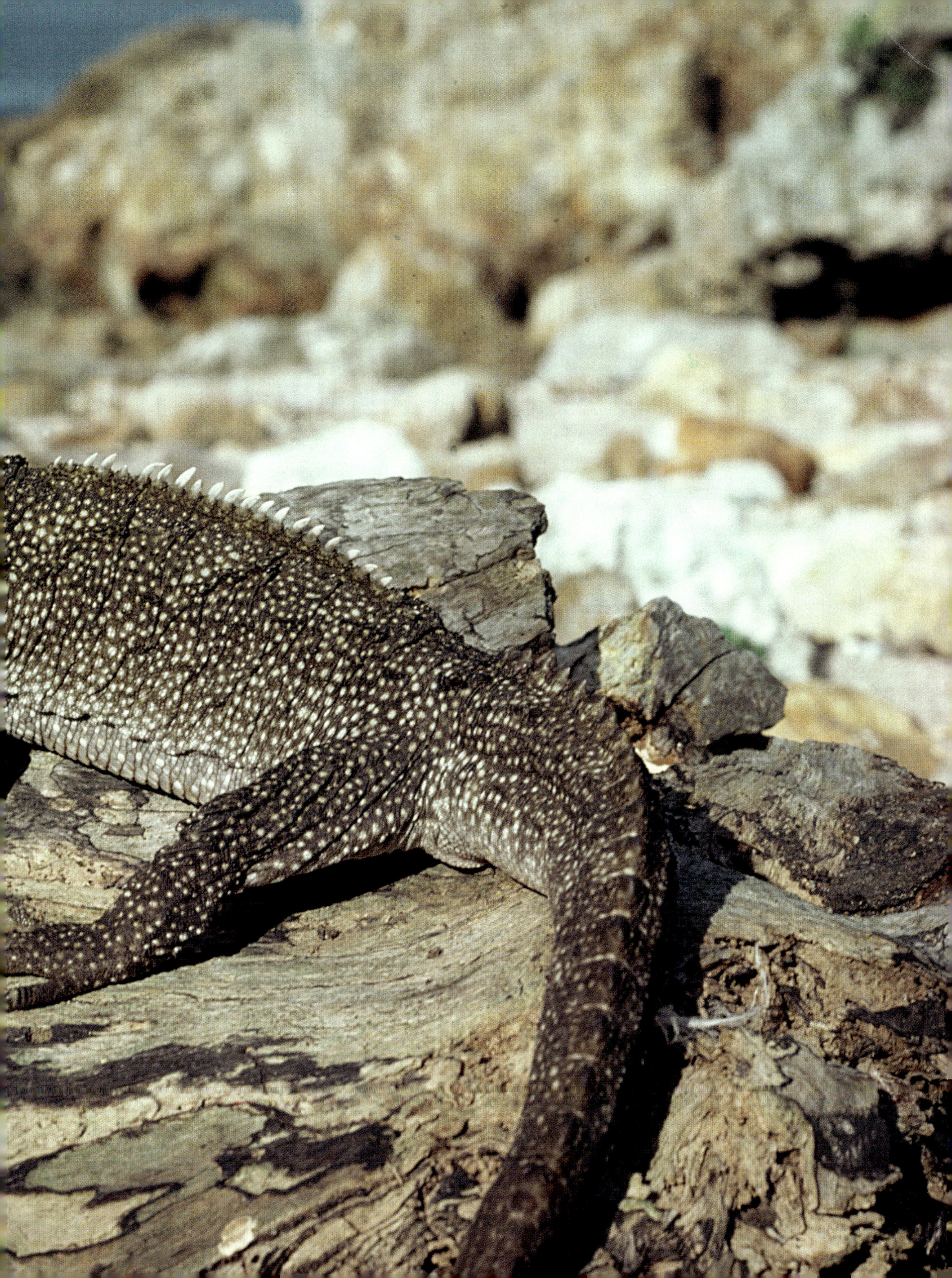

LIVING FOSSILS– ANCIENT CREATURES FROM PREHISTORIC TIMES

The history of our planet has always been defined by change. Animal and plant species emerged, then modified themselves, evolving into new species. Others like the dinosaurs took a different path, becoming extinct and disappearing completely from the world stage. Behind this change is a constantly altering environment, which forces animal and plant life to adapt to the course of evolution. Anyone unable to do so, for whatever reason, will lose the battle for survival. This battle has extremely harsh outcomes, as those who fail to adapt are doomed to extinction.

However, there are a few animal and plant species for which time has seemingly stood still, such as the coelacanth, the platypus, the giant salamander and the ginkgo tree. For them, there has obviously been no evolution. These animals and plants have inhabited the earth for hundreds of millions of years with no major changes in their physiology or basic needs. Species scientists believed were long extinct until, one day, living specimens were discovered.

Science refers to those as "living fossils", a description that goes back to the father of evolutionary research himself, Charles Darwin. But this is actually a contradiction in terms. Fossils, of course, are long-dead, fossilized creatures. The term is intended to make clear that the respective animal or plant is an ancient organism, a Methuselah of the Earth's history, one might say. But how do living fossils manage to outsmart evolution? How is it possible to become a veritable old-timer in the animal kingdom? What do living fossils have that other animals don't? The scientific community believes this ability has something to do with the habitat of these species. They are often found in remote, undisturbed places that are usually also difficult to reach: on islands, in tropical rainforests or deep in the ocean, for example. In these places, the animals remained free to adapt to a stable, unvarying environment without being forced to make significant changes.

The conditions of this habitat are so unfavorable for many rival species that they find it difficult to colonize. When it comes to their basic needs, most living fossils are fairly uncomplicated and not very specialized. As classic all-rounders, they are able to adapt relatively easily to changes in their food supply. Unfortunately, many living fossils are now threatened with extinction, as their habitats continue to shrink as a result of human influence. And this is where the major disadvantage of these old-timers of Earth's history kicks in: Since they were never forced to adapt to their environment in the past, they have great difficulty adapting to or conquering a new habitat.

LEBENDE FOSSILIEN – OLDTIMER AUS DER URZEIT

Unsere Erdgeschichte war schon immer durch Veränderung geprägt. Tier- und Pflanzenarten entstanden, gestalteten sich um und entwickelten sich durch diese Modifikation zu neuen Arten. Andere dagegen starben aus und verschwanden dadurch komplett von der Bühne des Lebens, wie etwa die Dinosaurier. Grund für diesen Wandel ist eine sich ständig verändernde Umwelt, die Tiere und Pflanzen zwingt, sich dem Lauf der Evolution anzupassen. Und wer das, aus welchen Gründen auch immer, nicht schafft, verliert den Kampf ums Überleben. Der wiederum wird mit äußerst harten Bandagen geführt: Wem es nicht gelingt, sich anzupassen, der ist meist zum Aussterben verurteilt. Allerdings gibt es einige wenige Tier- und Pflanzenarten, wie etwa den Quastenflosser, das Schnabeltier, den Riesensalamander oder den Ginkgobaum, für die die Zeit stehengeblieben zu sein scheint. Für die offensichtlich keine Evolution stattgefunden hat. Tiere und Pflanzen, die schon über hunderte von Millionen Jahren die Erde besiedeln, ohne dass sich ihr Körperbau oder ihre Lebensansprüche groß verändert haben. Arten, von denen Wissenschaftler glaubten, sie wären schon längst ausgestorben, bis auf einmal noch lebende Exemplare entdeckt wurden.

Die Wissenschaft bezeichnet diese Arten als sogenannte »lebende Fossilien«. Ein Begriff, der auf den Vater der Evolutionsforschung, Charles Darwin, persönlich zurückgeht. Wobei die Bezeichnung »lebende Fossilien« eigentlich ein Widerspruch in sich ist. Schließlich sind Fossilien längst verstorbene, versteinerte Lebewesen.

Mit dem Begriff soll verdeutlicht werden, dass es sich bei dem entsprechenden Tier bzw. der entsprechenden Pflanze um ein uraltes Wesen, sozusagen um einen Methusalem der Erdgeschichte handelt.

Aber wie schaffen es die lebenden Fossilien, der Evolution ein Schnippchen zu schlagen? Wie wird man zu einem echten Oldtimer des Tierreichs? Was haben lebende Fossilien, was andere Tiere nicht haben? Nach Meinung der Wissenschaft hat diese Fähigkeit etwas mit dem Lebensraum dieser Arten zu tun. Man findet sie oft an abgelegen, ungestörten und auch meist schwer zugänglichen Orten: etwa auf Inseln, im Tropischen Regenwald oder in der Tiefsee. Dort konnten sich die Tiere ungestört an eine stabile, stets gleichbleibende Umwelt anpassen, ohne zu großen Veränderungen gezwungen zu sein.

Die Gegebenheiten dieses Habitats sind für viele konkurrierende Arten so ungünstig, dass diese sich schwer tun, sich ebenfalls anzusiedeln. Die meisten lebenden Fossilien sind, was ihre Lebensansprüche betrifft, ziemlich unkompliziert und wenig spezialisiert und können sich etwa, als klassische Allrounder, relativ leicht auf ein verändertes Nahrungsangebot einstellen.

Viele lebende Fossilien sind leider heute vom Aussterben bedroht, da ihre Lebensräume menschenbedingt immer weiter schrumpfen. Und hier kommt das große Handicap der Oldtimer der Erdgeschichte zum Tragen: Da sie in der Vergangenheit nie gezwungen waren, sich an ihre Umwelt anzupassen, können sie sich nur äußerst schwer auf ein neues Habitat einstellen bzw. dieses erobern.

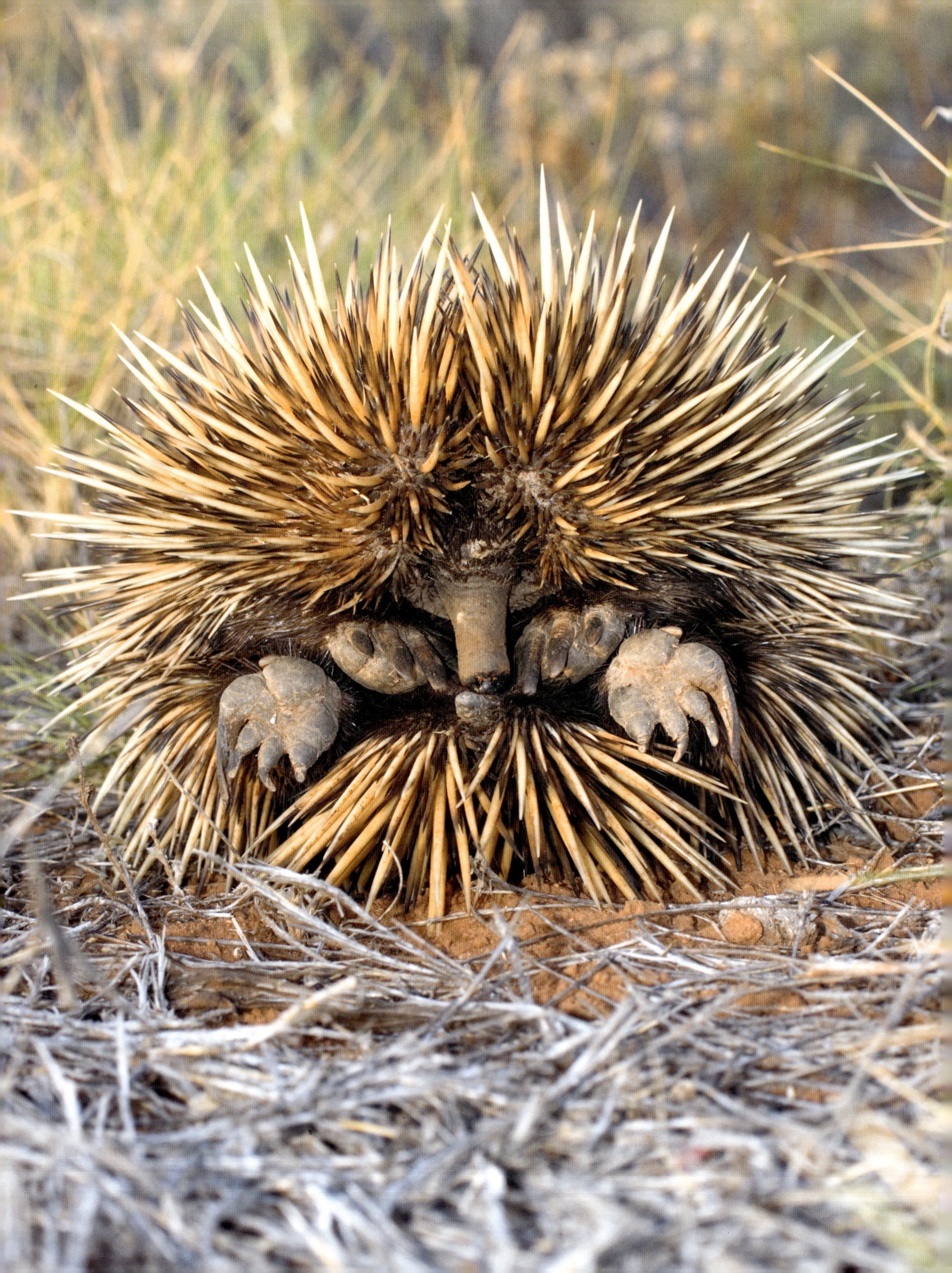

Short-beaked echidnas can reach the age of
50 in captivity.

*Kurzschnabeligel können in Gefangenschaft
bis zu 50 Jahre alt werden.*

Short-beaked echidna rolled
into a spiny ball for protection
from predators.

*Kurzschnabeligel, der sich
zum Schutz vor Fressfeinden
zu einer Stachelkugel zusam-
mengerollt hat.*

SHORT-BEAKED ECHIDNA

Tachyglossus aculeatus

The short-beaked hedgehog, also called the short-beaked echidna, only shares its spines with the common hedgehog. While the European hedgehog, along with shrews and moles, belongs to the order of creatures known as insectivores, the short-beaked echidna is considered a kind of prehistoric mammal – a living fossil. Unlike our modern mammals, which give birth to live offspring, short-beaked echidnas, along with long-beaked echidnas and the much more well-known platypuses, are the only mammals that lay eggs. Yet short-beaked echidnas also possess some mammal-like characteristics, like a fur coat and mammary glands. This is why science has given them the name of transitional species, marking the transition from reptiles or birds to true mammals. In their native Australia and New Guinea, these prehistoric spiny animals dine almost exclusively on ants and termites, which they capture using their long, sticky tongues.

KURZ-SCHNABELIGEL

Tachyglossus aculeatus

Mit einem gewöhnlichen Igel hat der Kurzschnabeligel, manchmal auch Kurzschnabel-Ameisenigel genannt, nur die Stacheln gemeinsam. Während der Europäische Igel nämlich, zusammen mit den Spitzmäusen und Maulwürfen, zur Ordnung der sogenannten Insektenfresser gehört, gilt der Kurzschnabeligel als eine Art »Ur-Säuger« – als lebendes Fossil.
Anders als unsere modernen Säugetiere, die ihre Jungen lebend zur Welt bringen, sind Kurzschnabeligel, zusammen mit den Langschnabeligeln und den deutlich bekannteren Schnabeltieren, die einzigen Säugetiere, die Eier legen. Auf der anderen Seite besitzen Kurzschnabeligel aber auch säugetierähnliche Merkmale, wie ein Fell und Milchdrüsen. Die Wissenschaft sieht in ihnen deshalb sogenannte Brückentiere, die den Übergang von den Reptilien bzw. Vögeln zu den echten Säugetieren darstellen. In ihrer Heimat Australien und Neuguinea ernähren sich die urtümlichen Stacheltiere fast ausschließlich von Ameisen und Termiten, die sie mit Hilfe ihrer klebrigen, langen Zunge erbeuten.

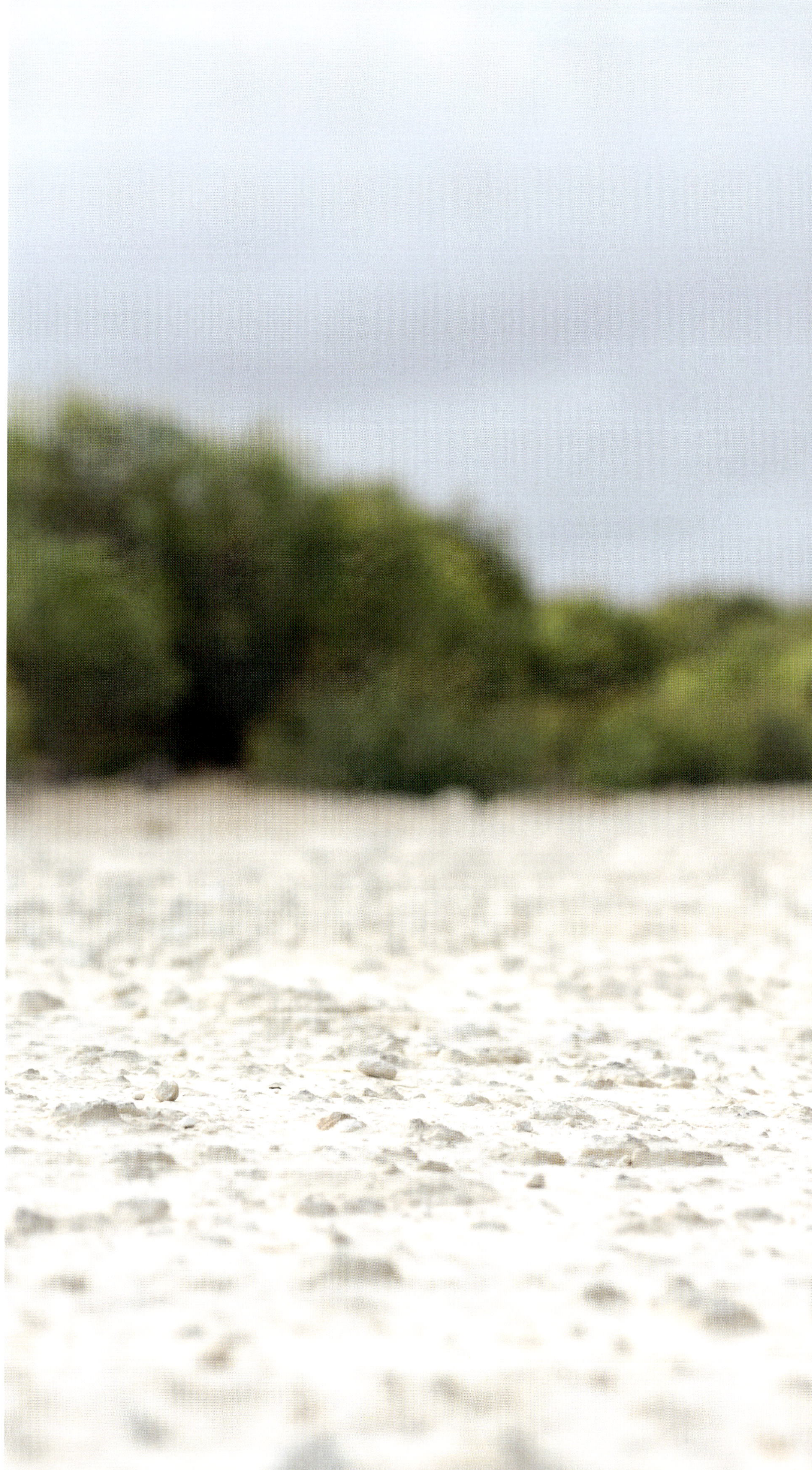

Short-beaked echidnas inhabit territories ranging up to one square kilometer in size.

Kurzschnabeligel bewohnen Reviere, die bis zu einem Quadratkilometer groß sein können.

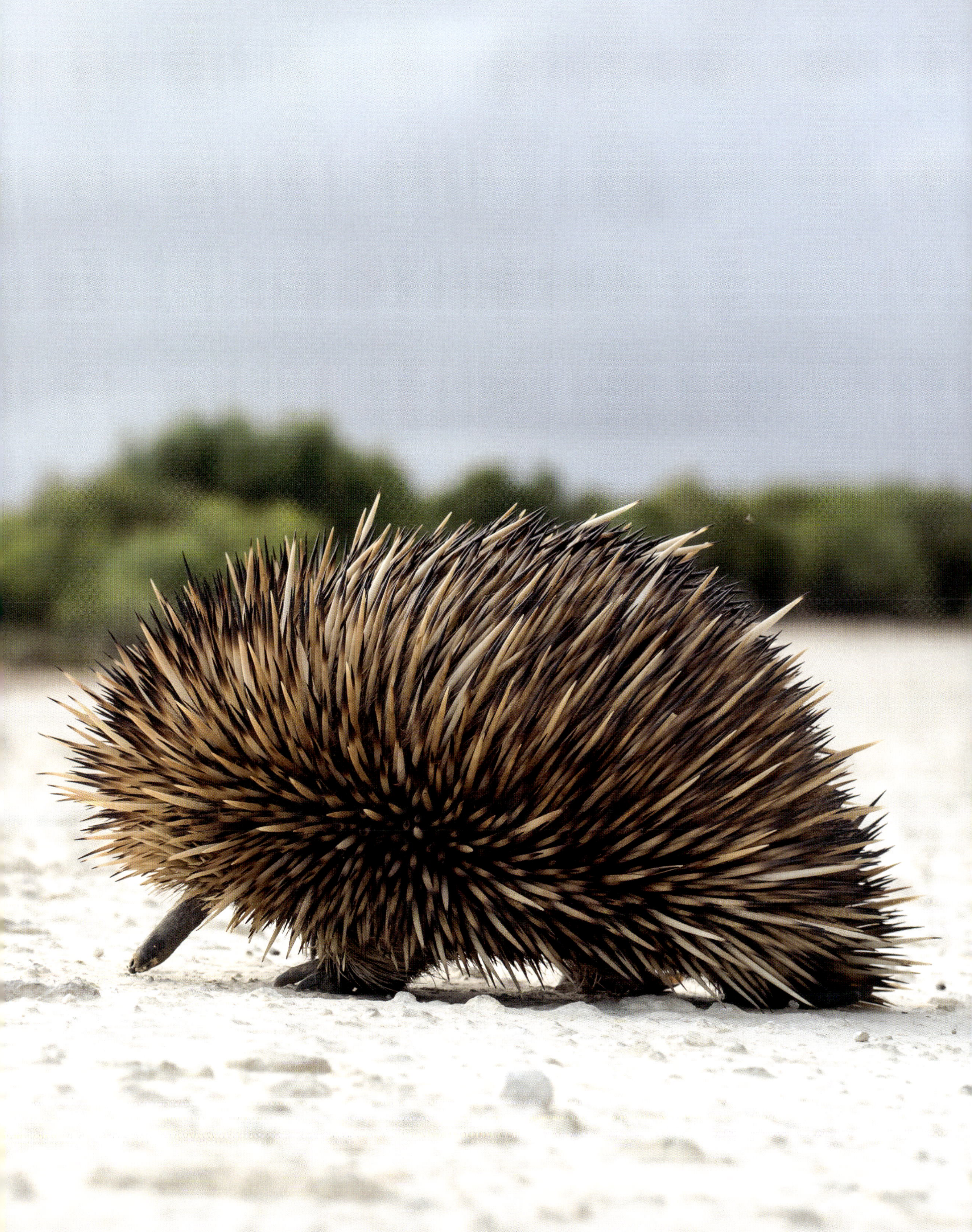

Active at dusk, short-beaked echidnas seek
shelter in burrows or hollows during the day.

*Tagsüber suchen die dämmerungsaktiven
Kurzschnabeligel Schutz in Höhlen oder Spalten.*

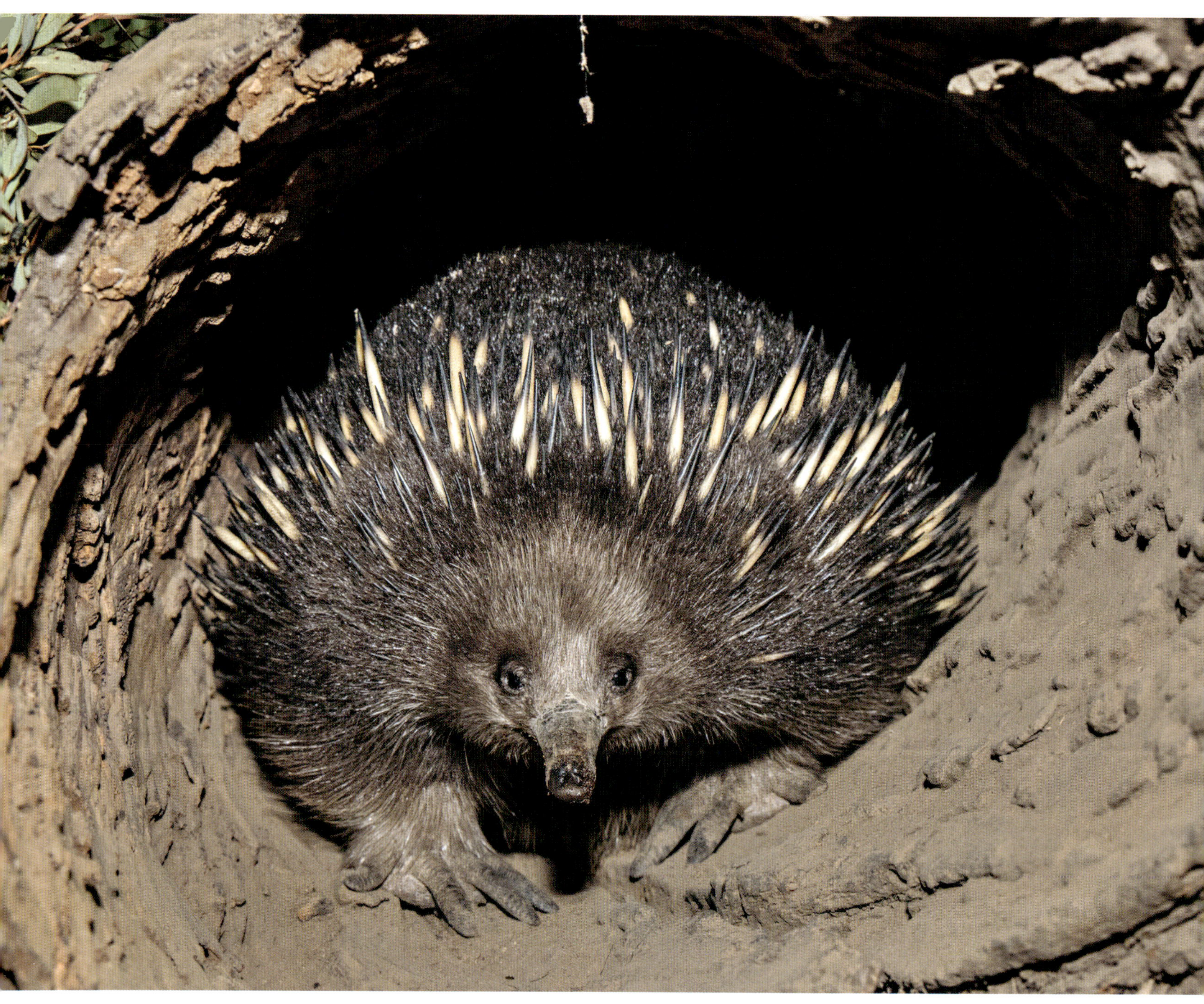

The yellow-black spines of short-beaked echidnas
can reach a length of up to 6 centimeters.

Die gelb-schwarzen Stacheln der Kurzschnabeligel
können bis zu 6 Zentimeter lang werden.

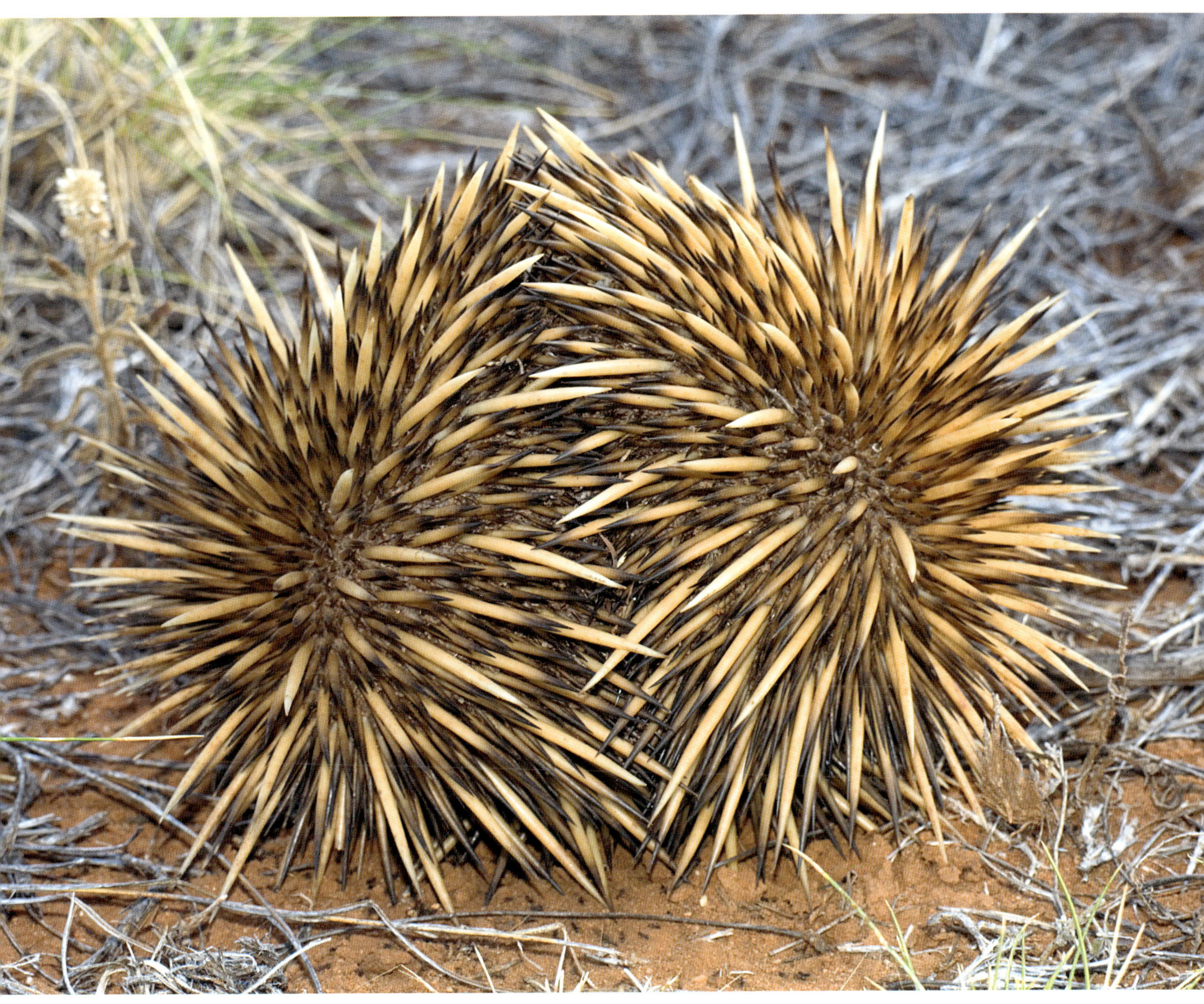

FUN FACT

The nests of magpie geese are often perched on treetops, quite atypical for geese.

Die Nester von Spaltfußgänsen befinden sich oft, ganz untypisch für Gänse, auf Baumwipfeln.

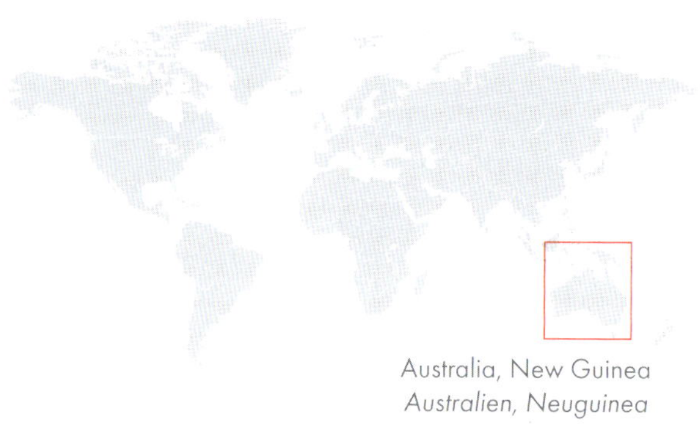

Australia, New Guinea
Australien, Neuguinea

Magpie geese evolved at the end of the Cretaceous period, long before today's geese and ducks made their appearance.

Spaltfußgänse haben sich bereits am Ende der Kreidezeit entwickelt, lange bevor die heutigen Gänse und Enten auf den Plan traten.

MAGPIE GOOSE

Anseranas semipalmata

If you seek a living fossil among birds, it won't take long until you come across the magpie goose, a bird about 90 centimeters tall and found exclusively in Australia and southern New Guinea. These striking black-and-white feathered birds evolved at the end of the Cretaceous period, long before present-day geese and ducks made their debut. The second half of the magpie goose's scientific name, semipalmata, or semi-webbed, rcfers to the clearly receded webbing between its toes –a characteristic that raises serious doubts among ornithologists as to whether magpie geese are actually members of the goose family at all.

Magpie geese usually live in family groups, often including a trio of adults: a dominant male, a dominant female and another female, along with the offspring from the previous breeding season. All the adults are involved in breeding and raising the young, with the dominant male doing the lion's share of the work.

SPALTFUSS- GANS

Anseranas semipalmata

Wenn man unter den Vögeln nach einem lebenden Fossil sucht, stößt man relativ schnell auf die Spaltfuß-gans, einen rund 90 Zentimeter großen Vogel, der ausschließlich in Australien und im Süden Neuguineas vorkommt. Schließlich haben sich die auffällig schwarz-weiß gefiederten Vögel schon am Ende der Kreidezeit entwickelt. Also schon lange, bevor die heutigen Gänse und Enten auf den Plan getreten sind. Ihren eigentümlichen Namen verdankt die Spaltfußgans den deutlich zurückgebildeten Schwimmhäuten zwischen ihren Fußzehen. Ein Merkmal, das bei Ornithologen starke Zweifel aufkommen lässt, ob Spaltfußgänse überhaupt zur Familie der Gänsevögel gehören.

Spaltfußgänse leben meistens in Familiengruppen, die oft aus einem Trio bestehen: ein dominantes Männchen, ein dominantes Weibchen und ein weiteres Weibchen, sowie dem Nachwuchs aus der vorherigen Fortpflanzungsperiode. Alle erwachsenen Tiere beteiligen sich am Brutgeschäft und an der Aufzucht der Jungen, wobei das dominante Männchen den Löwenanteil der Arbeit leistet.

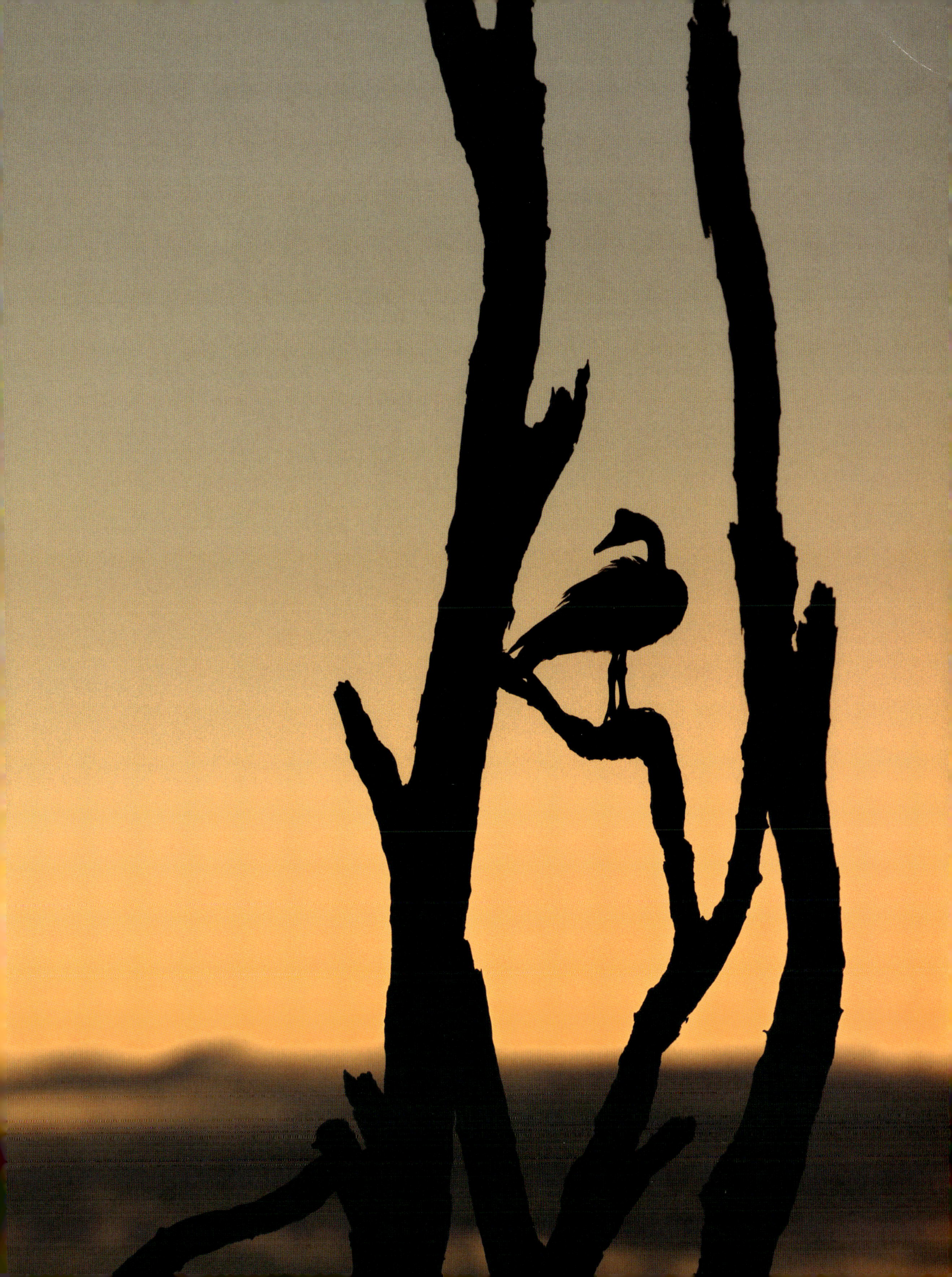

Magpie geese prefer to eat
aquatic plants, which they tear
out with their powerful beaks.

*Spaltfußgänse fressen bevorzugt
Wasserpflanzen, die sie mit ihrem
kräftigen Schnabel herausreißen.*

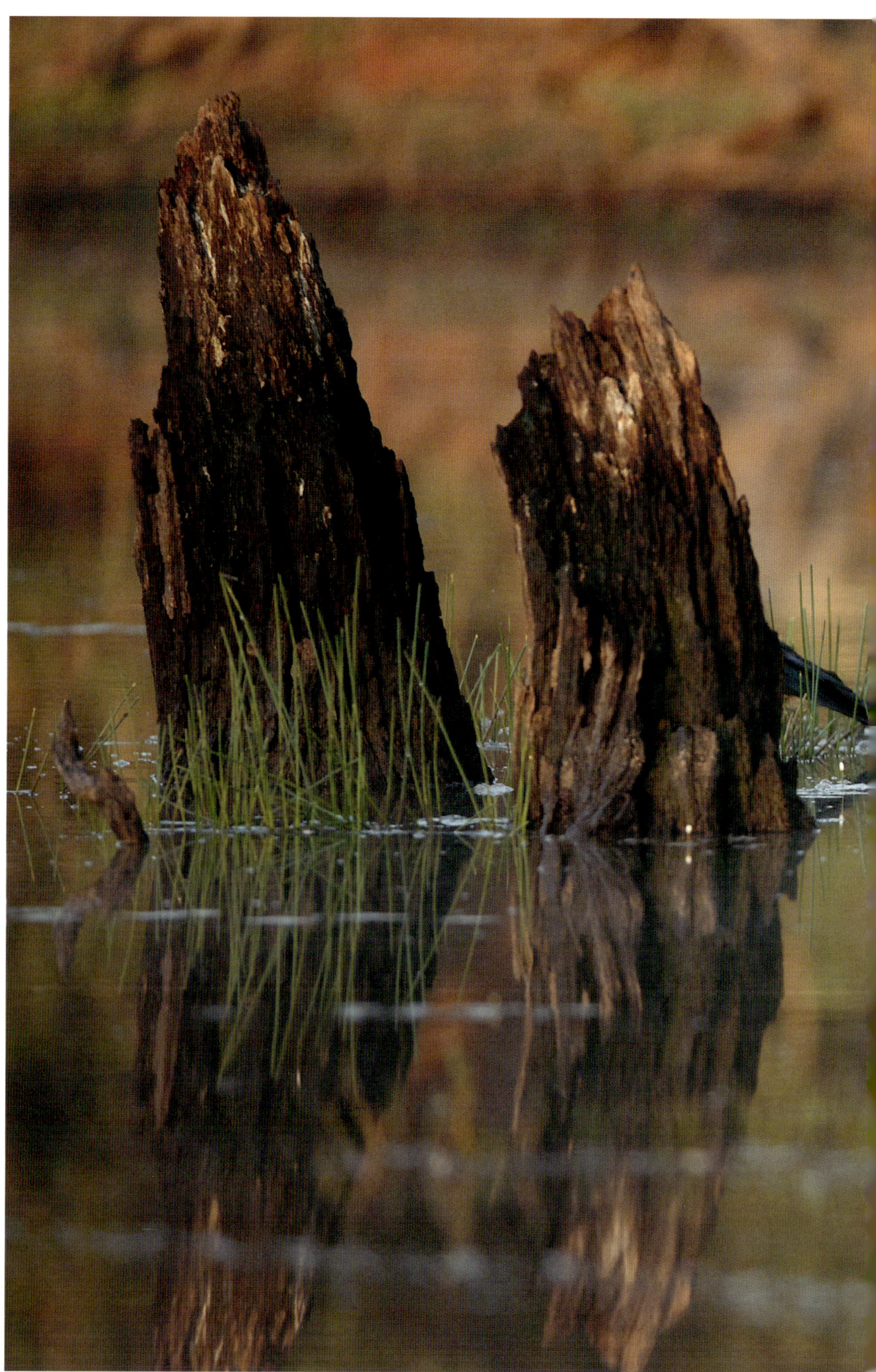

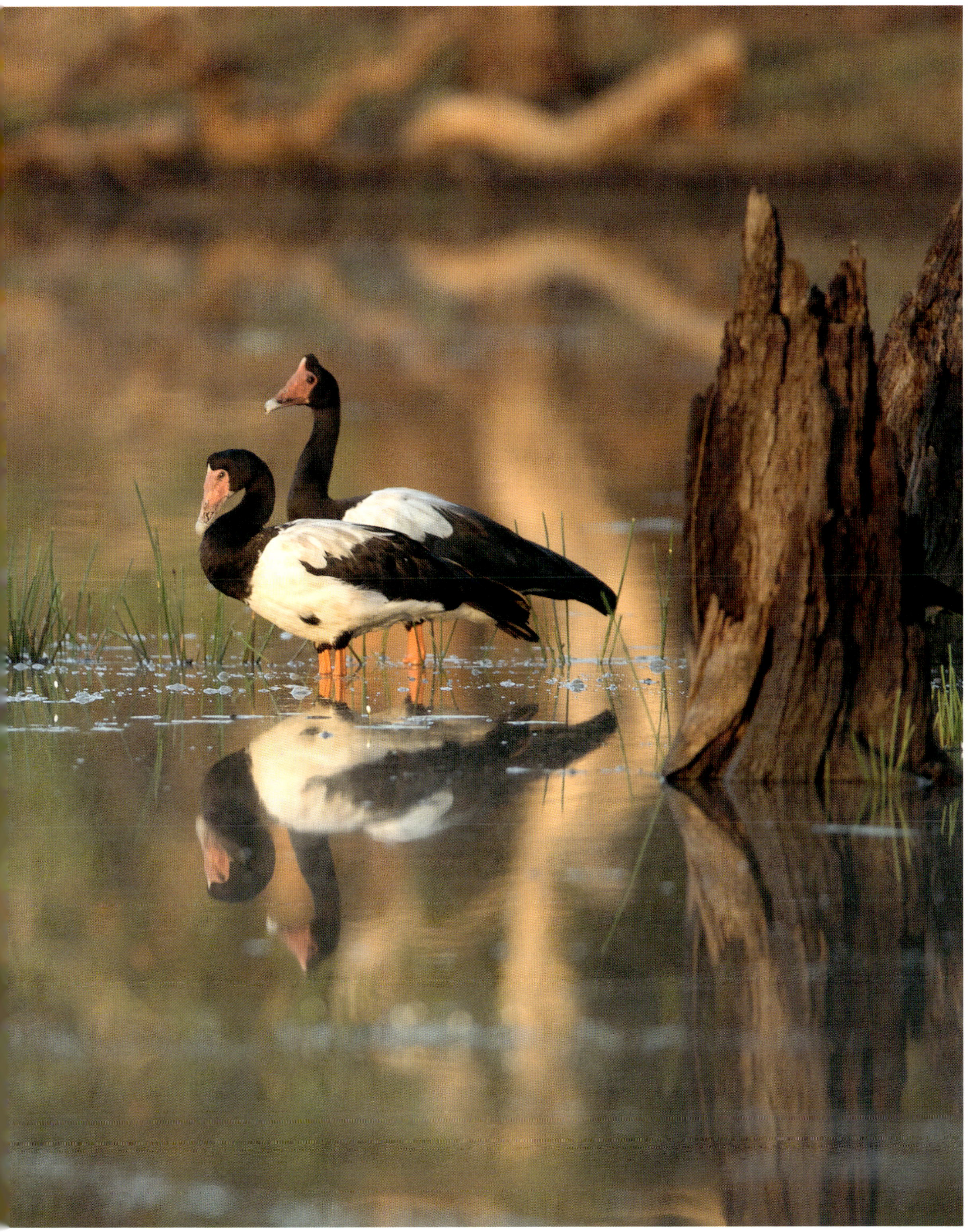

A magpie goose resting in a tree.

Spaltfußgans bei einer Ruhepause in einem Baum.

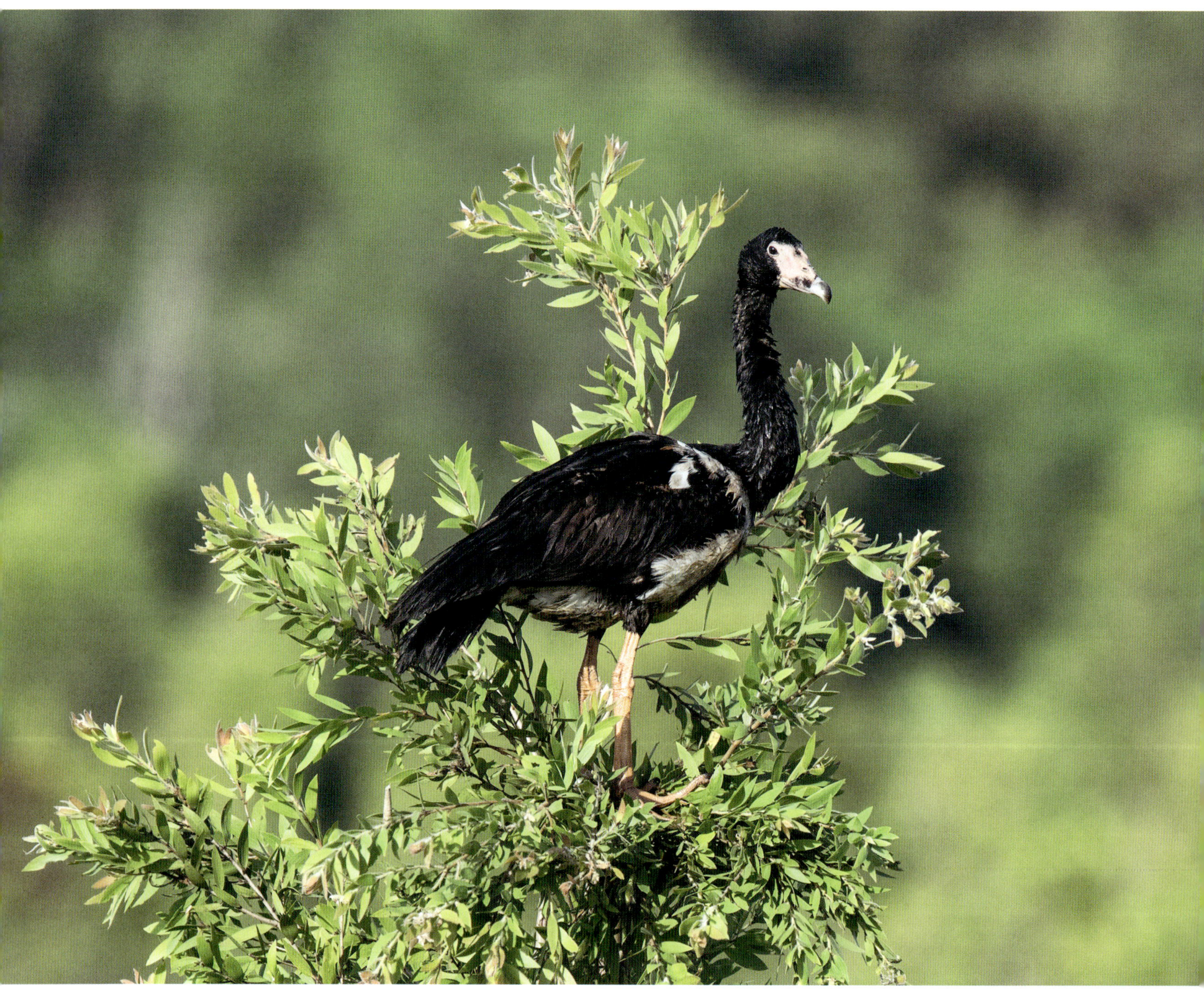

Unlike other bird species, magpie geese do not become
flightless during molting, because their wing feathers are lost
and replaced sequentially, as opposed to simultaneously.

*Spaltfußgänse werden, im Gegensatz zu anderen Vogelarten,
während der Mauser nicht flugunfähig, da ihre Flügelfedern
nicht gleichzeitig, sondern nacheinander ersetzt werden.*

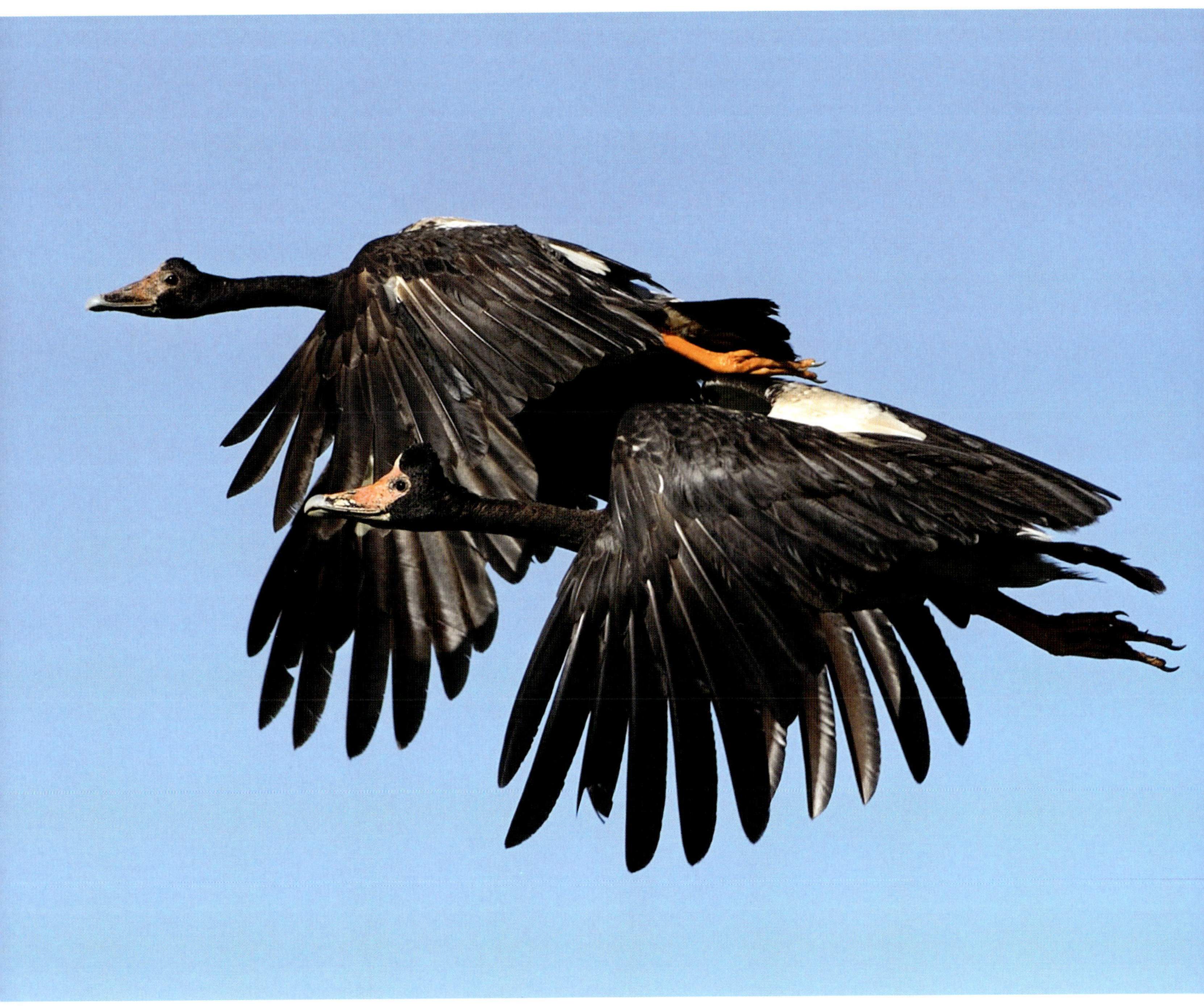

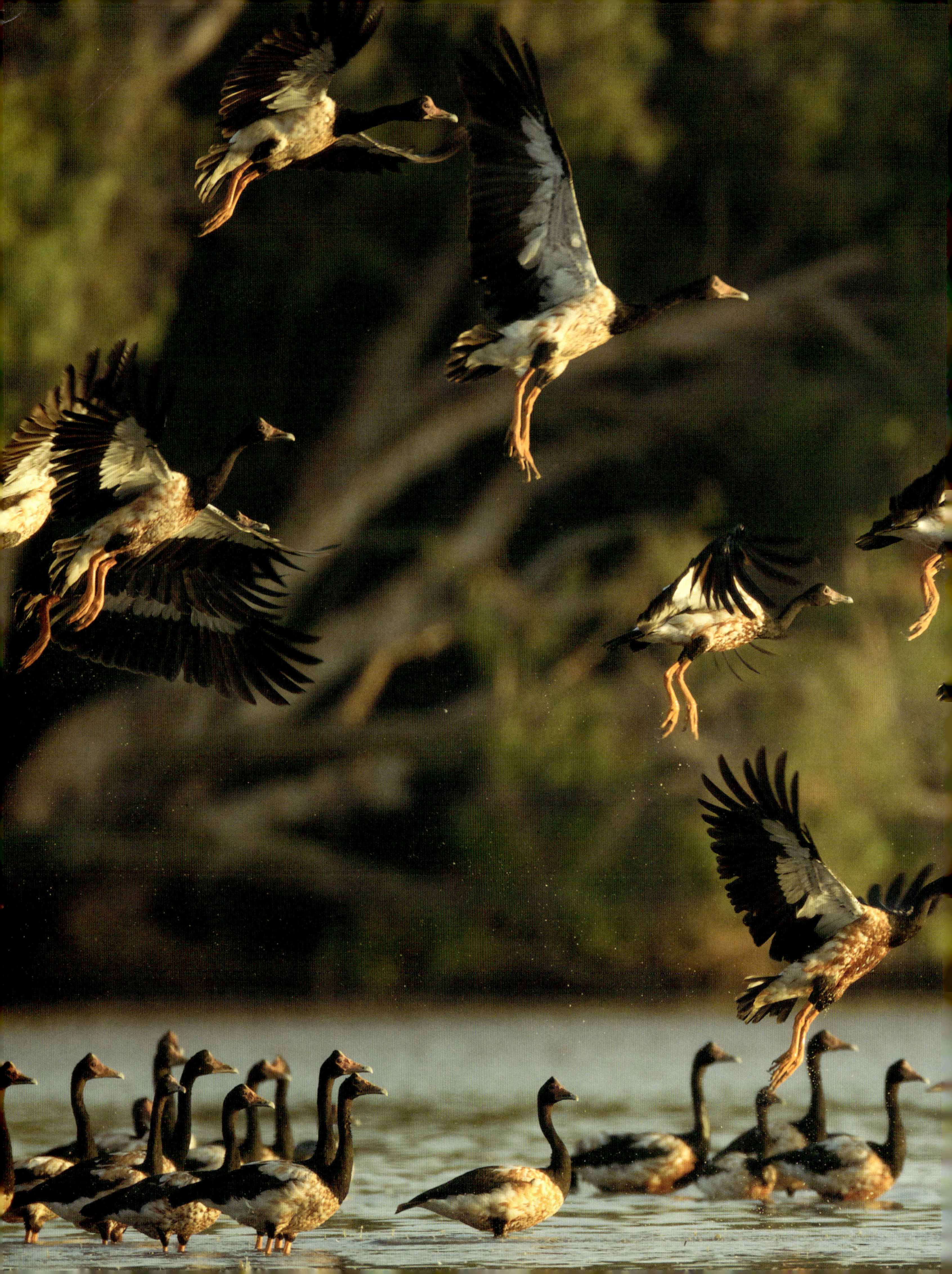

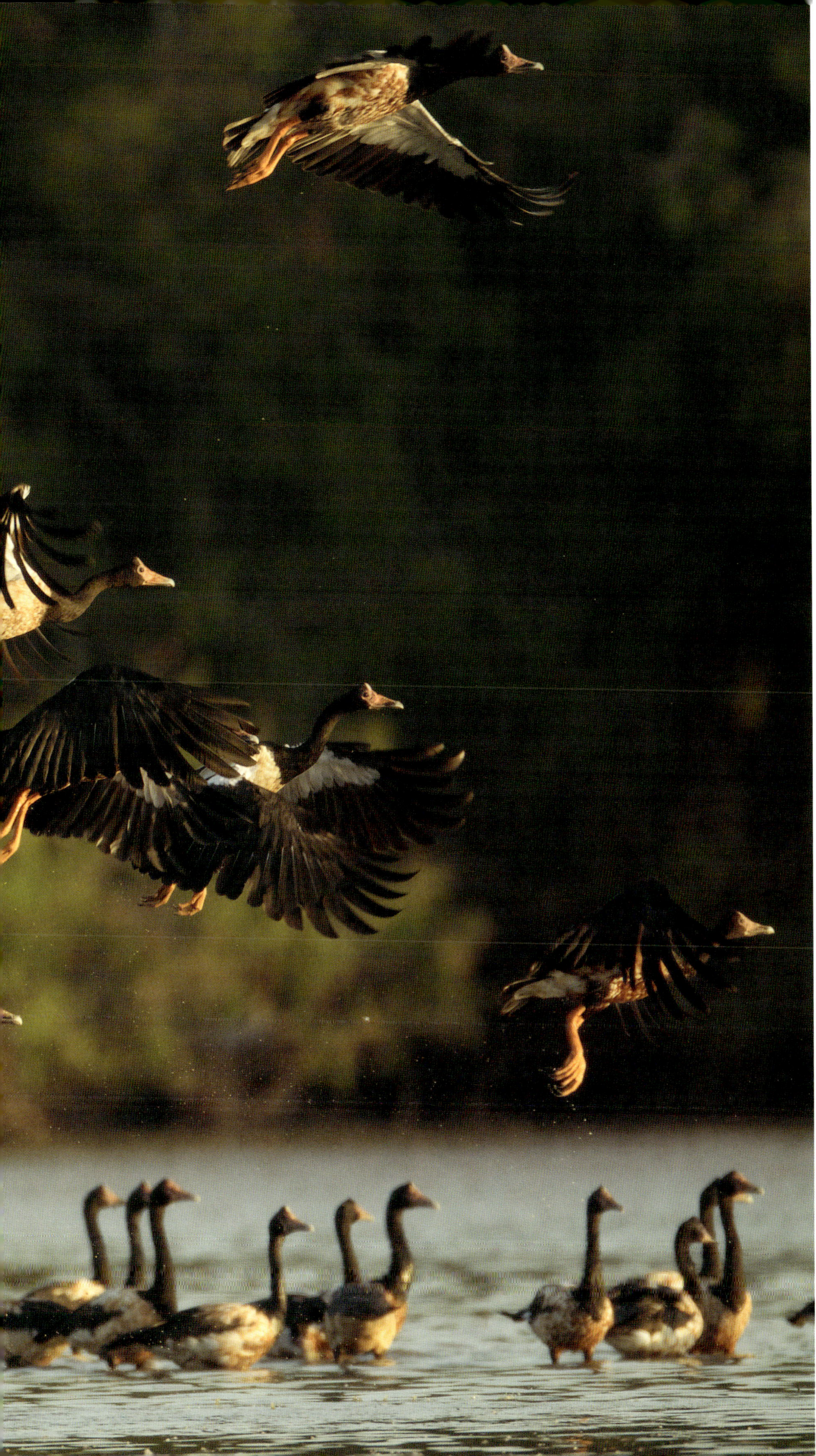

Magpie geese often live in
large flocks that can number
several thousand birds.

*Spaltfußgänse leben oft in großen
Schwärmen, die aus mehreren
tausend Tieren bestehen können.*

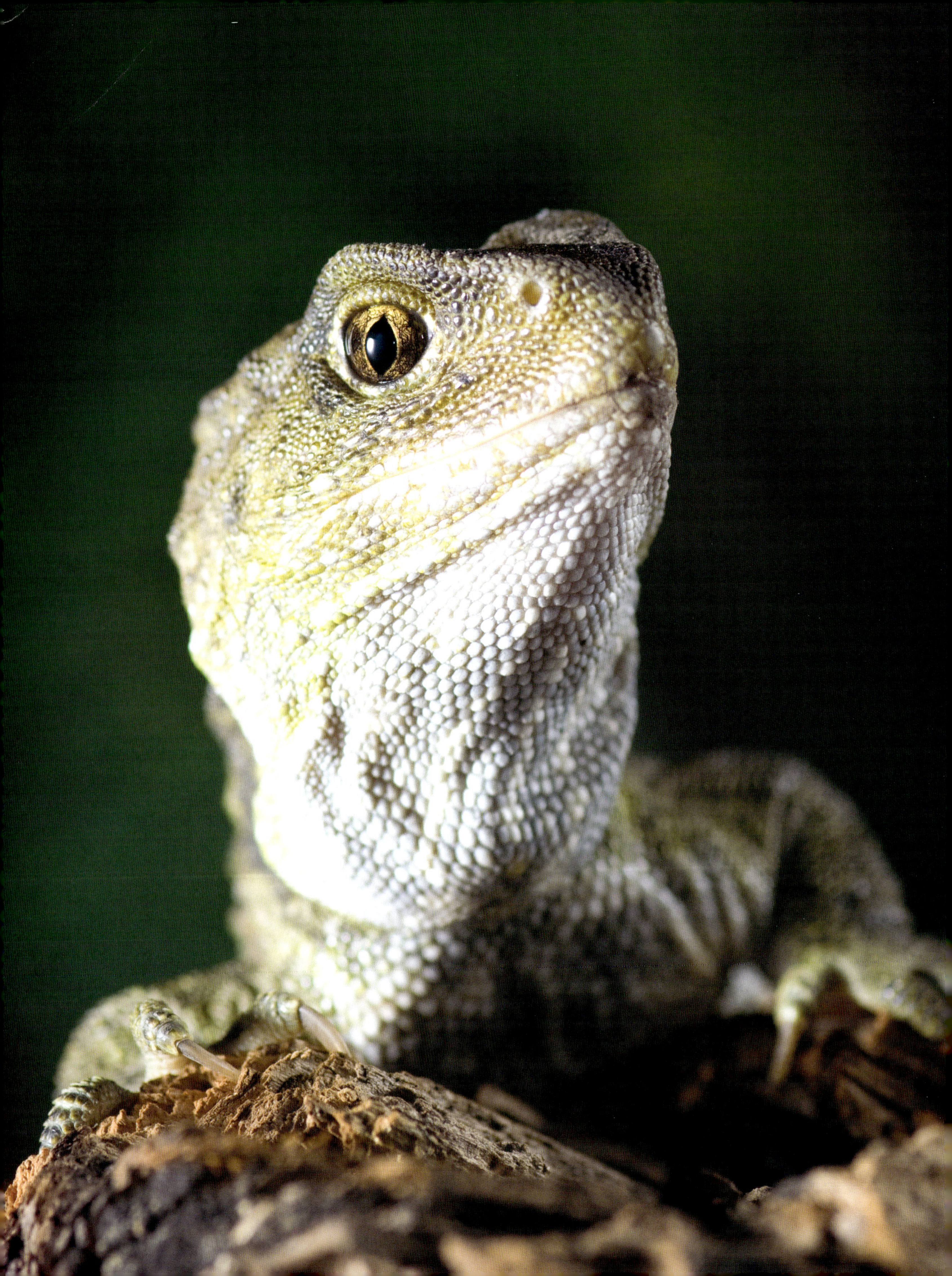

Northwest of New Zealand
Nordwesten Neuseelands

The tuatara: the mini-dragon of New Zealand.

Die Tuatara: der kleine Drache Neuseelands.

TUATARA

Sphenodon punctatus

The tuatara, native to New Zealand, is the last surviving member of the Rhynchocephalia, or 'beak-head' reptiles, a group of reptiles whose prime dates back more than 150 million years. These lizards, which are about 80 centimeters long and resemble a miniature dragon with their long and serrated tails, were once commonly found in their habitat. But when the first people, the Maori, came to New Zealand about 800 years ago, they brought along rats and other small mammals, which hunted the tuataras relentlessly. These living fossils are now only found on a few islands off the northern coast of New Zealand and are under strict protection. Young tuataras have a very special sensory organ: a third eye on their forehead that closes as they grow, but continues to perform an important function afterwards. Since this third eye is particularly sensitive to ultraviolet light, the lizards can use it to determine the level of brightness, regulating their sleep rhythm or the duration of their hibernation, for example.

TUATARA

Sphenodon punctatus

Die Brückenechse, oder Tuatara, wie sie in ihrer neuseeländischen Heimat heißt, ist der letzte überlebende Vertreter der Schnabelkopf-Reptilien, einer Reptiliengruppe, deren Blütezeit mehr als 150 Millionen Jahre zurückliegt. Einst waren die rund 80 Zentimeter langen Echsen, die mit ihrem langen gezackten Schwanz an einen kleinen Drachen erinnern, in Neuseeland weit verbreitet. Als aber vor rund 800 Jahren mit den Maori die ersten Menschen nach Neuseeland kamen, schleppten sie Ratten und andere kleine Säugetiere mit ein. Und die machten erbarmungslos Jagd auf die Tuataras. Die Folge ist, dass diese lebenden Fossilien heute nur noch auf einigen wenigen Inseln vor der Nordküste Neuseelands beheimatet sind und deshalb unter strengem Schutz stehen. Junge Tuataras haben ein ganz besonderes Sinnesorgan: ein drittes Auge, das auf der Stirn sitzt und sich im Laufe der Entwicklung zwar schließt, aber auch danach noch eine wichtige Funktion übernimmt. Da dieses dritte Auge besonders empfindlich für ultraviolettes Licht ist, können die Echsen damit den Grad der Helligkeit bestimmen und so zum Beispiel ihren Schlafrhythmus oder die Dauer ihrer Winterruhe regeln.

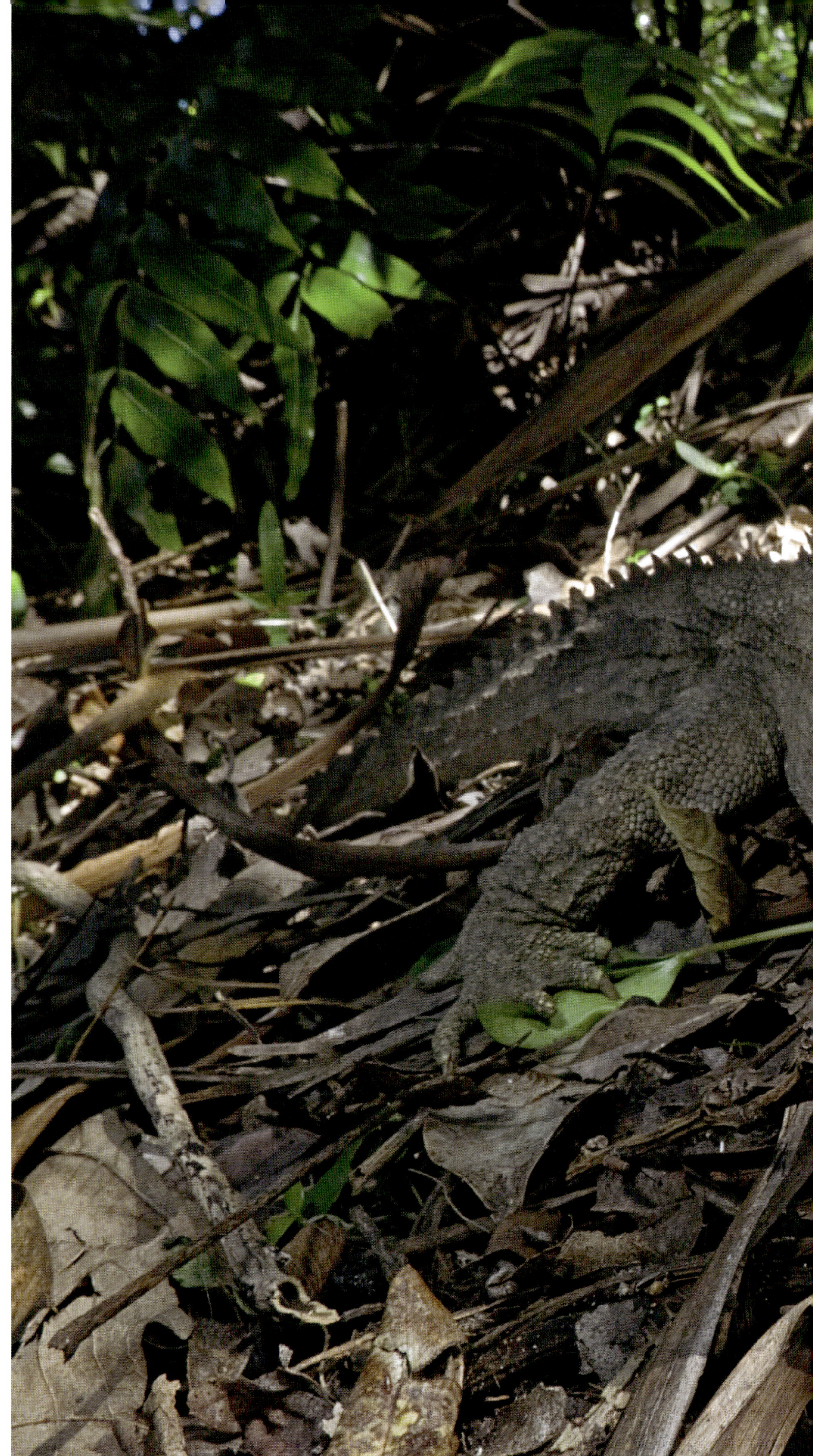

Tuataras are severely endangered in their New Zealand home by foes, invasive species including rats and other rodents.

Die Tuataras sind in Neuseeland durch eingeschleppte Feinde wie etwa Ratten und andere Nager stark bedroht.

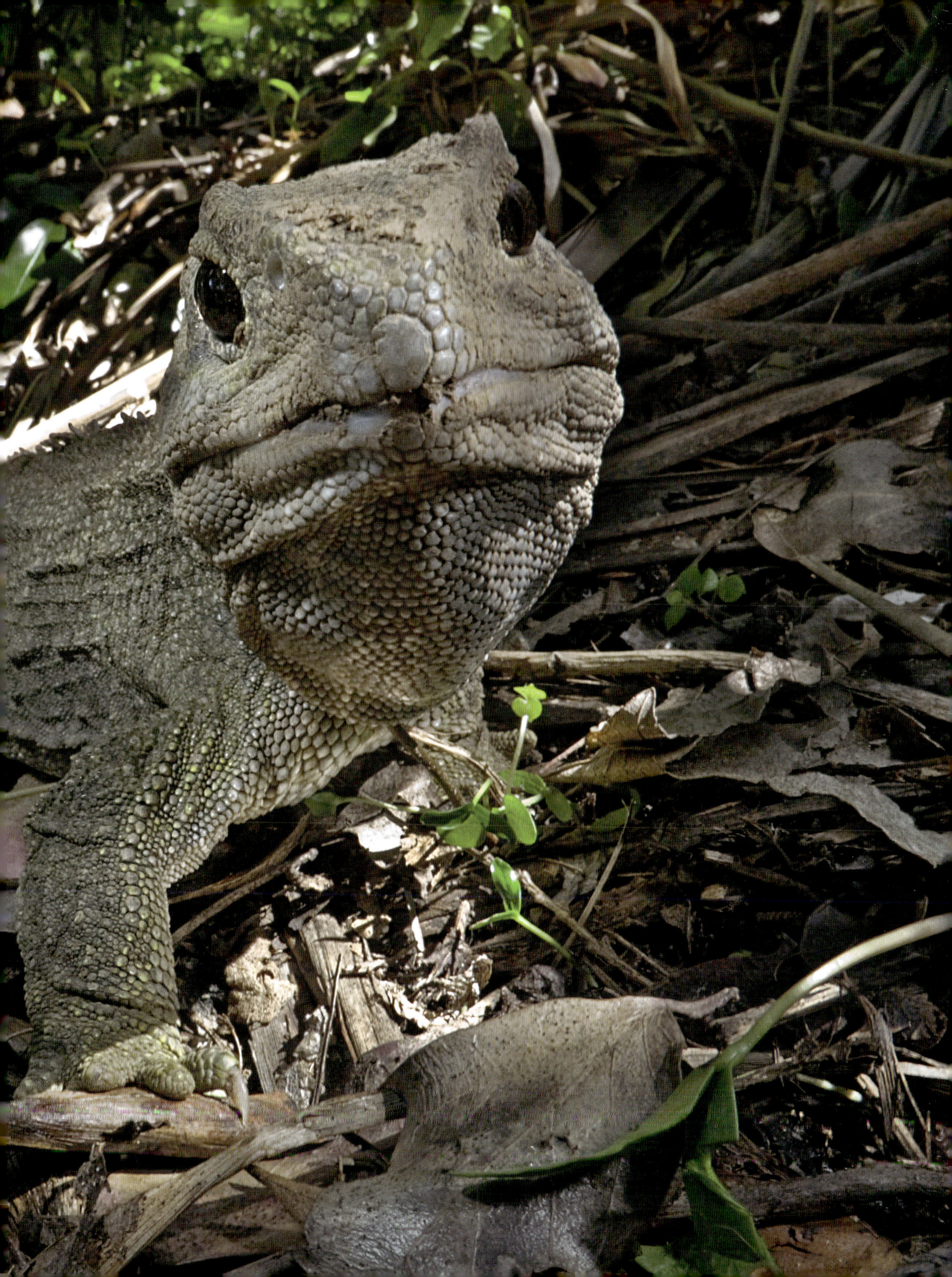

*Tuataras grow very slowly, enabling
them to often reach a ripe old age.*

*Tuataras wachsen sehr langsam und
können daher ein hohes Alter erreichen.*

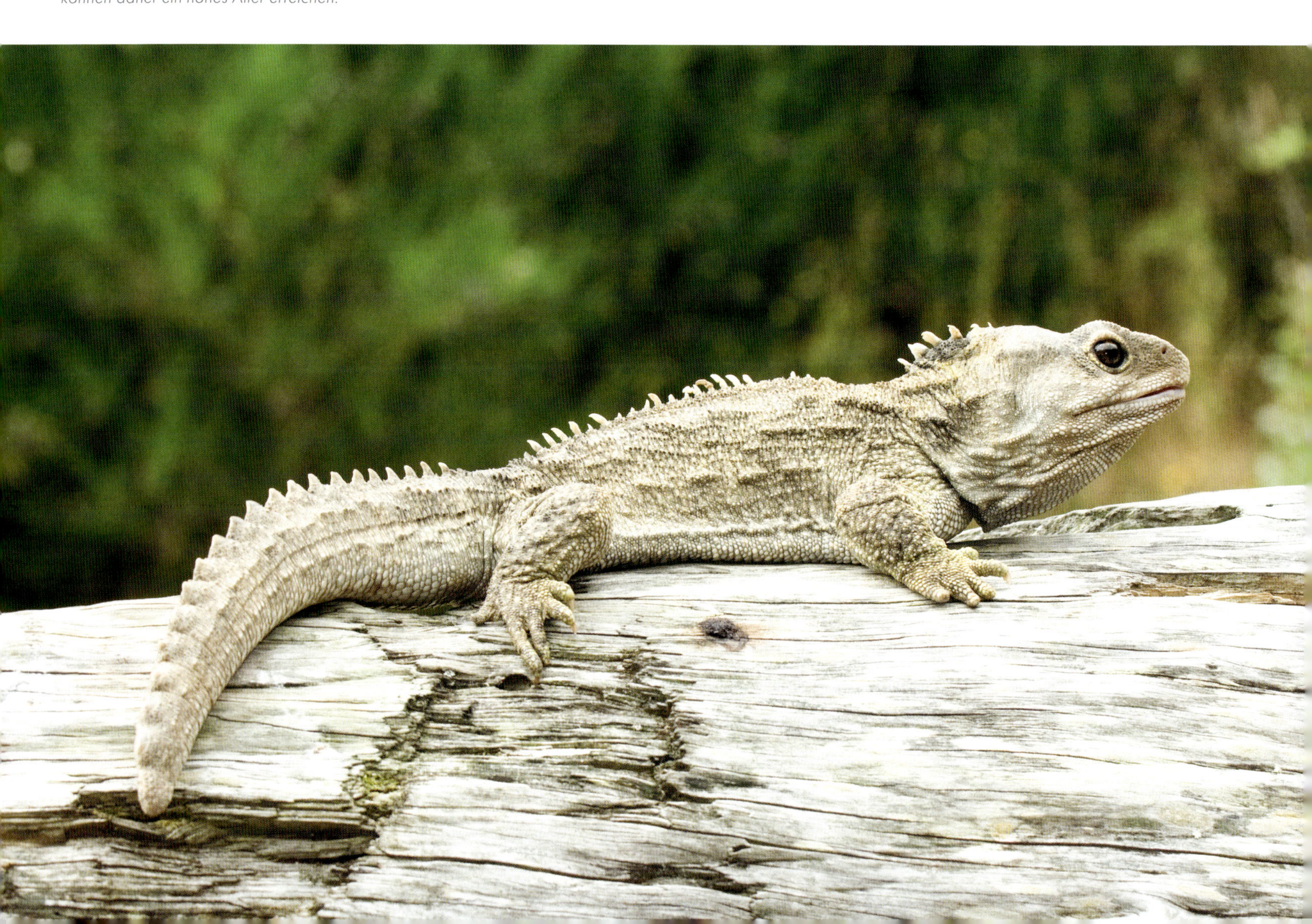

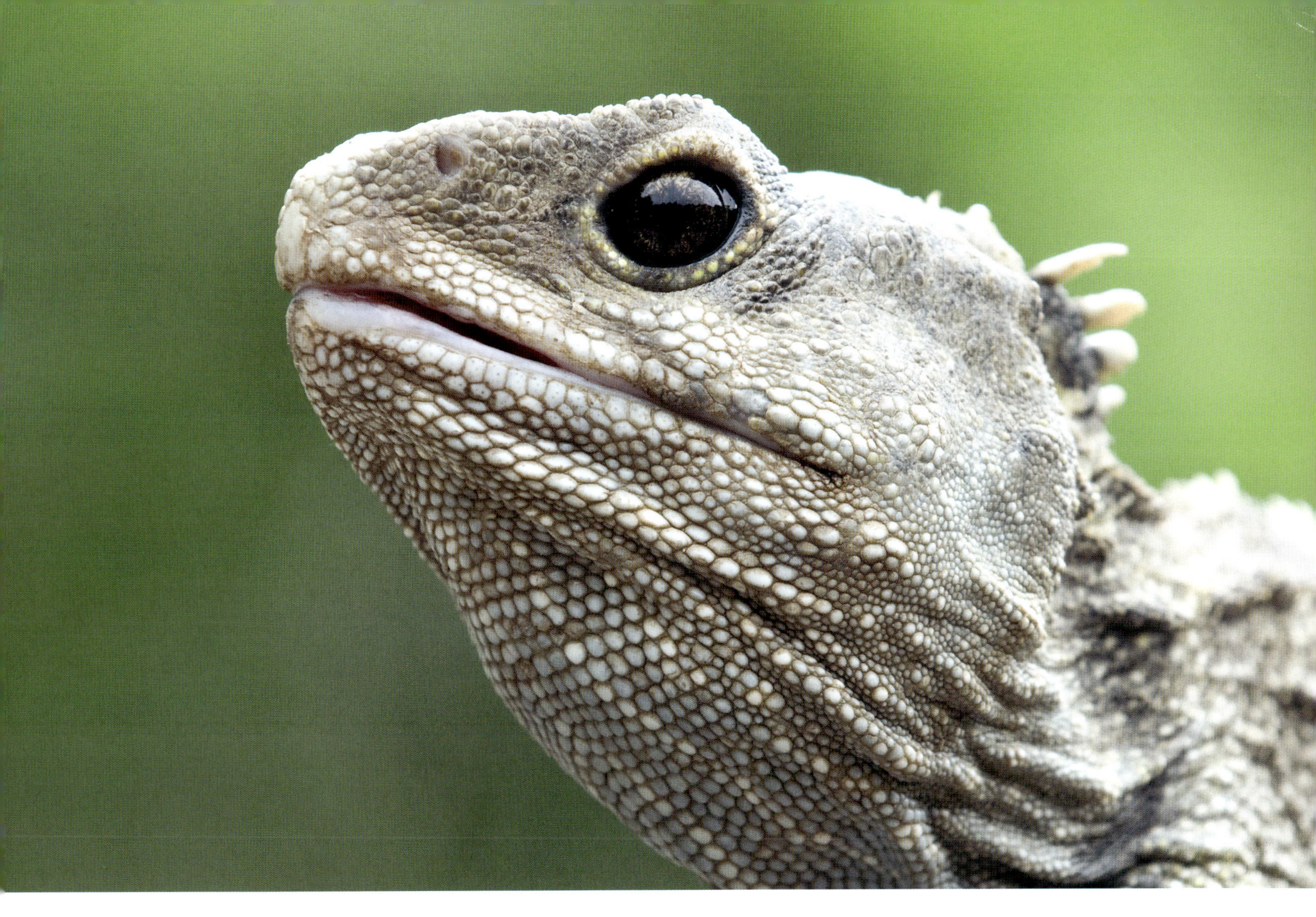

According to Maori mythology, the tuatara
is considered the "guardian of knowledge".

*In der Mythologie der Maori gilt die
Tuatara als »Hüterin des Wissens«.*

One liter of horseshoe crab blood carries a staggering 15,000 Euro price tag.

Ein Liter Pfeilschwanzkrebs-Blut kostet stolze 15 000 Euro.

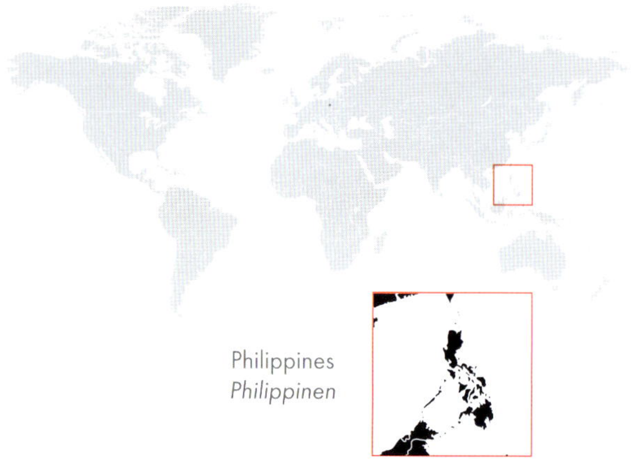

Philippines
Philippinen

The prehistoric horseshoe crab owes its name to its pointy, flexible tail.

Der urtümliche Pfeilschwanz-krebs verdankt seinen Namen dem spitzen, beweg-lichen Schwanzstachel.

HORSE-SHOE CRAB

Tachypleus gigas

Hardly any other creature in the world looks as prehistoric as the horseshoe crab. And these 50-centimeter-long animals that live along the coasts of Southeast Asia are indeed prehistoric. In the last 440 million years or so, horseshoe crabs, considered a close relative of arachnids by biologists, have barely changed. They live on the ocean floor at depths of up to 40 meters, where they burrow in the mud in search of mussels and carrion, their favorite foods; a characteristic that also gives them their second name in German, *Seemaulwurf,* or sea mole. Incidentally, horseshoe crabs have saved countless lives. Back in the 1950s, medical science recognized that the blood of these ancient sea creatures has an enormous medical benefit: It contains a protein molecule that functions like a simple immune system. Upon coming into contact with pathogenic bacteria, it coagulates like sour milk, a property pharmaceutical manufacturers use to check whether infusions, vaccines and medical instruments are truly sterile, or germ-free.

PFEIL-SCHWANZ-KREBS

Tachypleus gigas

Kaum ein Tier auf der Welt sieht so urtümlich aus wie der Pfeilschwanzkrebs. Und urtümlich sind die rund 50 Zentimeter großen Tiere, die an den Küsten Südostasiens leben, in der Tat. In den letzten rund 440 Millionen Jahren haben sich Pfeilschwanzkrebse, die von Biologen zur näheren Verwandtschaft der Spinnentiere gerechnet werden, kaum verändert. Sie leben in bis zu 40 Metern Tiefe auf dem Meeresgrund, wo sie im Schlamm nach ihrer Lieblingsnahrung Muscheln und Aas wühlen. Eine Eigenschaft, die ihnen auch ihren zweiten Namen »Seemaulwurf« eingebracht hat. Pfeilschwanzkrebse haben übrigens schon viele Leben gerettet. Die Medizin hat nämlich bereits in den 1950er-Jahren erkannt, dass das Blut der Ur-Meerestiere einen enormen medizinischen Nutzen besitzt: Es enthält ein Eiweißmolekül, das wie ein einfaches Immunsystem funktioniert. Sobald es mit krankheitserregenden Bakterien in Kontakt kommt, gerinnt es wie saure Milch. Eine Eigenschaft, die Pharmahersteller nutzen, um zu überprüfen, ob Infusionen, Impfstoffe und medizinische Instrumente auch wirklich steril, also keimfrei, sind.

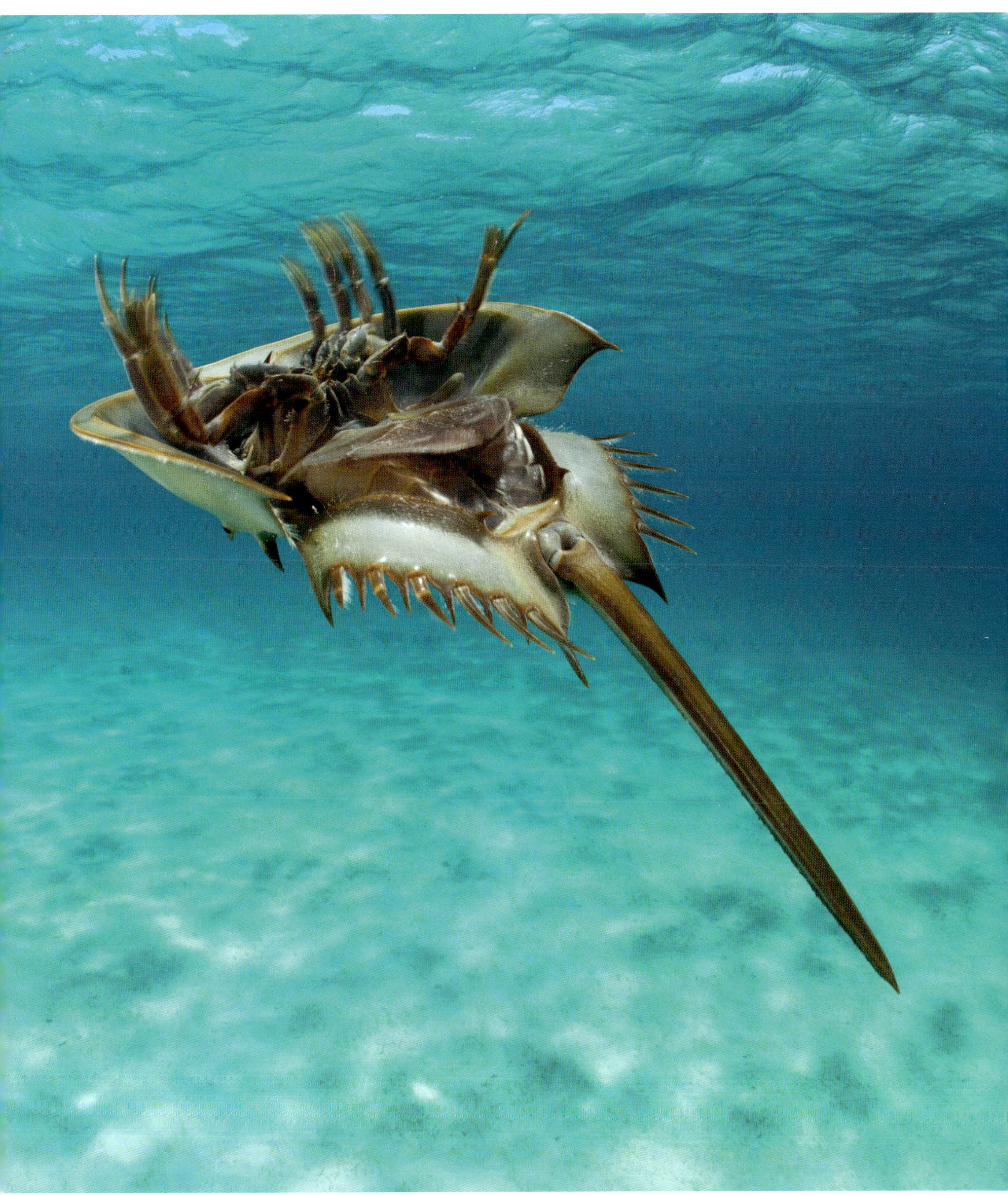

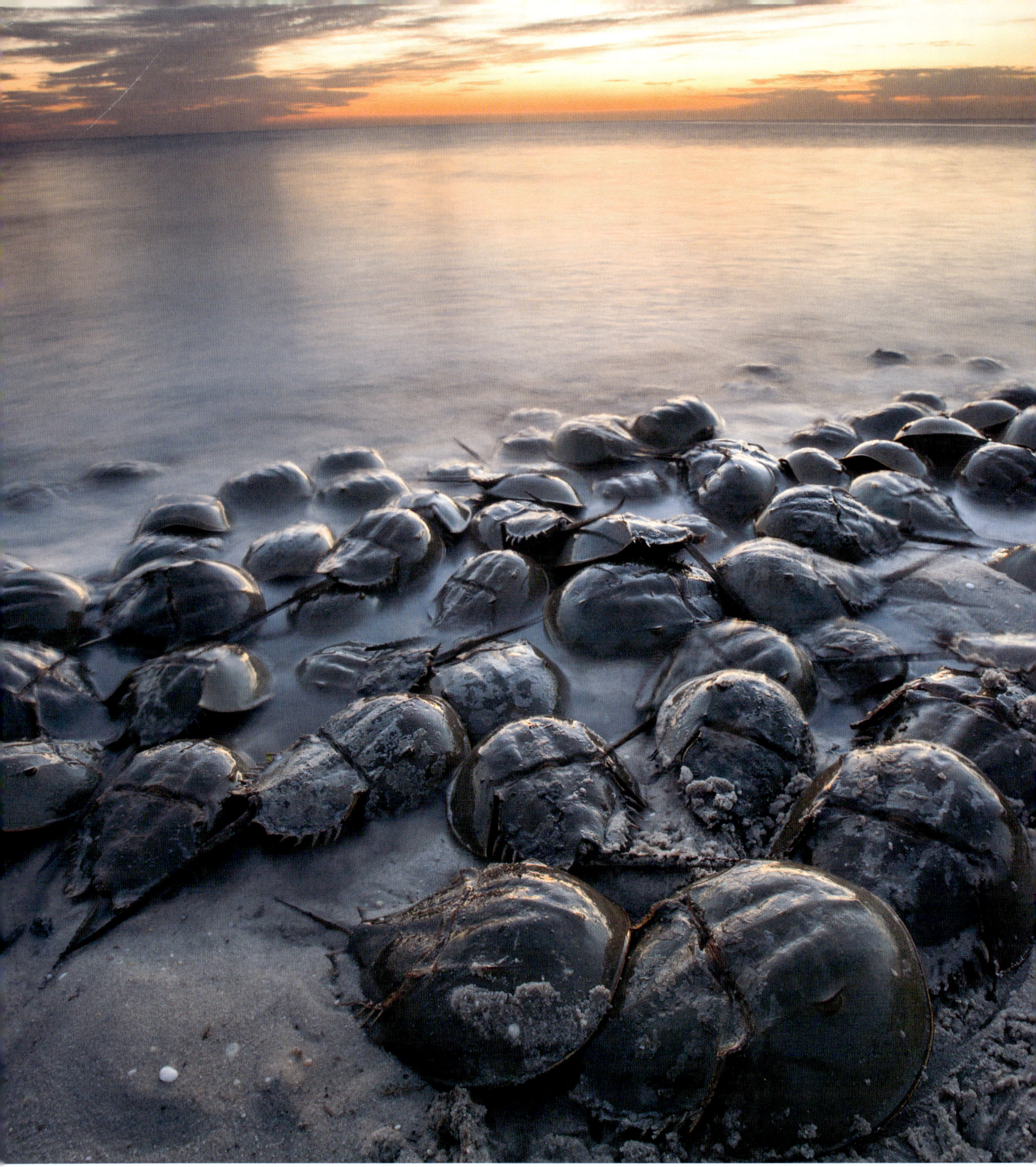

Horseshoe crabs spawning on the beach.

Pfeilschwanzkrebse bei der Eiablage am Strand.

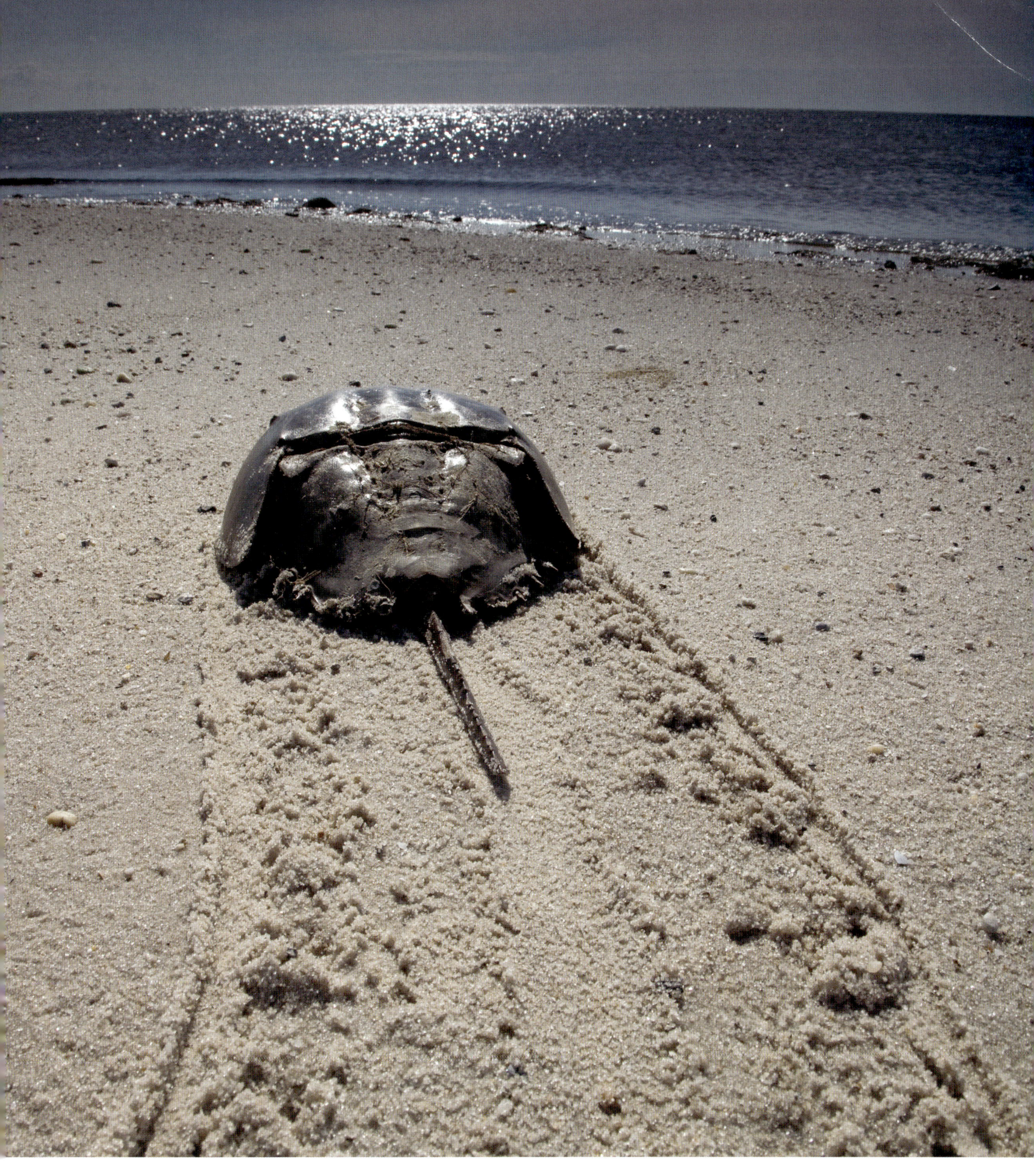

As they crawl, horseshoe crabs make
characteristic marks in the sand.

*Beim Kriechen hinterlassen Pfeilschwanz-
krebse im Sand charakteristische Spuren.*

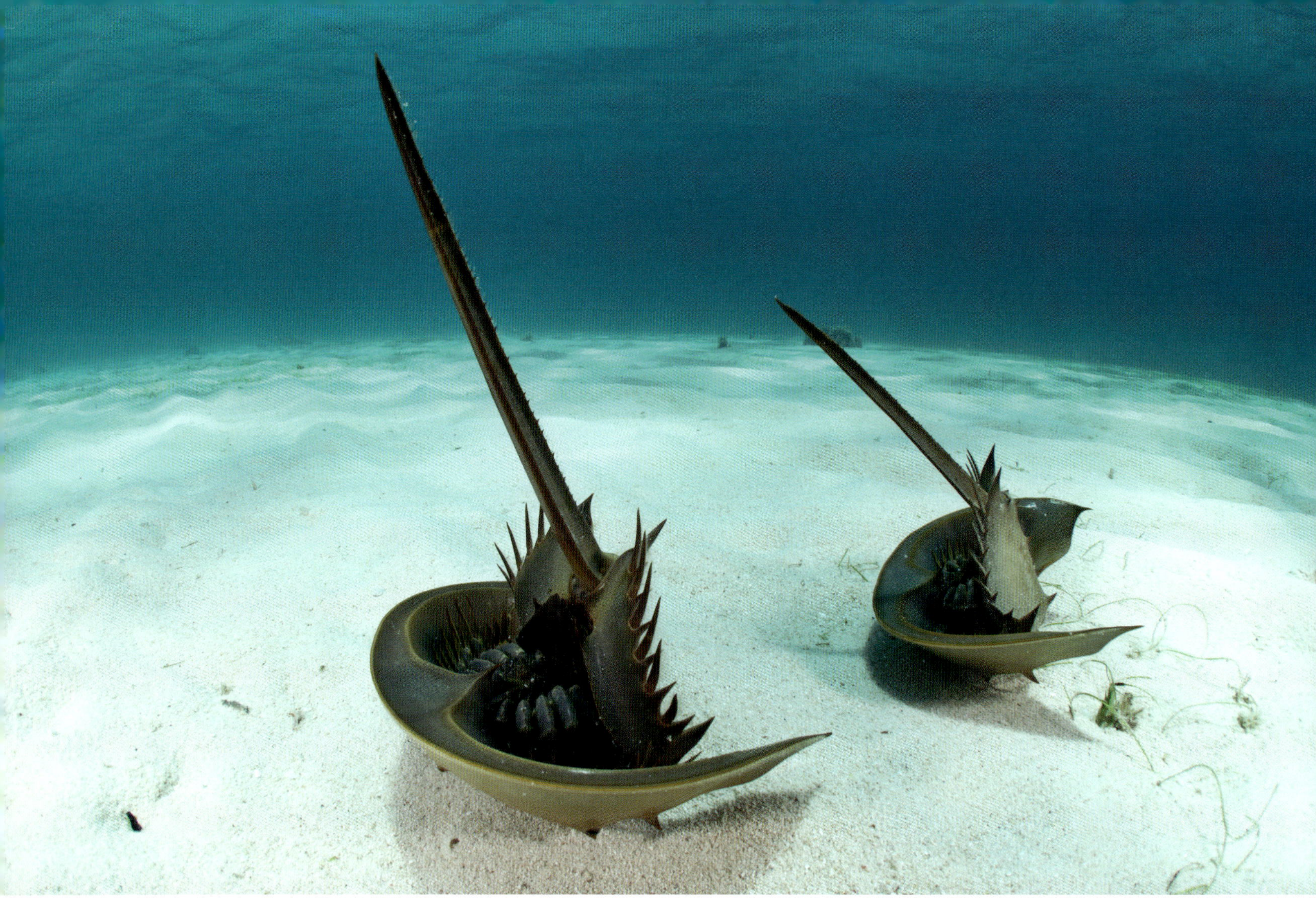

Horseshoe crabs on the seabed in a typical
defensive posture.

*Pfeilschwanzkrebse auf dem Meeresboden
in typischer Verteidigungshaltung.*

Horseshoe crabs have five pairs of legs, the first of
which has been modified into a pair of pincers.

*Das erste der fünf Beinpaare der Pfeilschwanz-
krebse ist zu kleinen Scheren umgewandelt.*

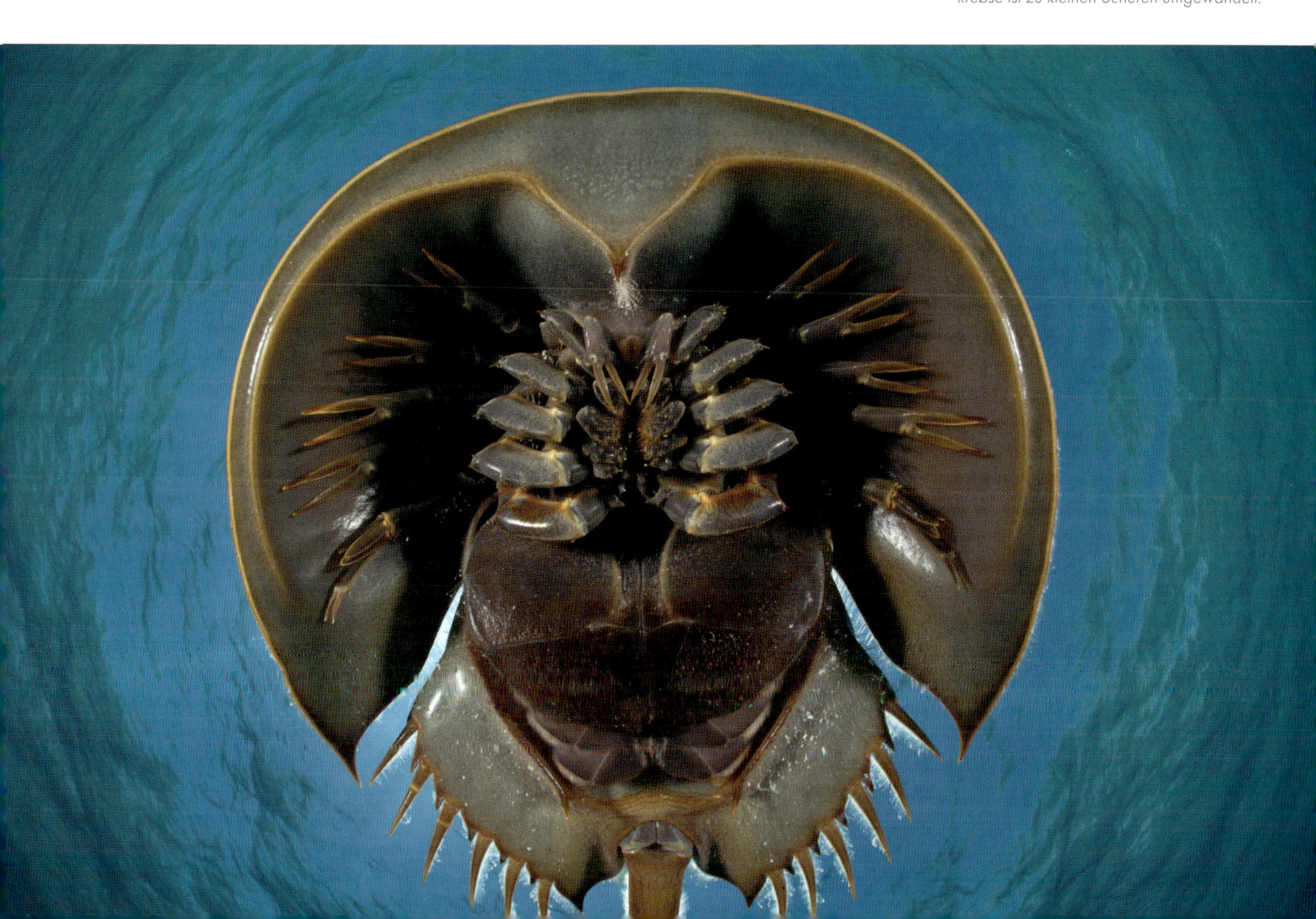

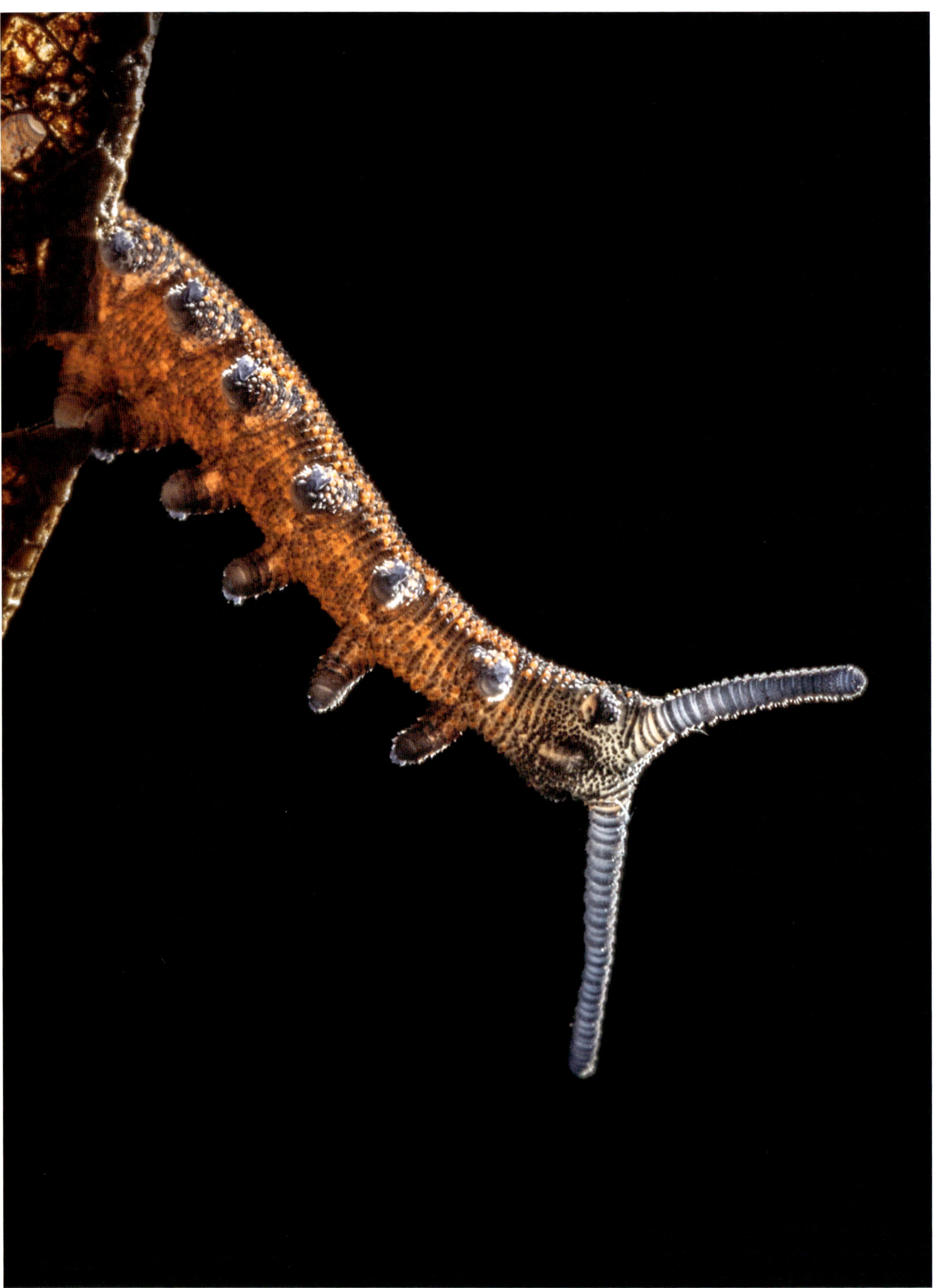

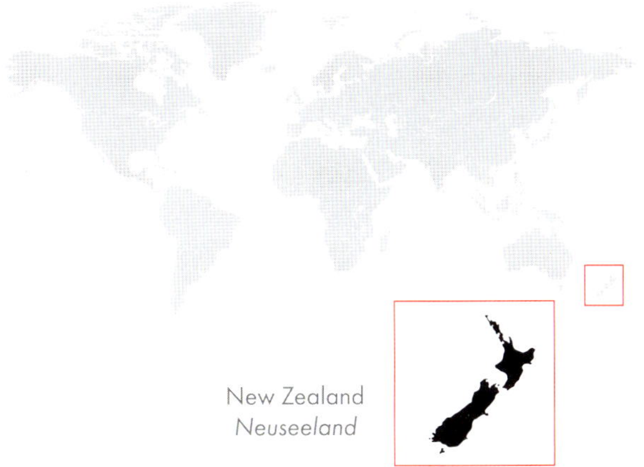

A living fossil with 15 pairs of legs: a velvet worm of the species Peripatus novaezealandiae.

Lebendes Fossil mit 15 Bein-paaren: Ein Stummelfüßer der Art Peripatus novaezealandiae.

VELVET WORM

Peripatoides novaezealandiae

Velvet worms have hardly changed their genetic blueprint in the last 540 million years. Obviously, biologists consider them living fossils. They also possess several primitive features. These creatures, which at first glance appear to be a cross between a butterfly caterpillar and a slug, are represented by numerous species, especially in the southern hemisphere of our planet. Some specimens, such as Peripatoides novaezealandiae, are only found in narrowly defined areas, as their scientific name indicates. These little living fossils, up to 20 centimeters long, owe their German name of *Stummelfüßer*, or stubby-foot, to the several dozen pairs of little legs they use to move around, albeit not exactly nimbly. Velvet worms give birth to live young, a rare characteristic in such primitive animal creatures. Another feature of velvet worms is their skin, which is water-repellant and velvety-looking, giving rise to their English name.

STUMMEL-FÜSSER

Peripatoides novaezealandiae

Stummelfüßer haben ihren Bauplan in den letzten 540 Millionen Jahren kaum verändert. Klar, dass sie deshalb von Biologen zu den lebenden Fossilien gerechnet werden. Zudem verfügen sie über mehrere primitive Merkmale. Die Tiere, die auf den ersten Blick an eine Kreuzung zwischen Schmetterlingsraupe und Nacktschnecke erinnern, sind mit zahlreichen Arten vor allem in der südlichen Hemisphäre unserer Erde vertreten. Einige Vertreter, wie etwa Peripatoides novaezealandiae, kommen, der wissenschaftliche Name verrät es, nur in eng begrenzten Gebieten vor. Ihren deutschen Namen verdanken die kleinen bis zu 20 Zentimeter großen lebenden Fossilien ihren bis zu mehreren Dutzend kleinen Beinpaaren, mit denen sie sich, wenn auch nicht gerade flink, fortbewegen können. Stummelfüßer sind lebendgebärend. Eine seltene Eigenschaft bei derart primitiven tierischen Lebewesen. Ein weiteres Kennzeichen der Stummelfüßer ist ihre samtartig aussehende Haut, die wasserabweisend ist. Ihr verdanken die Urtiere ihren englischen Namen »velvet worms« – Samtwürmer.

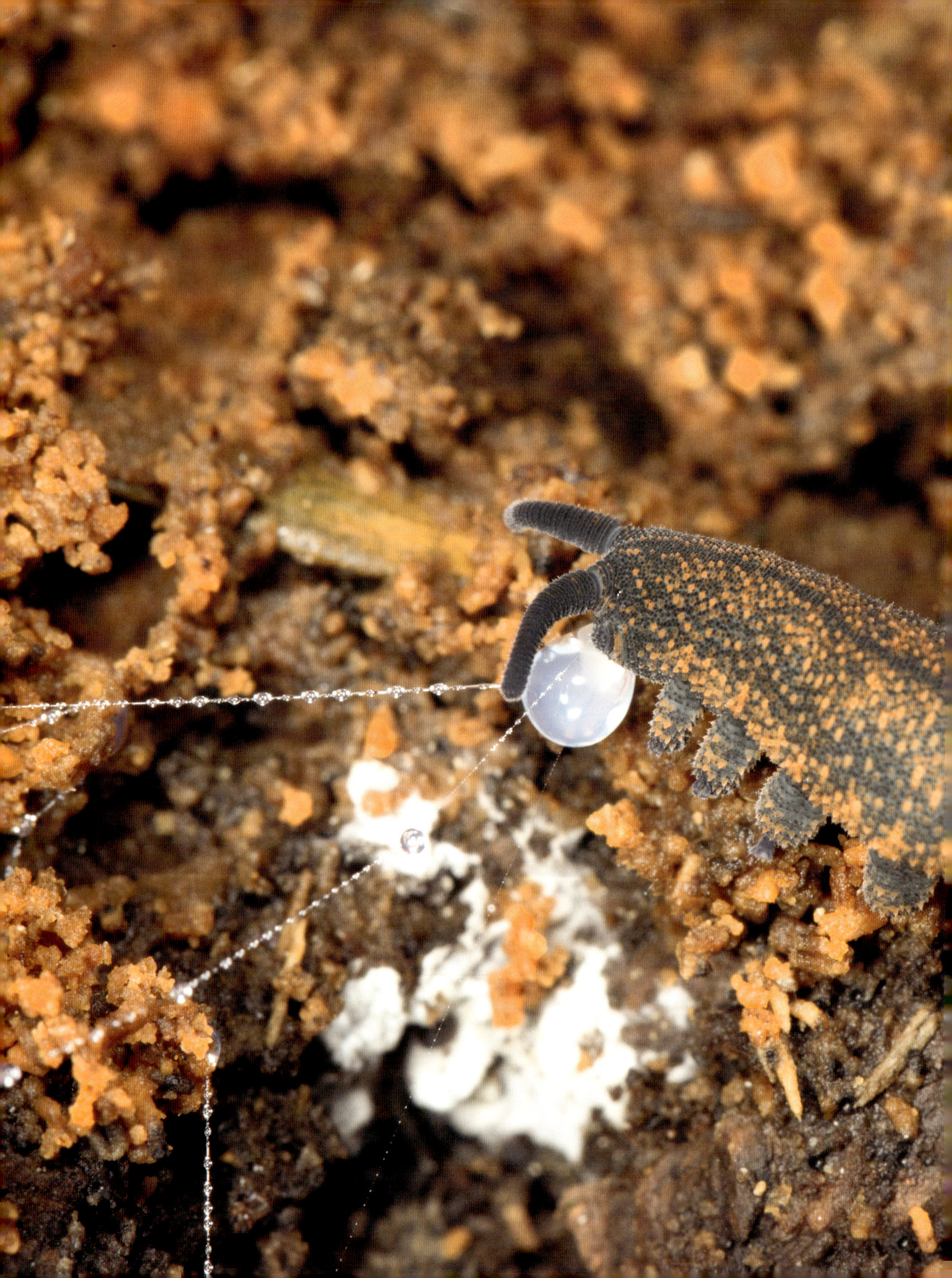

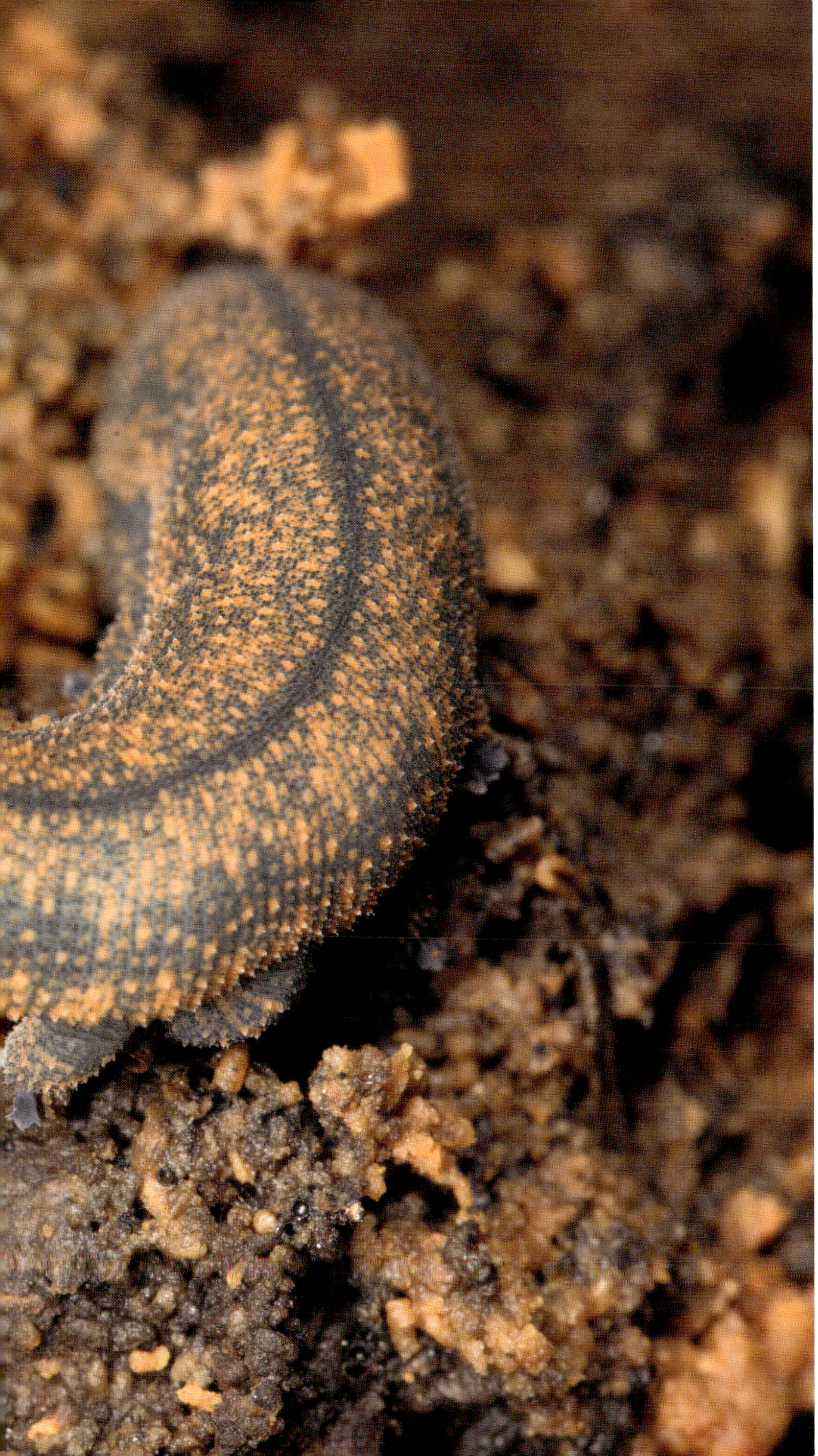

Velvet worms are able to shoot a sticky substance from special glands on their heads, which they use to prey on other small creatures.

Stummelfüßer sind in der Lage, aus speziellen Drüsen am Kopf eine klebrige Substanz abzugeben, mit deren Hilfe sie andere kleine Tiere erbeuten können.

The velvet worm species Peripatus novaezealandiae is found
exclusively in New Zealand,
a fact its scientific name reveals.

*Die Stummelfüßerart Peripatus no-
vaezealandiae kommt, das verrät
ihr wissenschaftlicher Name, ausschließlich in Neuseeland vor.*

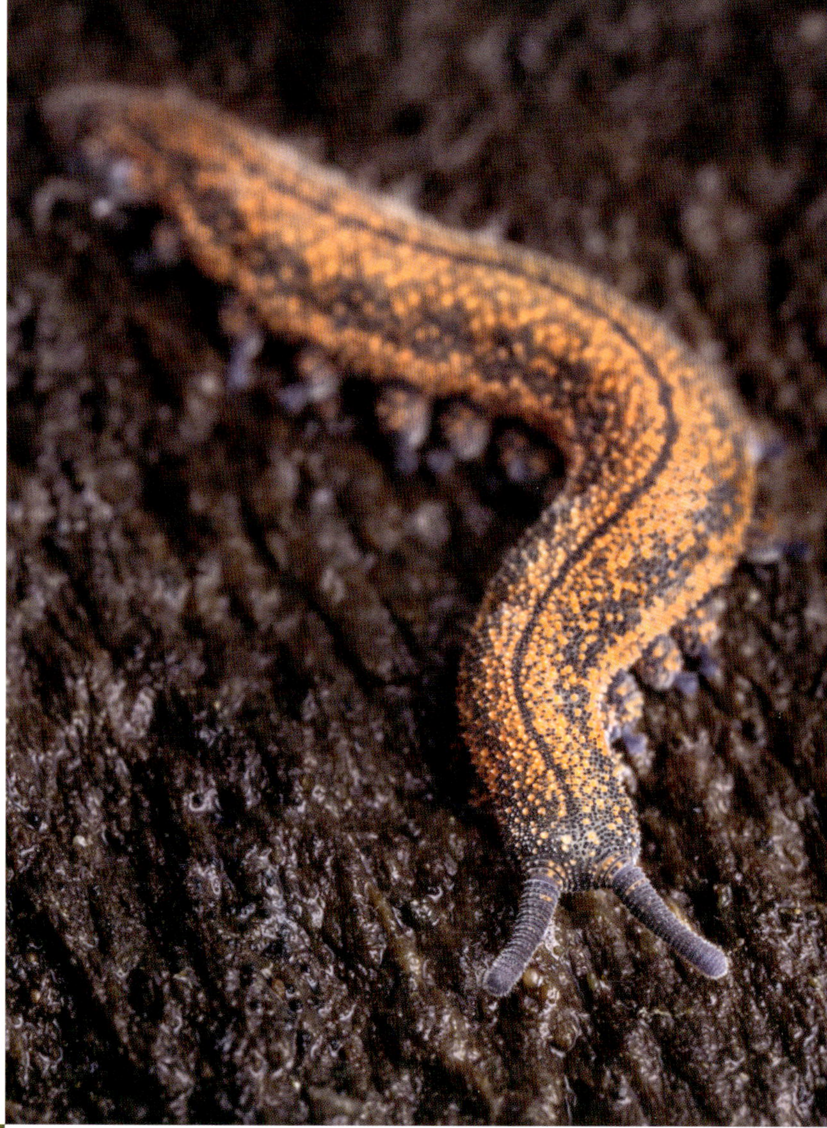

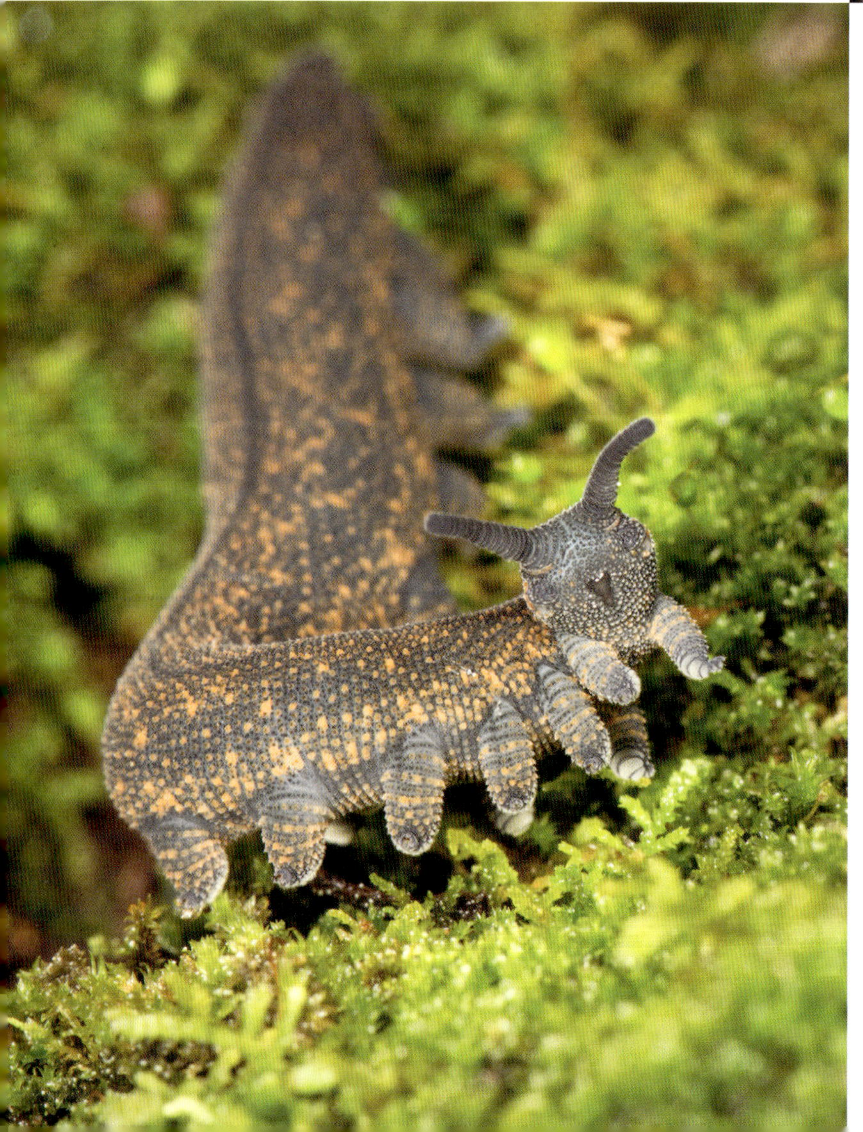

Unlike millipedes or insects, velvet
worms always move both legs of
a pair at the same time.

*Stummelfüßer bewegen, anders
als Tausendfüßer oder Insekten,
immer beide Beine eines Bein-
paares gleichzeitig.*

When threatened, velvet worms will roll up on their side, but they
can also use their sticky secretions to fend off smaller predators.

Bei einer Bedrohung rollen sich Stummelfüßer auf der Seite
liegend zusammen, können aber auch mit Hilfe ihres klebrigen
Sekrets kleinere Fressfeinde abwehren.

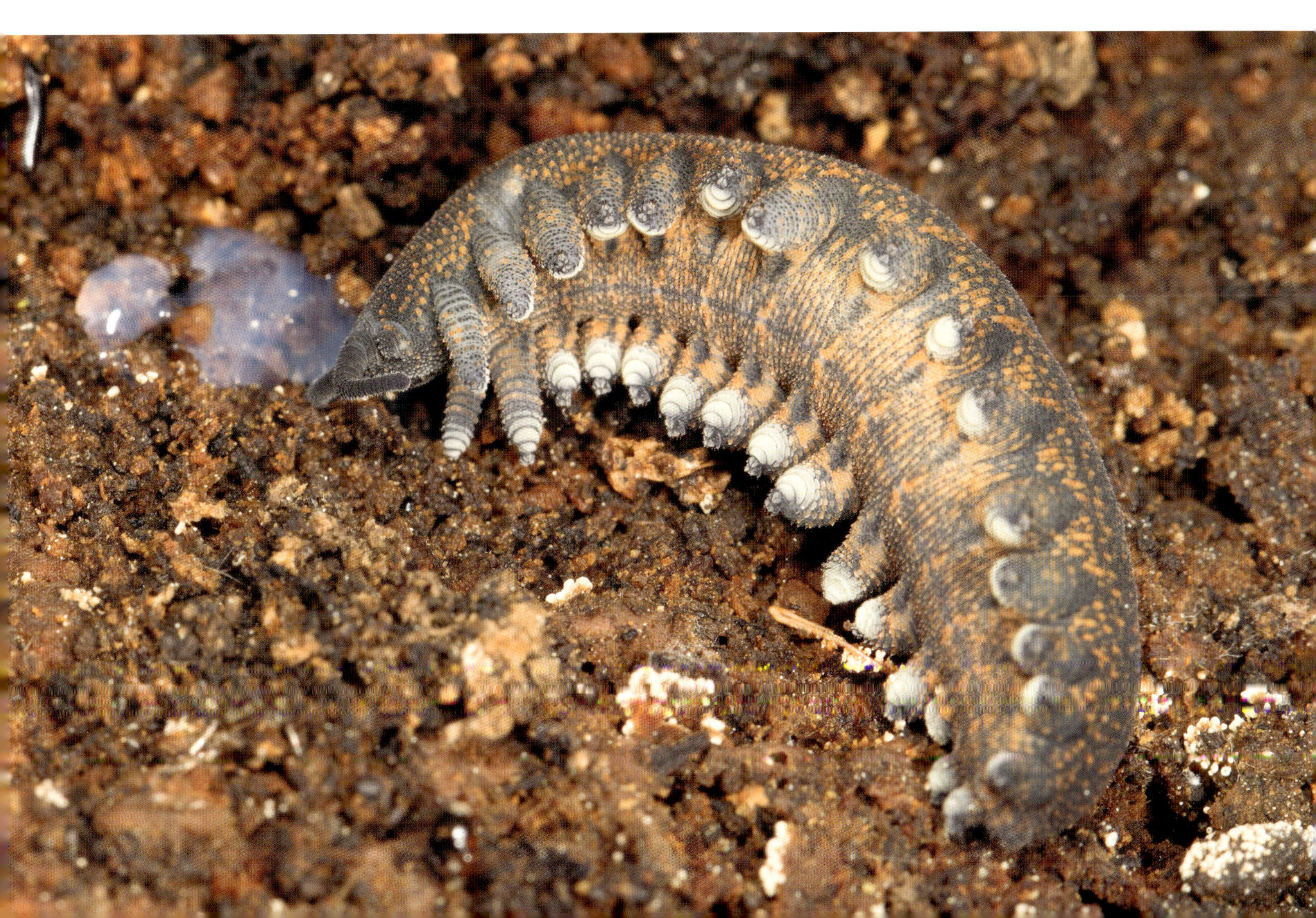

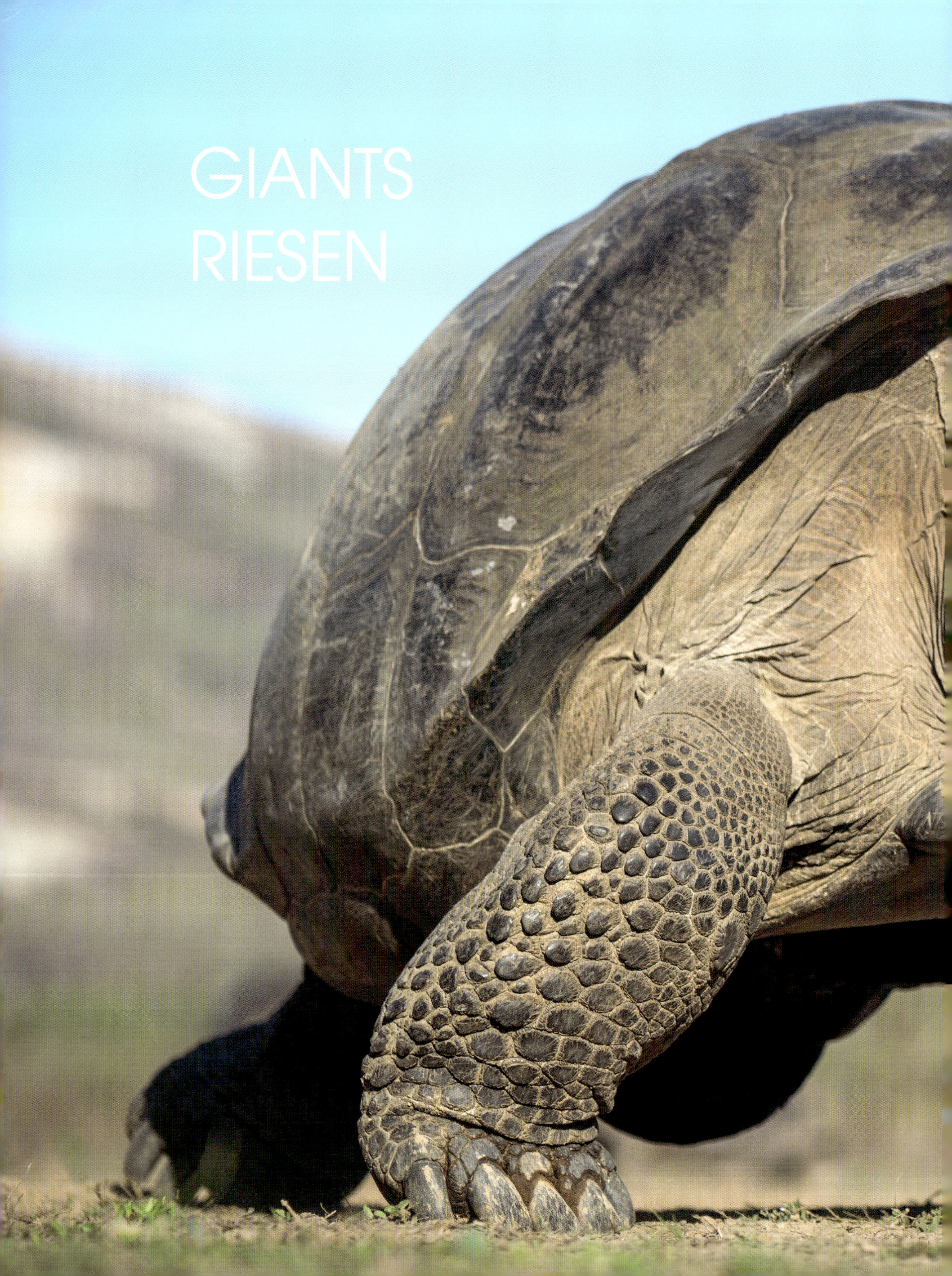
GIANTS
RIESEN

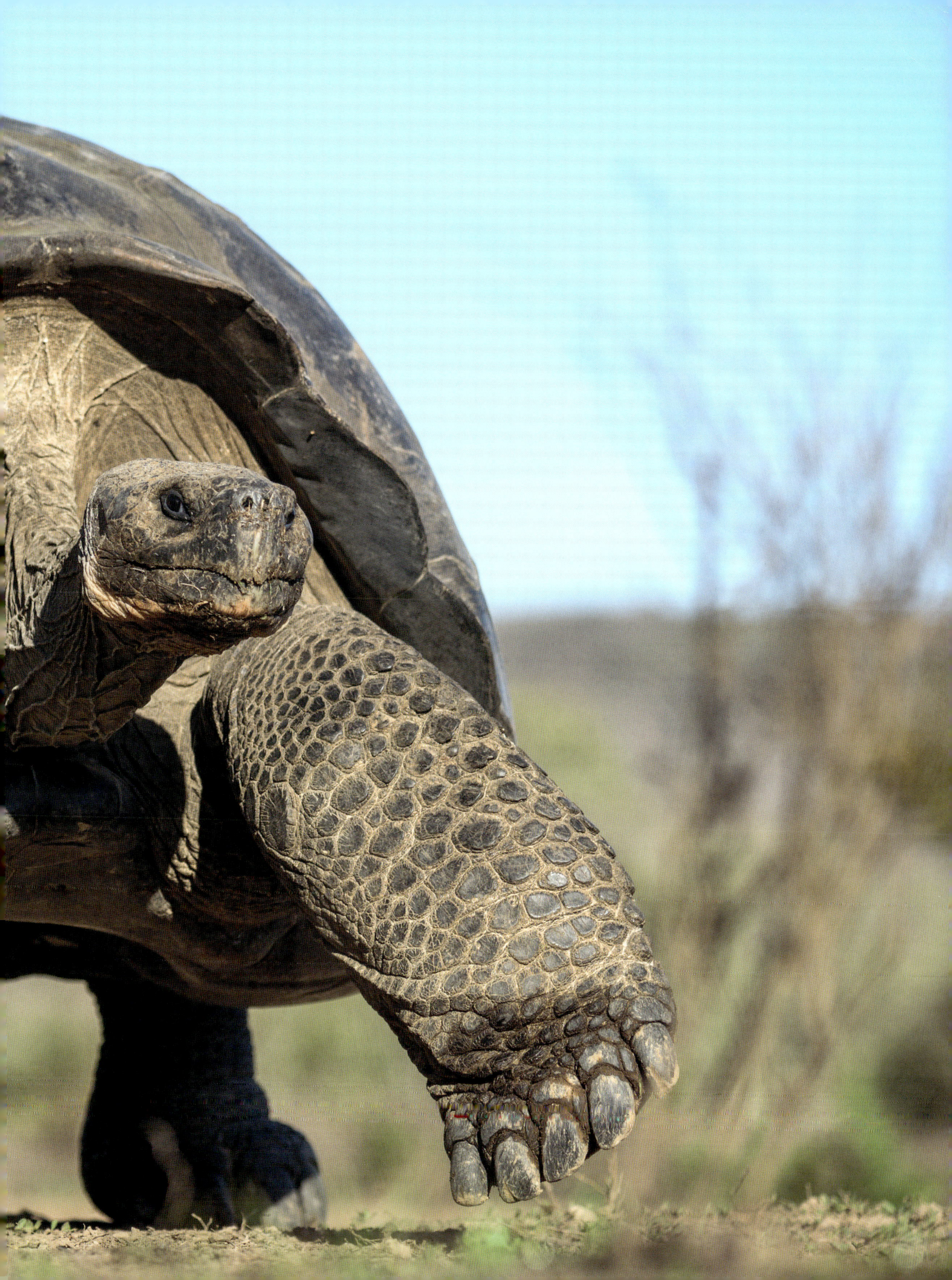

GIANTS-THE PHENOMENON OF ISLAND GIGANTISM

For many years now, biologists have observed the size of small animals and plants living on an island increasing significantly over generations. This phenomenon is referred to in the scientific world as island gigantism. Giants are primarily found among reptiles. Classic examples include the famous Galapagos giant tortoise, the largest lizard in the world–the Komodo dragon–, and also one of the largest crocodiles on earth, the saltwater crocodile.

But examples of island gigantism are not exclusively found among reptiles, they can also be encountered in the insect world. Take Madagascar–home not only to the world's second-largest moth, the Madagascan moon moth, it also boasts one of the largest cockroach species in the world, the Madagascar hissing cockroach. A popular pet on this island, in fact.

Only found on several coastal islands off New Zealand known as the Poor Knights Islands, the giant weta is the heaviest insect in the world. At a length of seven centimeters, this behemoth can weigh up to 40 grams.

The tendency of island gigantism can even be observed in mice. On Gough Island in the South Atlantic, mice have become so large that they even attack young albatrosses, drinking their blood. The albatrosses are defenseless against attacks by these giant mice, because in the past they had no mammals as natural predators and were thus unable to develop a defense strategy.

Even far back in the world's distant past, animal gigantism occurred on islands time and again. A few years ago, for example, the fossil of a giant penguin was discovered. With a body size of 1.60 meters, this penguin was as tall as a short human.

Likewise, in 2019 paleontologists in New Zealand discovered the skeleton of a giant parrot, Heracles inexpectatus, which was double the size and weight of the kakapo, the largest parrot alive today.

So that leaves us with the question: How does island gigantism happen? Or, in other words, why do animals and plants on islands grow larger than their counterparts on the mainland? Scientists suspect several factors are responsible for the emergence of this incredible phenomenon. For instance, small animals, thanks to their small body size, are able to use far more hiding places and escape routes than larger animals. In the absence of any predators, however, the necessity to remain as small as possible is eliminated.

Another possible factor for the development of island gigantism can be observed in some lizard species. Many male iguanas, for example, establish territories they ferociously defend against rivals. And, of course, the larger and stronger an individual is, the easier it is to defend their territory. So size is a clear benefit when it comes to survival on islands, where there are inherently a limited number of territories available.

RIESEN – DAS PHÄNOMEN DES INSELGIGANTISMUS

Schon seit vielen Jahren haben Biologen beobachtet, dass die Größe von kleinen Tieren und Pflanzen, die auf einer Insel leben, über die Generationen hinweg deutlich zunimmt. Ein Phänomen, dass in der Wissenschaft als »Inselgigantismus« bezeichnet wird.

Giganten unter den Inseltieren finden sich vor allem bei den Reptilien. Geradezu Klassiker sind hier die berühmte Galapagos-Riesenschildkröte, der Komodowaran, die größte Echse der Welt, und das Leistenkrokodil, eines der größten Krokodile unserer Erde. Beispiele für Inselgigantismus finden wir jedoch nicht nur bei Reptilien, sondern auch bei Insekten. Auf Madagaskar lebt beispielweise mit dem Kometenfalter nicht nur der zweitgrößte Schmetterling der Welt, sondern mit der Madagaskar-Fauchschabe auch eine der größten Kakerlakenarten überhaupt. Auf dieser Insel übrigens ein beliebtes Haustier.

Ausschließlich auf den Poor Knights Islands, einigen küstennahen Inseln Neuseelands, kommt die Riesen-Weta-Grille, das schwerste Insekt der Welt, vor. Bei einer Länge von sieben Zentimetern kann dieser Gigant unter den Insekten immerhin bis zu 40 Gramm wiegen.

Die Neigung zum Inselgigantismus lässt sich sogar bei Mäusen beobachten. Und zwar auf der Gough-Insel im Süd-Atlantik. Dort sind Mäuse inzwischen so groß geworden, dass sie sogar junge Albatrosse angreifen und ihr Blut trinken. Die Albatrosse sind den Angriffen der Riesenmäuse schutzlos ausgeliefert, da sie in der Vergangenheit nicht mit Säugetieren als natürliche Fressfeinde rechnen mussten und so keine Verteidigungsstrategie entwickeln konnten. Und auch lange in der Vergangenheit kam es auf Inseln immer wieder zu tierischen Gigantismen. So wurde vor wenigen Jahren das Fossil eines riesigen Pinguins entdeckt. Mit einer Körpergröße von 1,60 Metern war dieser Pinguin so groß wie ein kleinerer Mensch.

Ebenfalls auf Neuseeland entdeckten Paläontologen 2019 das Skelett des Riesenpapageis *Heracles inexpectatus*, der doppelt so groß und so schwer war wie der Kakapo, der größte heute noch lebende Papagei.

Bleibt natürlich die Frage: Wie kommt es zum Inselgigantismus? Oder anders gefragt, warum werden Tiere und Pflanzen auf Inseln größer als ihre Kollegen auf dem Festland? Die Wissenschaft vermutet, dass gleich mehrere Faktoren für die Entstehung dieses erstaunlichen Phänomens verantwortlich sind: Kleine Tiere können zum Beispiel, dank ihrer geringen Körpergröße, viel mehr Verstecke und Fluchtwege nutzen als größere Tiere. Fehlen jegliche Fressfeinde, wird der Zwang, möglichst klein zu bleiben, aufgehoben.

Bei einigen Echsenarten kann man einen weiteren möglichen Faktor für die Entstehung des Inselgigantismus beobachten: Viele männliche Leguane etwa bilden Reviere aus, die sie gegenüber Rivalen erbittert verteidigen. Und natürlich lässt sich ein Gebiet umso besser verteidigen, je größer und kräftiger man ist. Größe ist also auf Inseln, auf denen naturgegeben nur ein begrenztes Angebot an Revieren vorhanden ist, ein klarer Überlebensvorteil, den es anzustreben gilt.

The eggs of Parson's chameleons incubate in the ground for a good 18 months before little chameleons hatch and emerge from them.

Die Eier von Parsons Chamäleon liegen gut 18 Monate im Erdboden, bevor ein kleines Chamäleon daraus schlüpft.

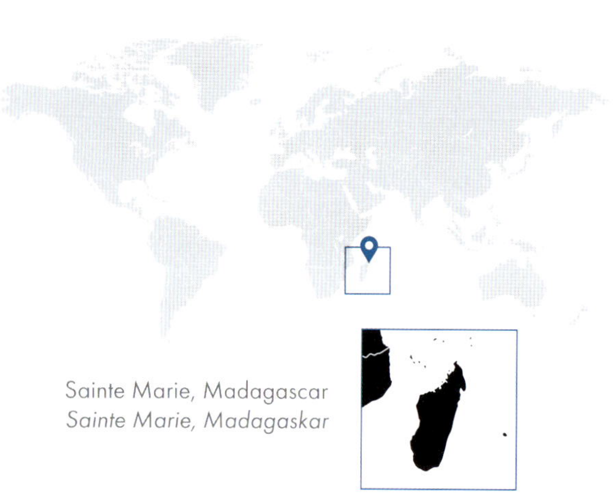

Sainte Marie, Madagascar
Sainte Marie, Madagaskar

Quite possibly the most impressive reptile on Madagascar: Parson's chameleon, a giant among chameleons.

Das wahrscheinlich beeindruckendste Reptil Madagaskars: Parsons Chamäleon. Ein Gigant unter den Chamäleons.

PARSON'S CHAMELEON

Calumma parsonii

At just about 70 centimeters long, Parson's chameleon is not only a giant among its species, it also beats out the giant chameleon by a slim margin for the distinction of being the largest of these fascinating animals. Parson's chameleons are found exclusively in the northern and eastern regions of Madagascar, where they live in the treetops of the rainforest. Like many other chameleon species, Parson's chameleons use their famous ability to change color, but not to adapt to a particular background for better camouflage, as long presumed. Instead, they use it to communicate with other members of their species.

For example, males try to catch the eye of females during courtship by changing to flashy and bright colors. Colorful stripes and dots on the skin of the admirer are intended to signal to the future queen of his heart, "Look at me, I'm the most magnificent specimen, the best the market has to offer." If the female shows vibrant colors, her inclined suitor can interpret that as an affirmative response. A change to subdued colors, on the other hand, indicates that the female is not interested in a tryst.

PARSONS CHAMÄLEON

Calumma parsonii

Mit knapp 70 Zentimetern Länge ist Parsons Chamäleon nicht nur ein Gigant unter seinen Artgenossen, sondern mit knappem Vorsprung vor dem Riesenchamäleon der größte Vertreter dieser faszinierenden Tiere überhaupt. Parsons Chamäleons kommen ausschließlich im Norden und Osten Madagaskars vor, wo sie in den Baumkronen des Regenwaldes leben. Wie viele andere Chamäleonarten nutzt Parsons Chamäleon seine berühmte Fähigkeit, die Farbe zu wechseln, nicht, wie lange vermutet, um sich zur besseren Tarnung einem bestimmten Hintergrund anzupassen, sondern zur Kommunikation mit Artgenossen.

So versuchen zum Beispiel männliche Vertreter dieser Art in der Balz durch einen Wechsel zu grellen und bunten Farben, die Aufmerksamkeit von Weibchen zu erringen. Bunte Streifen und Punkte auf der Haut des Verehrers sollen der zukünftigen Dame seines Herzens signalisieren: »Schau her, ich bin das Prächtigste und Beste, was der Markt zu bieten hat.« Zeigt das Weibchen leuchtende Farben, darf der geneigte Verehrer das als ein zustimmendes »Ja« interpretieren. Ein Wechsel zu gedeckten Farben signalisiert dagegen, dass das Weibchen nicht an einem Schäferstündchen interessiert ist.

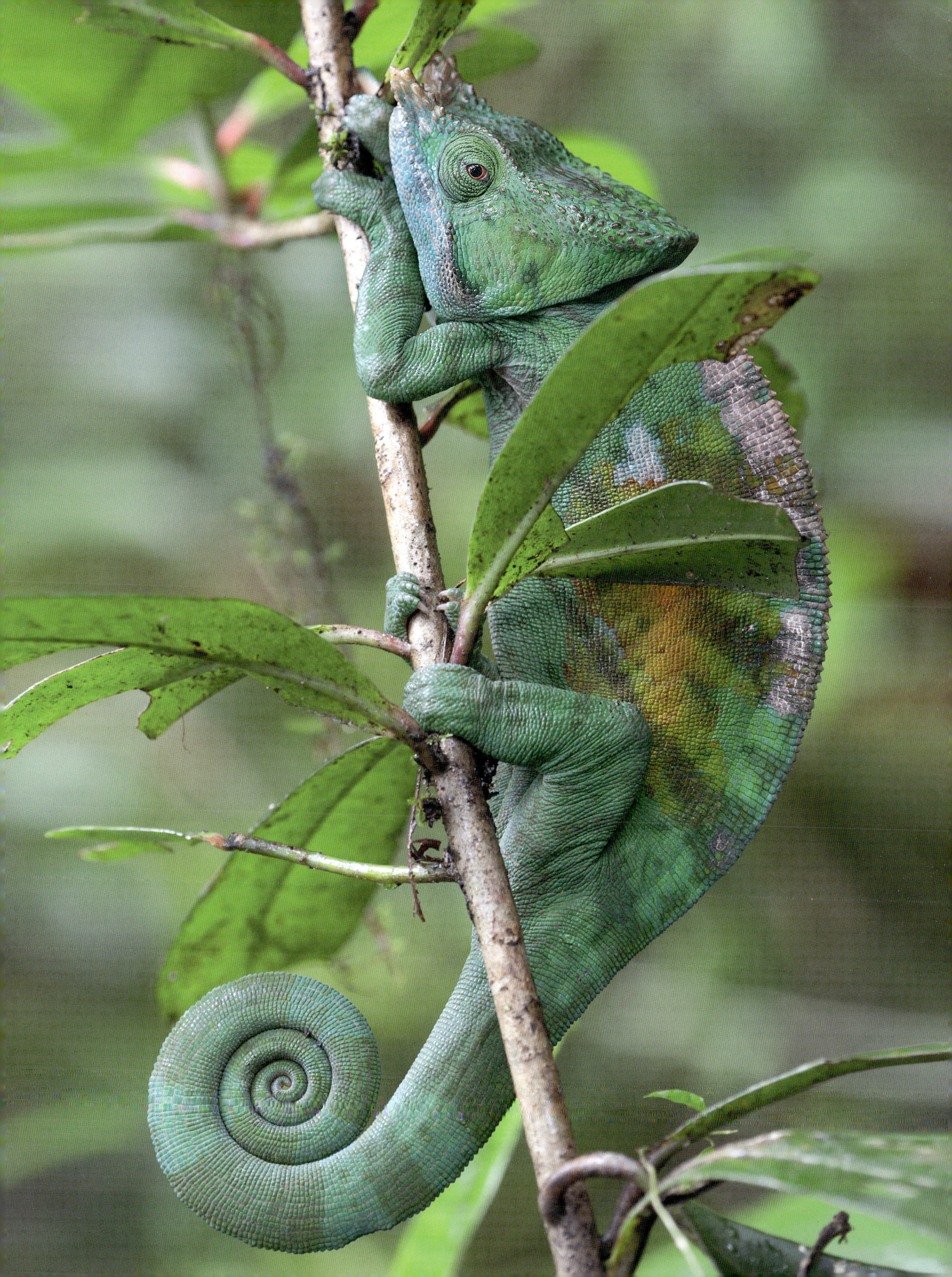

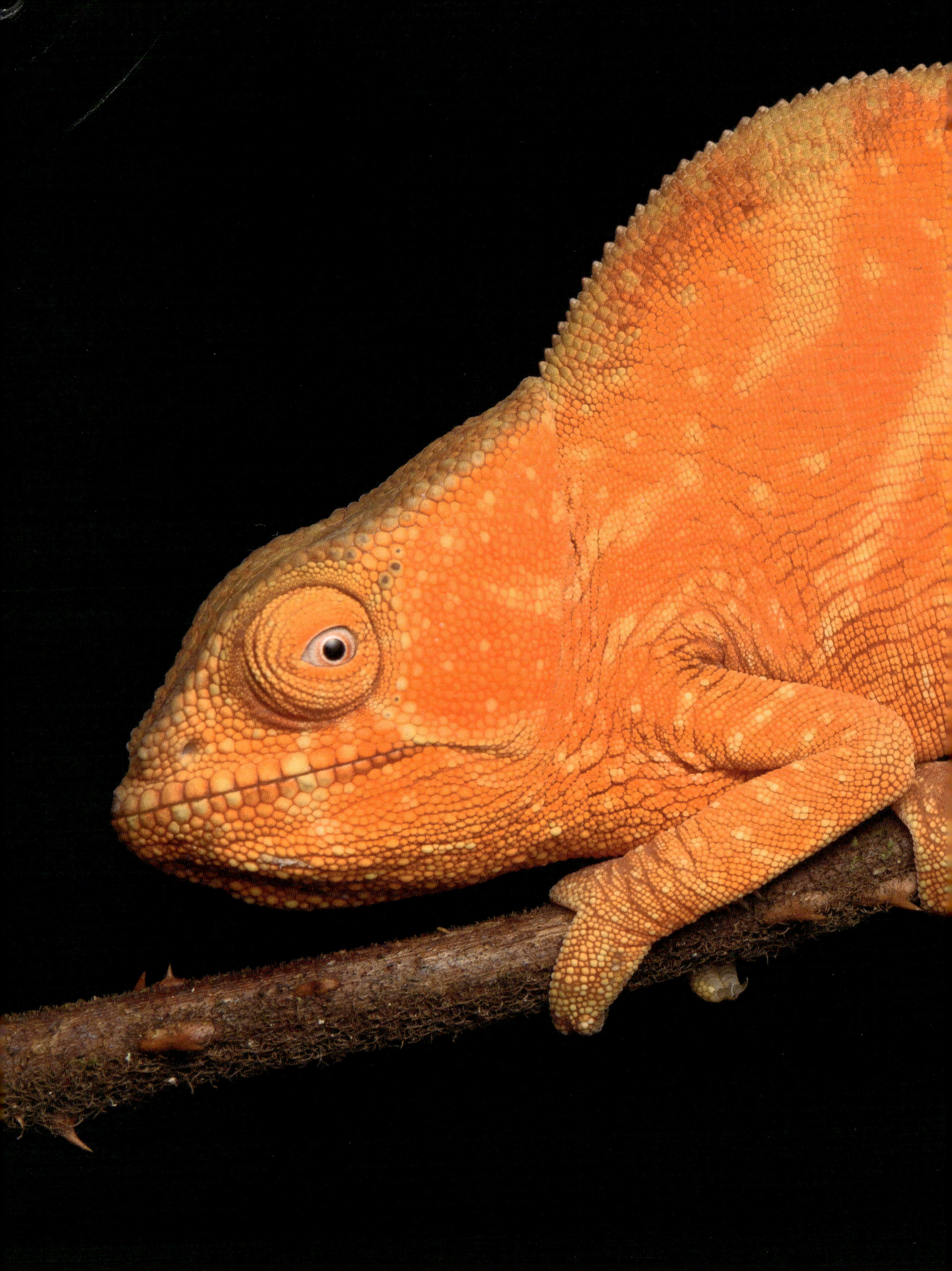

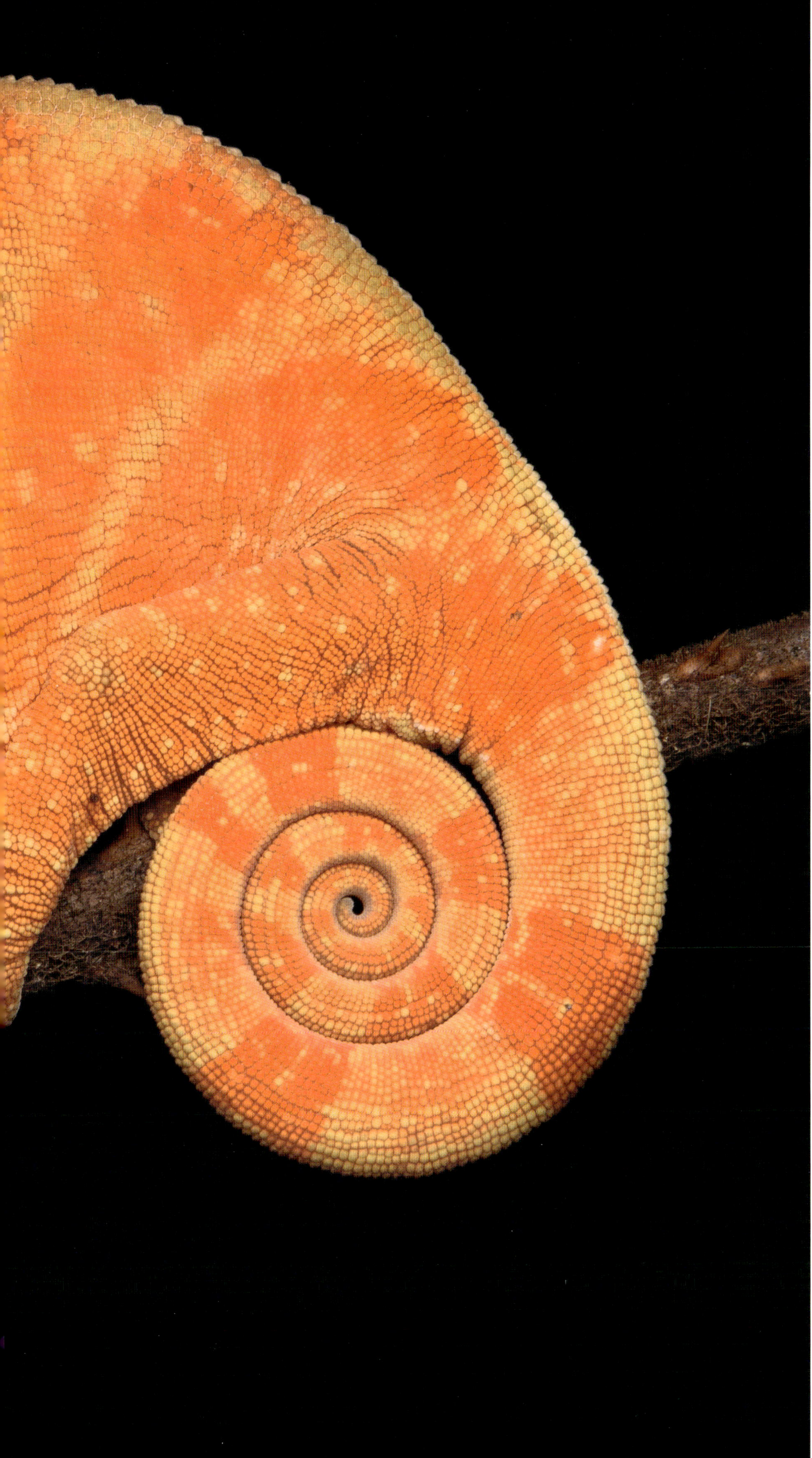

Juvenile Parson's chameleon.
Its pincer-like feet are perfectly
adapted to the animal's lifestyle as a climber.

*Jugendliches Parsons Chamäleon.
Die zangenähnlichen Füße sind
perfekt an die kletternde Lebensweise der Tiere angepasst.*

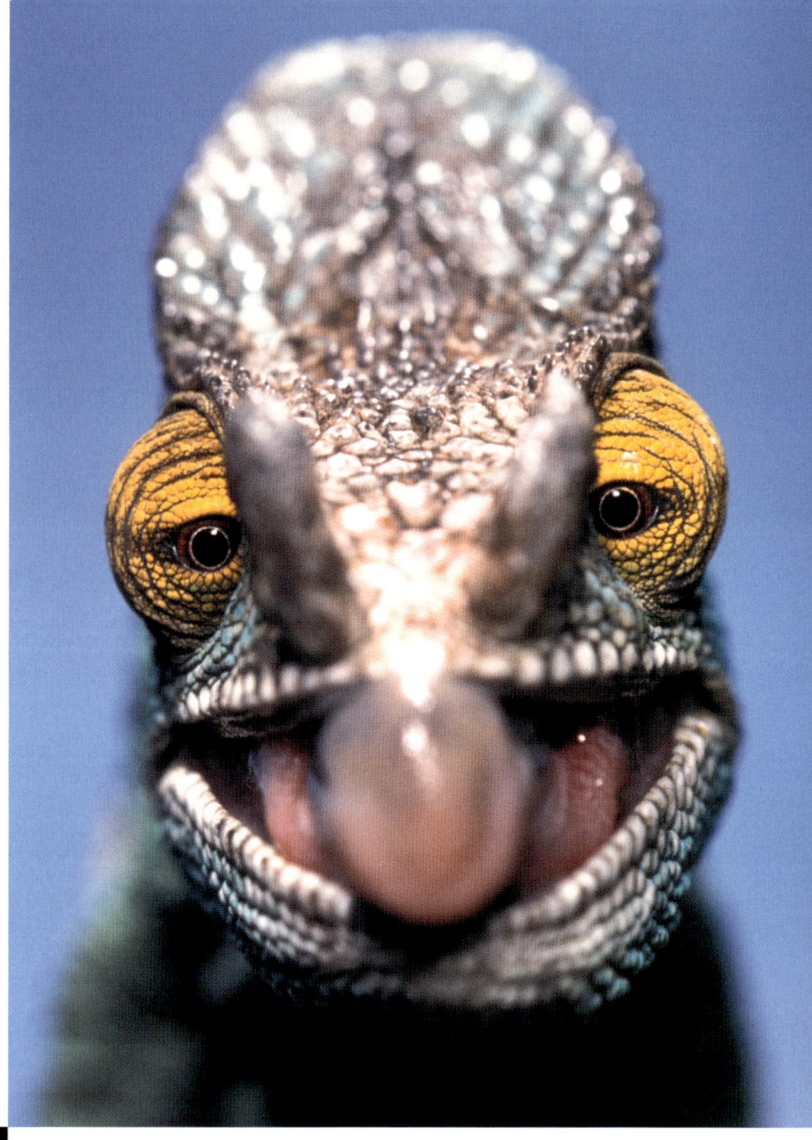

Male Parson's chameleon. Using their characteristic "slingshot" tongue, these animals can capture small insects at breathtaking speeds.

Männliches Parsons Chamäleon. Mit der charakteristischen »Schleuderzunge« können die Tiere in atemberaubender Geschwindigkeit kleine Insekten erbeuten.

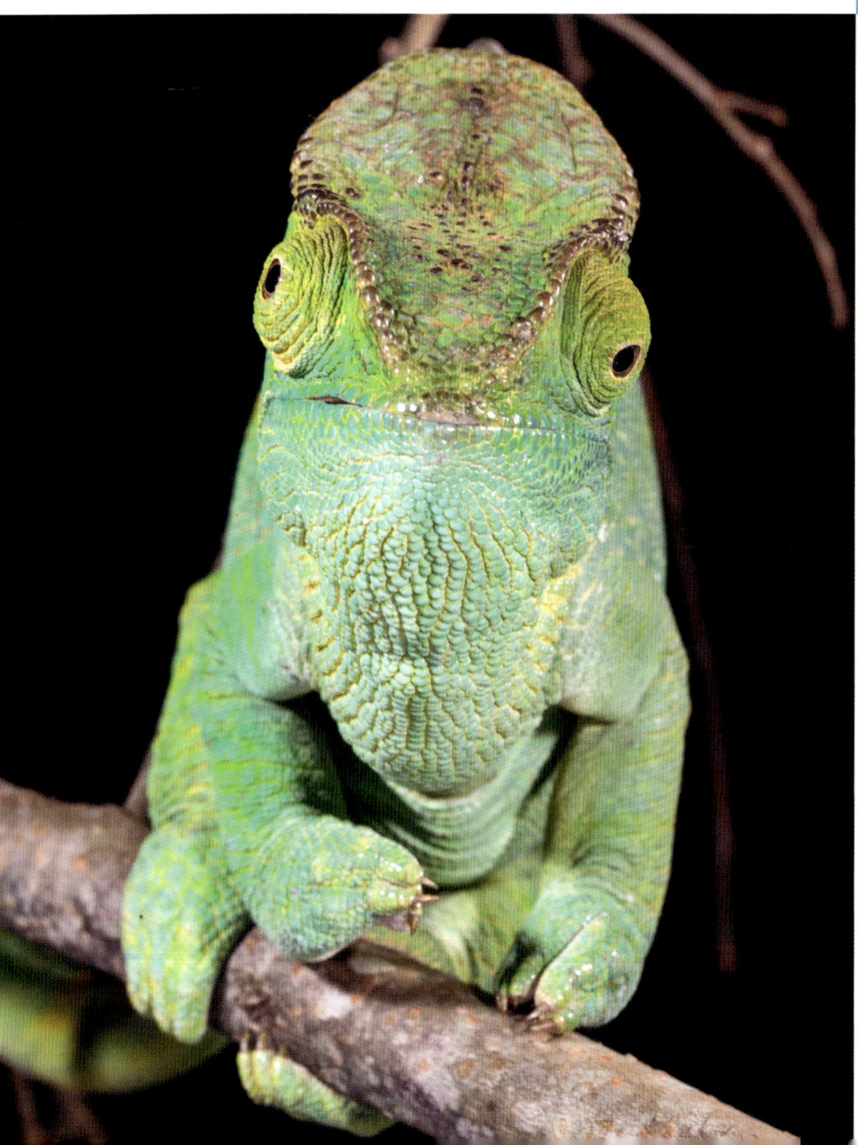

Female specimen. Chameleons are among the few species capable of moving their eyes independent of one another.

Weibliches Exemplar. Chamäleons gehören zu den wenigen Tierarten, die ihre Augen unabhängig voneinander bewegen können.

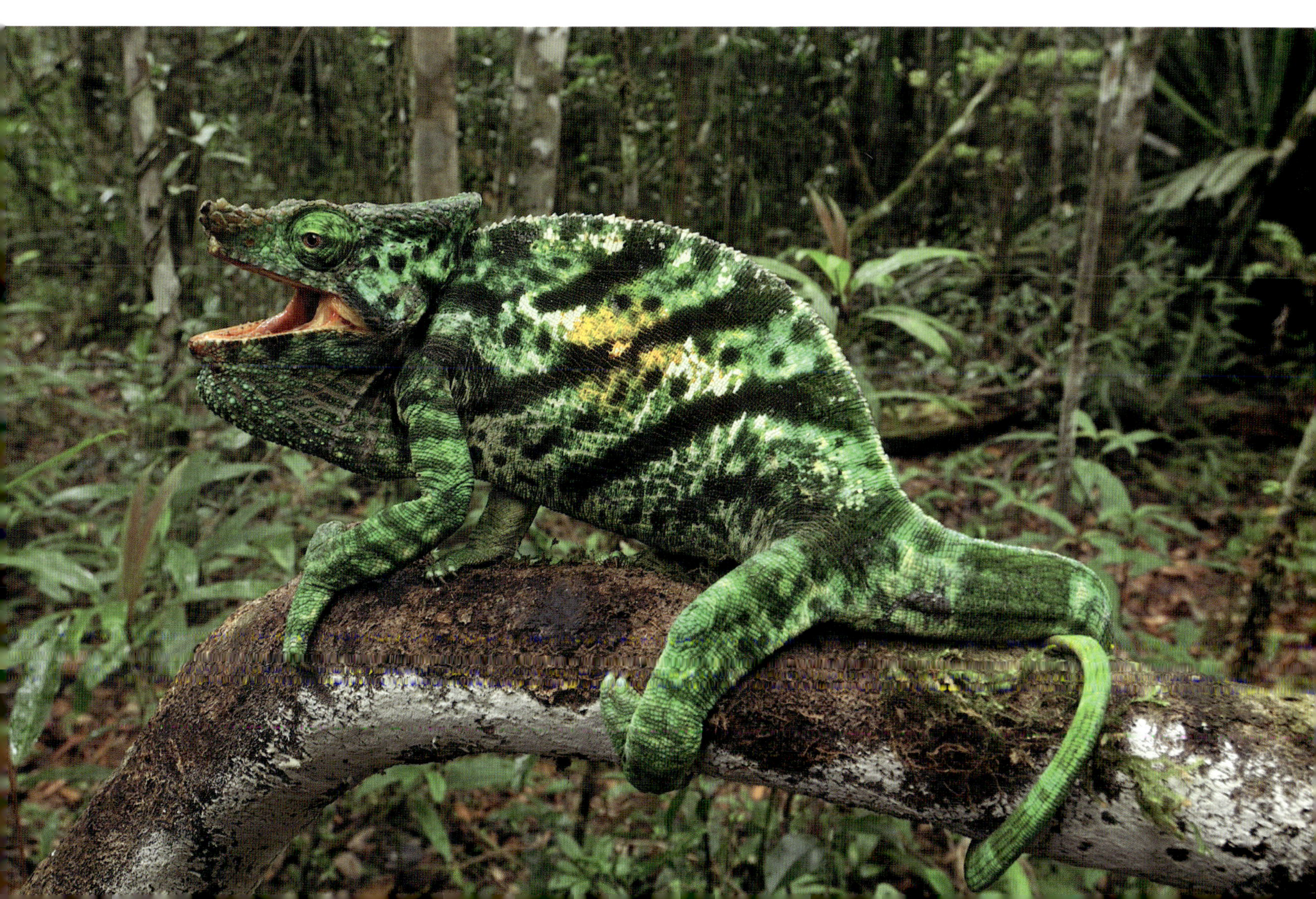

Parson's chameleon male in typical defensive posture.

Parsons Chamäleon-Männchen in typischer Defensivhaltung.

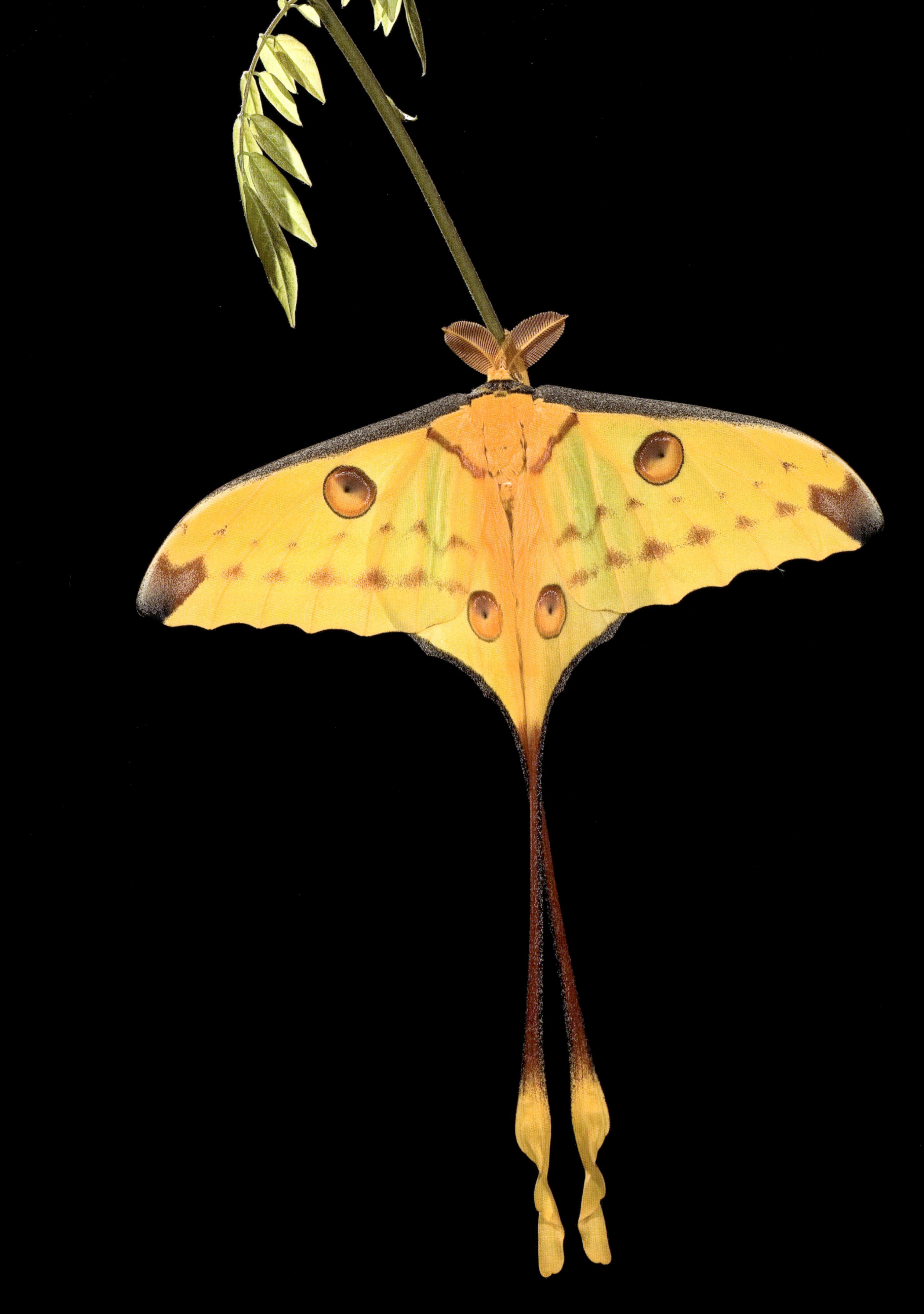

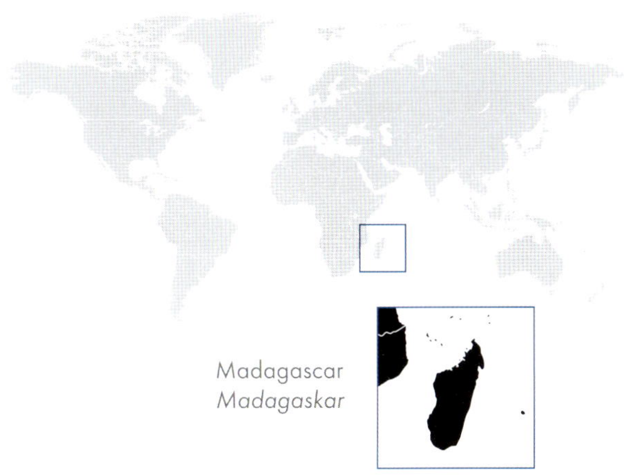

The Madagascan moon moth – one of the largest moths in the world.

Der Kometenfalter – einer der größten Schmetterlinge der Welt.

MADAGASCAN MOON MOTH

Argema mittrei

The Madagascan moon moth is not just one of the most beautiful moths in the world, it is also one of the largest. Only the Atlas moth of Asia is slightly larger than this magnificent nocturnal moth, found exclusively in the rainforests of Madagascar. This moth is also called the comet moth owing to its elongated tail appendages, which resemble a comet's tail and are much longer in the male than in the female of the species.

The adult life of a Madagascan moon moth is extremely short, lasting just five or six days. During this brief period, everything else is secondary to successful reproduction. As an adult, it no longer eats food, drawing instead from the reserves it built up as a caterpillar. And even if it wanted to eat, it would be unable to, as its mouthparts have completely disappeared in the course of evolution.

KOMETEN-FALTER

Argema mittrei

Der Kometenfalter ist nicht nur einer der schönsten, sondern auch einer der größten Schmetterlinge der Welt. Lediglich der asiatische Atlasspinner wird noch ein bisschen größer als dieser prächtige, nachtaktive Schmetterling, der ausschließlich in den Regenwäldern Madagaskars zu Hause ist. Seinen Namen verdankt der Kometenfalter den langgezogenen Schwanzfortsätzen, die an einen Kometenschweif erinnern und beim Männchen deutlich länger ausgeprägt sind als beim weiblichen Falter.

Das Erwachsenenleben von Kometenfaltern gestaltet sich mit fünf bis sechs Tagen ausgesprochen kurz. In dieser kleinen Zeitspanne ist alles der erfolgreichen Fortpflanzung untergeordnet. Er nimmt deshalb als erwachsenes Tier keine Nahrung mehr zu sich, sondern zehrt von den Reserven, die er in seinem Leben als Raupe angelegt hat. Und selbst wenn er fressen wollte, könnte er das nicht: Seine Mundwerkzeuge sind im Laufe der Evolution vollständig verkümmert.

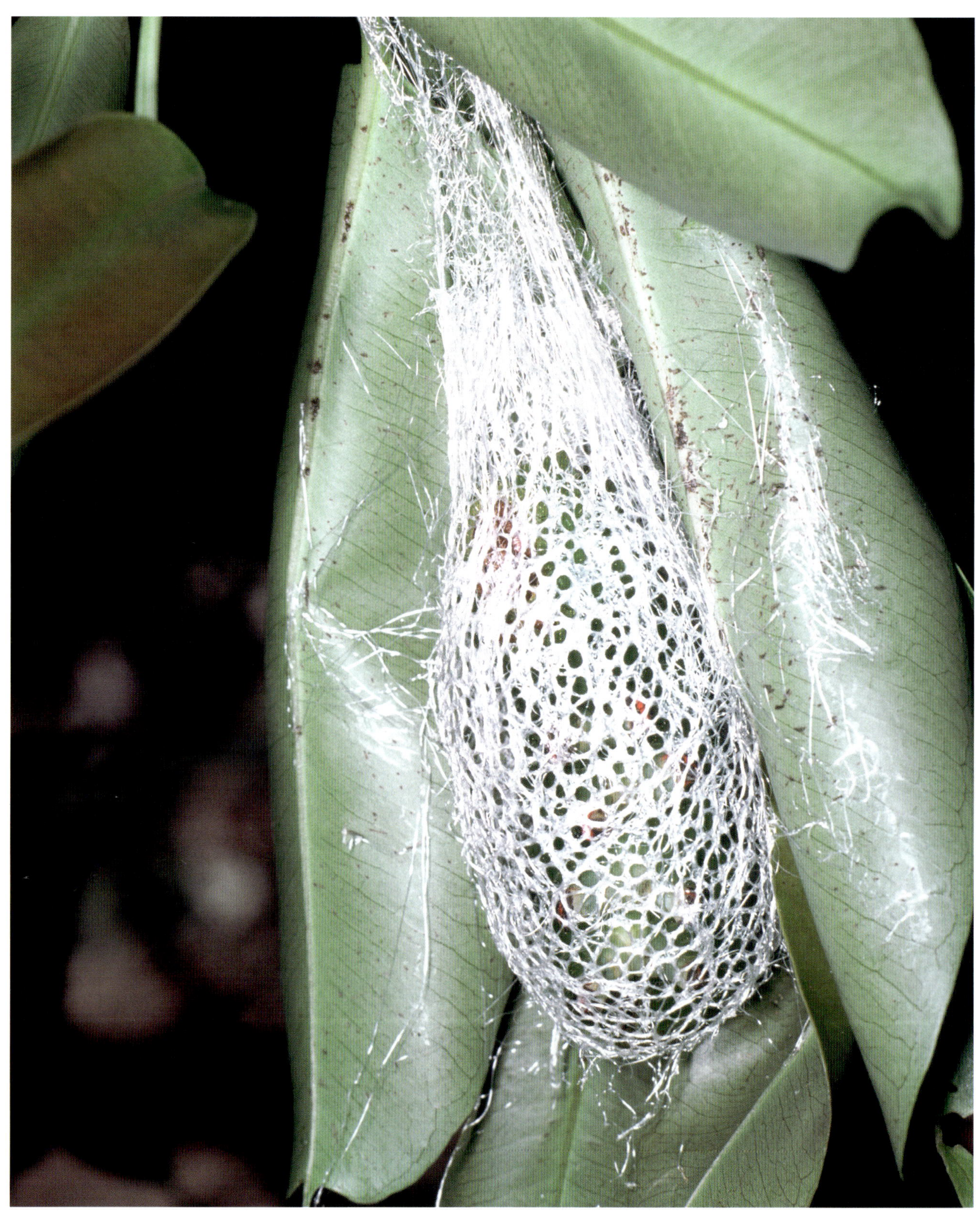

The cocoon of a Madagascan moon moth.

Eikokon eines Kometenfalters.

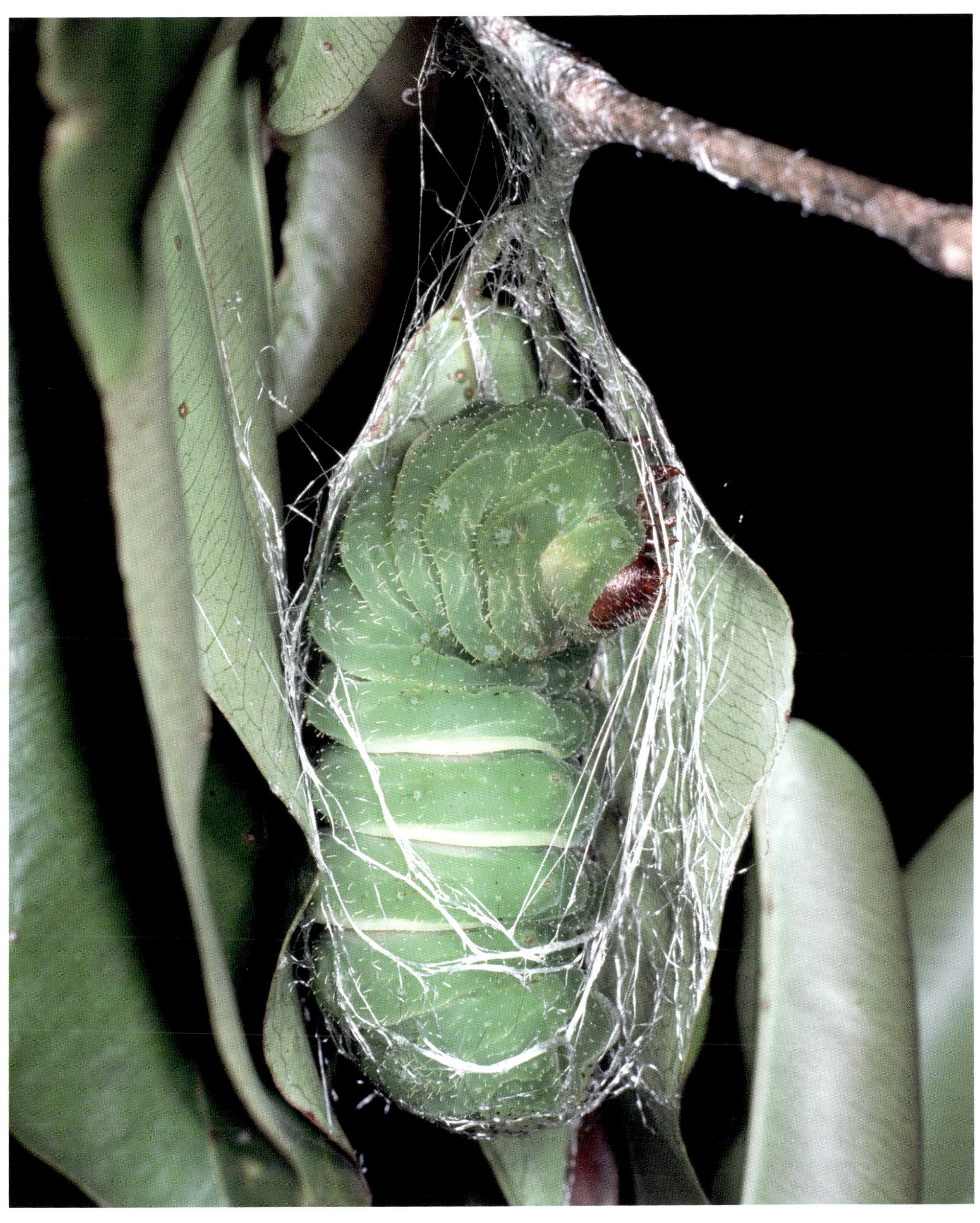

Madagascan moon moth caterpillar, about to pupate.

Raupe eines Kometenfalters, kurz vor der Verpuppung.

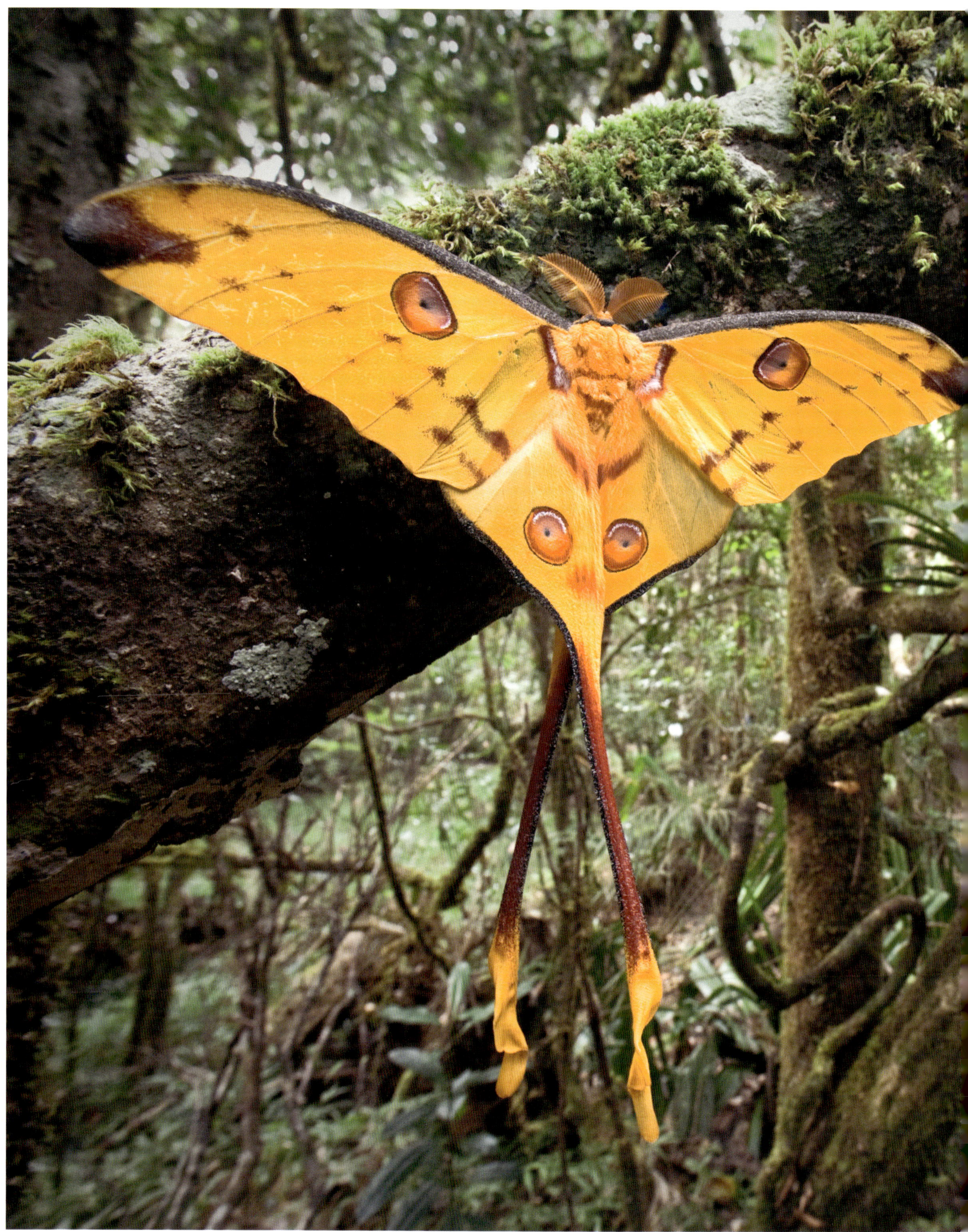

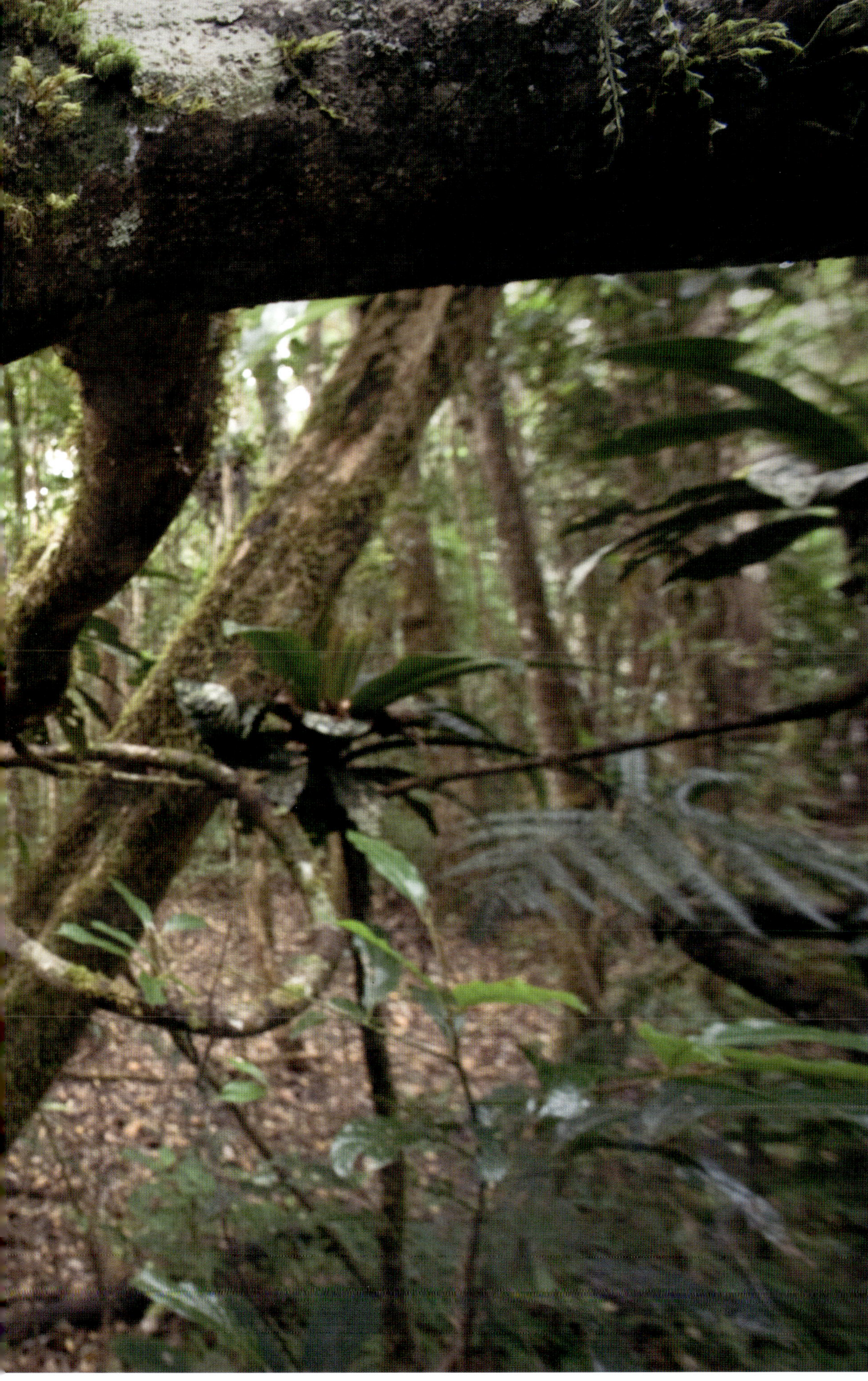

Freshly emerged from its pupal case, a Madagascan moon moth dries its wings.

Frisch aus der Puppenhülle geschlüpfter Kometenfalter beim Trocknen seiner Flügel.

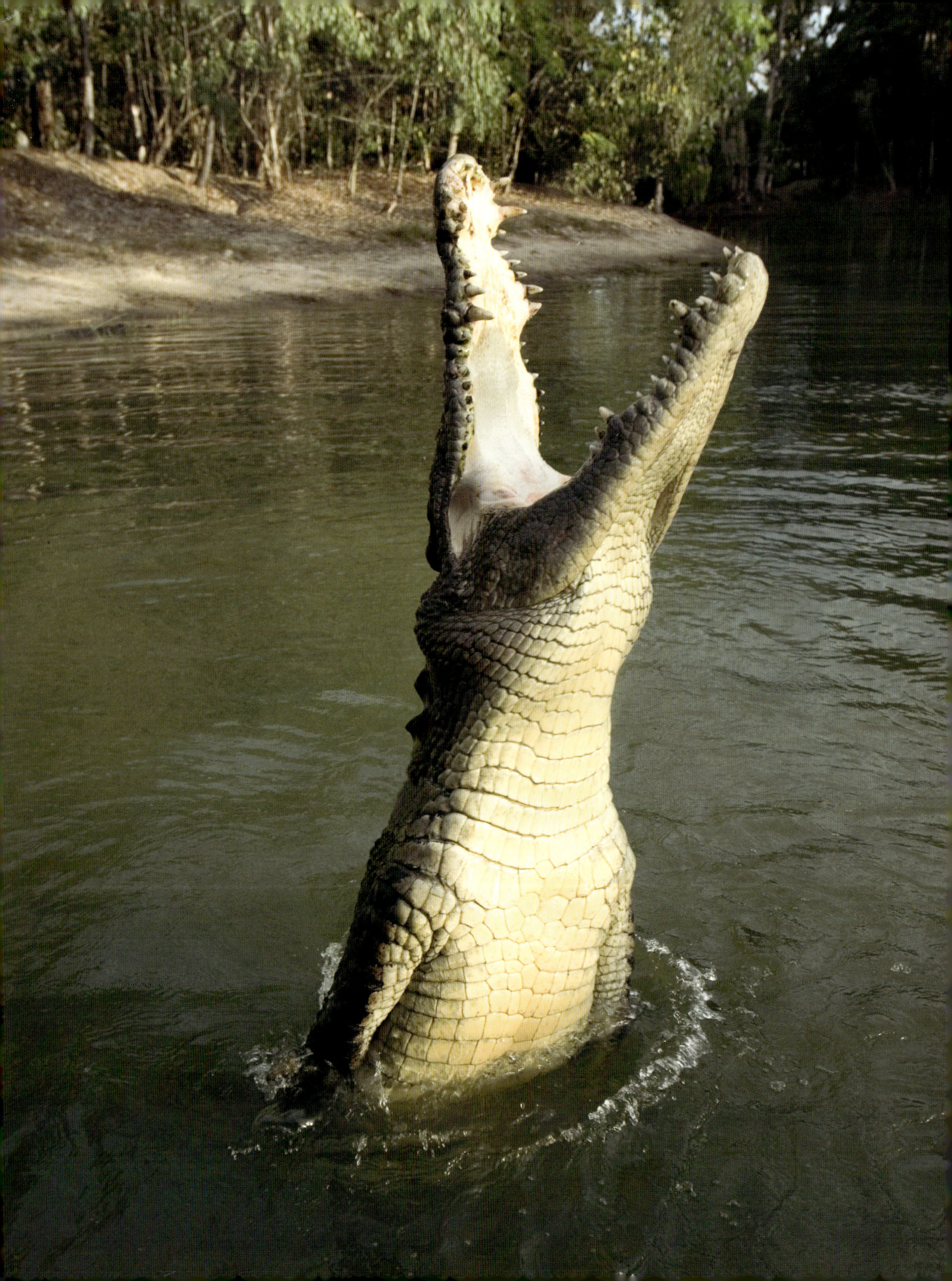

Saltwater crocodiles can survive up to a year without food because they can subsist on the fat reserves in their tails.

Leistenkrokodile sind in der Lage, bis zu einem Jahr ohne Nahrung auszukommen, da sie von den Fettvorräten in ihrem Schwanz zehren können.

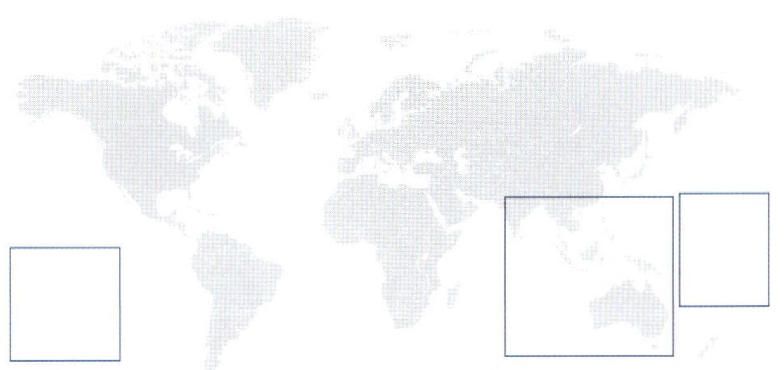

India, Southeast Asia, Australia, Oceania
Indien, Südostasien, Australien, Ozeanien

The saltwater crocodile is not only one of the largest crocodiles in the world, it is also one of the most dangerous.

Das Leistenkrokodil ist nicht nur eines der größten, sondern auch eines der gefährlichsten Krokodile der Welt.

SALTWATER CROCODILE

Crocodylus porosus

Unlike all other crocodiles, salties, as these huge animals are affectionately called in Australia, not only inhabit rivers and lakes, they also live in the ocean, thanks to their high salt tolerance. With the help of glands called salt glands on the surface of their tongues, these reptiles are able to excrete excess salt. This ability gives saltwater crocodiles the largest range of any crocodile, extending from India across Southeast Asia to Australia and including almost the entirety of Oceania.
The enormous animals, among the largest crocodiles in the world measuring up to six meters in length and weighing up to a ton, are often spotted on the high seas several hundred kilometers from land. And another thing – saltwater crocodiles belong to the group of man-eaters: Every year, several dozen people lose their lives to these gigantic lizards.

LEISTEN- KROKODIL

Crocodylus porosus

Im Gegensatz zu allen anderen Krokodilen bewohnen »Salties«, wie die riesigen Tiere in Australien etwas verniedlichend genannt werden, dank einer hohen Salzverträglichkeit nicht nur Flüsse und Seen, sondern auch das Meer. Mit Hilfe sogenannter Salzdrüsen auf der Zungenoberfläche können diese Reptilien überschüssiges Salz wieder ausscheiden. Dank dieser Fähigkeit haben Leistenkrokodile das größte Verbreitungsgebiet aller Krokodile überhaupt. Es reicht von Indien über Südostasien bis nach Australien und umfasst fast die gesamte ozeanische Inselwelt.
Oft werden die riesigen Tiere, die mit einer Länge von bis zu sechs Metern und einem Gewicht von bis zu einer Tonne zu den größten Krokodilen der Welt gehören, viele hundert Kilometer vom Land entfernt auf hoher See gesichtet. Leistenkrokodile gehören übrigens zu den sogenannten »Man-Eatern«: Jährlich fallen den gigantischen Echsen mehrere Dutzend Menschen zum Opfer.

Unlike other crocodile species, their tolerance for salt has allowed
saltwater crocodiles to take to the ocean as well.

*Leistenkrokodile haben, dank ihrer Salzverträglichkeit, im Gegensatz
zu anderen Krokodilarten auch das Meer erobert.*

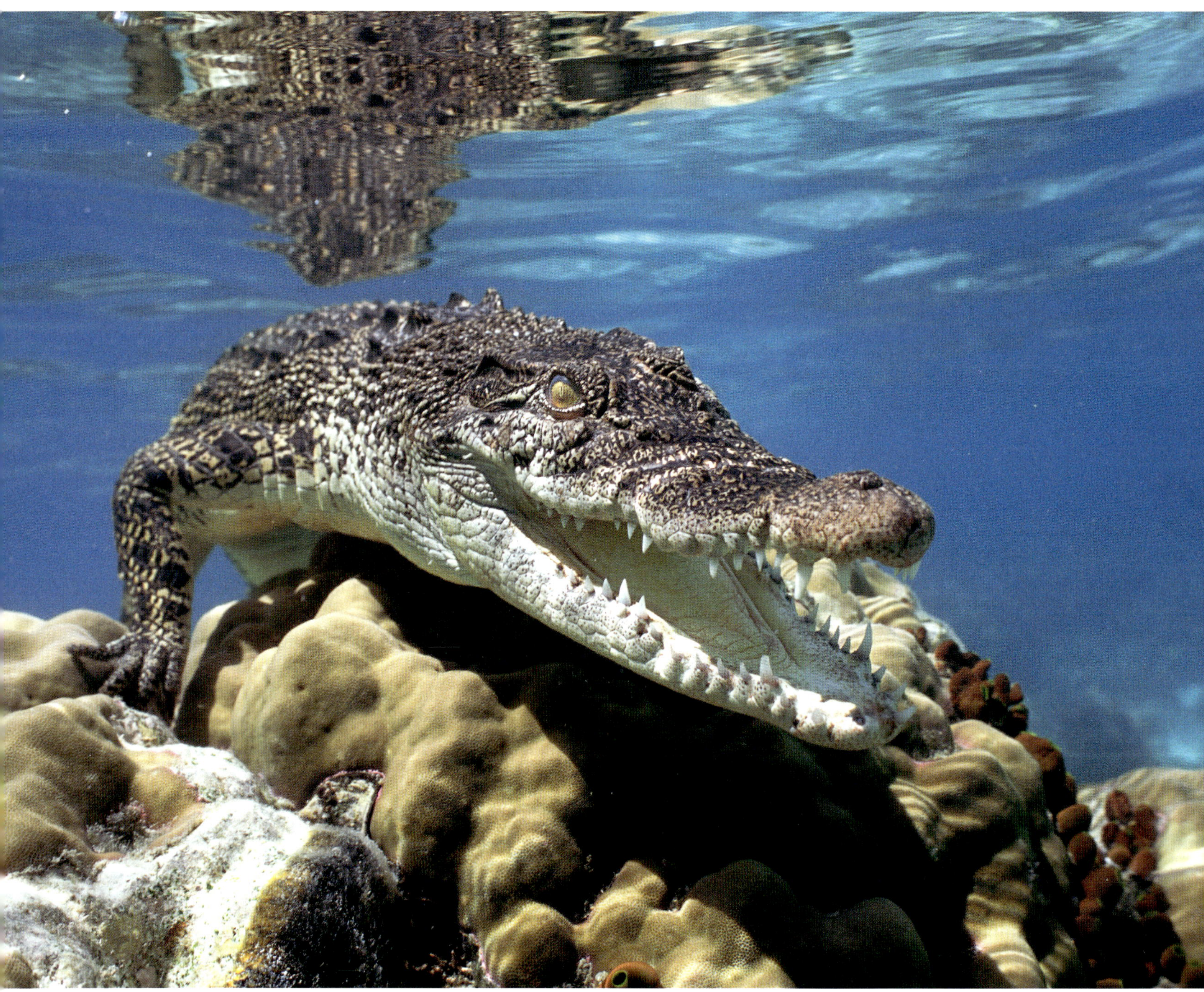

Thanks to a special eyelid, crocodiles can also
see extremely well under water.

Dank eines speziellen Augenlids können Krokodile
auch ganz ausgezeichnet unter Wasser sehen.

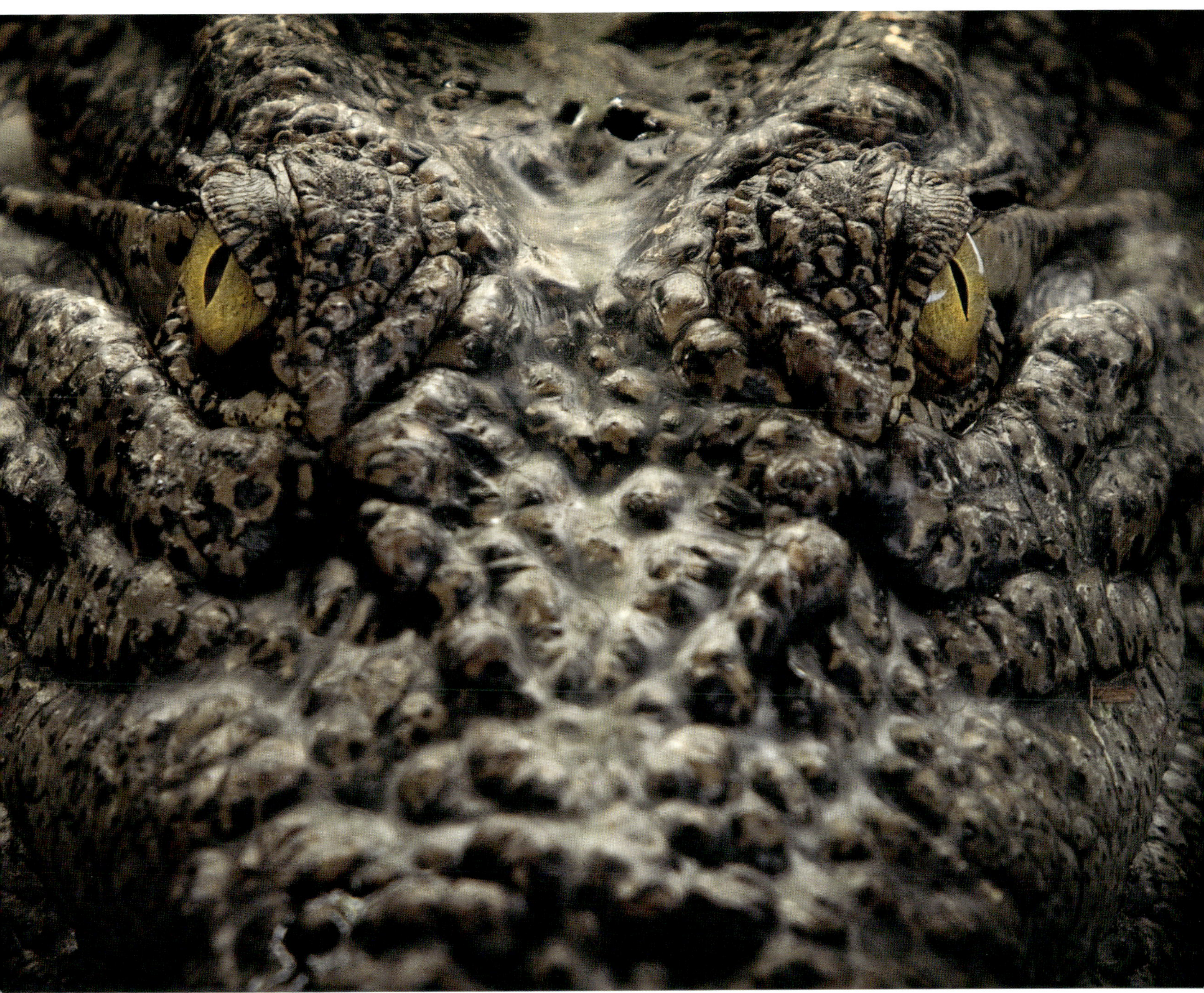

Saltwater crocodiles typically hunt by lying
in wait, then ambushing their prey.

Leistenkrokodile sind typische »Lauerjäger«,
die ihre Beute aus dem Hinterhalt attackieren.

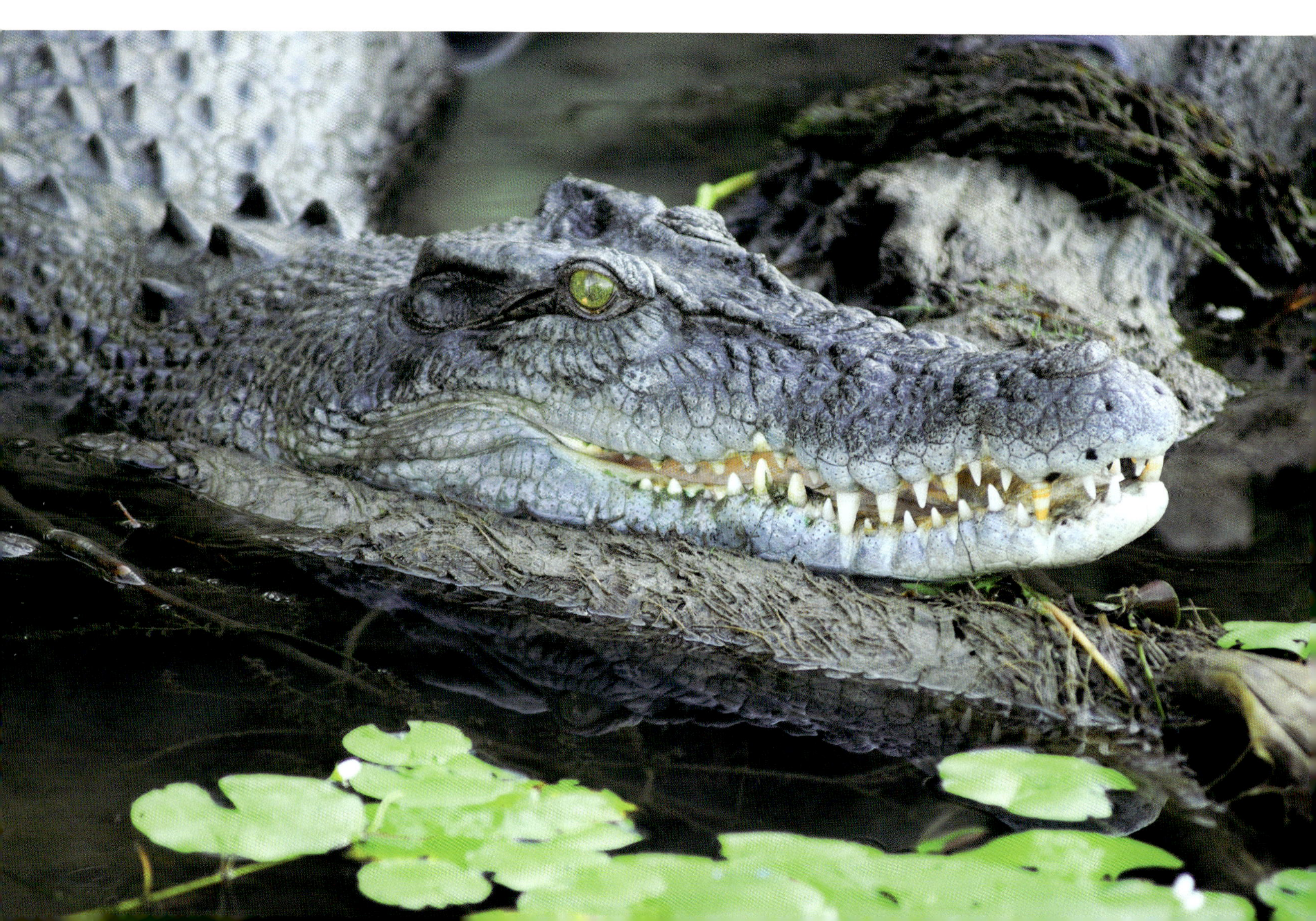

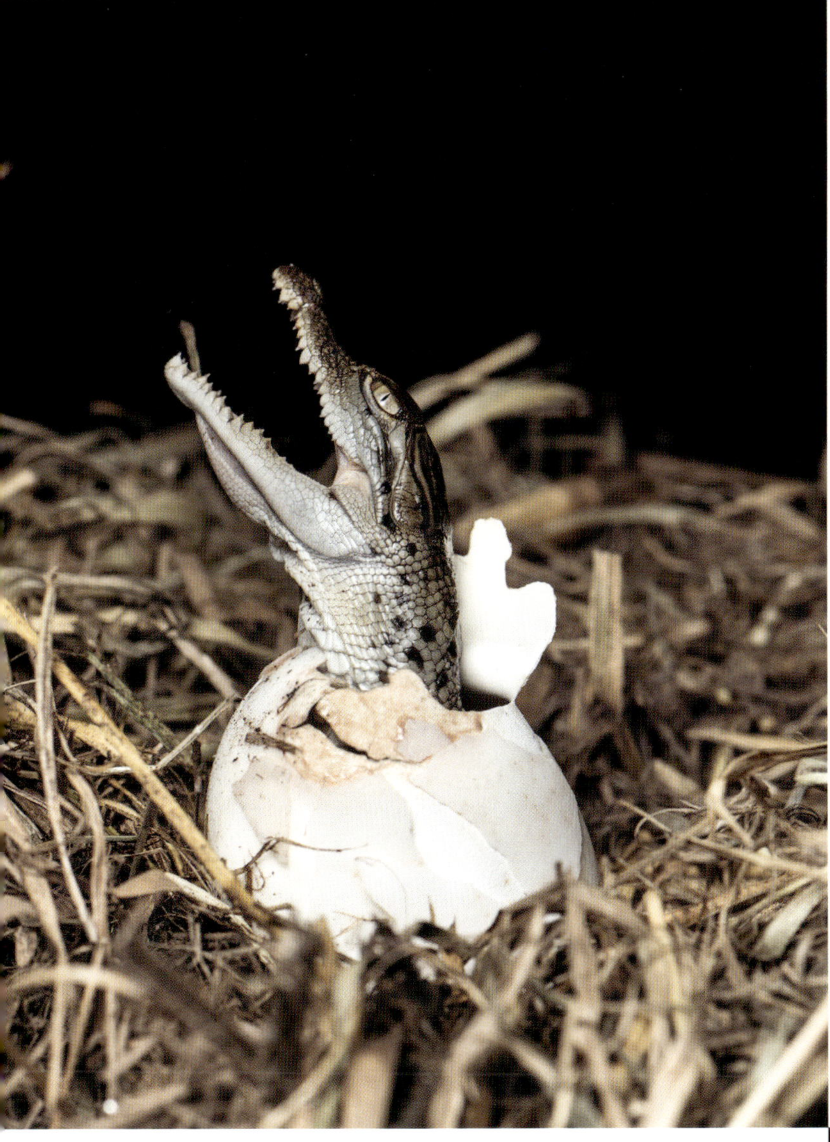

Young saltwater crocodile
hatching from its egg.

*Junges Leistenkrokodil
beim Schlupf aus dem Ei.*

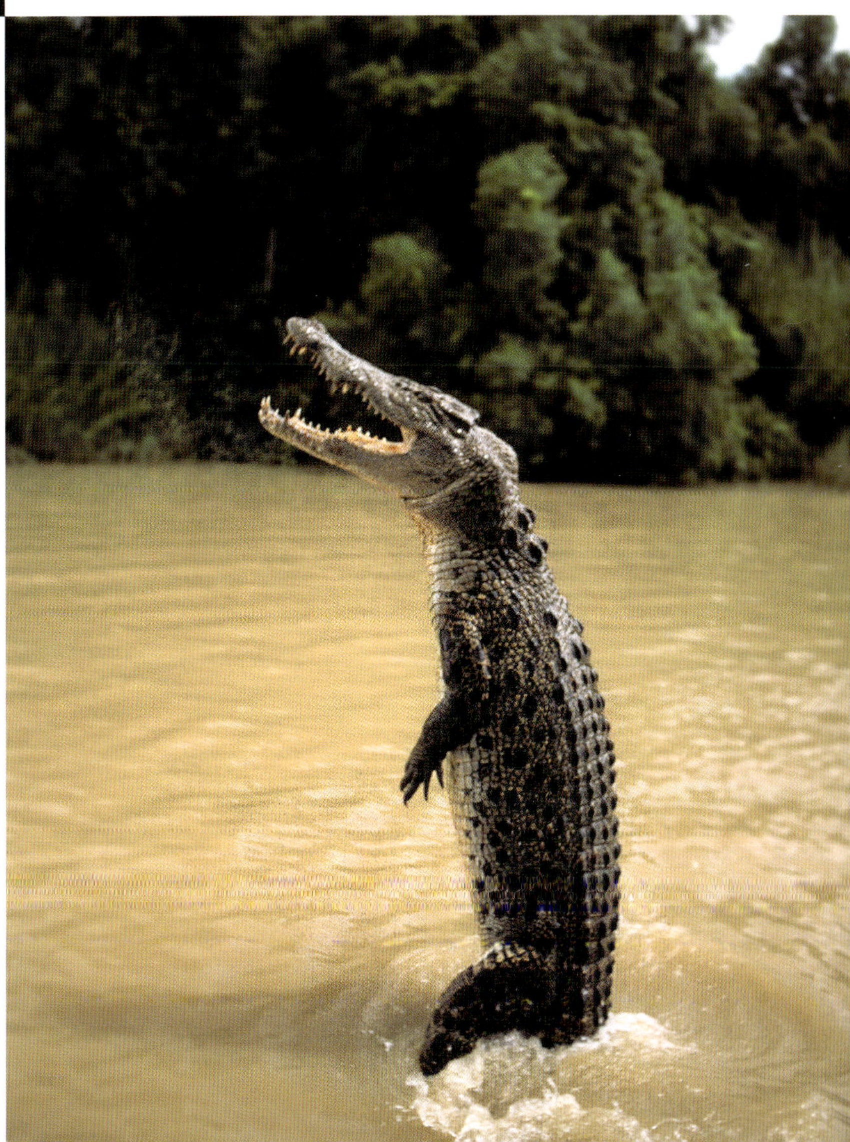

Saltwater crocodiles possess impressive
jumping skills when in the water.

*Leistenkrokodile verfügen im Wasser
über eine beachtliche Sprungfähigkeit.*

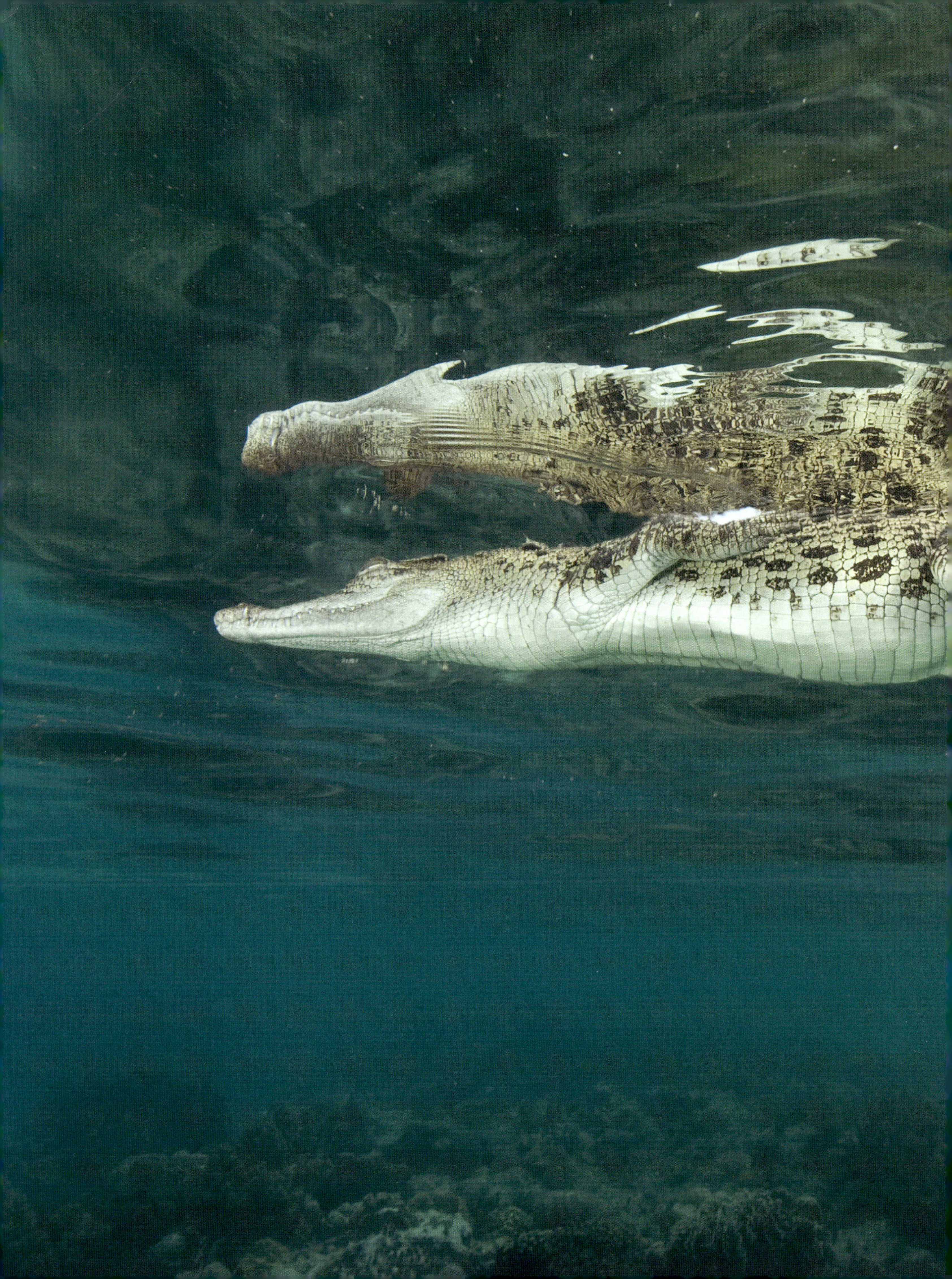

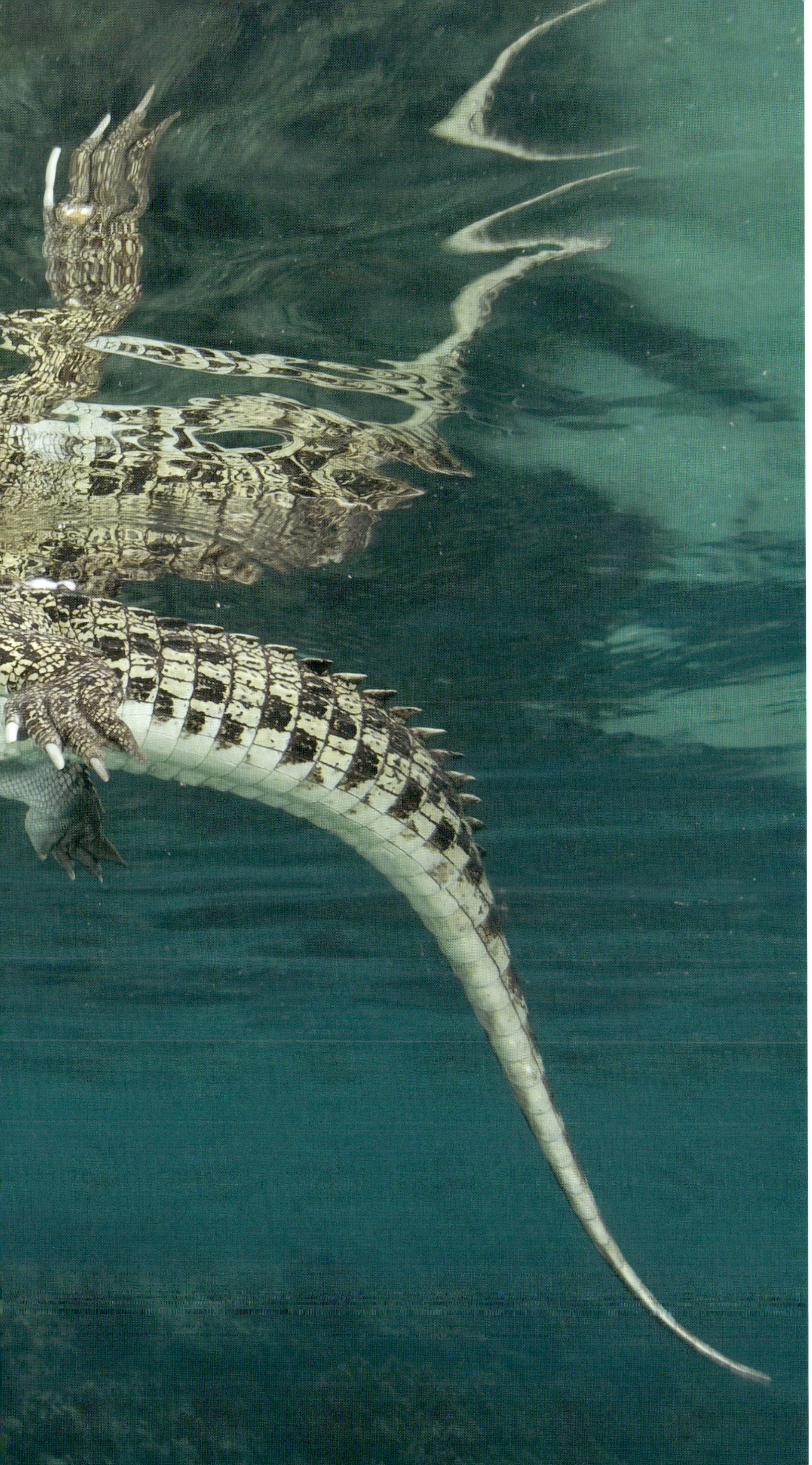

Saltwater crocodiles boast great endurance as swimmers, enabling them to swim long distances without a break.

Leistenkrokodile sind ausdauernde Schwimmer, die große Strecken ununterbrochen schwimmend zurücklegen können.

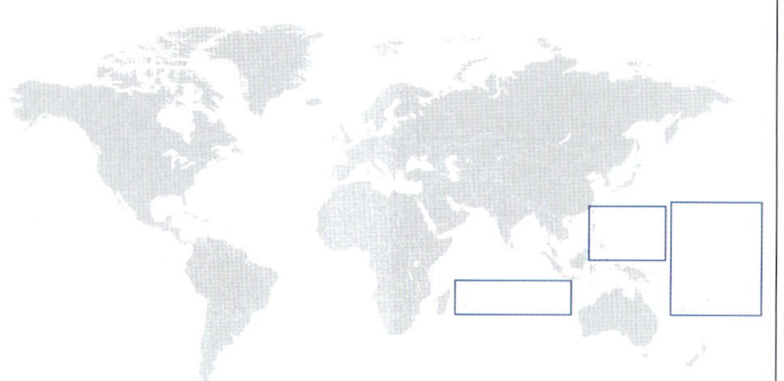

Indian Ocean, Western Pacific, Oceania
Indischer Ozean, Westpazifik, Ozeanien

The coconut crab is the largest land-dwelling crab in the world.

Der Palmendieb ist der größte an Land lebende Krebs der Welt.

COCONUT CRAB

Birgus latro

Weighing in at up to four kilograms, with a length of up to 40 centimeters and a leg span of one meter, the coconut crab is quite clearly the largest land-dwelling crab in the world. This giant owes its curious name to the fact that it sometimes climbs coconut palms to feast on their fruit, which it cracks using its powerful claws. Its German name, *Palmendieb*, or palm thief, also refers to this activity. However, coconut crabs are far from being strictly vegan. From time to time, they spice up their diet with freshly hatched sea turtles or unwary birds. Coconut crabs are found on several islands in Oceania, the western Pacific, and the eastern Indian Ocean. The largest population is found on Christmas Island. Interestingly, unlike other crab species, coconut crabs are unable to swim, and would simply drown in deeper water.

PALMEN-DIEB

Birgus latro

Mit einer Länge von bis zu 40 Zentimetern, einem Gewicht von bis zu vier Kilogramm und einer Beinspannweite von einem Meter ist der Palmendieb ganz klar der größte an Land lebende Krebs der Welt. Seinen seltsamen Namen verdankt der Gigant der Tatsache, dass er manchmal Kokosnusspalmen erklettert, um sich an deren Früchten gütlich zu tun, die er mit Hilfe seiner kräftigen Scheren auch knacken kann. Darauf weist auch sein englischer Name, »Coconut crab« (Kokosnusskrebs), hin. Palmendiebe sind jedoch bei weitem keine reinen Veganer. Ab und an peppen sie ihre Nahrung auch mit frisch geschlüpften Meeresschildkröten oder unvorsichtigen Vögeln auf. Palmendiebe kommen auf mehreren Inseln Ozeaniens, des westlichen Pazifiks und im Osten des Indischen Ozeans vor. Die größte Population lebt auf der Weihnachtsinsel. Übrigens: Im Gegensatz zu anderen Krebsarten können Palmendiebe nicht schwimmen. Im tiefen Wasser würden sie schlicht und einfach ertrinken.

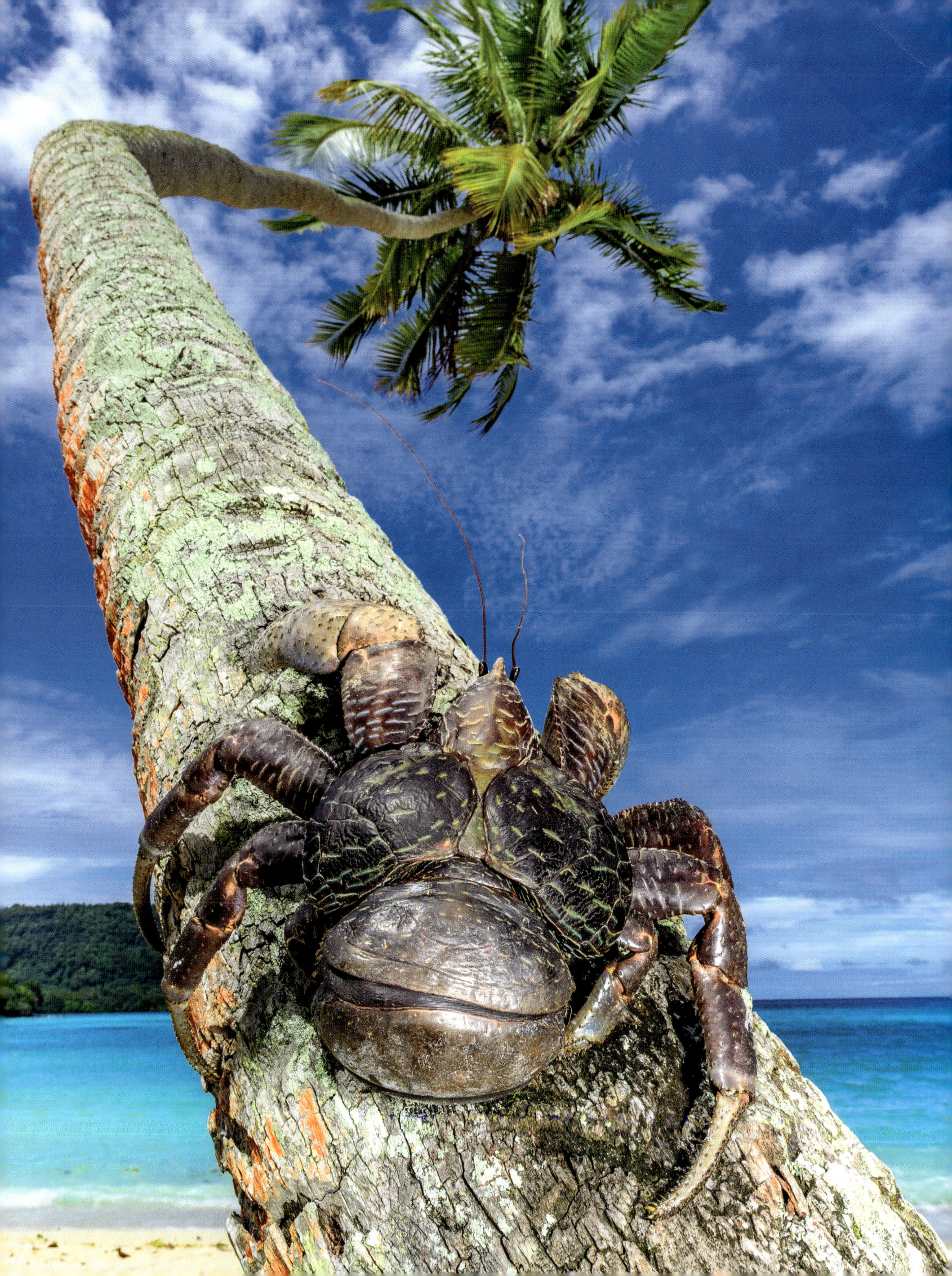

Unlike other hermit crabs, coconut crabs do not use an empty snail
shell to protect their vulnerable posterior. Instead, they just tuck it under
their body in the event of danger.

*Im Gegensatz zu anderen Einsiedlerkrebsen nutzen Palmendiebe kein
leeres Schneckenhaus, um ihren empfindlichen Hinterleib zu schützen,
sondern klemmen ihn bei Gefahr einfach unter den Vorderleib.*

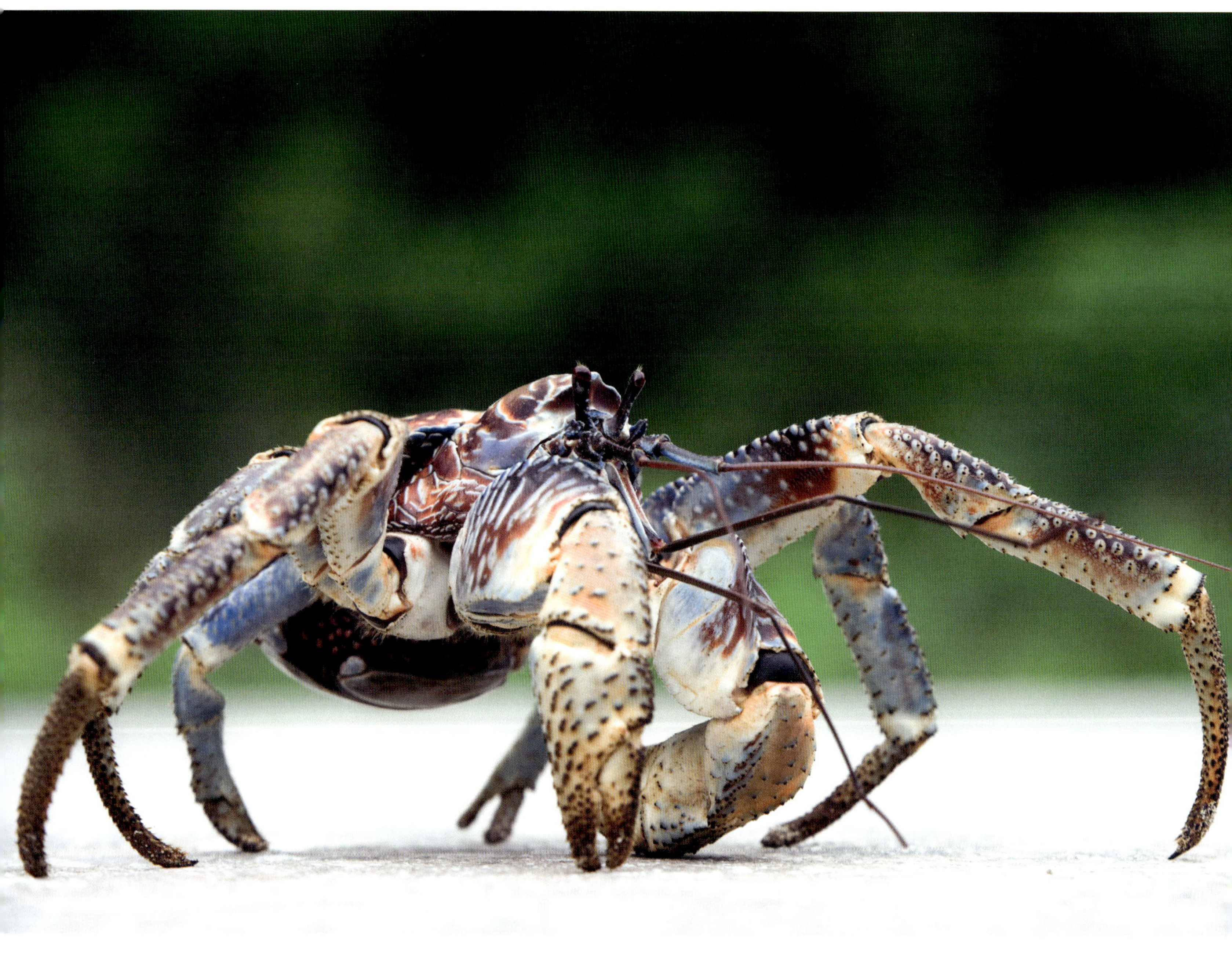

Coconut crab climbing a palm tree.

Palmendieb beim Erklimmen einer Kokospalme.

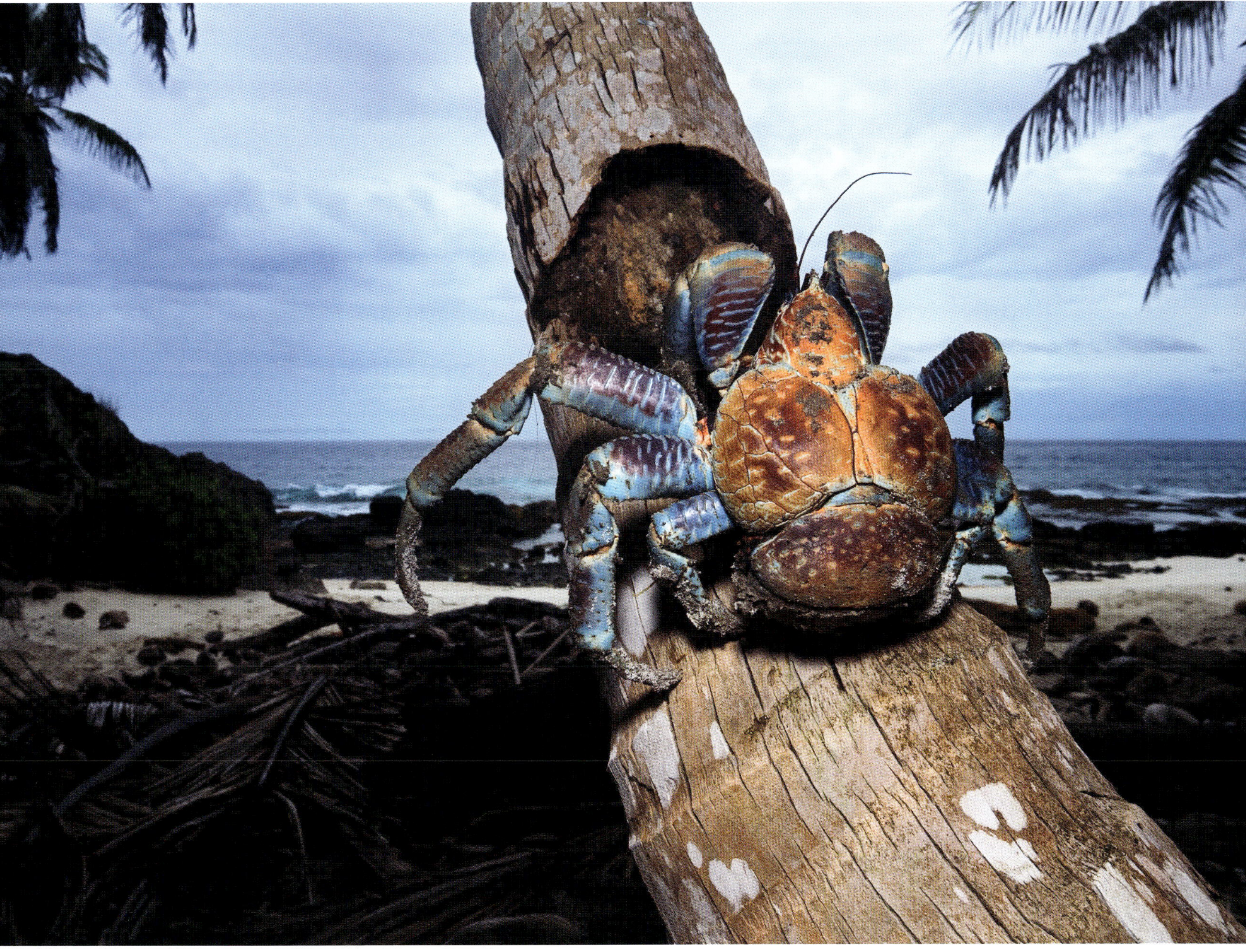

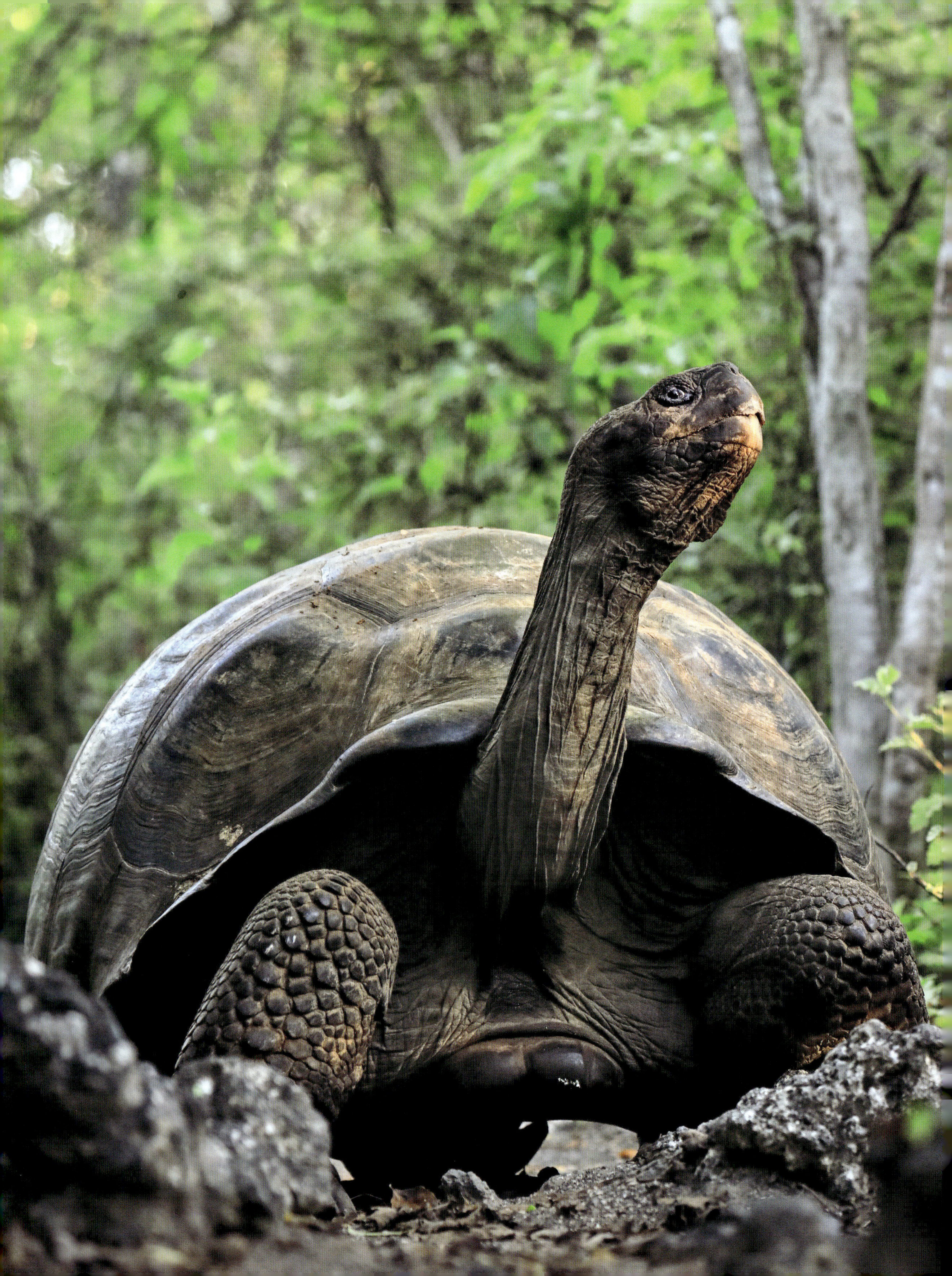

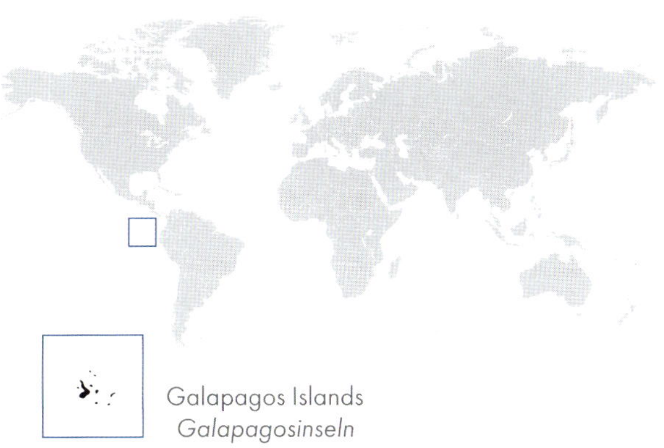

Galapagos giant tortoises
are the jumbos among
land tortoises.

*Galapagos-Riesenschild-
kröten sind die Giganten
unter den Landschildkröten.*

GALAPAGOS GIANT TORTOISE

Chelonoidis spec.

Galapagos giant tortoises is the name given to 15 species of giant tortoises found exclusively on various Galapagos Islands. Reaching a length of well over a meter and a fighting weight of up to 300 kilograms, these giants make a Greek tortoise look like a mere dwarf. Galapagos giant tortoises lead a fairly quiet life, spending up to 16 hours a day sleeping. The most famous member of this species was without a doubt a giant tortoise named Harriet, discovered by the British scientist who developed the theory of evolution, Charles Darwin himself, on one of the Galapagos Islands and later brought to England. Harriet's 175th birthday was a spectacular event celebrated around the world in 2005, because according to the Guinness Book of World Records, she was the oldest animal in the world at that time. On June 23, 2006, Harriet died of heart failure at the ripe old age of 176, outliving her "discoverer" Charles Darwin by 124 years!

GALAPAGOS-RIESENSCHILD-KRÖTE

Chelonoidis spec.

Als Galapagos-Riesenschildkröten werden 15 Riesenschildkrötenarten bezeichnet, die ausschließlich auf diversen Galapagosinseln vorkommen. Mit einer Länge von deutlich über einem Meter und einem Kampfgewicht von bis zu 300 Kilogramm lassen diese Giganten eine Griechische Landschildkröte wie einen Zwerg aussehen. Galapagos-Riesenschildkröten führen ein ziemlich ruhiges Leben und schlafen bis zu 16 Stunden am Tag. Die bekannteste Vertreterin dieser Gattung war mit Sicherheit »Harriet«: eine Riesenschildkröte, die vom britischen Begründer der Evolutionslehre, Charles Darwin persönlich, auf einer Galapagosinsel entdeckt und anschließend nach England gebracht wurde. Ihr 175. Geburtstag wurde im Jahr 2005 weltweit mit einem riesigen Spektakel gefeiert, denn laut Guinessbuch der Rekorde war sie derzeit das älteste Tier der Welt. Am 23. Juni 2006 starb Harriet im Alter von 176 Jahren an Herzversagen. Ihren »Entdecker« Charles Darwin hat das langlebige Reptil damit übrigens um 124 Jahre überlebt!

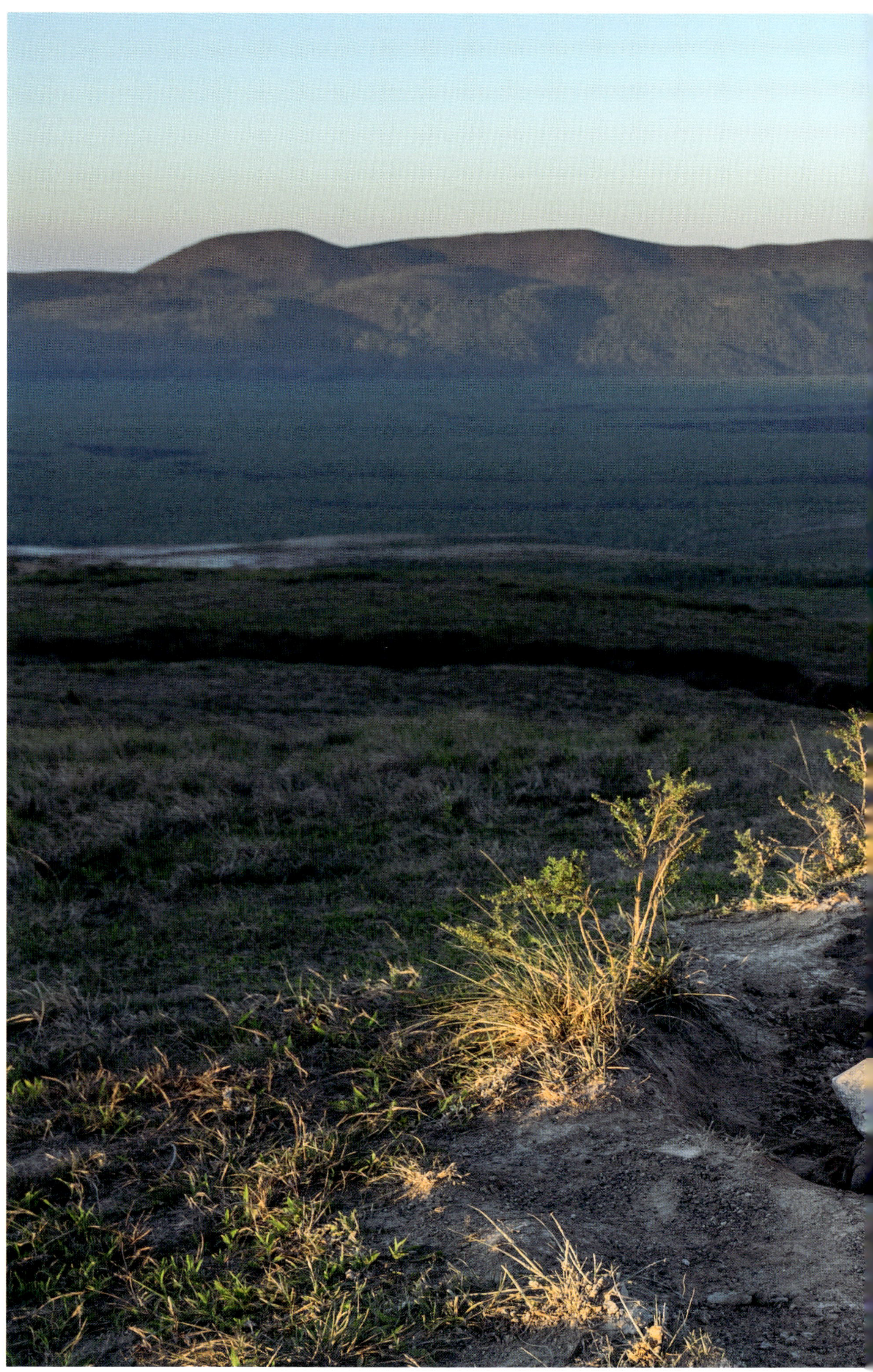

An unusual resting place: a Galapagos hawk perched on the back of a Galapagos giant tortoise.

Ein ungewöhnlicher Ruheplatz: Galapagos-Habicht auf dem Rücken einer Galapagos-Riesenschildkröte.

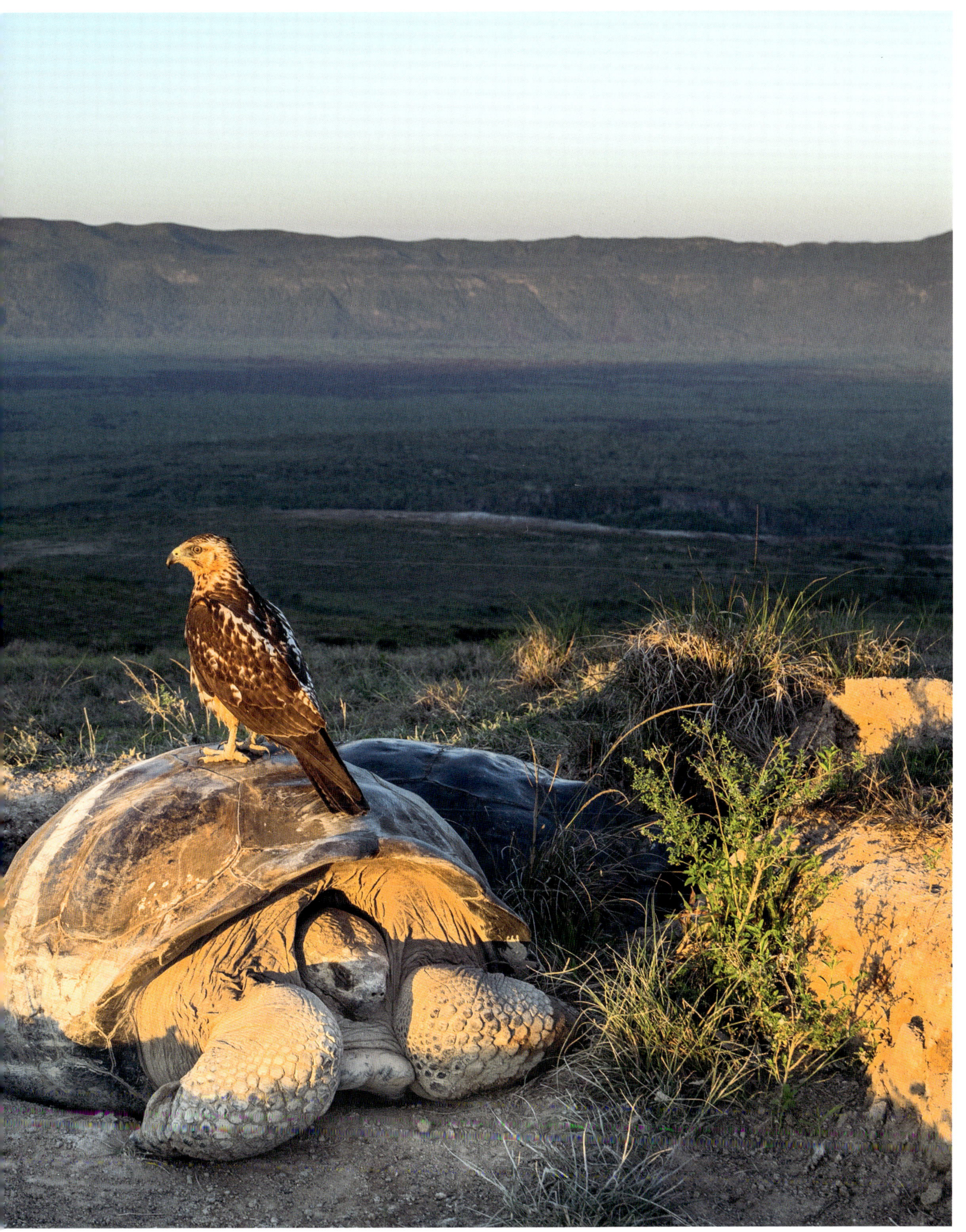

Galapagos giant tortoises enjoying a
dip in a tidal pool.

*Galapagos-Riesenschildkröten beim
Bad in einem Gezeitentümpel.*

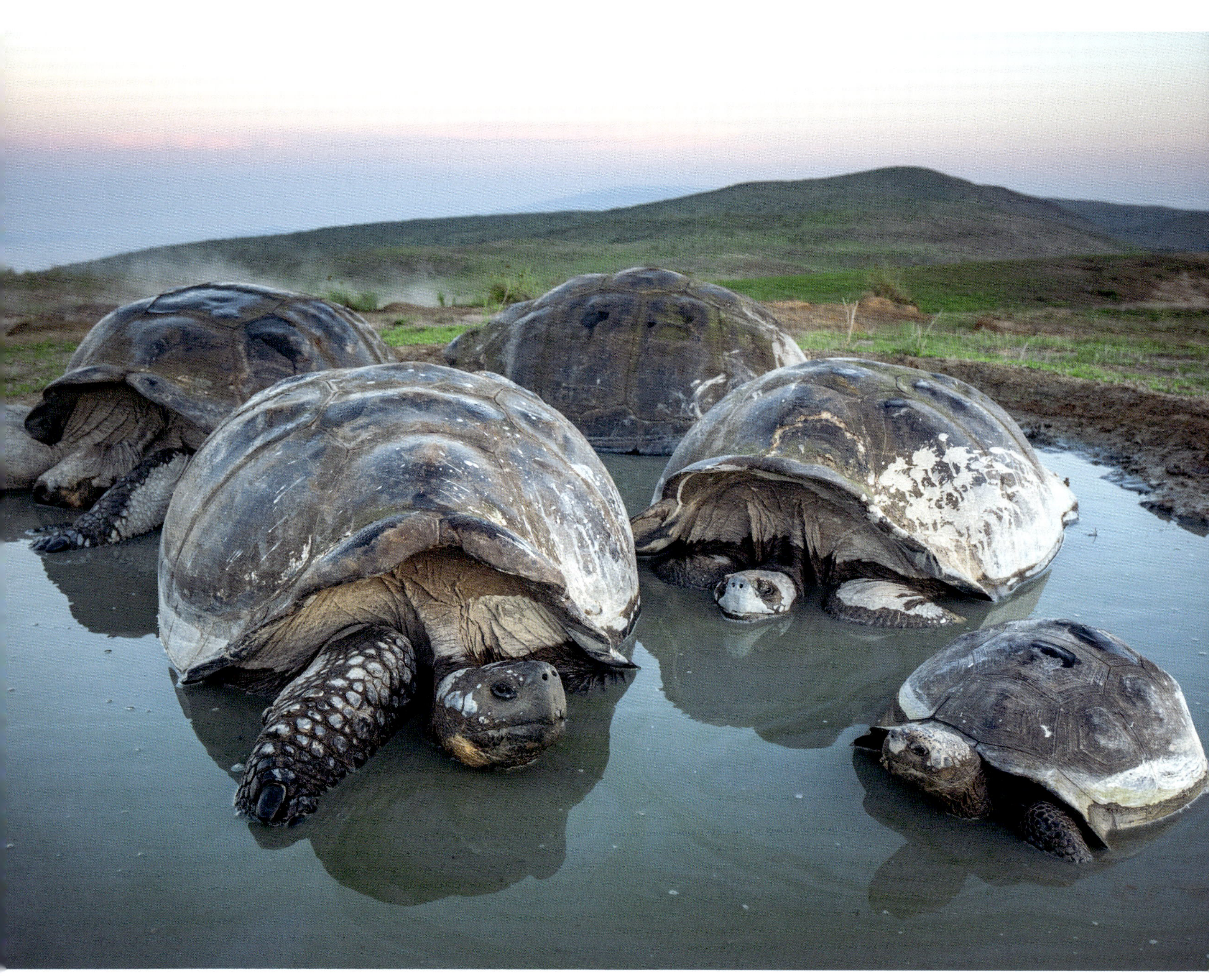

A duel between two male Galapagos giant tortoises.
Whoever can lift his head the highest is the winner!

Duell zwischen zwei Galapagos-Riesenschildkröten-
Männchen. Wer den Kopf höher heben kann, gewinnt!

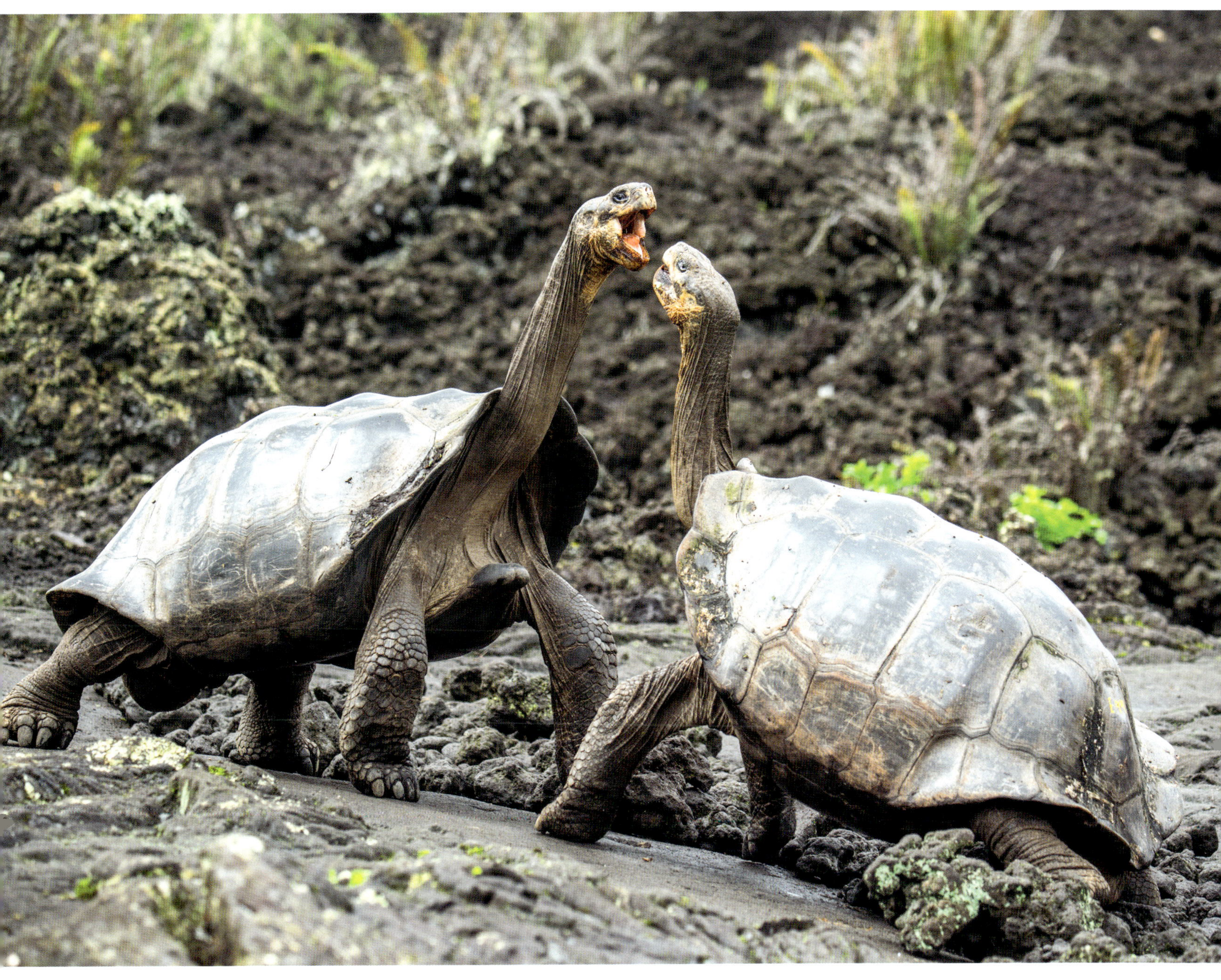

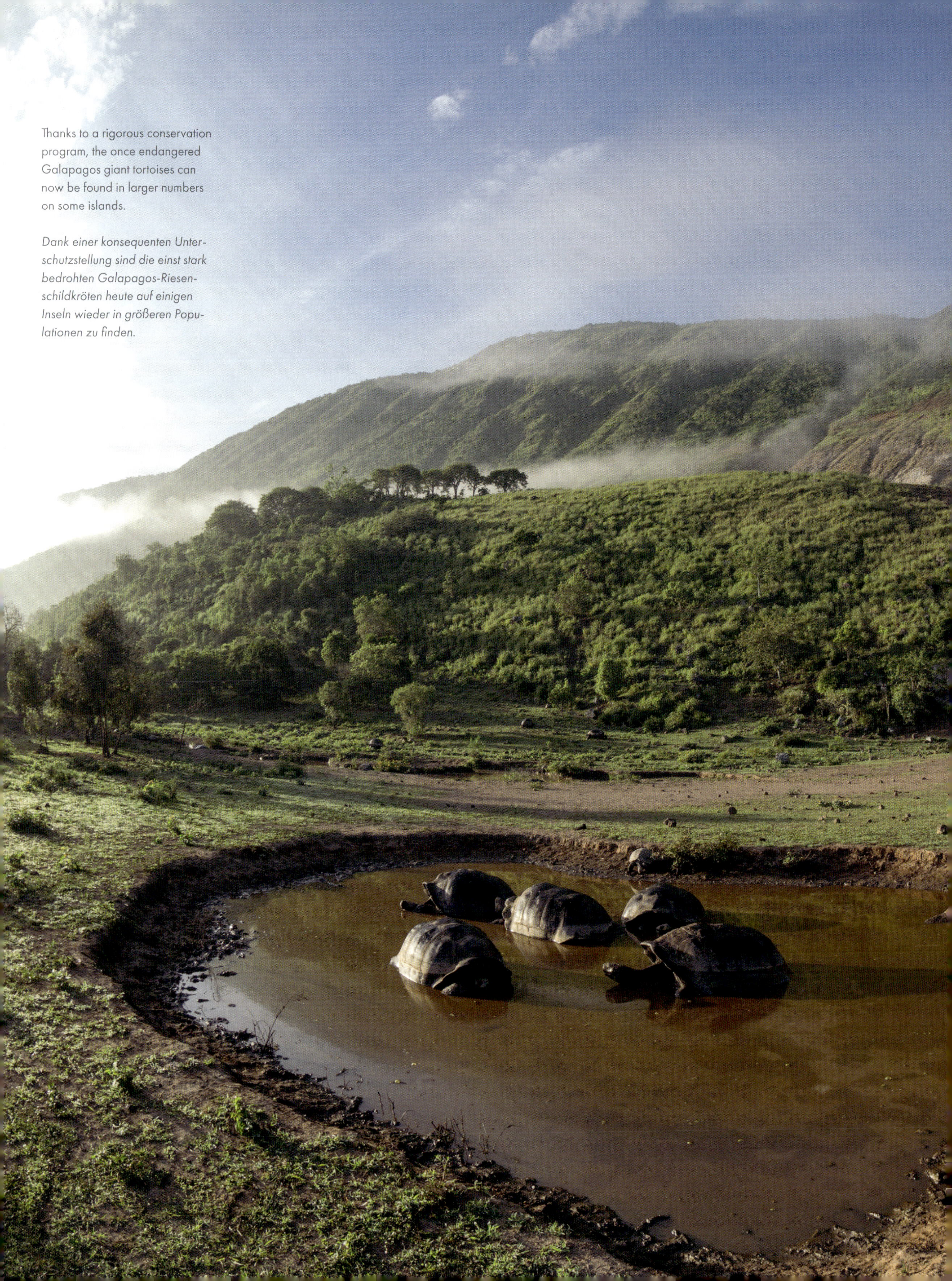

Thanks to a rigorous conservation program, the once endangered Galapagos giant tortoises can now be found in larger numbers on some islands.

Dank einer konsequenten Unterschutzstellung sind die einst stark bedrohten Galapagos-Riesenschildkröten heute auf einigen Inseln wieder in größeren Populationen zu finden.

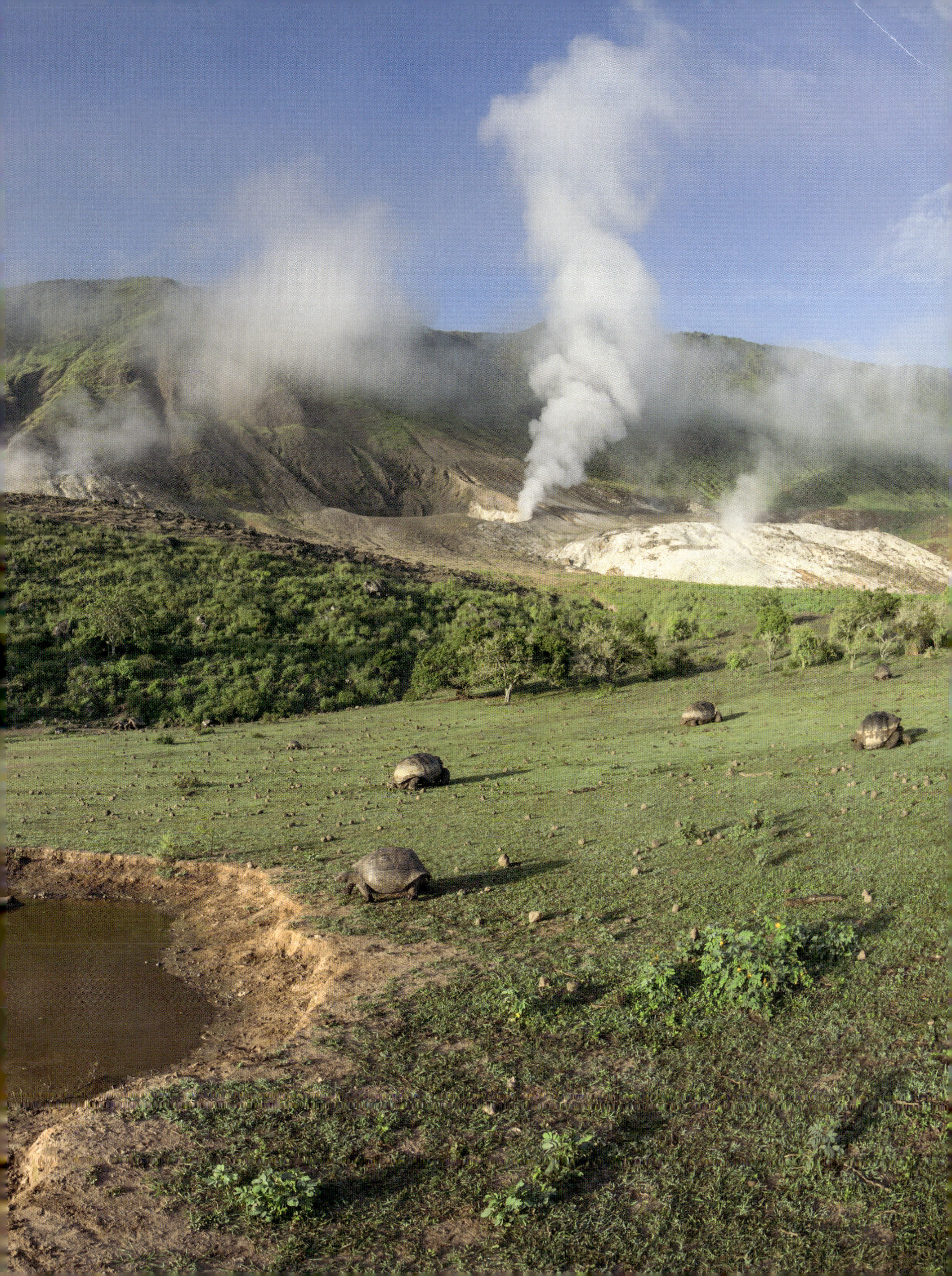

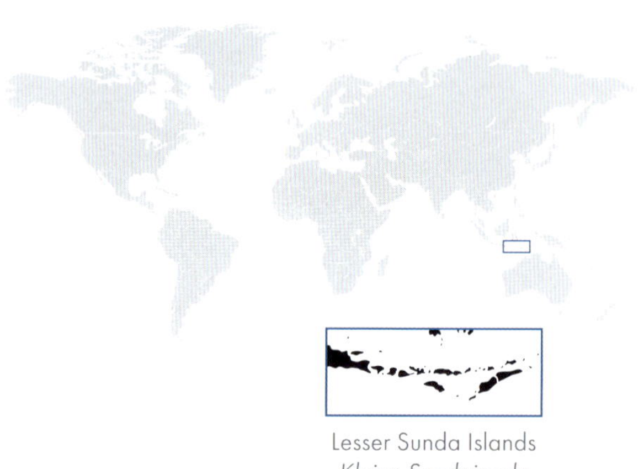

Lesser Sunda Islands
Kleine Sundainseln

KOMODO DRAGON

Varanus komodoensis

Many consider the Komodo dragon to be the last present-day dragon. Measuring up to three meters and weighing in at around 70 kilograms, the Komodo dragon is the largest land lizard in existence today. This reptile is now only found in a very limited area of the Lesser Sunda Islands, an archipelago east of Java, where it is the top predator, enjoying the position at the very top of the food chain.

Categorized as opportunistic omnivores, these giant lizards eat almost any animal they can catch. Their prey ranges from rats, snakes and chickens to monkeys and civets to medium-sized animals like wild boars, goats and Javan rusa deer, with the latter seeming to be their favorite food. What's more, cannibalistic tendencies are not alien to these lizards – from time to time they will devour a smaller member of their species.

With just 5,000 living animals, Komodo dragons have been an endangered species for many years and are listed as "endangered" on the Red List of the International Union for Conservation of Nature (IUCN).

KOMODO-WARAN

Varanus komodoensis

Für viele ist er der letzte Drache der Gegenwart: Mit bis zu drei Metern Länge und einem Gewicht von rund 70 Kilogramm ist der Komodowaran die größte heute noch lebende Landechse. Das Reptil, das heute nur noch auf einem eng begrenzten Teil der Kleinen Sunda-Inseln, einem östlich von Java gelegen Archipel, vorkommt, ist dort der Top-Prädator, das Raubtier an der Spitze der Nahrungskette.

Als sogenannte »opportunistische Omnivoren« fressen die gigantischen Echsen nahezu alle Tiere, die sie erbeuten können. Das Beutespektrum reicht dabei von Ratten, Schlangen und Hühnern über Affen und Schleichkatzen bis hin zu mittelgroßen Tieren wie Wildschweinen, Ziegen und Mähnenhirschen, wobei letztere die Leib- und Magenspeise der riesigen Warane zu sein scheinen. Und auch kannibalistische Neigungen sind den Echsen nicht fremd – ab und an wird auch mal ein kleiner Artgenosse verputzt.

Komodowarane gehören, bei gerade mal 5000 lebenden Exemplaren, seit vielen Jahren zu den bedrohten Tierarten und werden dementsprechend auch auf der Roten Liste der International Union for Conservation of Nature (IUCN) als »gefährdet« geführt.

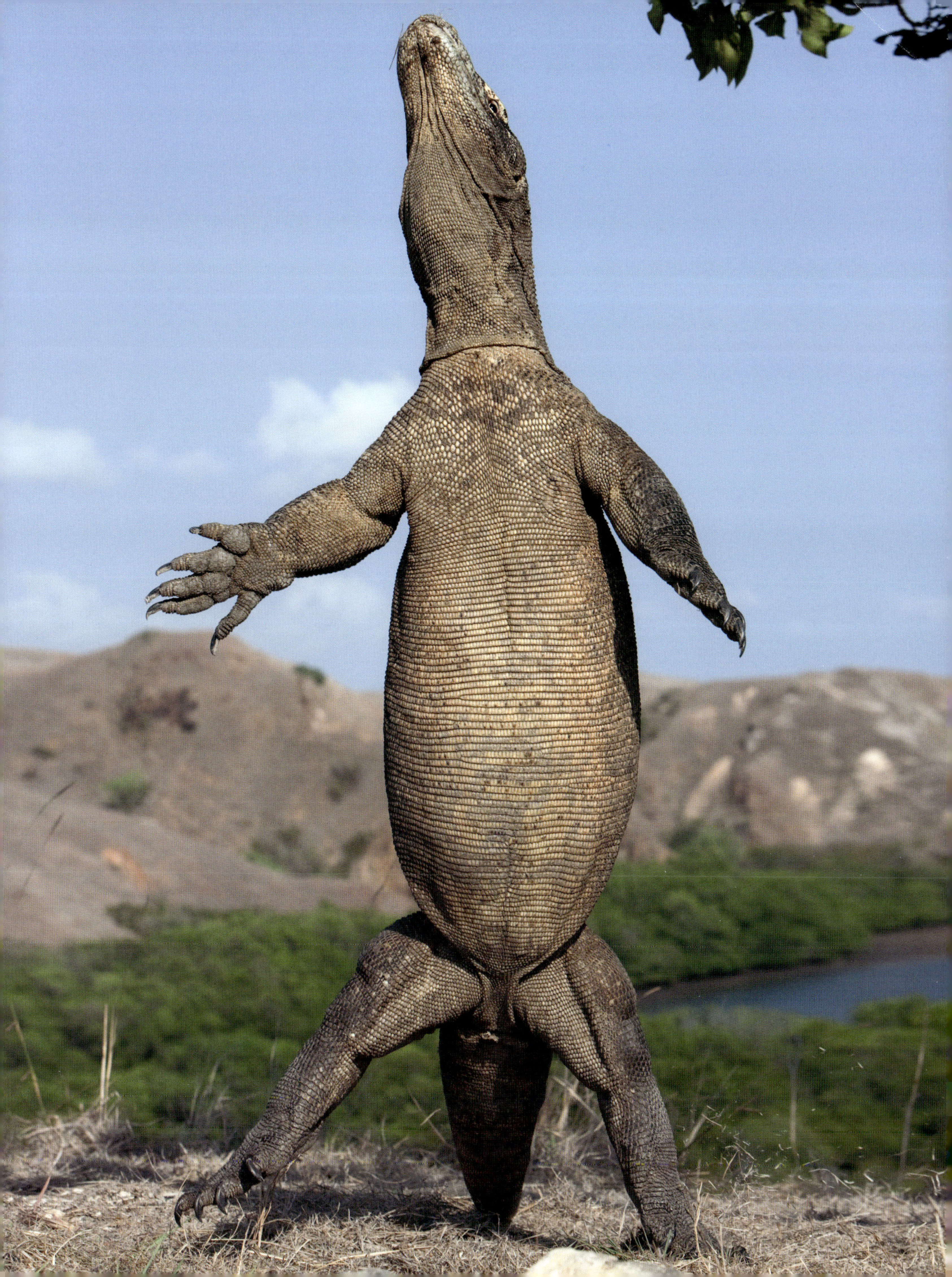

Today, the "last of the dragons" are only found on the island of Komodo and several neighboring islands.

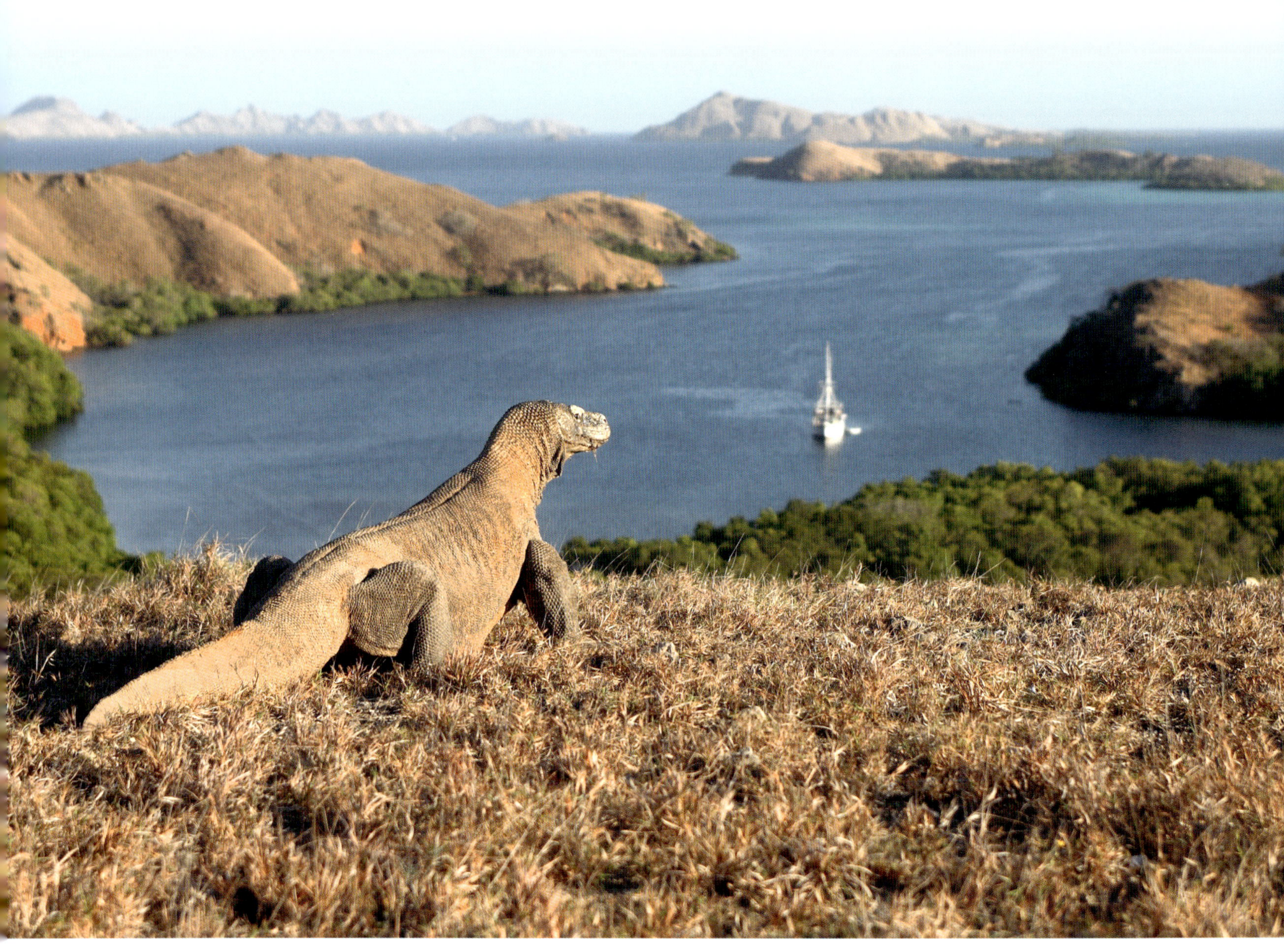

Komodo dragons have an excellent sense of
smell, aided by their forked tongues.

Komodowarane können mit Hilfe ihrer gespal-
tenen Zunge ganz ausgezeichnet riechen.

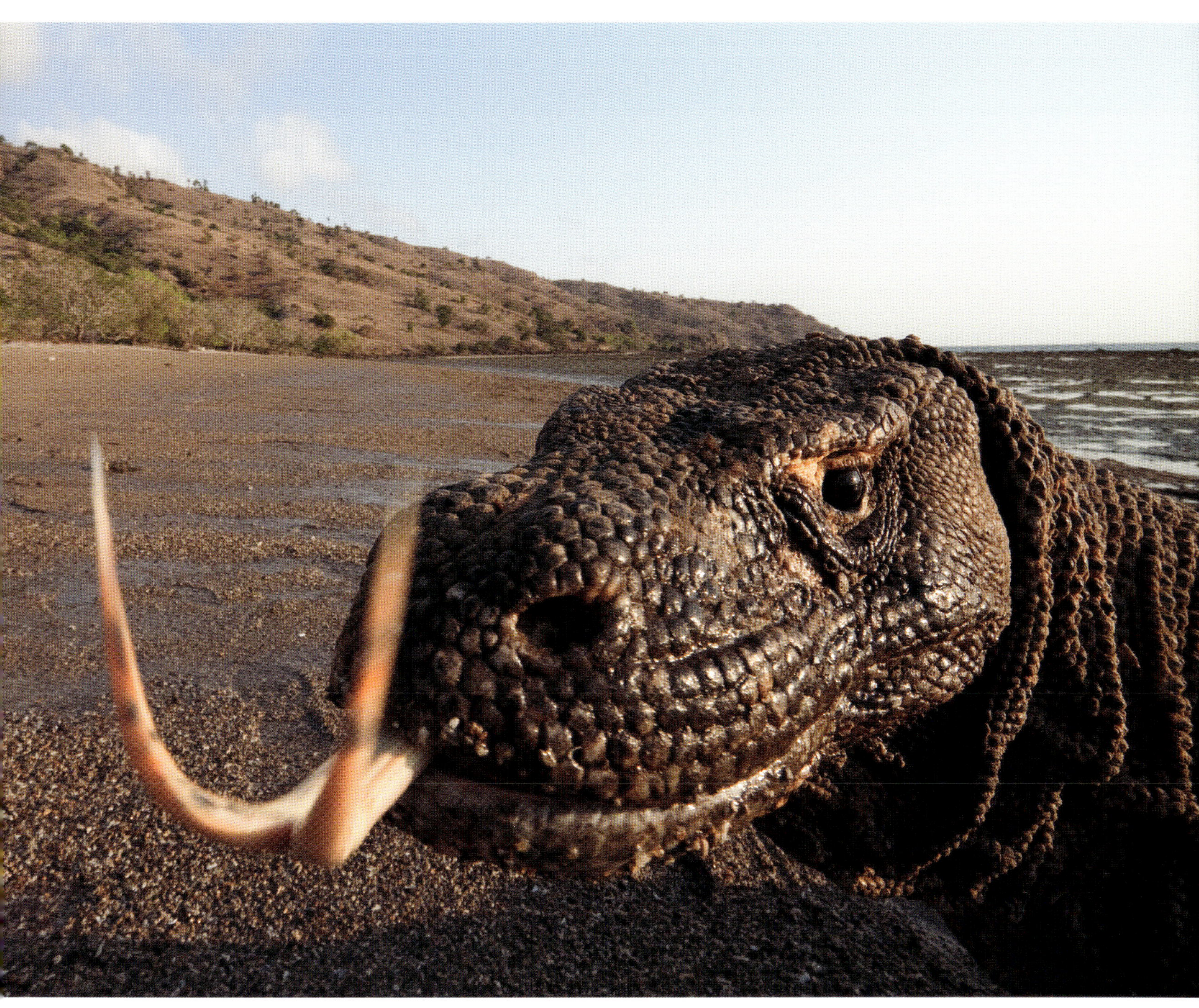

Komodo dragons grow to a length of up to three meters,
making them the largest lizards in the world.

Komodowarane werden bis zu drei Meter lang und
sind damit die größten Echsen der Welt.

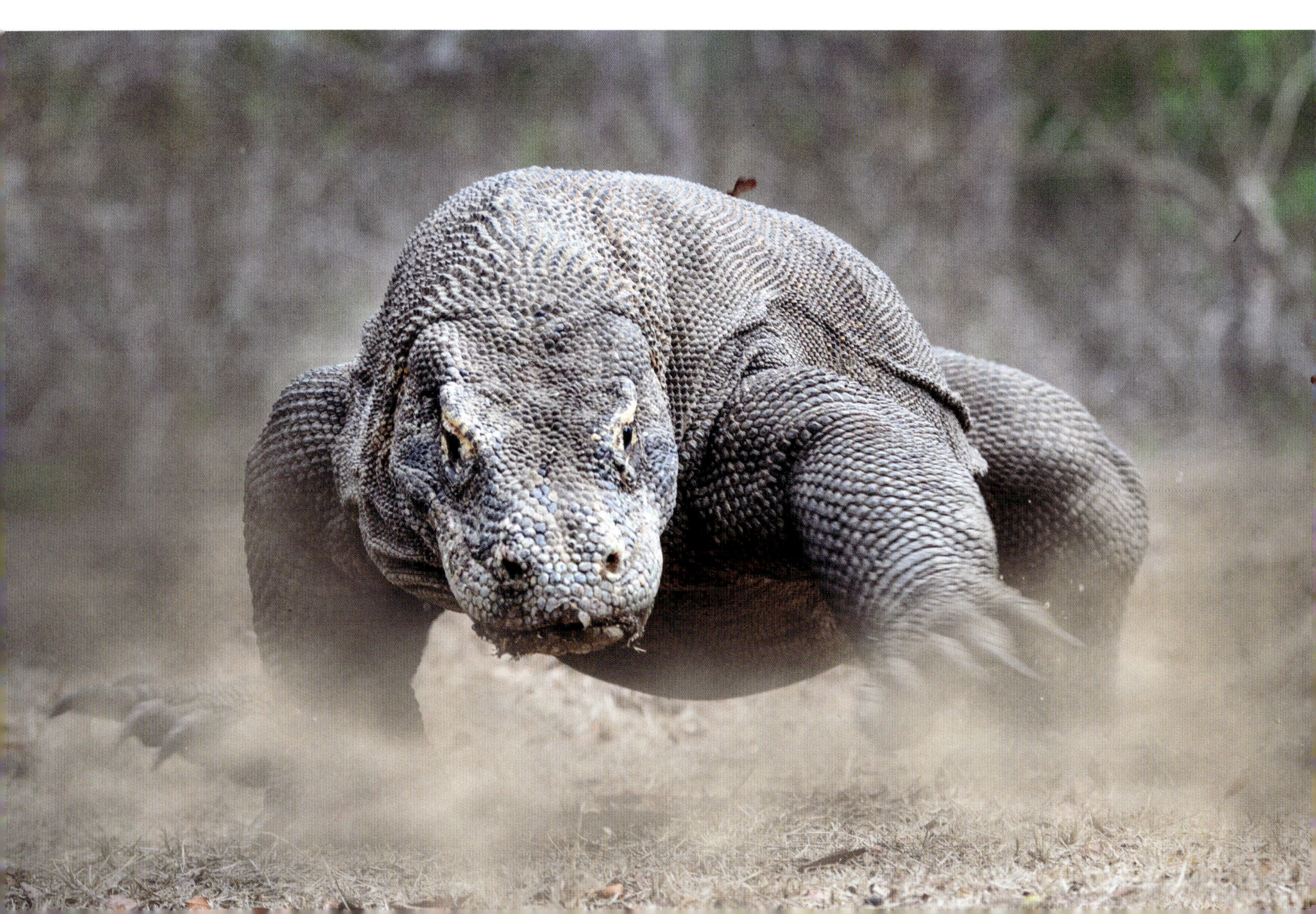

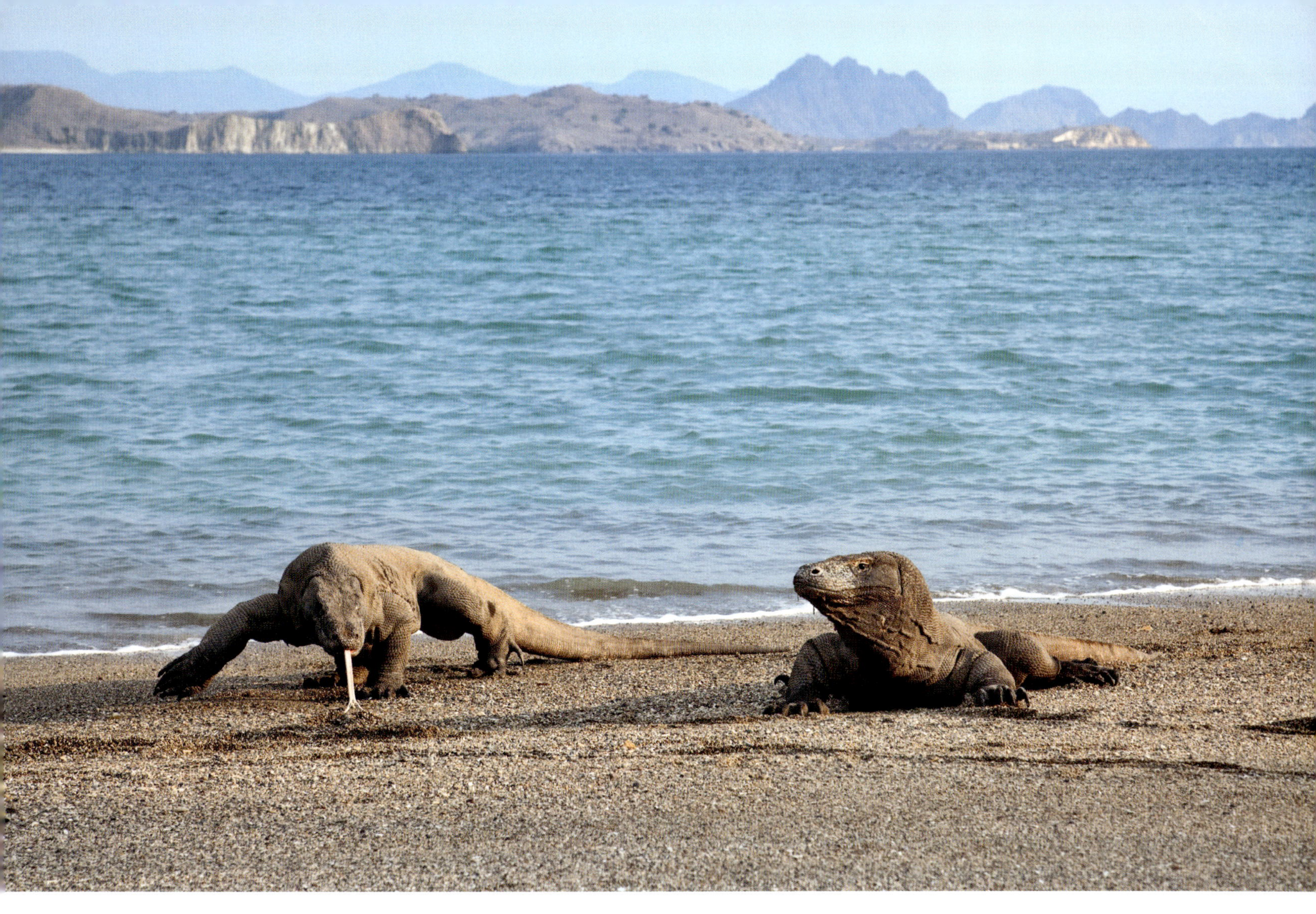

Komodo dragons are solitary animals, only
coming together to consume prey and to mate.

*Komodowarane sind Einzelgänger, die sich
nur beim Verzehr von Beutetieren und bei der
Paarung zusammenfinden.*

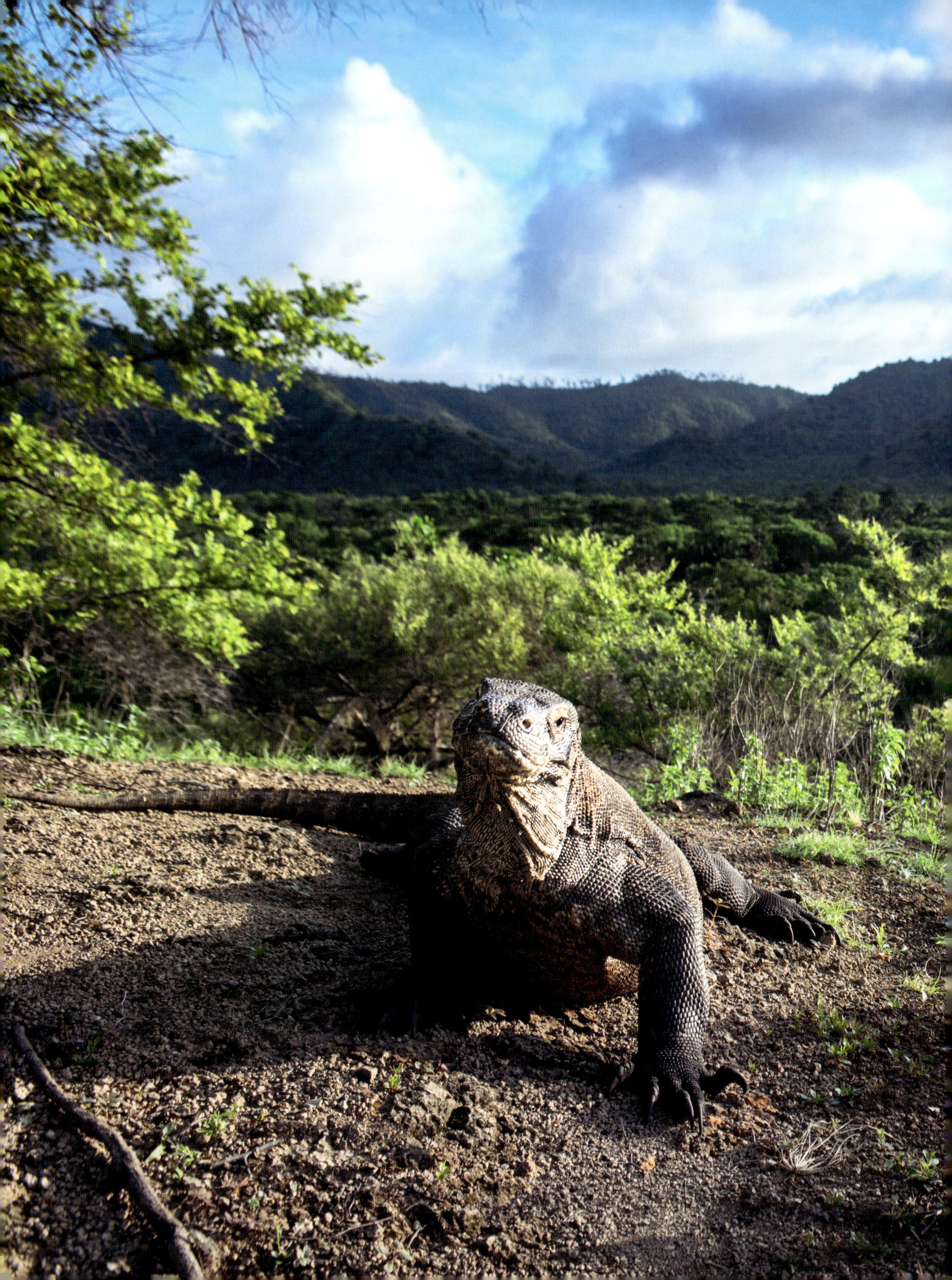

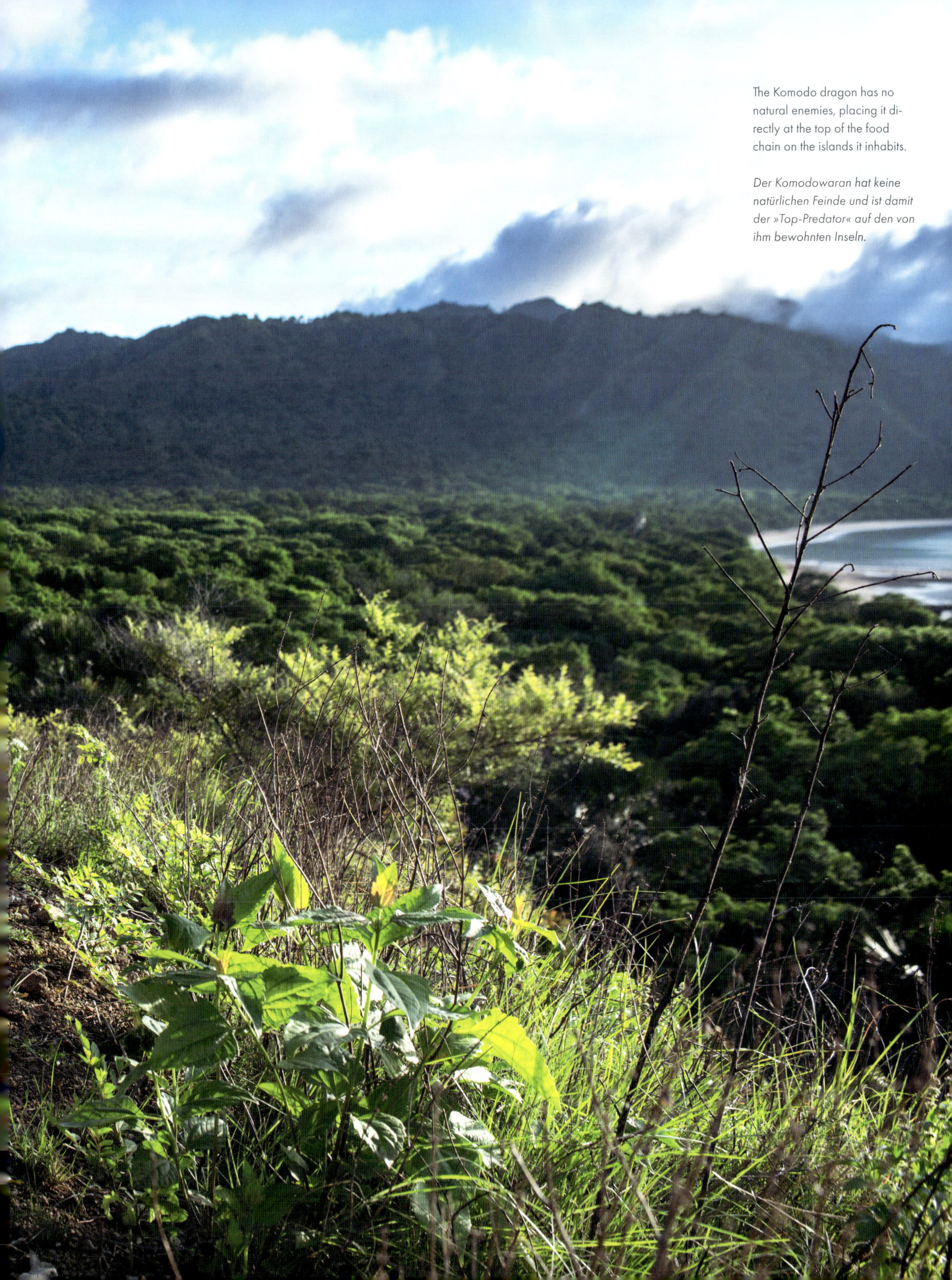
The Komodo dragon has no
natural enemies, placing it di-
rectly at the top of the food
chain on the islands it inhabits.

Der Komodowaran hat keine
natürlichen Feinde und ist damit
der »Top-Predator« auf den von
ihm bewohnten Inseln.

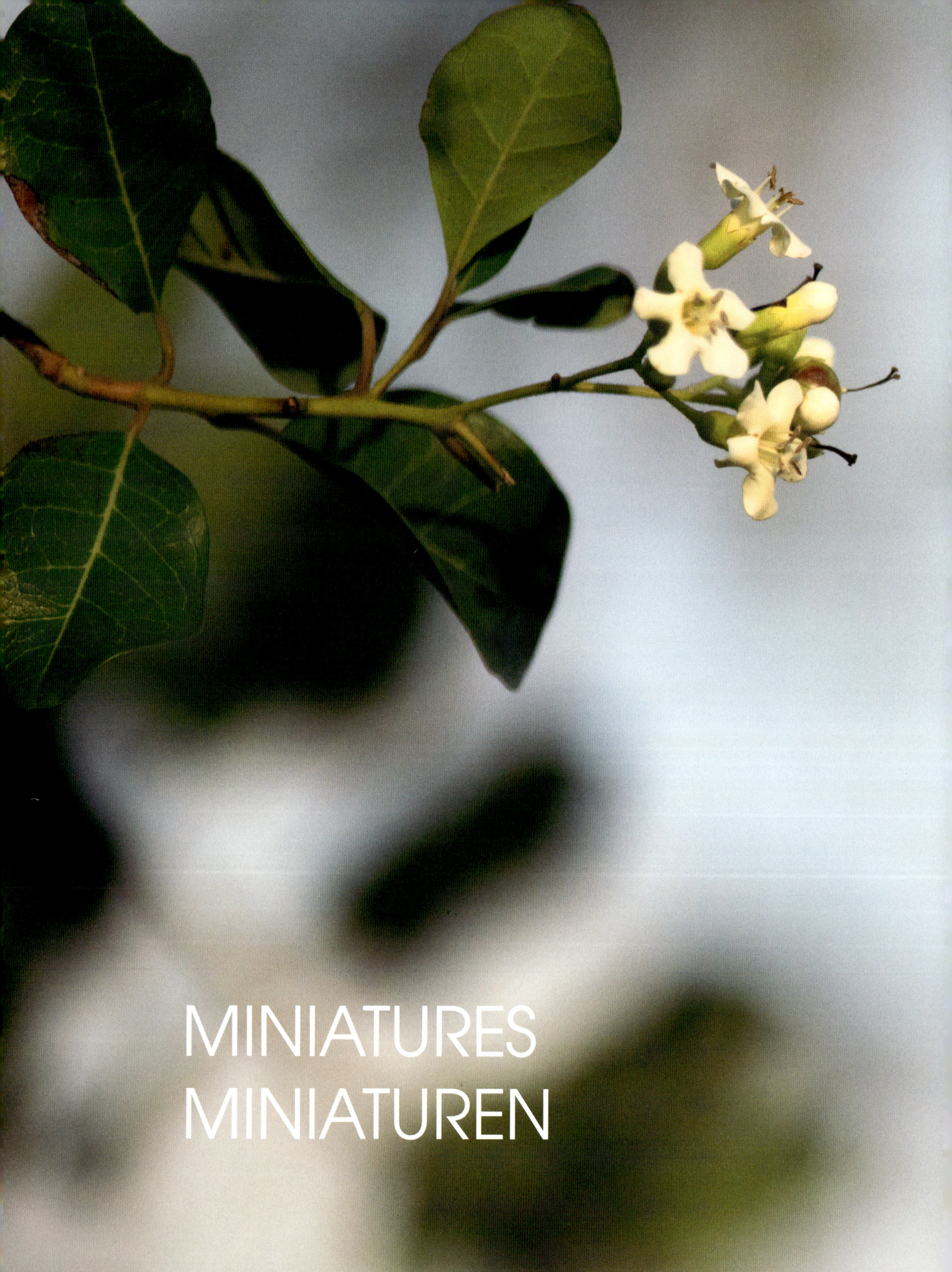
MINIATURES
MINIATUREN

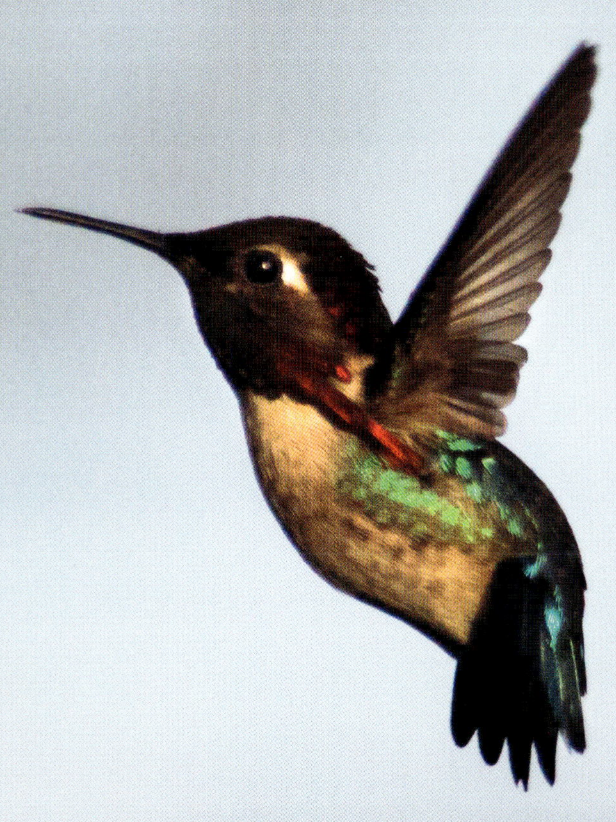

MINIATURES– ISLAND DWARFISM: WHEN THE ANIMALS GET SMALLER

The term island dwarfism describes a biological phenomenon that can be observed on many islands: The animals there become smaller and smaller over generations. We can find examples of this on the islands in the Svalbard archipelago, for example, where reindeer are significantly smaller than their mainland counterparts. Another example is the island fox, which lives on the Channel Islands off the coast of California and is much more compact than its ancestral conspecific found on the American continent. The Mediterranean island of Sardinia is a veritable hotspot of island dwarfism. Here a whole array of animals are significantly smaller than their counterparts on the mainland. In addition to dwarfed foxes, wild boars and wild horses, the Sardinian deer, which is considerably shorter and lighter than a mainland red deer, is particularly noteworthy. Examples of island dwarfism can also be found in the past. For example, on numerous Mediterranean islands such as Sicily, Sardinia, Malta and the Greek island of Tilos, the fossil remains of, believe it or not, dwarf elephants have been found. These are elephants that, with a shoulder height of just 90 centimeters, were about the size of a Shetland pony. These miniature elephants, like other dwarf forms, evolved during the Pleistocene epoch (approx. 1.6 million – approx. 12,500 B.C.). According to recent scientific findings, their "founding generation" apparently reached the islands by swimming, and not, as long assumed, across submerged land bridges. It is believed that the last dwarf elephants of the Mediterranean became extinct about 4,000 years ago. The reason may have been over-hunting by humans as opposed to climate change.

But why is it that animals that live on islands, of all things, have a reduced body size, often even extremely so? Normally, a short stature indicates a nutritional deficiency or a genetic defect. And indeed, an important reason for island dwarfism, where the entire population has a reduced body size, is certainly the scarce food supply that is especially prevalent on small islands. This, in turn, means that the various animal species have to compete vigorously for food and suitable habitats. And those that can get by with less food here thanks to downsizing naturally enjoy an evolutionary advantage. Dwarfism also guarantees increased mobility in mountainous terrain, resulting in better access to new food sources. A third reason for nanism, as dwarfism is called in the scientific world, is the prevalent lack of predators on an island. A large body is no longer necessary to intimidate predators; in fact, it is a disadvantage because it requires much more energy to maintain.

MINIATUREN – INSELVERZWERGUNG: WENN DIE TIERE KLEINER WERDEN

Der Begriff »Inselverzwergung« beschreibt ein biologisches Phänomen, das auf vielen Inseln zu beobachten ist: Die Tiere dort werden über die Generationen hinweg immer kleiner. Beispiele dafür finden wir beispielsweise auf dem Spitzbergen-Archipel, wo Rentiere deutlich kleiner sind als ihre Artgenossen auf dem Festland. Ein weiteres Beispiel ist der Insel-Graufuchs, der auf den Kanalinseln vor der kalifornischen Küste lebt und eine viel geringere Körpergröße aufweist als seine »Stammform« auf dem amerikanischen Kontinent. Einen regelrechten Hotspot der Inselverzwergung bildet die Mittelmeerinsel Sardinien. Hier sind gleich eine ganze Reihe von Tieren deutlich kleiner als ihre Artgenossen auf dem Festland. Neben verzwergten Füchsen, Wildschweinen und Wildpferden ist hier vor allem der sardische Hirsch zu nennen, der erheblich kompakter und leichter ist als ein Kontinental-Rothirsch.

Beispiele für eine Inselverzwergung finden sich aber auch in der Vergangenheit. So wurden auf zahlreiche Mittelmeerinseln wie Sizilien, Sardinien, Malta und Tilos die fossilen Überreste von, man höre und staune, Zwergelefanten gefunden: Elefanten, die mit einer Schulterhöhe von gerade mal 90 Zentimetern etwa so groß waren wie ein Shetlandpony. Die Minielefanten entstanden, wie auch andere Zwergformen, während des Pleistozäns (ca. 1.6 Mio.–ca. 12 500 v. Chr.). Ihre »Gründergeneration« erreichte nach neueren wissenschaftlichen Erkenntnissen offenbar schwimmend, und nicht, wie man lange annahm, über versunkene Landbrücken, die Inseln. Man nimmt an, dass die letzten Zwergelefanten des Mittelmeerraums vor rund 4000 Jahren ausgestorben sind. Der Grund hierfür dürfte eher in einer zu starken Bejagung durch den Menschen als in einer Klimaveränderung gelegen haben.

Aber warum kommt es ausgerechnet bei Tieren, die auf Inseln leben, zu einer (oft sogar stark) verkleinerten Körpergröße? Normalerweise deutet Kleinwüchsigkeit auf eine defizitäre Ernährung oder einen Gendefekt hin. Und in der Tat ist ein wichtiger Grund für die Inselverzwergung, bei der ja die ganze Population eine reduzierte Körpergröße besitzt, sicherlich das knappe Nahrungsangebot, das vor allem auf kleinen Inseln herrscht. Was wiederum bedeutet, dass die verschiedenen Tierarten stark um Futter und geeignete Lebensräume konkurrieren. Und wer hier dank Verkleinerung mit weniger Nahrung auskommt, hat natürlich einen evolutionären Vorteil.

Außerdem garantiert Zwergenwuchs eine erhöhte Mobilität im bergigen Gelände und dadurch einen besseren Zugang zu neuen Nahrungsquellen. Ein dritter Grund für den Nanismus, wie in der Wissenschaft eine Verzwergung genannt wird, ist der Mangel an Fressfeinden, der oft auf einer Insel herrscht. Ein großer Körper, um Fressfeinde zu beeindrucken, ist hier nicht mehr von Nöten, sondern sogar ein Nachteil, da er energetisch viel aufwändiger zu unterhalten ist.

The most common cause of death among Svalbard reindeer is bad teeth. Older animals with worn-down teeth, unable to sufficiently chew the hard vegetation, eventually die of starvation.

Die häufigste Todesursache bei Spitzbergen-Rentieren sind schlechte Zähne. Ältere Tiere mit abgenutzten Zähnen müssen nämlich verhungern, da sie die harte Vegetation nicht mehr ausreichend kauen können.

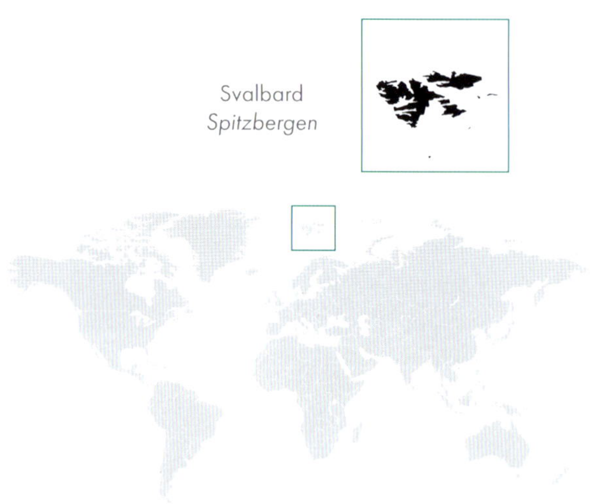

Svalbard
Spitzbergen

Svalbard reindeer are much smaller and stockier than mainland reindeer, and their legs are shorter, too.

Spitzbergen-Rentiere sind deutlich kleiner und gedrungener als Rentiere auf dem Festland und haben auch kürzere Beine.

SVALBARD REINDEER

Rangifer tarandus platyrhynchus

The Svalbard reindeer, a small subspecies of reindeer found exclusively in the Svalbard archipelago, is a classic example of island dwarfism. The animals, which migrated there from Eurasia or Greenland during the last ice age, were cut off from the mainland at the end of the ice age, when the ice receded and Svalbard was suddenly surrounded by water. Standing just 65 centimeters tall at the shoulder, these reindeer are much smaller than their mainland counterparts, which reach a shoulder height of 110 centimeters or more.
In the early 20th century, the Svalbard reindeer were nearly brought to the brink of extinction by relentless hunting. At that time, the meat of these antlered animals was highly sought after by local miners. Rigorous protection of the animals by the Norwegian government in 1925 ensured the population recovered, and the animals are now found in large areas of the Svalbard archipelago.

SPITZBERGEN- RENTIER

Rangifer tarandus platyrhynchus

Das Spitzbergen-Rentier, eine kleine Unterart des Rentiers, die ausschließlich auf der Inselgruppe von Spitzbergen zuhause ist, ist ein geradezu klassisches Beispiel für die Inselverzwergung. Die Tiere, die während der letzten Kaltzeit aus Eurasien oder Grönland dort eingewandert sind, wurden nach Ende der Eiszeit vom Festland abgeschnitten, als sich das Eis zurückzog und Spitzbergen auf einmal vom Meer umgeben war. Diese Rentiere sind mit einer Schulterhöhe von gerade mal 65 Zentimetern deutlich kleiner als ihre Artgenossen auf dem Festland, die es auf eine Schulterhöhe von 110 Zentimetern und mehr bringen.
Anfang des 20. Jahrhunderts waren die Spitzbergen-Rentiere durch eine geradezu erbarmungslose Jagd fast an den Rand des Aussterbens gebracht worden. Das Fleisch der Geweihträger war damals bei den dort ansässigen Minenarbeitern äußerst begehrt. Eine konsequente Unterschutzstellung der Tiere durch die norwegische Regierung im Jahr 1925 sorgte dafür, dass die Bestände sich wieder erholten und die Tiere heute in weiten Teilen des Spitzbergen-Archipels anzutreffen sind.

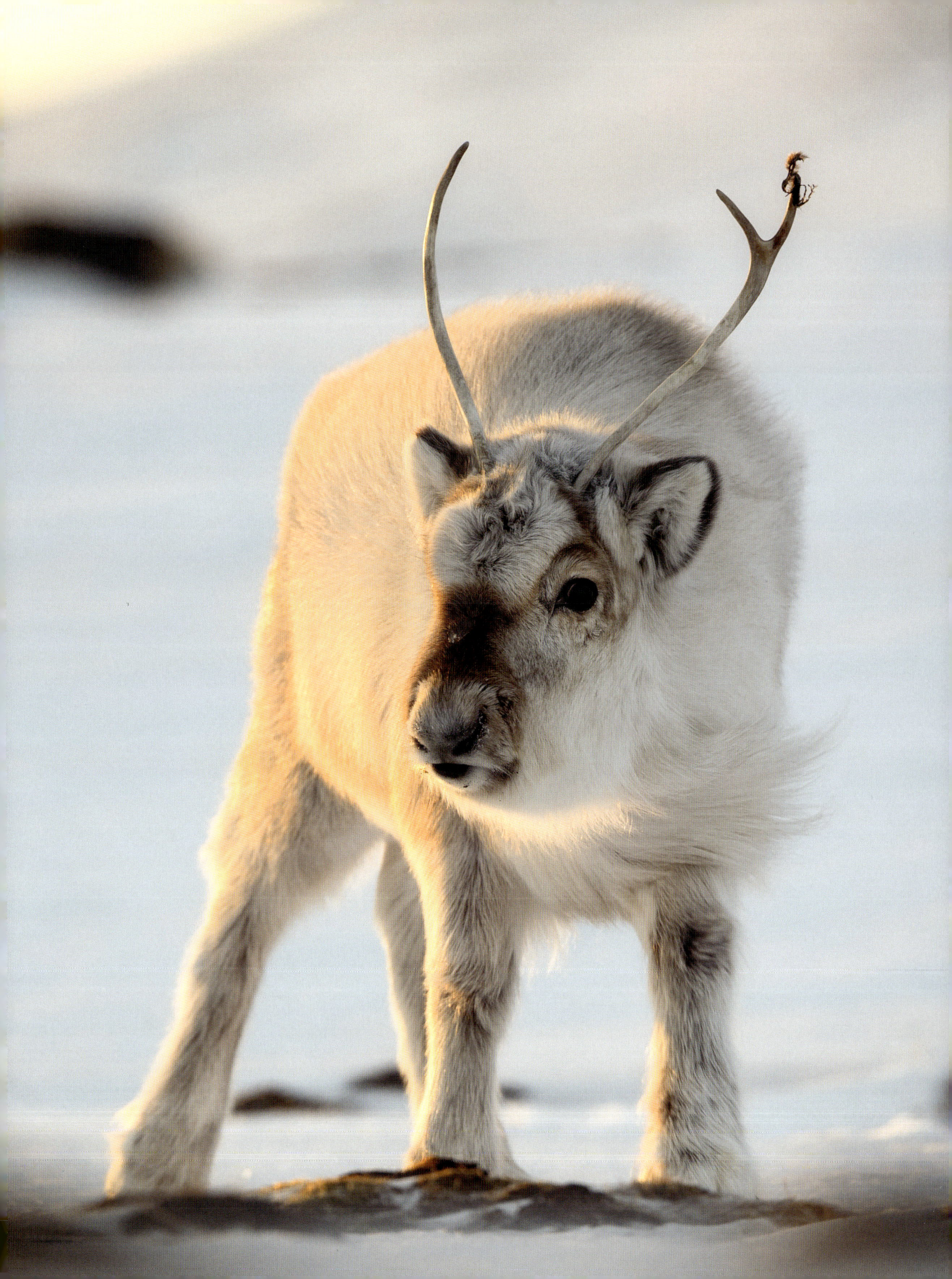

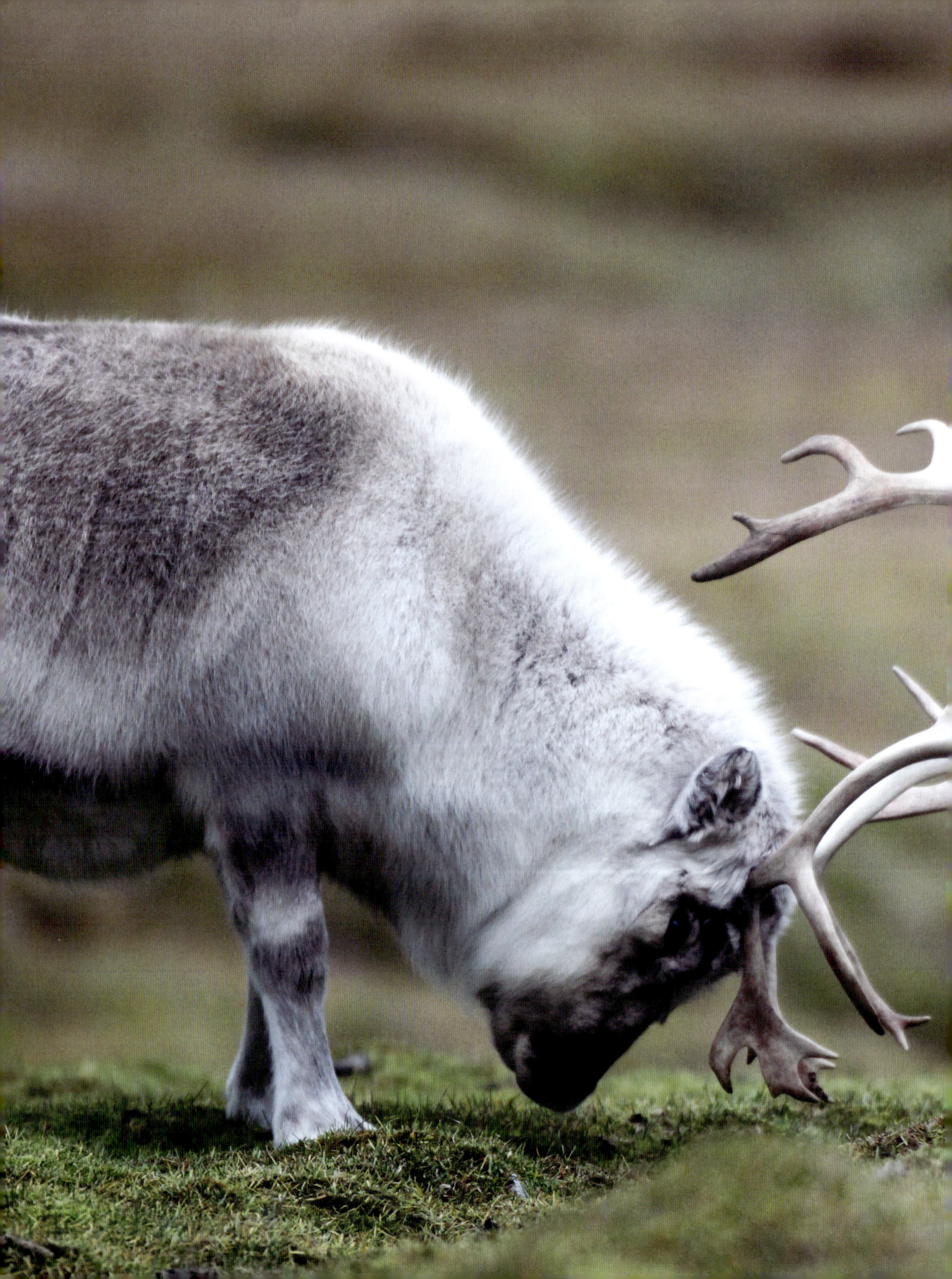

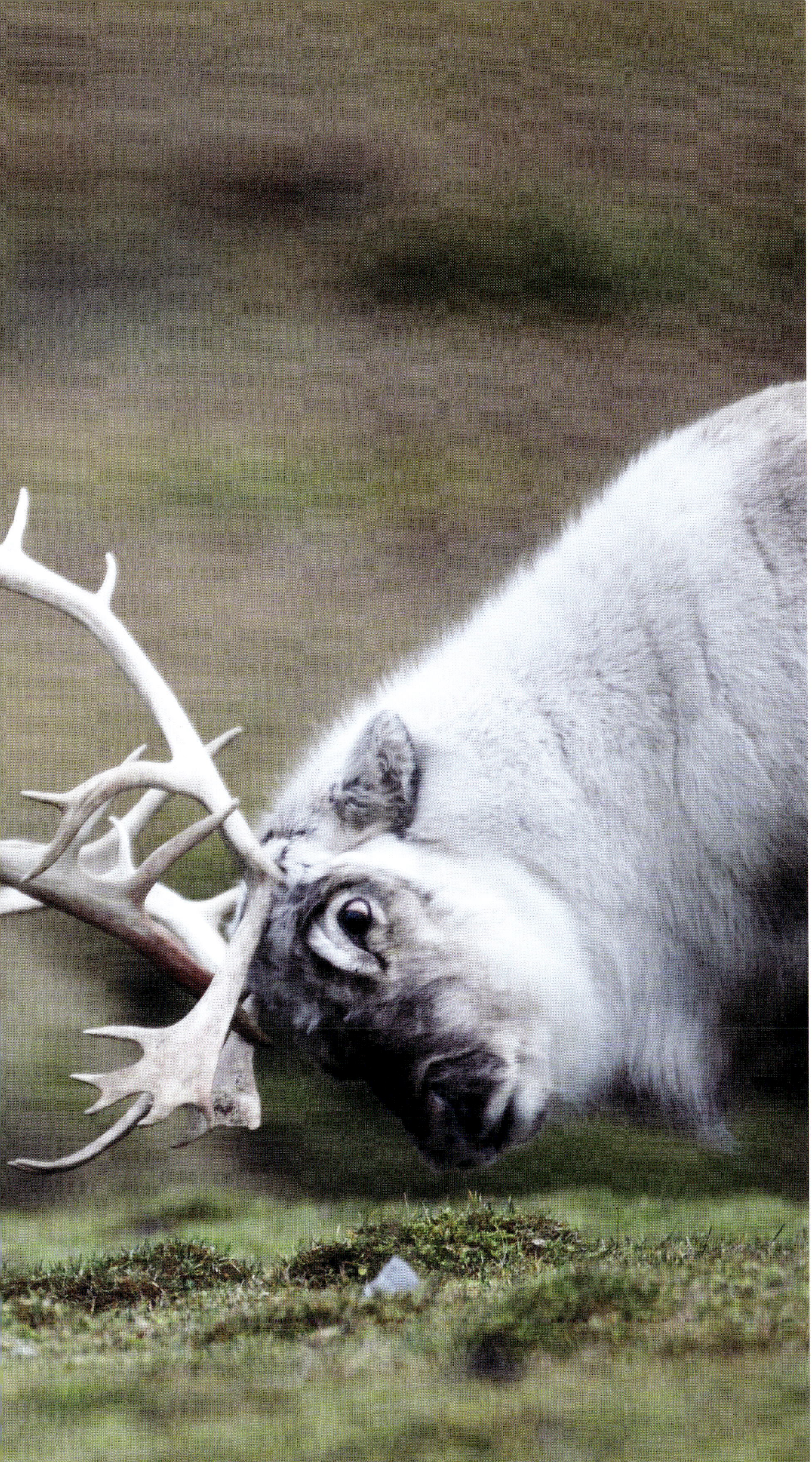

Two Svalbard male reindeer fighting to determine rank.

Rangordnungskampf zwischen zwei männlichen Spitzbergen-Rentieren.

A reindeer mother and her calves.

Rentiermutter mit ihren Kälbern.

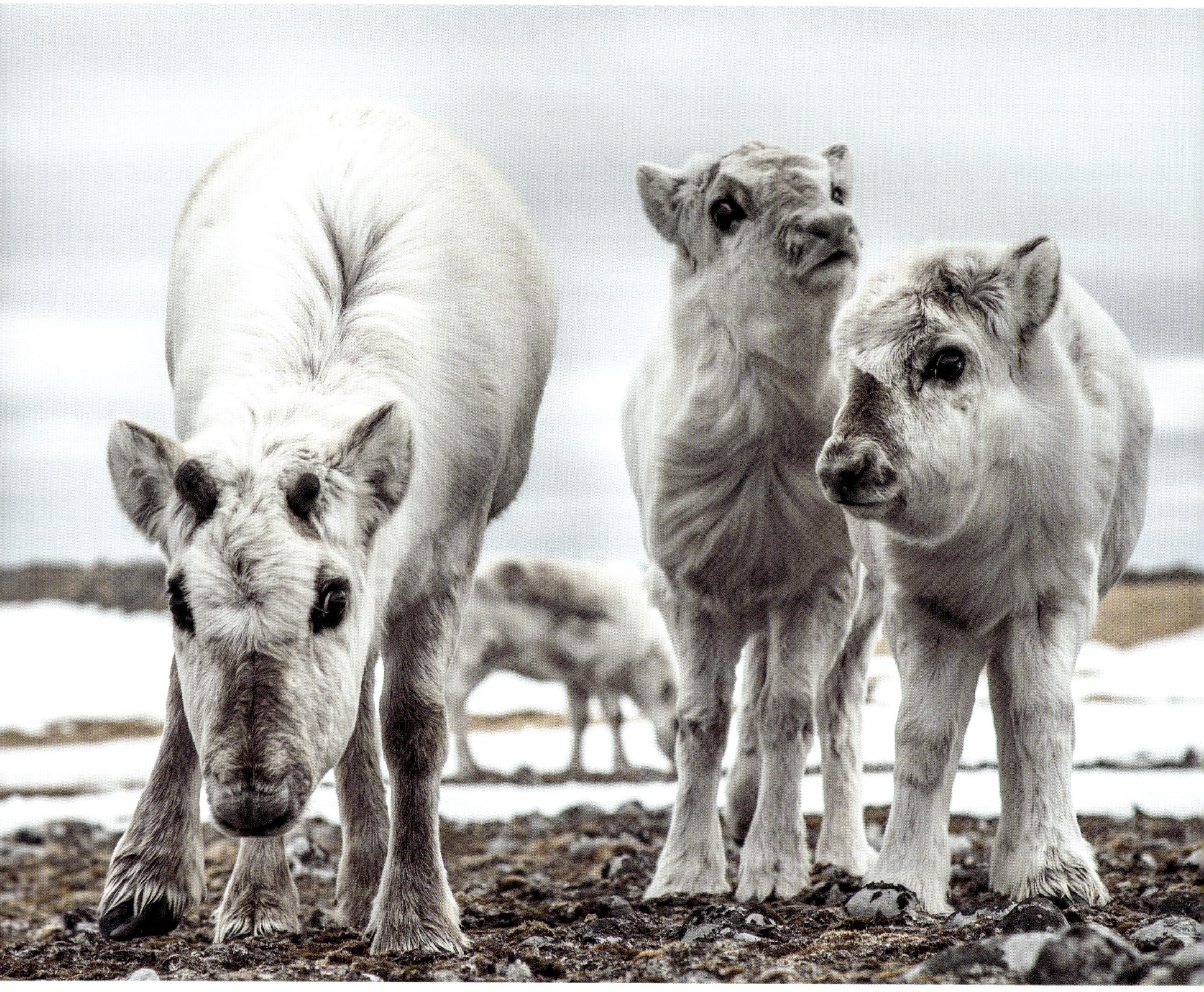

Rather daring: a Svalbard reindeer on a drifting ice floe.

Ganz schön mutig: Spitzbergen-Rentier auf driftender Eisscholle.

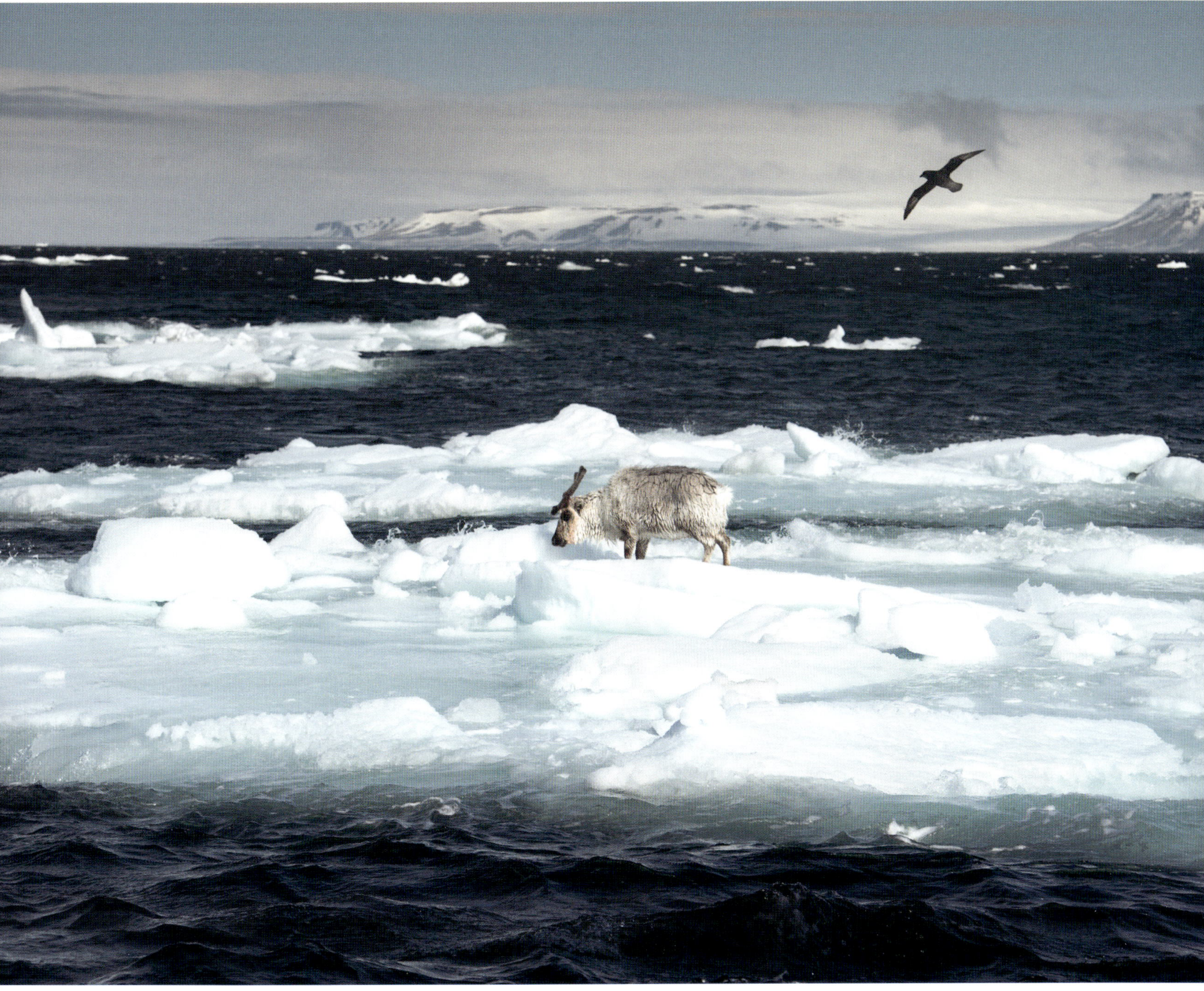

Svalbard reindeer are easily
camouflaged in the snowy
white landscape.

In der weißen Schneeland-
schaft sind Spitzbergen-
Rentiere gut getarnt.

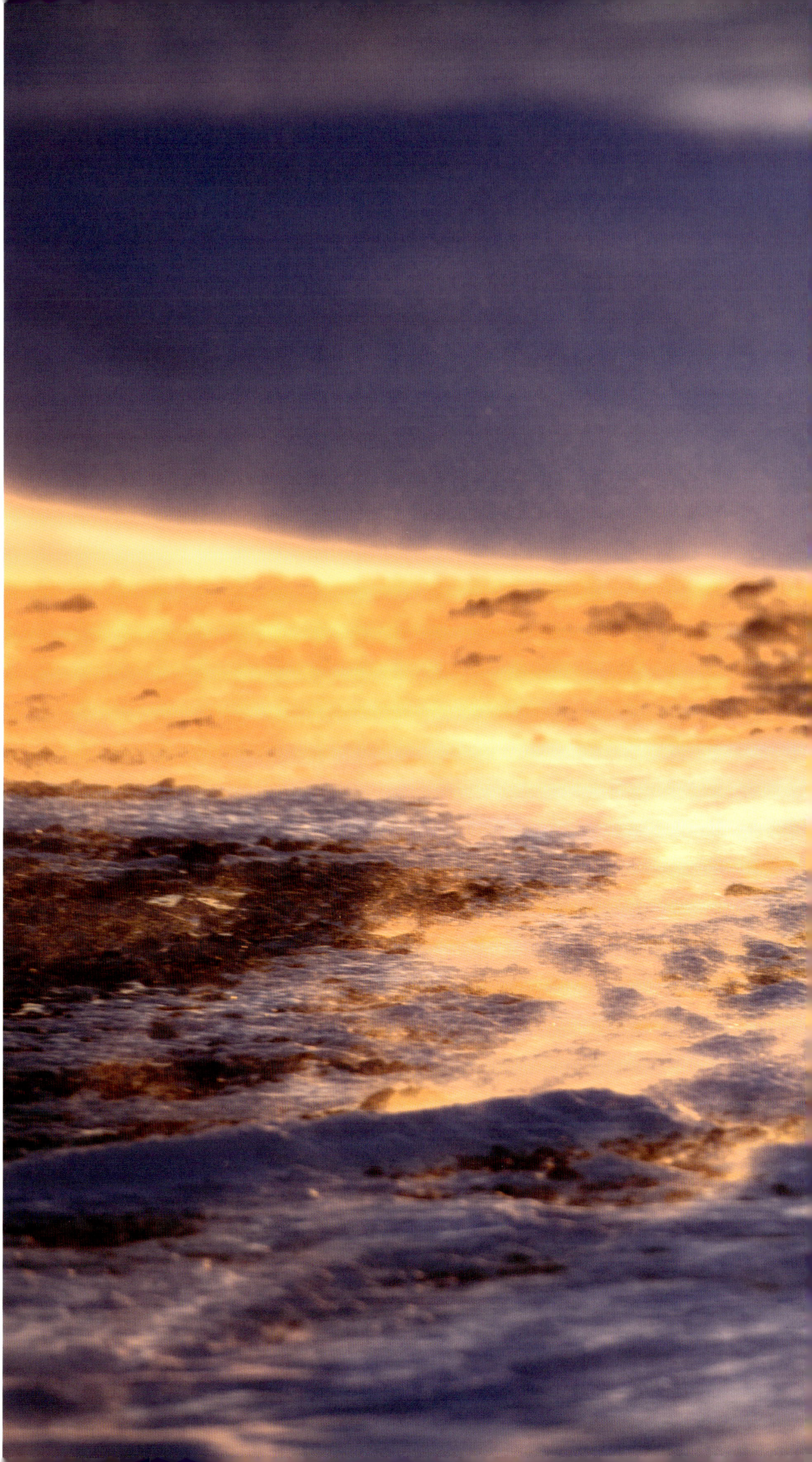

Svalbard reindeer calf at dawn.

Spitzbergen-Rentierkälbchen in der Morgendämmerung.

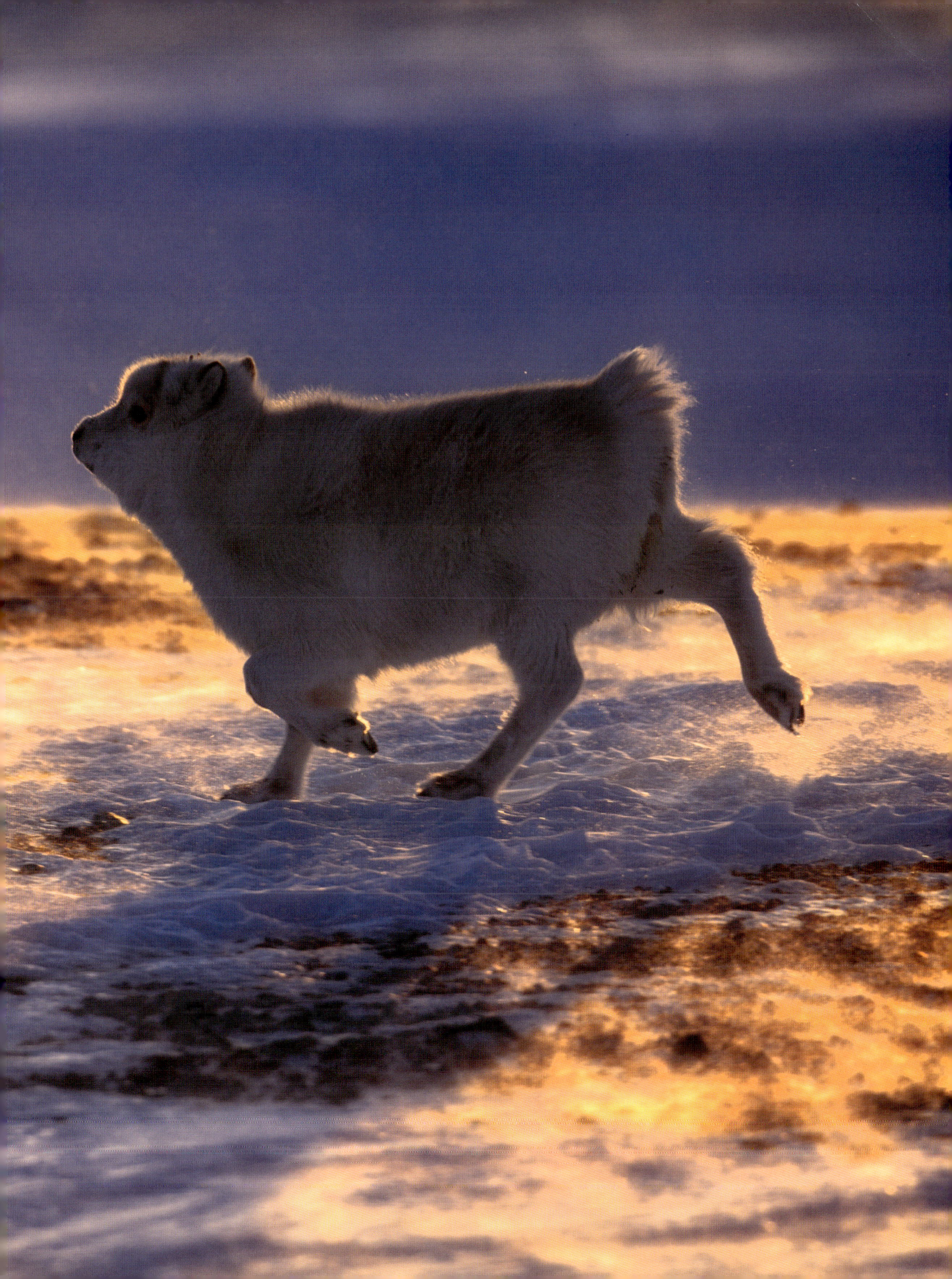

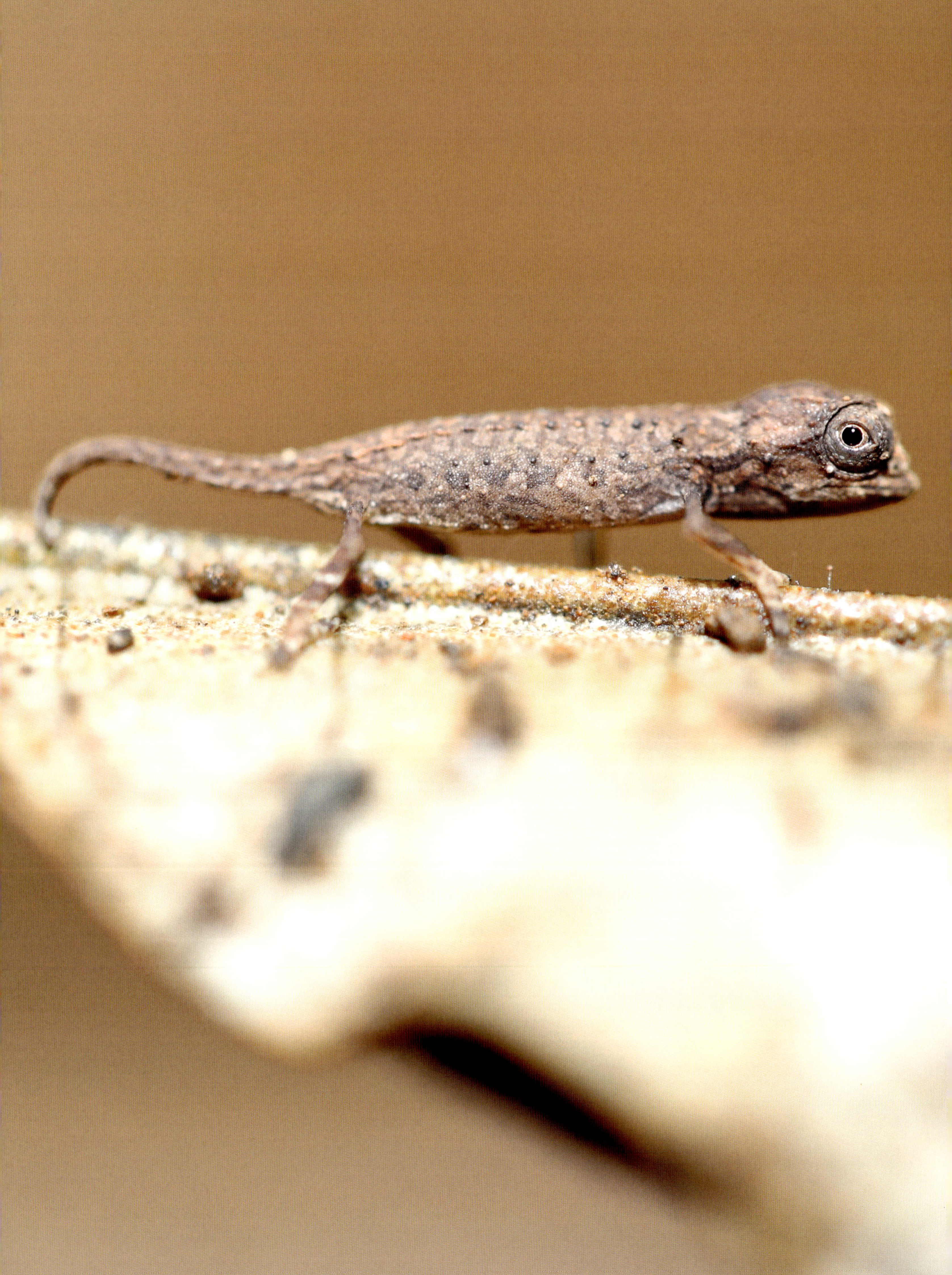

Dwarf chameleons, like other chameleons, use color as a language – communicating with one another by changing the color of their skin.

Zwergchamäleons nutzen, wie andere Chamäleons auch, eine »Farbsprache« – sie kommunizieren durch Farbveränderungen ihrer Haut miteinander.

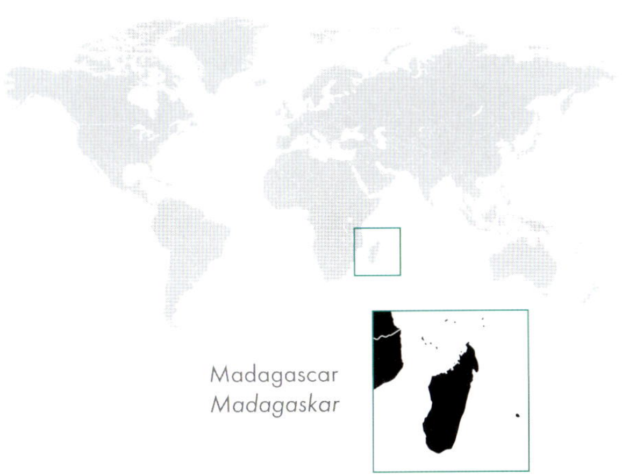

Dwarf chameleon: the third smallest chameleon in the world.

Zwerg-Chamäleon: das drittkleinste Chamäleon der Welt.

DWARF CHAMELEON

Brookesia minima

Madagascar is clearly the island of chameleons. Of the approximately 150 chameleon species existing worldwide, about 70 of them are found exclusively on this African island in the Indian Ocean. Not only the largest chameleon in the world (Parson's chameleon, see the "Giants" chapter) is endemic to Madagascar, the smallest members of this fascinating animal family are also found here. Take, for example, the third smallest chameleon in the world, the dwarf chameleon. With a body length of just over three centimeters, it can easily sit on a matchstick. These miniature editions, exclusively at home in the rainforests of northwestern Madagascar, have all the characteristics of a proper chameleon despite their diminutive size: They can move their eyes independent of one another, they possess the typical slingshot tongue for catching prey, and they are able to change their color, though not quite as well as their larger relatives.

ZWERG-CHAMÄLEON

Brookesia minima

Madagaskar ist ganz klar die Insel der Chamäleons. Von den rund 150 Chamäleonarten, die es weltweit gibt, kommen circa 70 Arten ausschließlich auf der afrikanischen Insel im Indischen Ozean vor. So ist nicht nur das größte Chamäleon der Welt (»Parsons Chamäleon«, siehe Kapitel »Riesen«) endemisch auf Madagaskar beheimatet, sondern auch die kleinsten Vertreter dieser faszinierenden Tierfamilie. So zum Beispiel das drittkleinste Chamäleon der Welt, das Zwergchamäleon. Es kann mit einer Körperlänge von etwas über drei Zentimetern bequem auf einem Streichholz Platz nehmen. Die Miniaturausgaben, die ausschließlich in den Regenwäldern im Nordwesten Madagaskars zu Hause sind, verfügen trotz ihrer geringen Körpergröße über alle Eigenschaften, die ein richtiges Chamäleon ausmacht: Sie können ihre Augen unabhängig voneinander bewegen, besitzen zum Beutefang die typische Schleuderzunge und können ihre Farbe verändern. Wenn auch nicht ganz so gut wie ihre große Verwandtschaft.

Dwarf chameleons are so tiny
they could fit onto the head
of a matchstick.

*Zwerg-Chamäleons sind so klein,
dass sie sogar auf einem Streich-
holzkopf Platz nehmen könnten.*

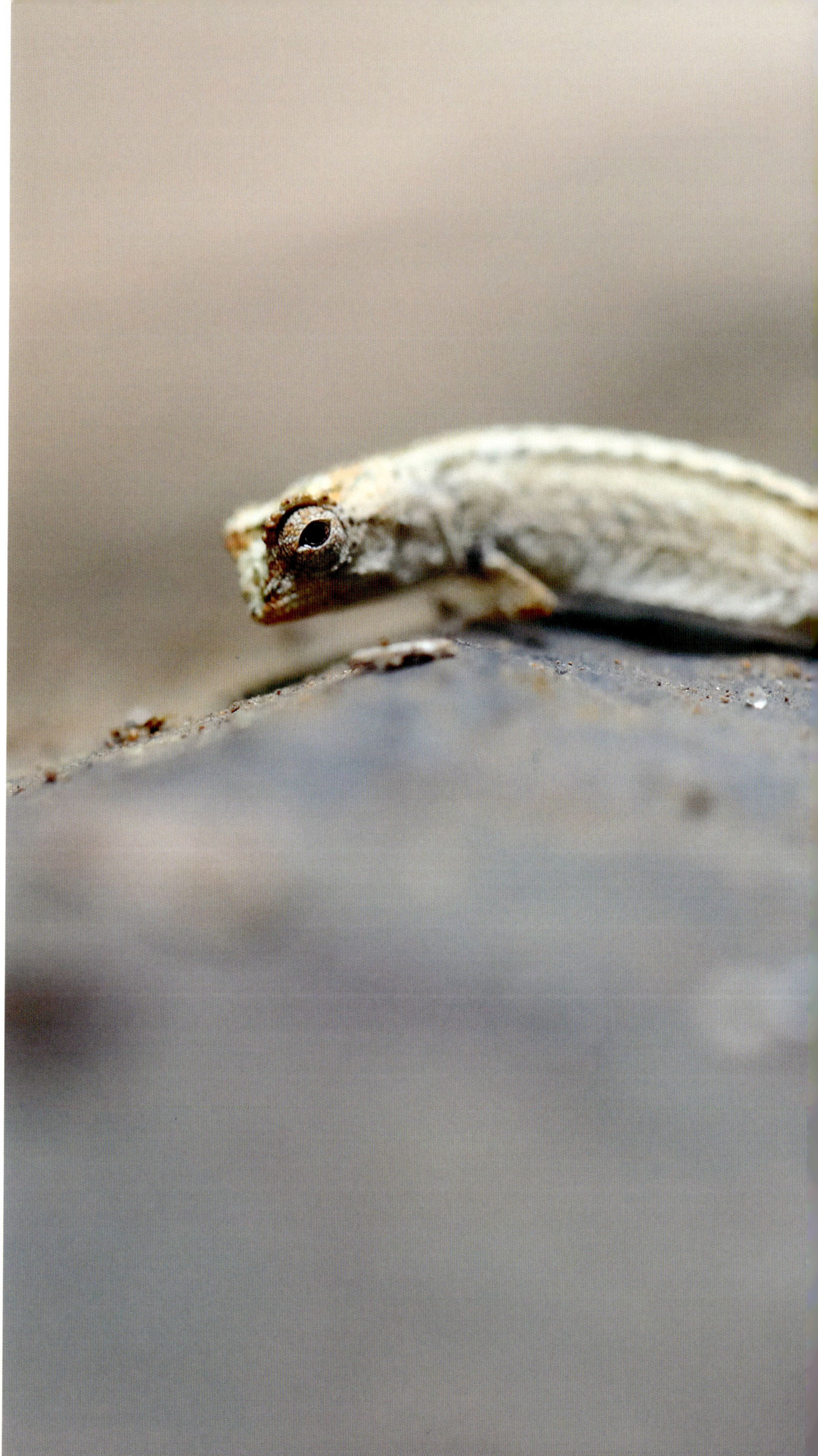

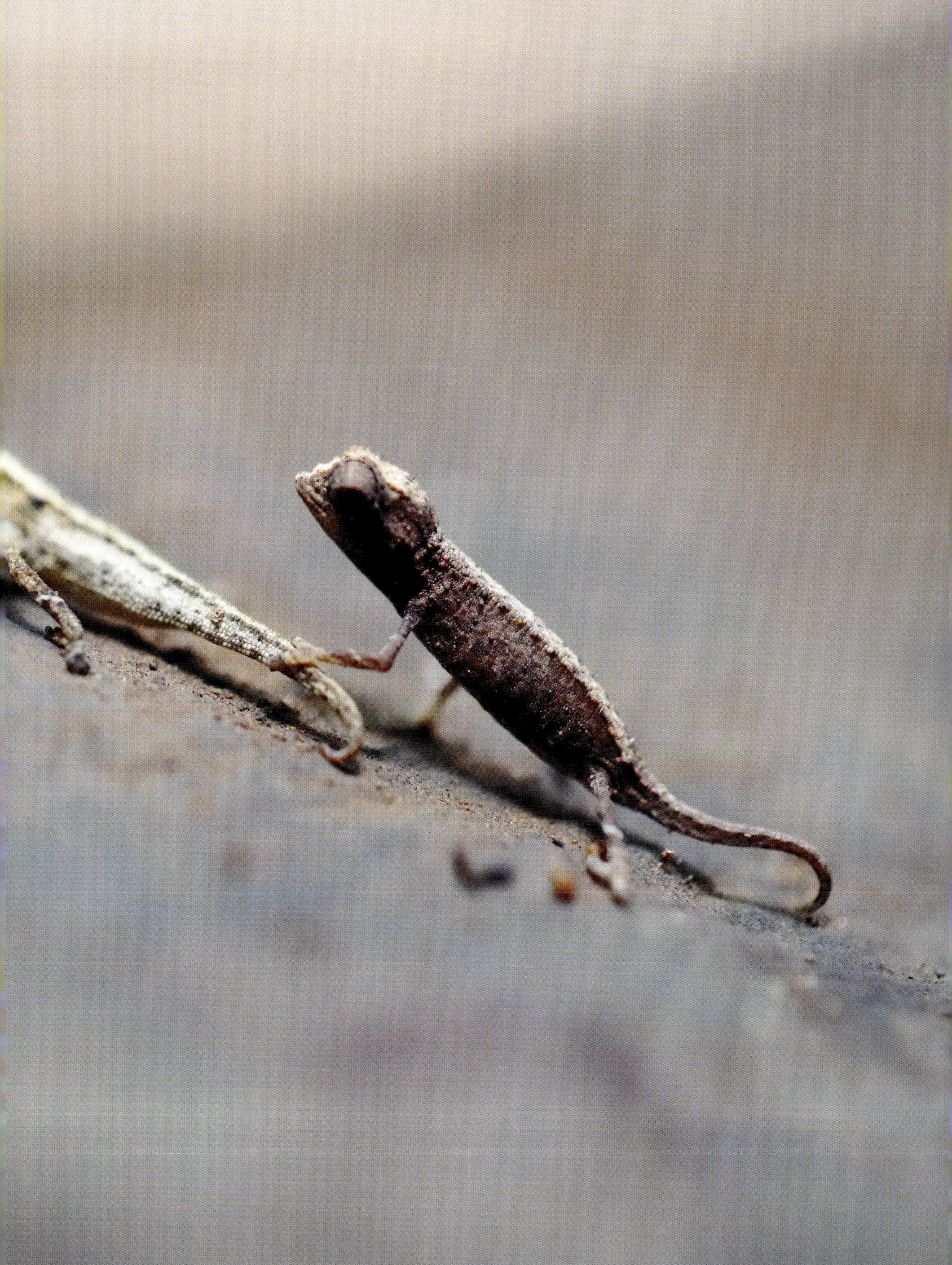

Dwarf chameleon couple during courtship.

Zwerg-Chamäleon-Pärchen bei der Balz.

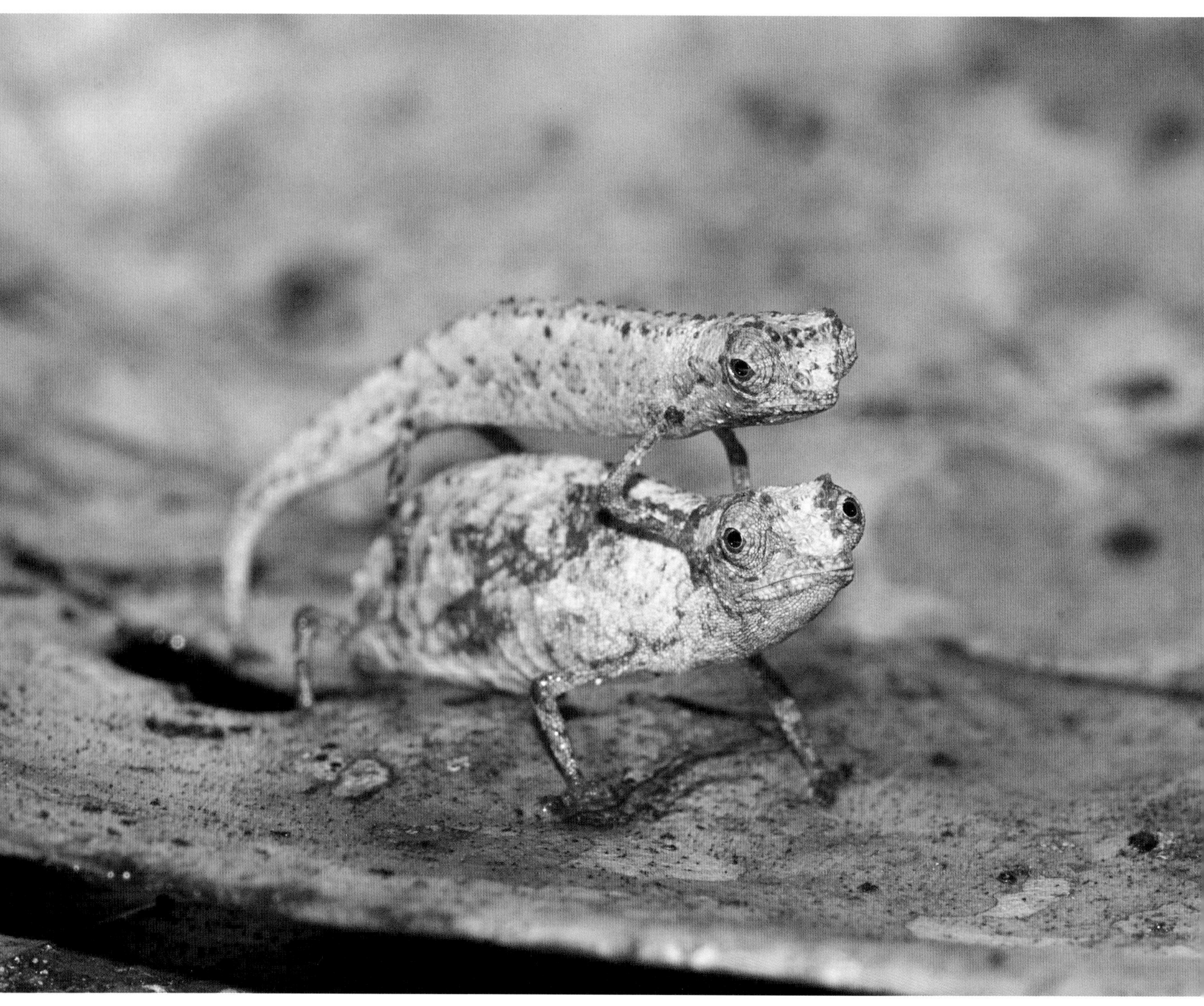

When threatened, dwarf chameleons
remain totally immobile.

Bei einer Bedrohung verharren Zwergcha-
mäleons in völliger Bewegungslosigkeit.

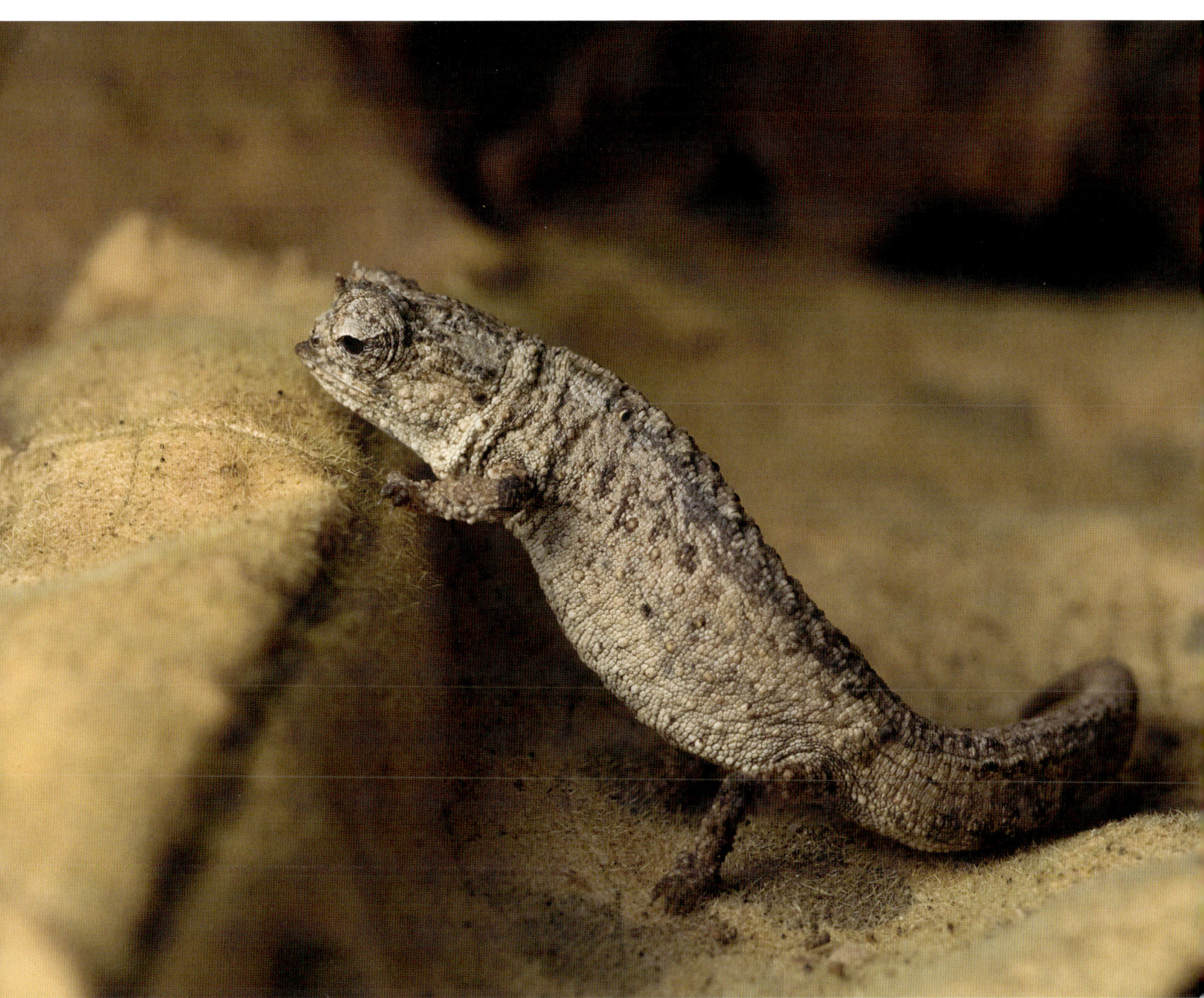

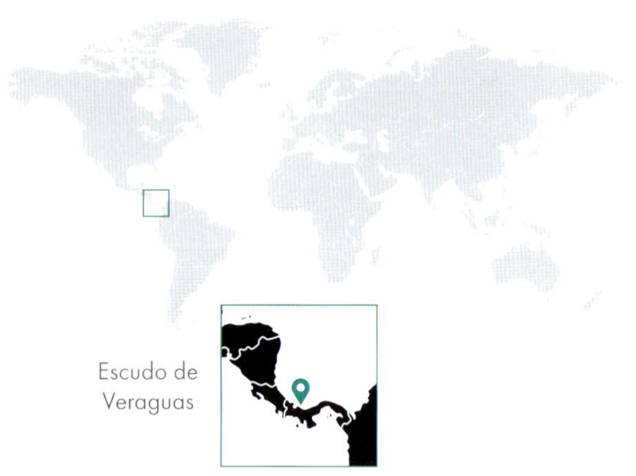

Escudo de
Veraguas

Acrobatically "hanging around":
a dwarf sloth mother and her baby.

*Akrobatisches »Abhängen«:
Zwergfaultiermutter mit Baby.*

DWARF SLOTH

Bradypus pygmaeus

Astonishingly, the world's smallest sloth, the dwarf sloth, was only discovered in 2001. It was found on Isla Escudo de Veraguas, off the north coast of Panama, the only place where the miniature sloth can be found. The dwarfing of the animals likely occurred at the end of the last ice age. At that time, the drastic rise in sea level ensured that the ancestors of the dwarf sloth were permanently cut off from their relatives on the mainland.
To date, scientists have discovered relatively little about the dwarf sloth's way of life. But it is very likely that, like their larger relatives, they mainly feed on leaves and spend their lives in the low-movement energy-saving mode so characteristic of sloths.
Because of its extremely restricted range–Isla Escudo de Veraguas is less than five square kilometers in size – the dwarf sloth is listed by the IUCN as one of the world's 100 most threatened species.

ZWERG- FAULTIER

Bradypus pygmaeus

Das kleinste Faultier der Welt, das Zwergfaultier, wurde erstaunlicherweise erst im Jahr 2001 entdeckt. Und zwar auf der vor der Nordküste Panamas gelegenen Isla Escudo de Veraguas, wo das Minifaultier ausschließlich lebt. Zu der Verzwergung der Tiere kam es wahrscheinlich am Ende der letzten Kaltzeit. Damals sorgte der drastische Anstieg des Meeresspiegels dafür, dass die Vorfahren des Zwergfaultiers von ihren Verwandten auf dem Festland dauerhaft abgeschnitten wurden.
Über die Lebensweise des Zwergfaultiers hat die Wissenschaft bisher relativ wenig herausgefunden. Aber sehr wahrscheinlich ernähren sie sich, wie ihre großen Artgenossen, in erster Linie von Blättern und leben deshalb auch ständig im für Faultiere so typischen bewegungsarmen Energiesparmodus.
Wegen seines extrem kleinen Verbreitungsgebiets – die Isla Escudo de Veraguas ist noch nicht einmal fünf Quadratkilometer groß - wird das Zwergfaultier von der Weltnaturschutzorganisation zu den weltweit hundert am stärksten vom Aussterben bedrohten Arten gezählt.

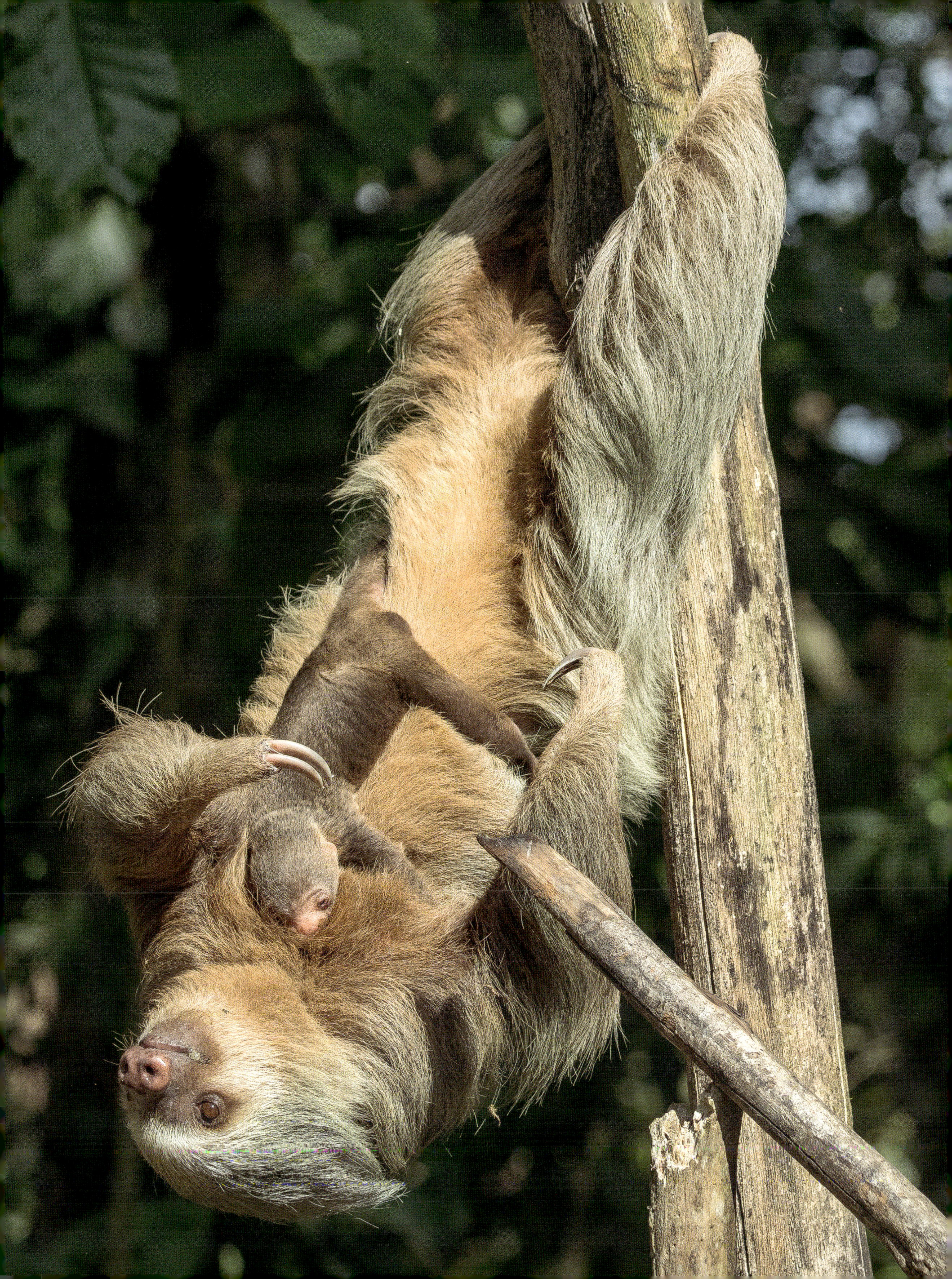

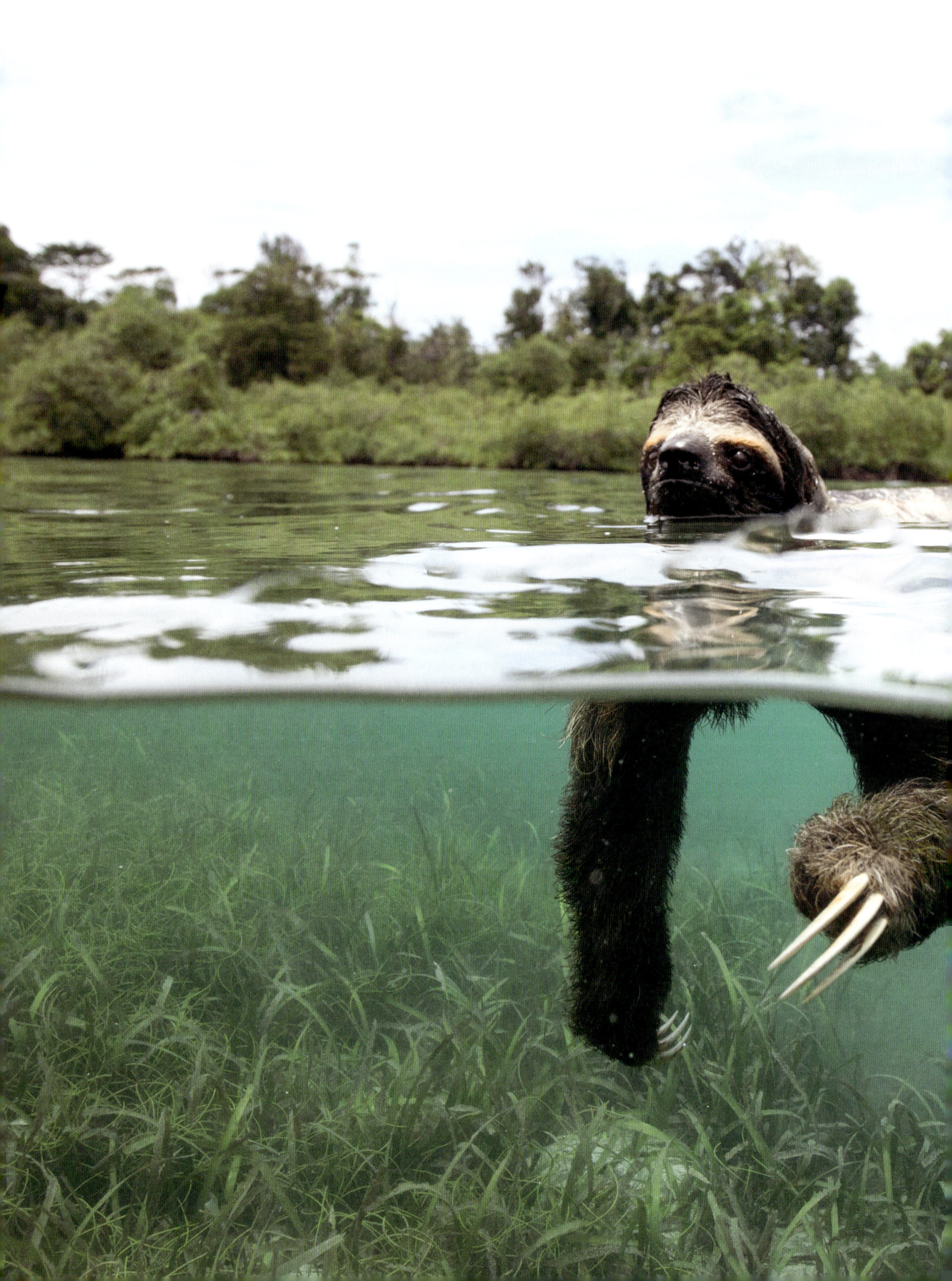

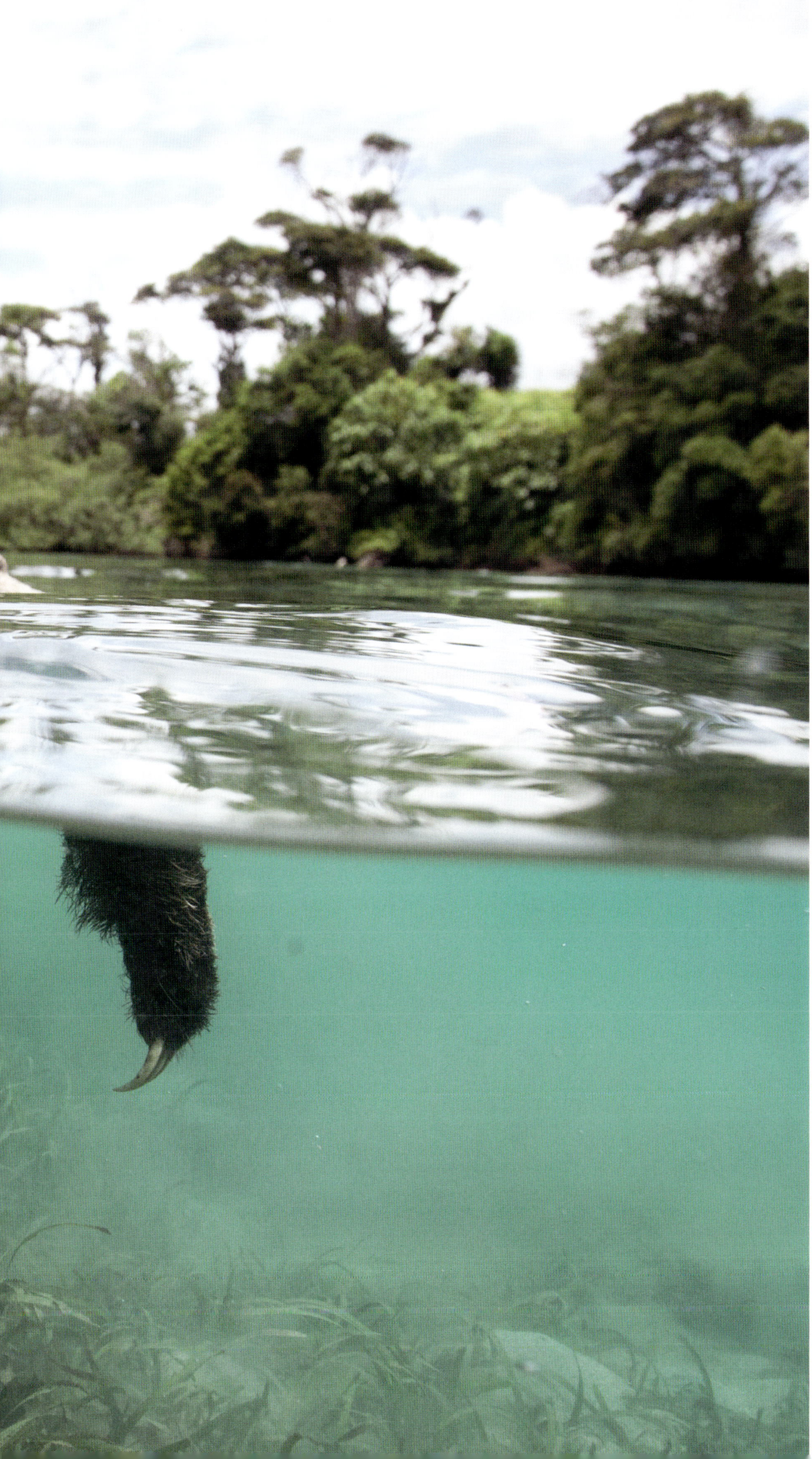

Sloths are good swimmers,
easily able to cross smaller
bodies of water.

*Faultiere sind gute Schwimmer,
die kleinere Gewässer gut
überqueren können.*

The habitat sloths prefer is in the rainforest,
high up in the treetops.

Der bevorzugte Lebensraum von Faultieren ist
hoch oben in den Wipfeln des Regenwaldes.

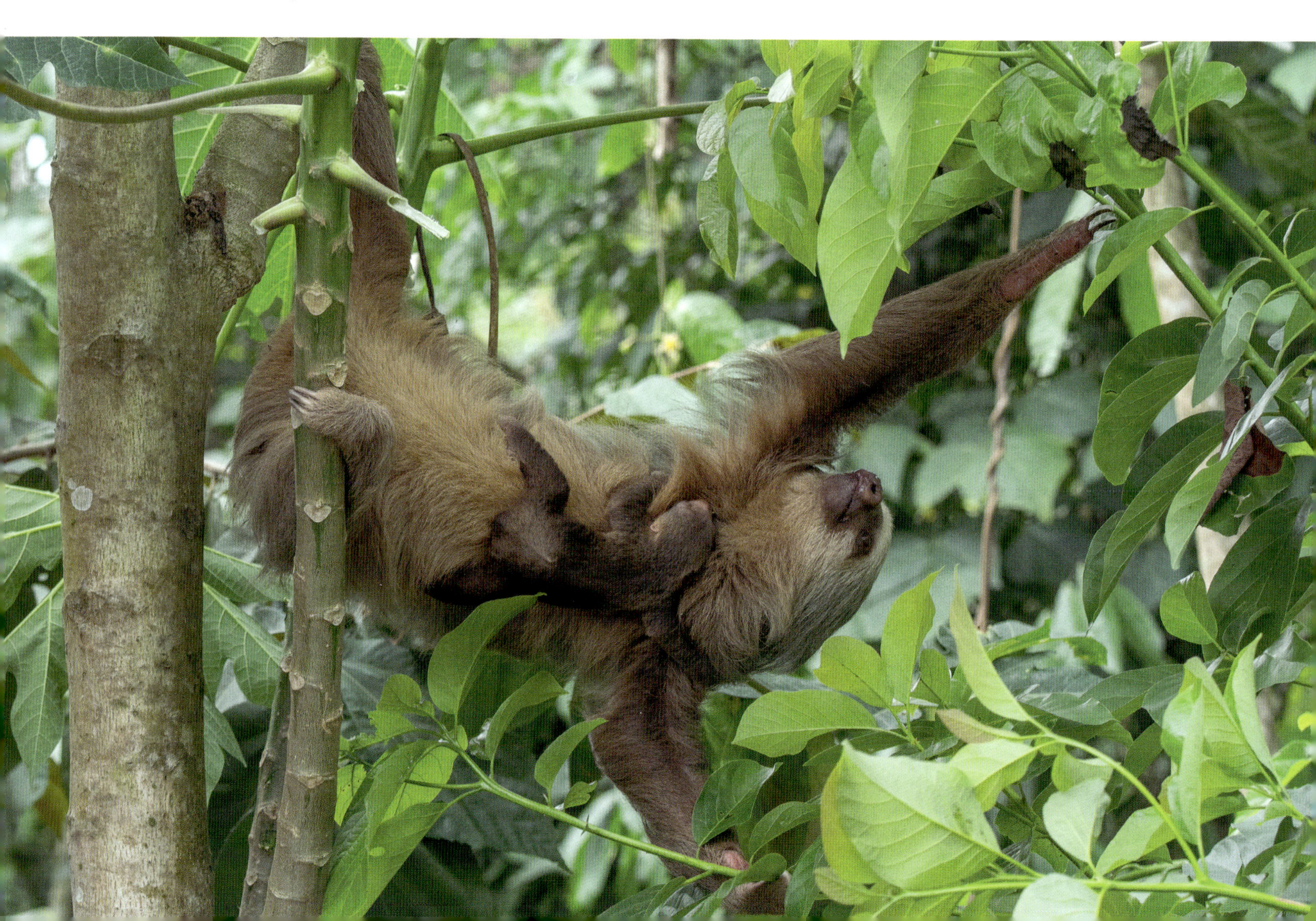

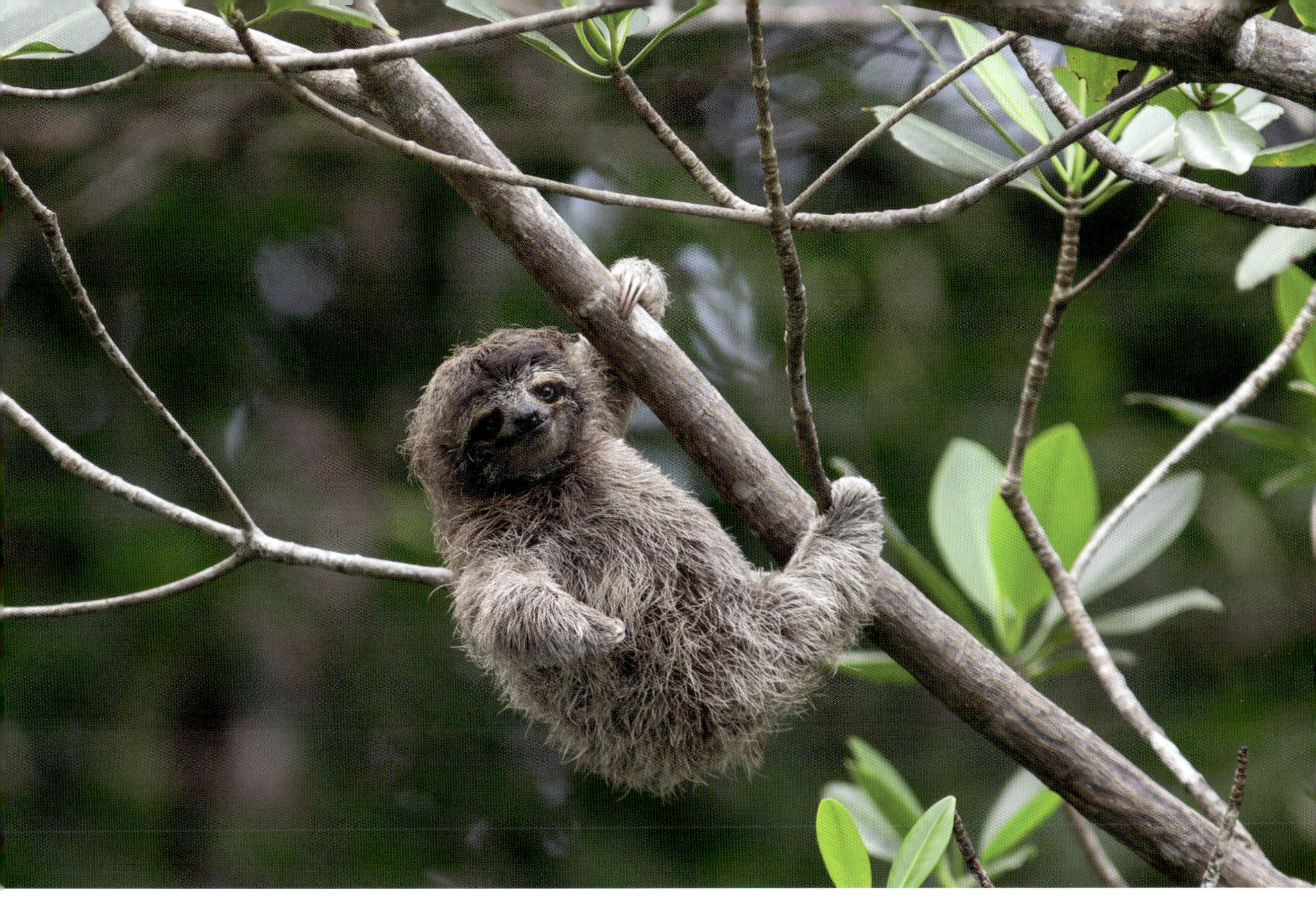

A four-month-old baby dwarf sloth
in the typical hanging pose.

*Vier Monate altes Zwergfaultier-Baby
in typischer »Hänge-Pose«.*

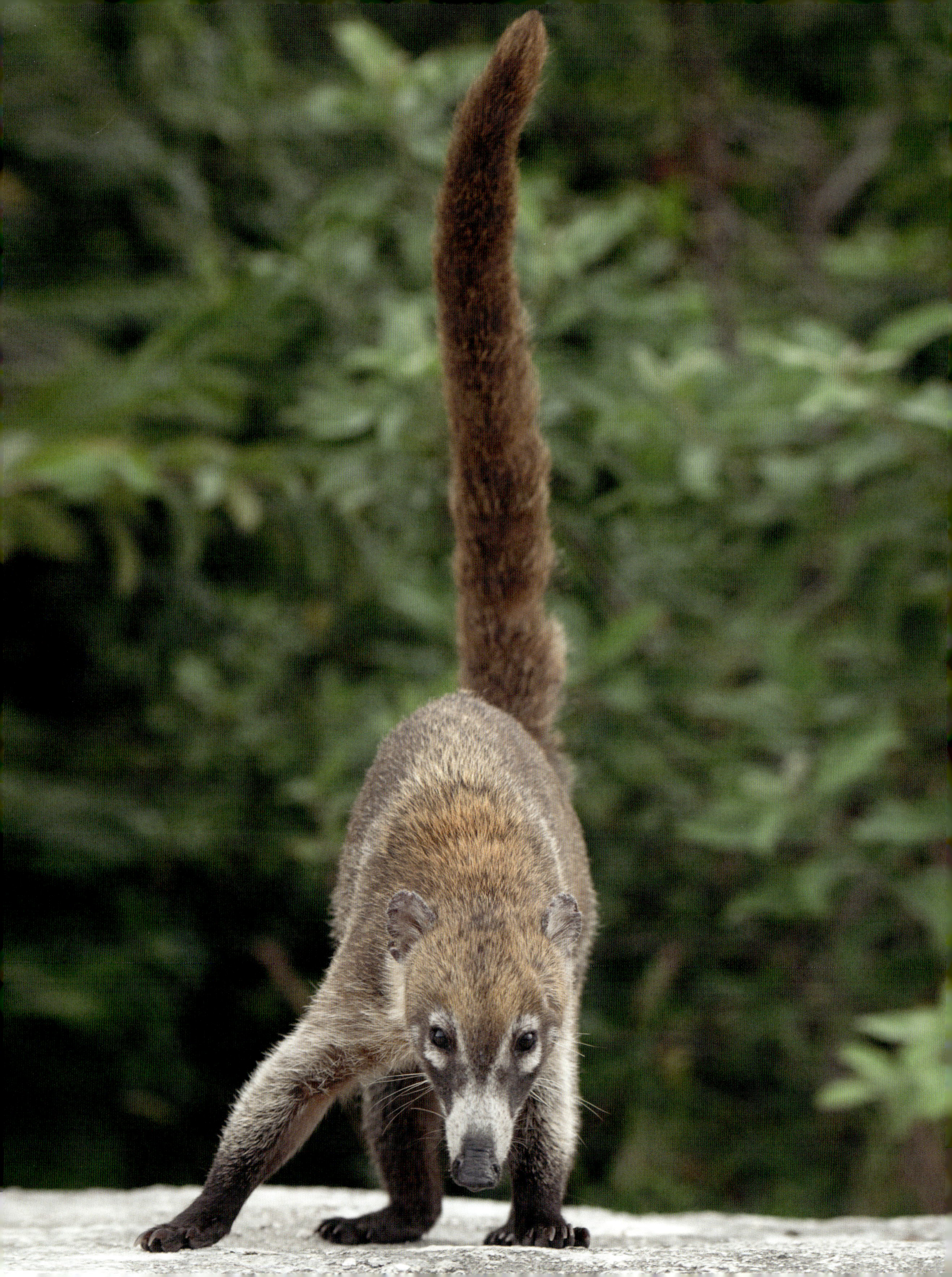

Coatis spend the night in special "sleeping trees".

Die Nacht verbringen Nasenbären auf speziellen »Schlafbäumen«.

Cozumel

A classic example of island dwarfism: the Cozumel Island coati.

Ein Klassiker der Inselverzwergung: der Insel-Nasenbär.

COZUMEL ISLAND COATI

Nasua nelsoni

Cozumel Island coatis, also called Nelson's coatis, are found exclusively on the small island of Cozumel, off the coast of Mexico's Yucatán Peninsula. Because Cozumel Island coatis are significantly smaller than their closest relative, the white-nosed coati, they are often cited as an example of island dwarfism. In fact, some scientists believe that they may not be a separate species at all, but merely a smaller subspecies of the white-nosed coati. The animals owe their German name, *Nasenbär*, or nose bear, to their elongated and extremely agile snout, which appears to resemble an enormous olfactory organ at first glance. Relatively little is known about the way of life of the Cozumel Island coati. Like their larger relatives from the mainland, they probably feed mainly on insects and small rodents, and occasionally on fruit. Incidentally, a kind of part-time matriarchy is prevalent among coatis. During the mating season, the males subordinate themselves to the females.

INSEL-NASENBÄR

Nasua nelsoni

Insel-Nasenbären, manchmal auch Nelson-Nasenbären oder Cozumel-Nasenbären genannt, kommen ausschließlich auf der kleinen, vor der Küste der mexikanischen Halbinsel Yucatán vorgelagerten Insel Cozumel vor. Da die Insel-Nasenbären deutlich kleiner sind als ihre nächste Verwandtschaft, der Weißrüssel-Nasenbär, werden sie gerne als Beispiel für eine Inselverzwergung herangezogen.
Nach Ansicht einiger Wissenschaftler sind sie sogar möglicherweise gar keine eigene Art, sondern lediglich eine kleinere Unterart des Weißrüssel-Nasenbären. Ihren Namen verdanken die Tiere ihrer langgezogenen und äußerst beweglichen Schnauze, die auf den ersten Blick an ein gewaltiges Riechorgan erinnert. Über die Lebensweise der Insel-Nasenbären ist relativ wenig bekannt. Wahrscheinlich ernähren sie sich, wie ihre großen Verwandten vom Festland, hauptsächlich von Insekten und kleinen Nagetieren und ab und an von Früchten. Bei Nasenbären herrscht übrigens eine Art Teilzeit-Matriarchat: In der Paarungszeit ordnen sich die Männchen den Weibchen unter.

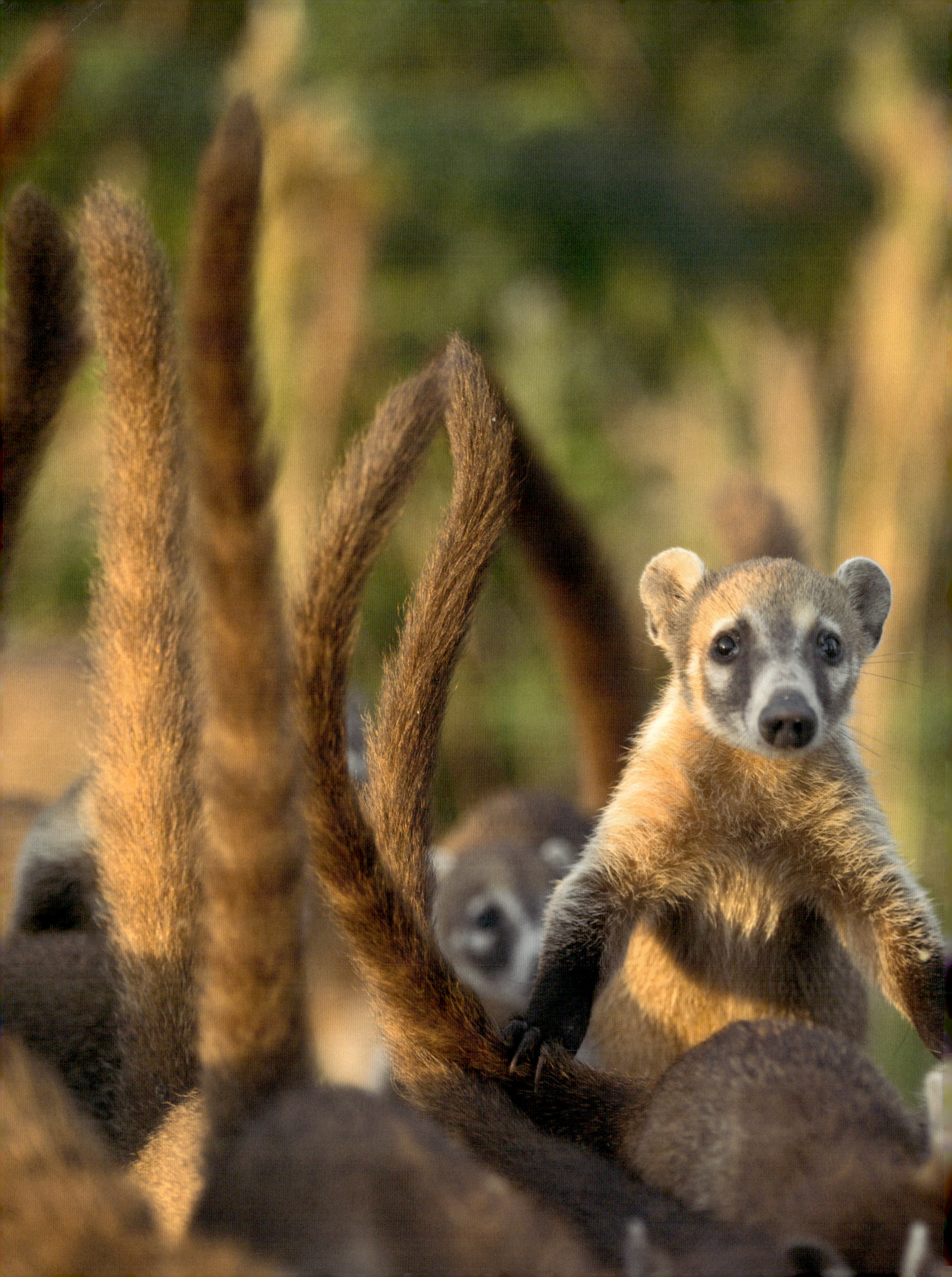

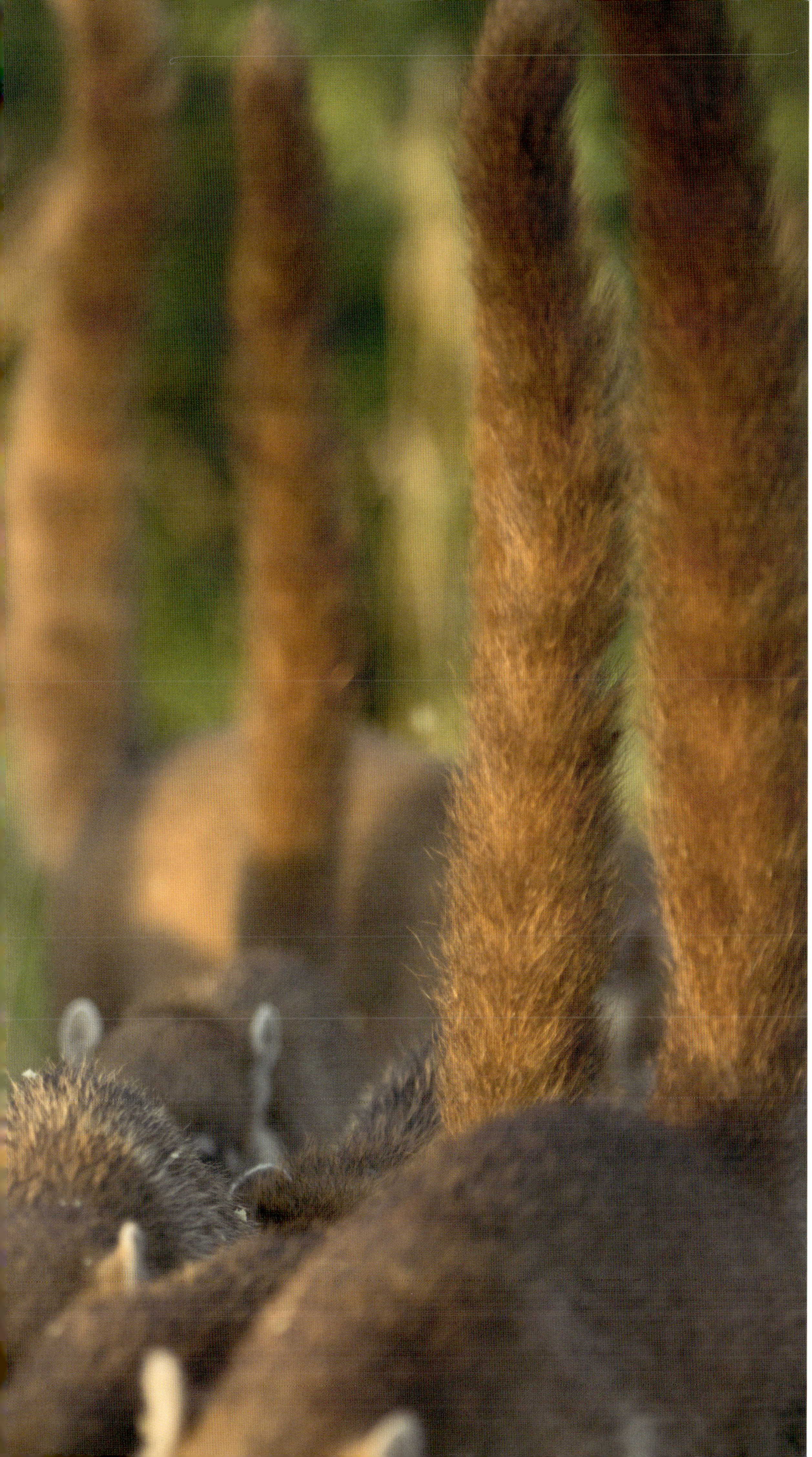

Cozumel Island coati females
live in small groups, while males
are solitary creatures.

*Insel-Nasenbären-Weibchen le-
ben in kleinen Gruppen, während
die Männchen Einzelgänger sind.*

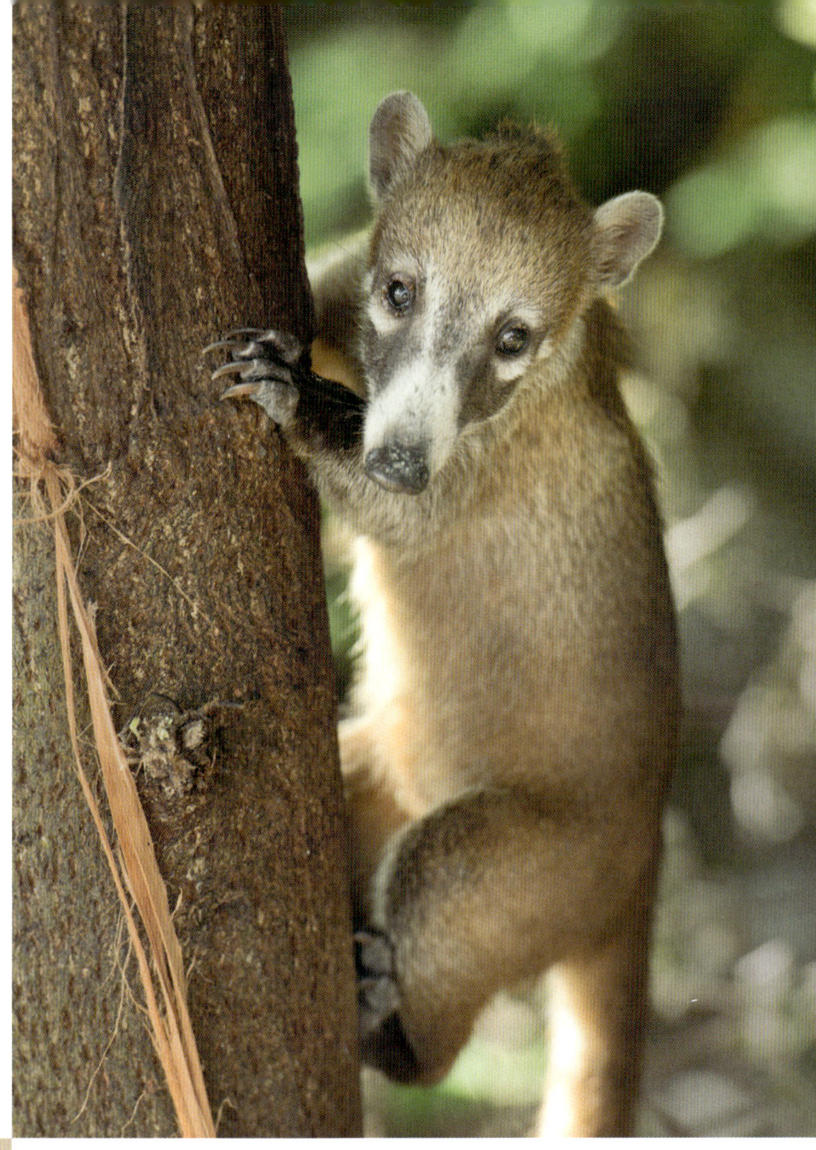

Cozumel Island coatis are good climbers: not only do they live on the ground, they also spend part of their lives in trees.

Gute Kletterer: Insel-Nasenbären leben nicht nur auf dem Boden, sondern auch auf Bäumen.

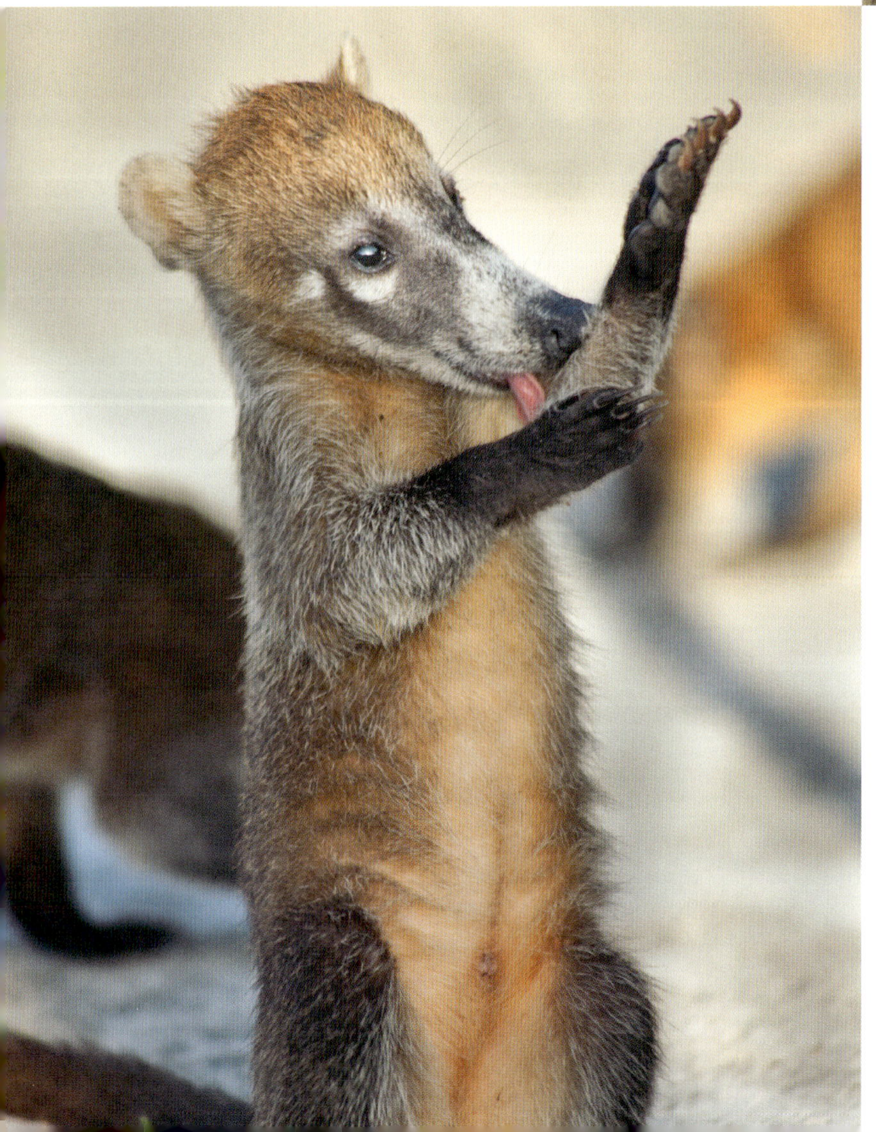

A Cozumel Island coati grooming its fur.

Insel-Nasenbär bei der Fellpflege.

The Cozumel Island coati is very rare,
and considered endangered.

Der Insel-Nasenbär ist sehr selten und
gilt daher als vom Aussterben bedroht.

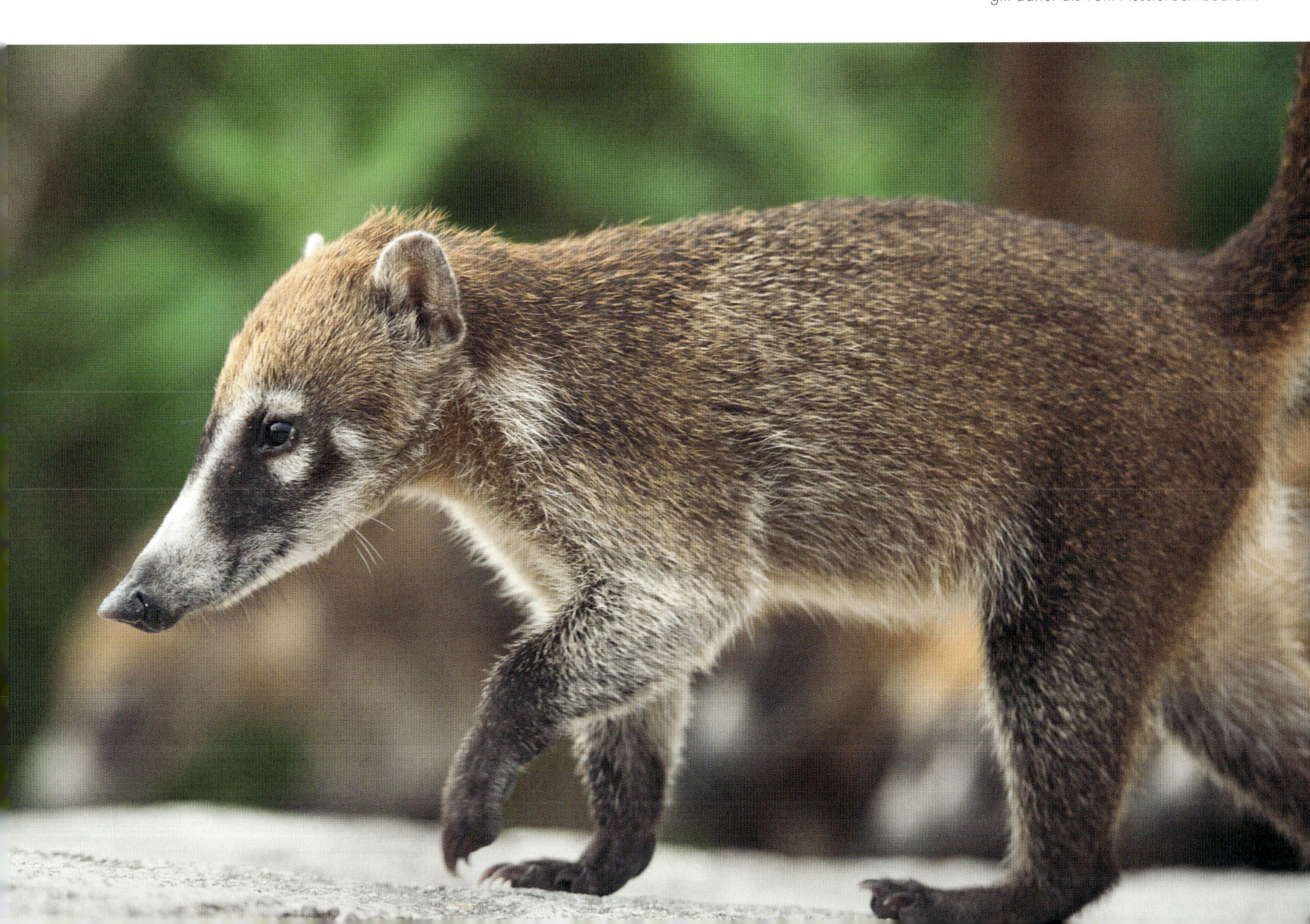

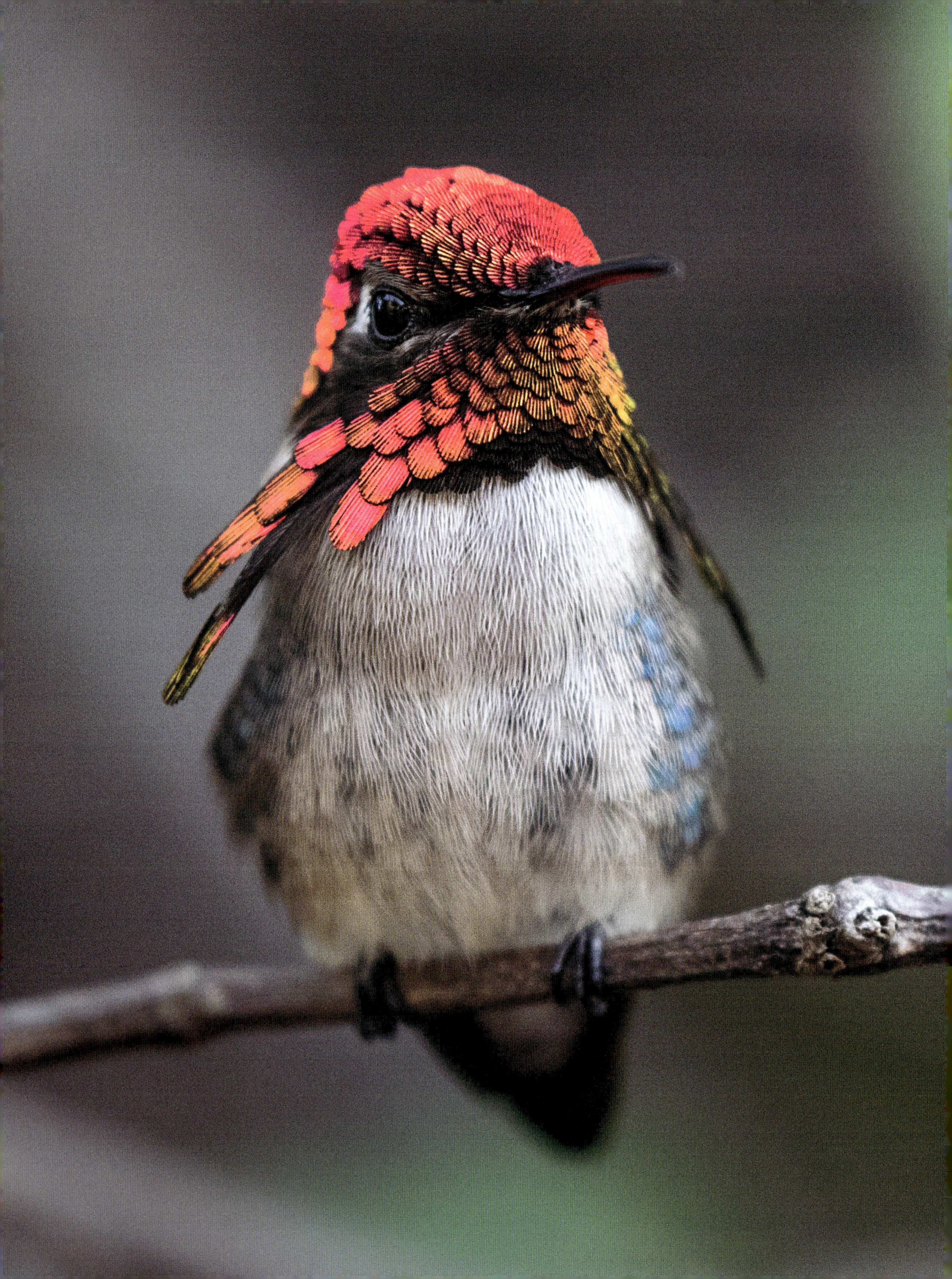

The hearts of bee hummingbirds beat 300 to 500 times a minute.

Bienenelfen haben einen Herzschlag von 300 bis 500 Schlägen pro Minute.

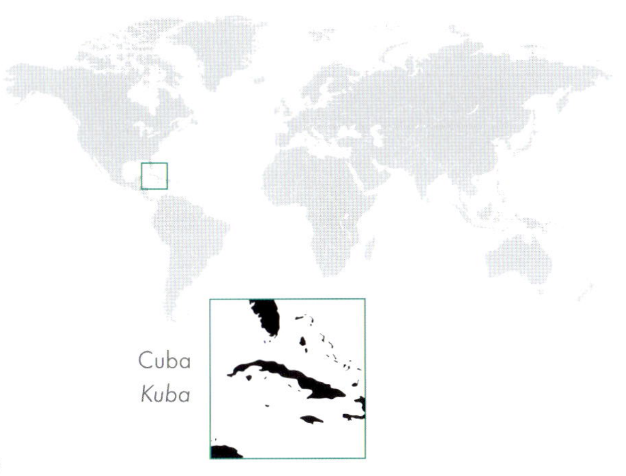

The bee hummingbird is not just the smallest bird in the world, it is also known as a "flying jewel".

Die Bienenelfe ist nicht nur der kleinste Vogel der Welt, sondern gilt auch als »fliegender Edelstein«.

BEE HUM-MINGBIRD

Mellisuga helenae

Bee hummingbirds, whose name gives it away a bit, are not just the smallest hummingbirds in the world, with a total length of up to just about seven centimeters, they are the smallest birds in the world. The iridescent multicolored bee hummingbirds, weighing in at just 1.8 grams, are only found on the Caribbean Island of Cuba and its neighboring island of Isla de la Juventud. Like other hummingbirds, bee hummingbirds mainly enjoy a diet of nectar, which they extract from blossoms using their long tongues as they zip around, a feat made possible by their outstanding flight characteristics. These industrious little birds visit around 1,500 flowers a day. From time to time, however, they also supplement their diet with a small insect or spider. The nests of these tiny birds are made of the finest plant fibers, bound together with spider webs.
Incidentally, the bee hummingbird can lay claim to yet another world record: It also lays the smallest eggs of all birds; they are just about the size of a pea.

BIENEN-ELFE

Mellisuga helenae

Bienenelfen, der Name verrät es schon ein bisschen, sind mit einer Gesamtlänge von bis zu knapp sieben Zentimetern nicht nur die kleinsten Kolibris, sondern sogar auch die kleinsten Vögel weltweit. Die metallisch-bunt gefärbten Bienenelfen, die gerade mal 1,8 Gramm auf die Waage bringen, kommen ausschließlich auf der Karibikinsel Kuba und ihrer Nebeninsel Isla de la Juventud vor. Bienenelfen ernähren sich, wie andere Kolibris auch, vor allem von Nektar, den sie dank überragender Flugeigenschaften mit Hilfe ihrer langen Zunge im Schwirrflug aus den Blüten abzapfen. Die fleißigen kleinen Vögel besuchen dabei rund 1500 Blüten pro Tag. Ab und an peppen sie aber auch ihre Nahrung mit einem kleinen Insekt oder einer Spinne auf. Die Nester der Minivögel bestehen aus feinsten Pflanzenfasern und werden mit Spinnweben zusammengehalten.
Die Bienenelfe kann übrigens noch einen weiteren Weltrekord für sich beanspruchen: Sie legt auch die kleinsten Eier aller Vögel. Sie sind gerade mal so groß wie eine Erbse.

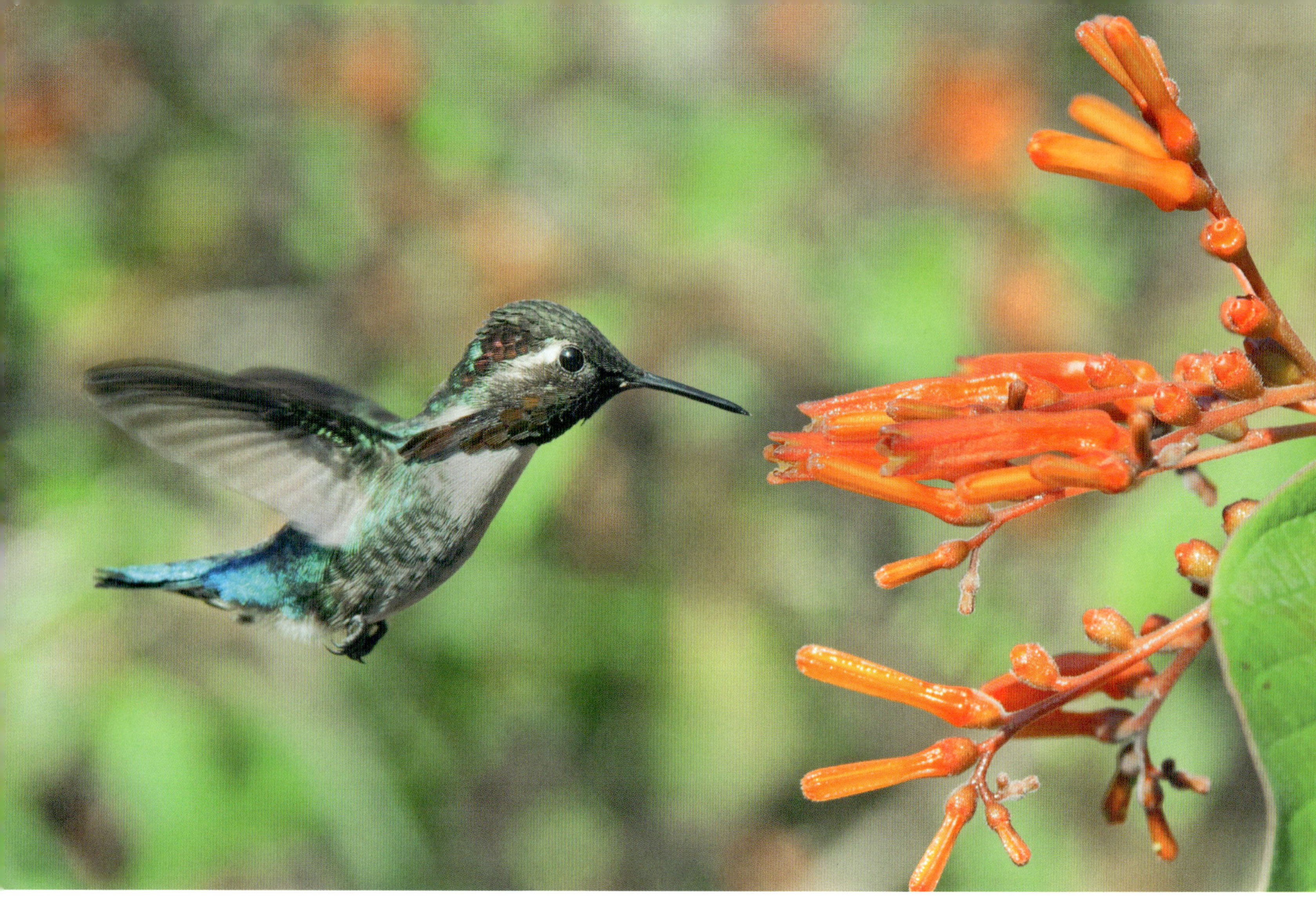

Bee hummingbird drinking nectar. Like all hummingbirds,
it can hover on the spot like a helicopter.

*Bienenelfe beim Nektartrinken. Wie alle Kolibris kann
sie wie ein Hubschrauber auf der Stelle fliegen.*

Bee hummingbirds are only found on the Caribbean
Islands of Cuba and Isla de la Juventud.

*Bienenelfen kommen ausschließlich auf der Karibikinsel
Kuba sowie der Nachbarinsel Isla de la Juventud vor.*

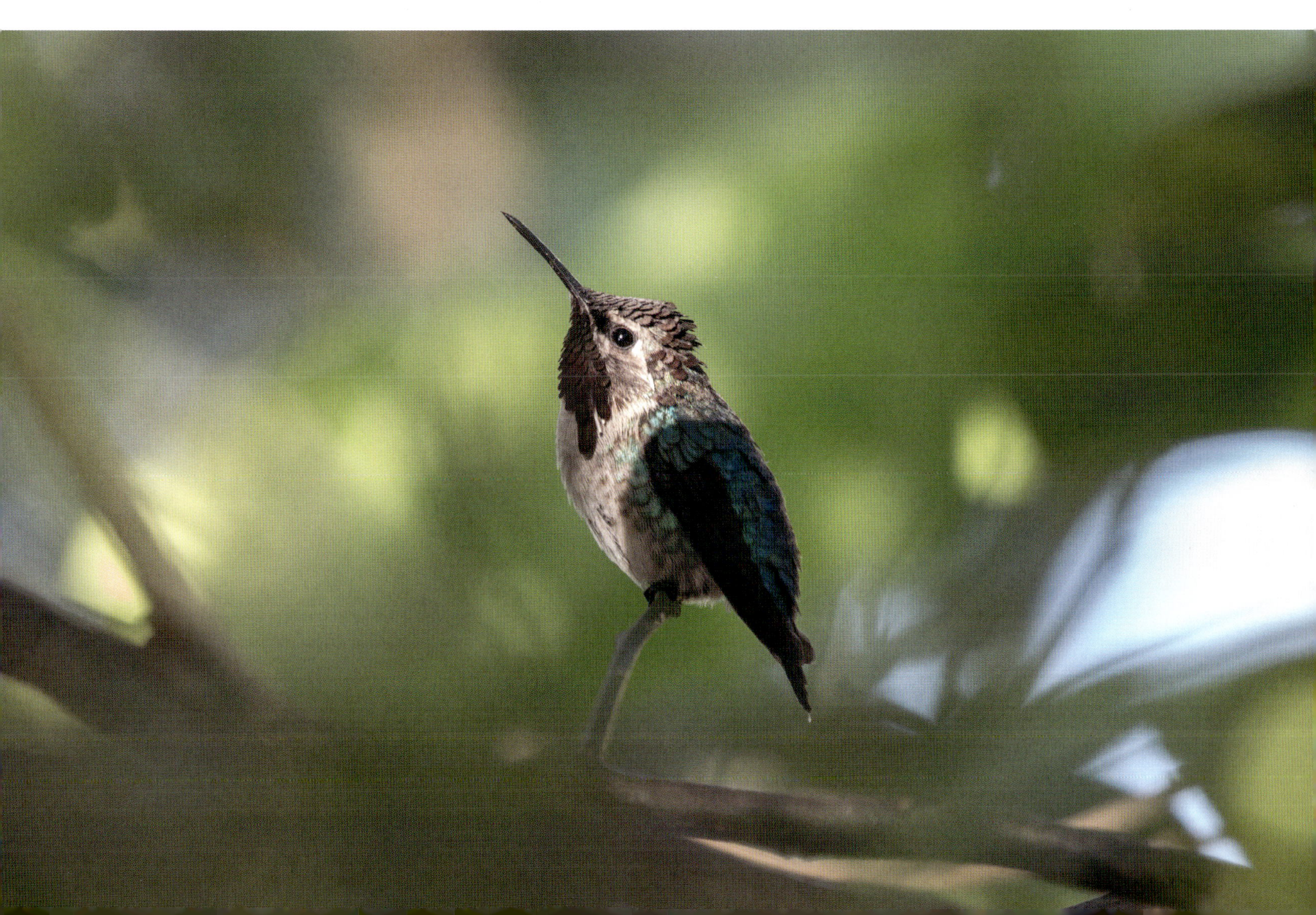

Bee hummingbirds are important pollinators,
and can visit up to 1,500 flowers in a day.

Bienenelfen sind wichtige Bestäuber und können
dabei bis zu 1500 Blüten pro Tag besuchen.

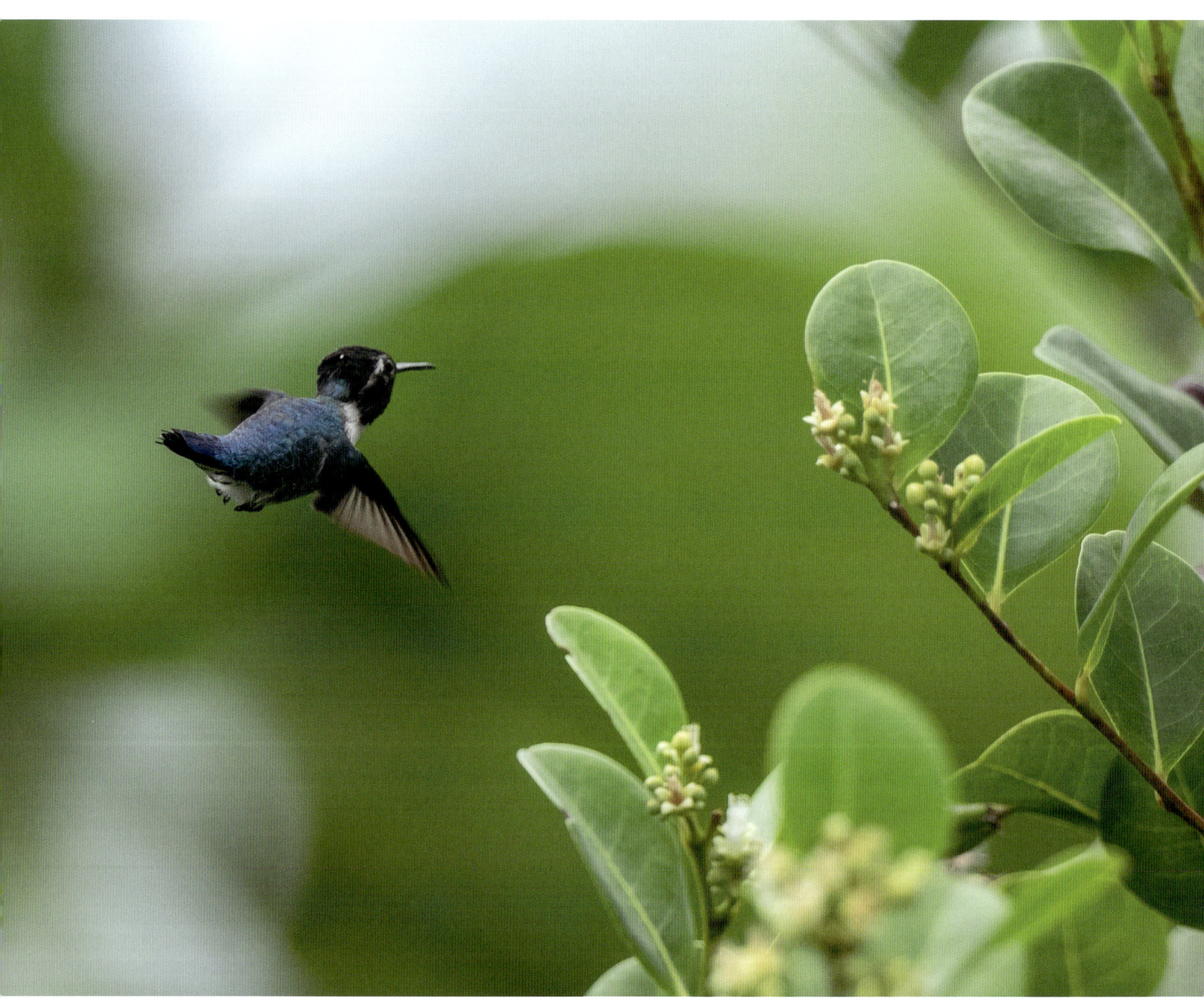

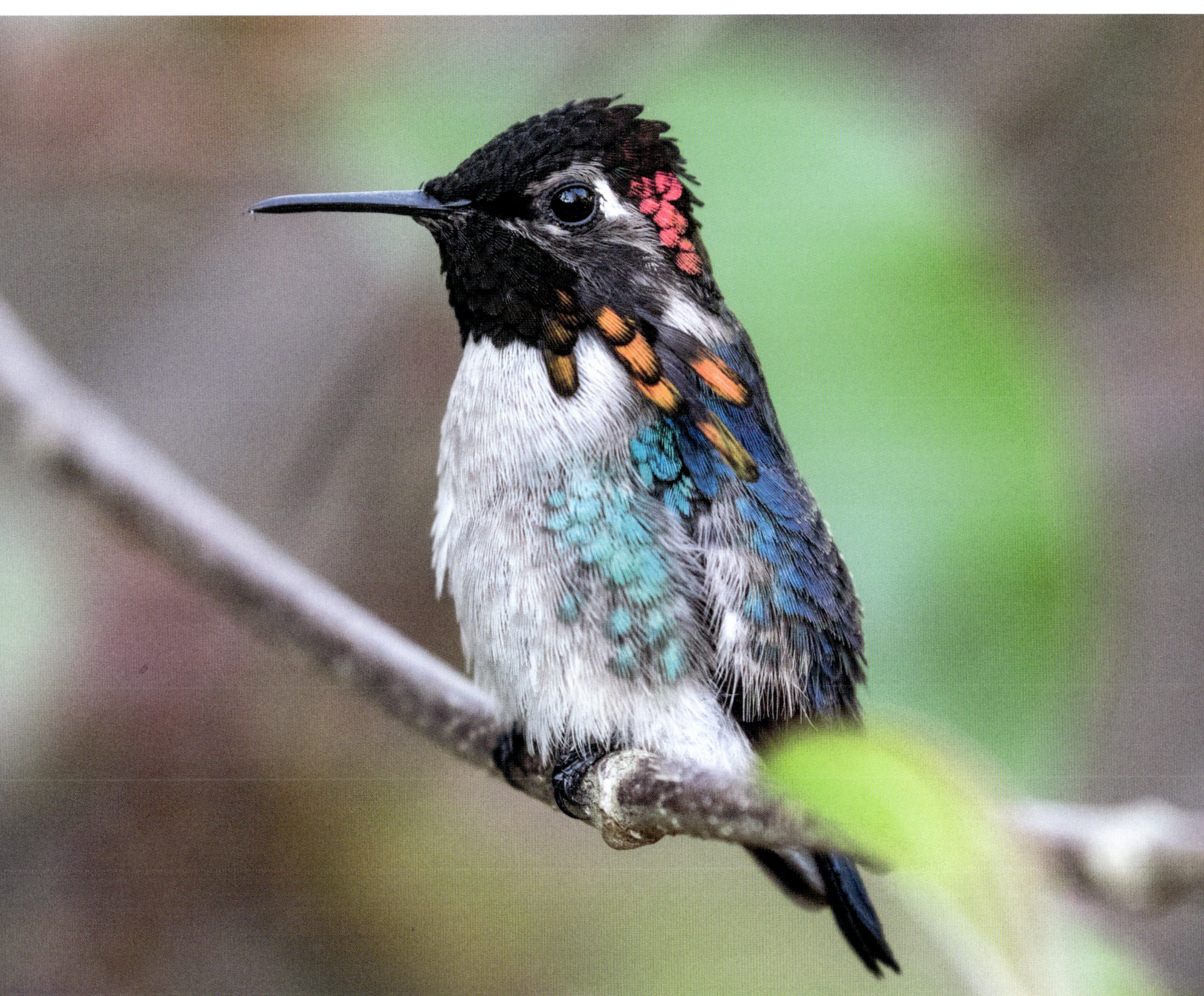

The bee hummingbird's long, thin beak is
exceptionally helpful for drinking nectar.

*Der lange, dünne Schnabel der Bienenelfe
ist äußerst hilfreich beim Nektartrinken.*

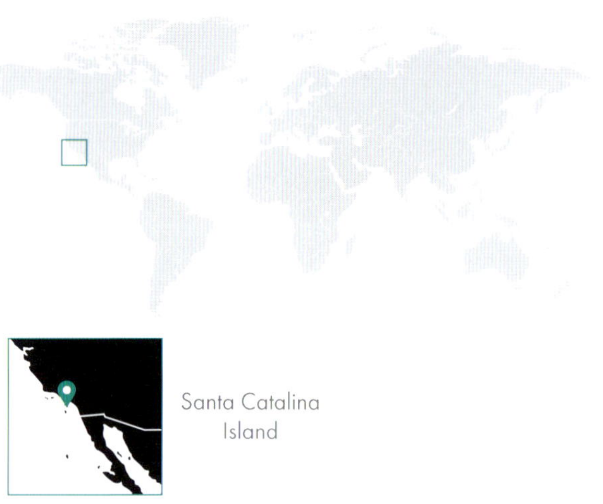

SANTA CATALINA ISLAND FOX

Urocyon littoralis

The Santa Catalina Island fox is the second smallest fox species in the world. Only Africa's desert fox, or fennec fox, is even smaller than this roughly cat-sized animal, which lives exclusively on the Channel Islands off the coast of California. How these foxes got to the islands has not yet been clearly explained. However, some scientists believe the small predators were brought there as a kind of pet by the Chumash Indians, who considered foxes sacred animals.

There was a drastic decline in their population on the Channel Islands in the 1990s when golden eagles began colonizing the islands. The small size of the foxes makes them ideal targets for these powerful birds of prey. Only after a lengthy and costly relocation of the golden eagles to the mainland did the fox populations begin to recover.

INSEL-GRAU-FUCHS

Urocyon littoralis

Der Insel-Graufuchs ist die zweitkleinste Fuchsart der Welt. Nur der afrikanische Wüstenfuchs oder Fennek ist noch kleiner als dieses etwa katzengroße Tier, das ausschließlich auf den vor der kalifornischen Küste gelegenen Kanalinseln lebt. Wie die Graufüchse auf die Inseln gelangt sind, ist noch nicht eindeutig geklärt worden. Einige Wissenschaftler sind jedoch der Meinung, die kleinen Raubtiere seien von den Chumash-Indianern, die die Füchse als heilige Tiere betrachteten, als eine Art Haustier dorthin gebracht worden.

In den 1990er-Jahren kam es auf den Kanalinseln zu einem drastischen Rückgang der Population. Verantwortlich dafür waren Steinadler, die die Inselgruppe besiedelten. Für diese mächtigen Greifvögel sind Insel-Graufüchse auf Grund ihrer geringen Körpergröße eine ideale Beute. Erst nach einer langwierigen und kostenintensiven Umsiedlung der Steinadler auf das Festland begannen sich die Bestände wieder zu erholen.

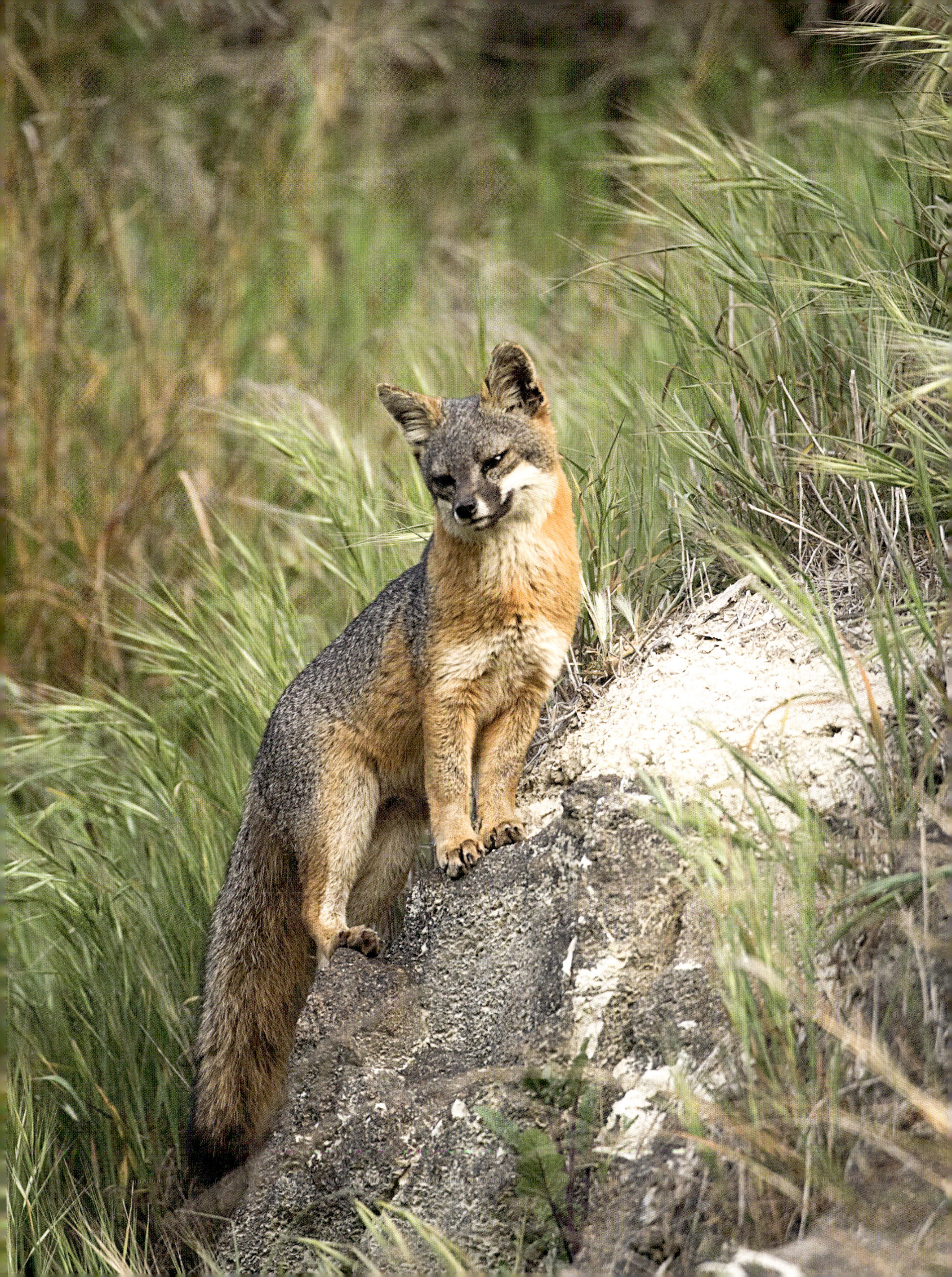

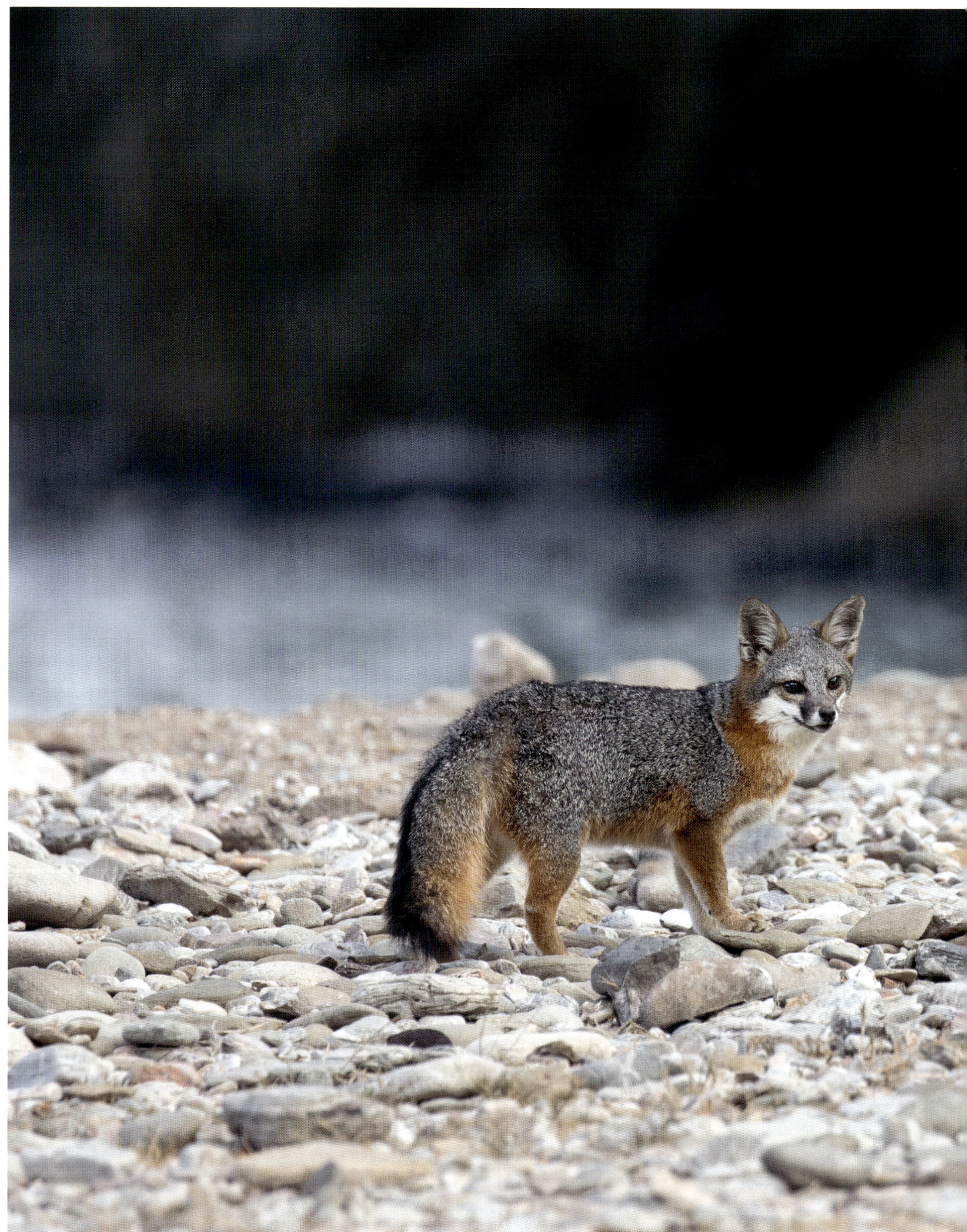

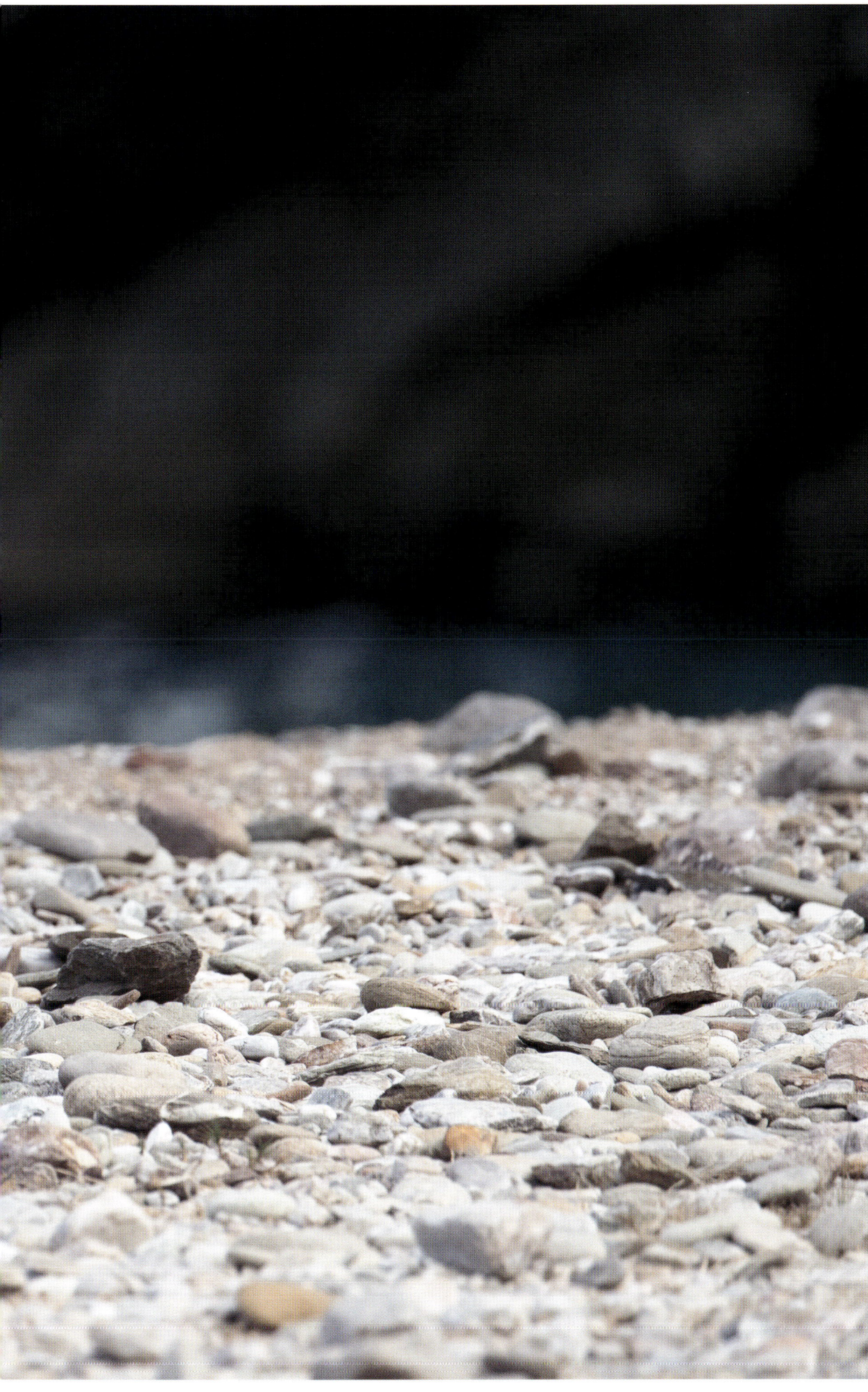

Santa Catalina Island foxes live on a diet of small mammals, birds, insects and the occasional fruit.

Insel-Graufüchse ernähren sich von kleinen Säugetieren, Vögeln, Insekten und ab und an auch von Obst.

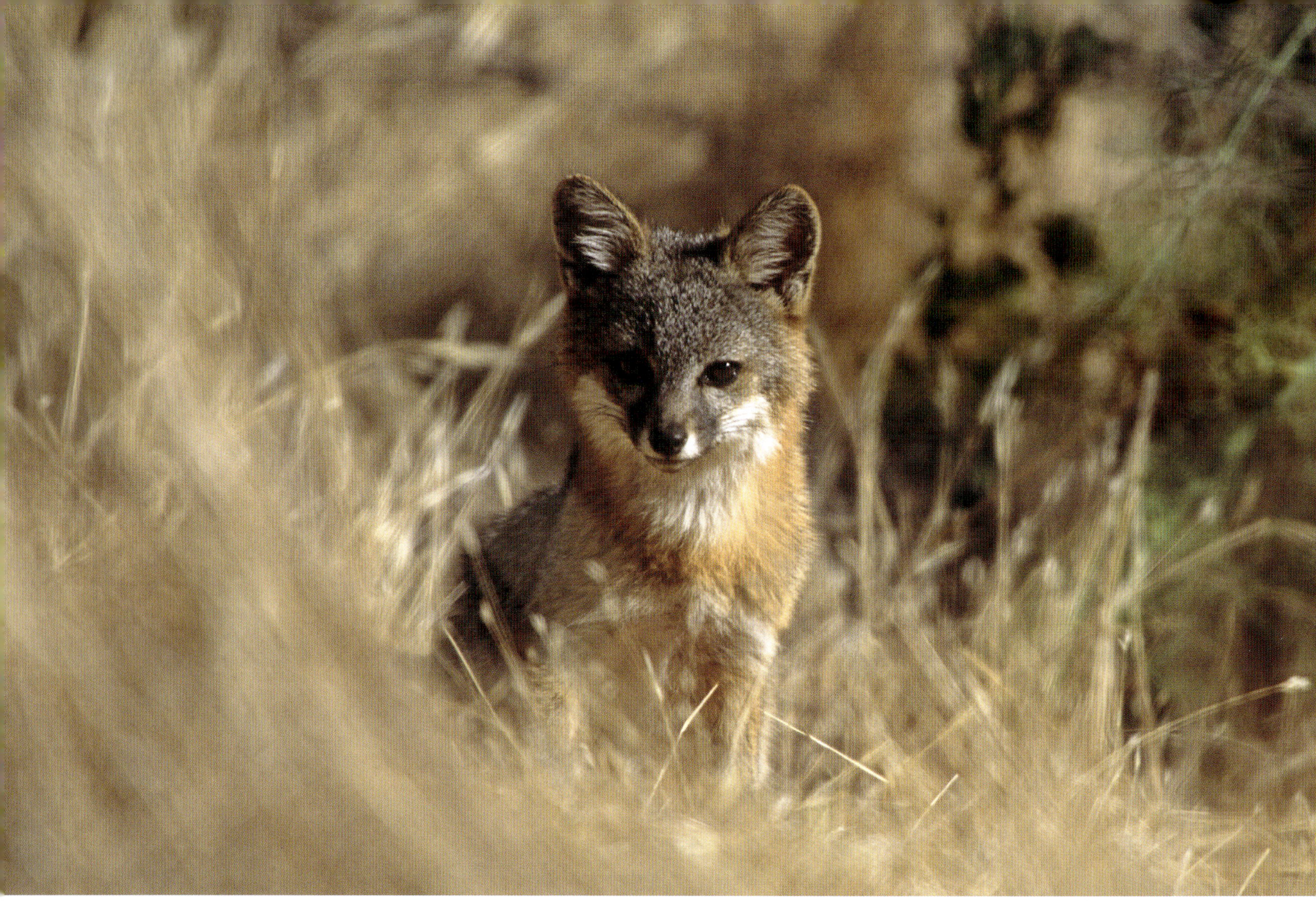

Santa Catalina Island foxes have the least
genetic diversity of all mammals.

Insel-Graufüchse haben unter allen Säuge-
tieren die geringste genetische Vielfalt.

Santa Catalina Island foxes are among the few mammals
that maintain a strictly monogamous lifestyle.

*Insel Graufüchse gehören zu den wenigen Säugetieren,
die streng monogam leben.*

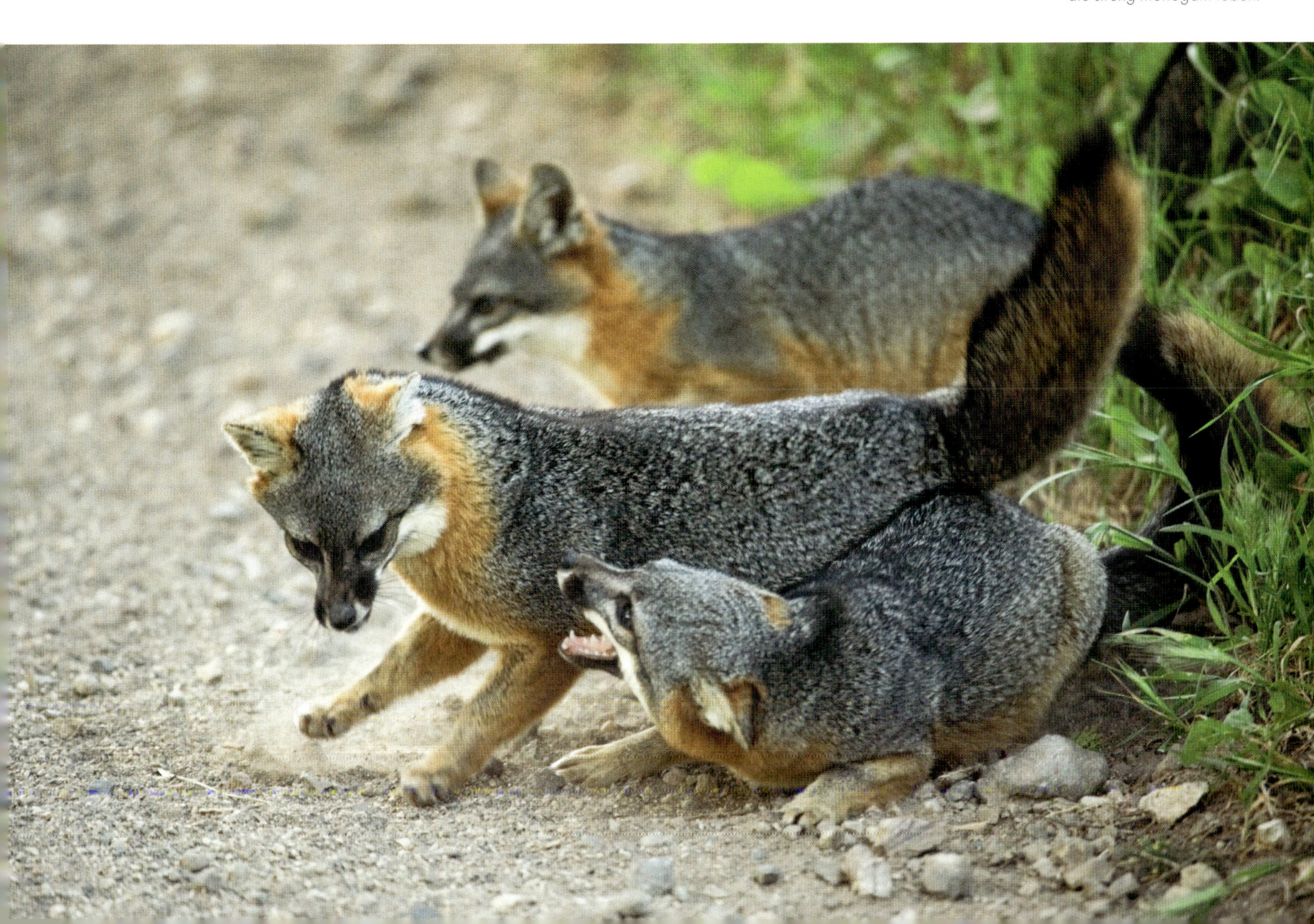

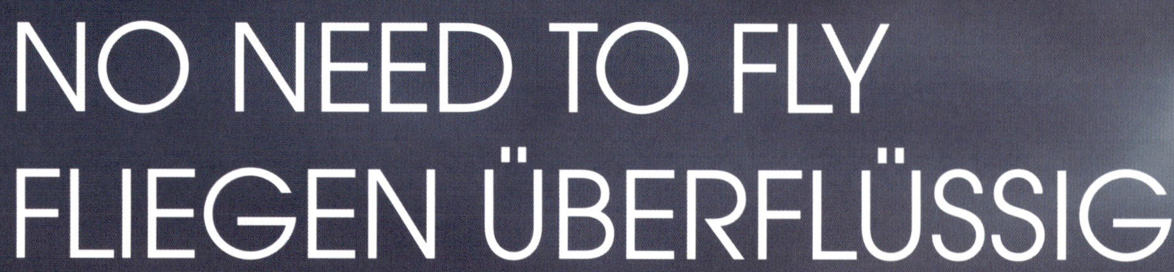
NO NEED TO FLY
FLIEGEN ÜBERFLÜSSIG

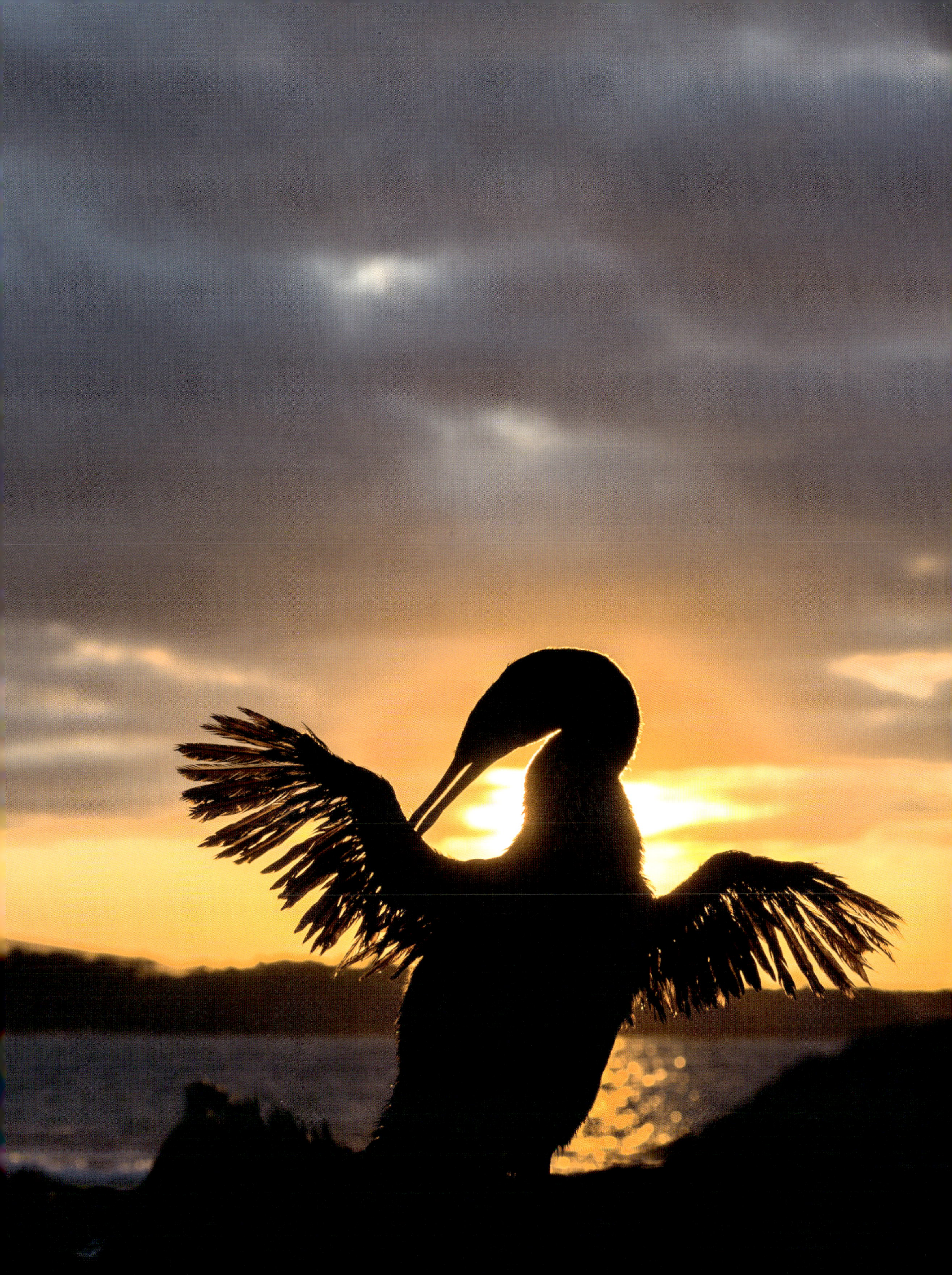

NO NEED TO FLY– FEATHERED RUNNERS, SWIMMERS AND DIVERS

The ability to fly actually gives birds a huge advantage: With their flapping wings, they are able to easily escape predators. In addition, feeding grounds located some distance away can be accessed conveniently without too much effort. And those that can fly can also build their nests in a treetop or on a steep cliff–places a predator incapable of flight would have difficulty reaching, if at all. And yet there are some species of birds, especially those living on islands, that have lost their ability to fly in the course of evolution. These include two of the largest birds in the world, the emu and the Southern cassowary. The penguin family, which includes 18 different species, is also incapable of flight. But even relatively unfamiliar birds like New Zealand's kakapo, the world's heaviest parrot, or the rather chubby-looking Falkland steamer duck, have forgotten how to fly in the course of evolution and witnessed the downsizing of their wings.

According to scientists, the main reason for the evolution to flightlessness on islands in particular is the fact that there are hardly any large ground-dwelling predators on small islands. Indeed, predators often do not find sufficient prey there to establish stable populations. So the ability to simply fly away from a predator is often no longer needed on an island. On the contrary–this ability is actually counterproductive here, because flying burns a great deal of energy. Scientists have calculated that birds that can fly consume up to a third more energy than their ground-based counterparts, known as ratites. Besides, flight does not offer as much protection from fast, agile birds of prey like eagles and hawks as hiding on the ground in dense shrubs or diving into the water does. The advantage goes to the bird on the ground!

Other birds, such as penguins, lost their ability to fly in the course of evolution, because their way of life makes it much more important for them to be able to swim or dive well. The ancestors of penguins could still fly, like "normal" birds. Over generations, however, the wings of these little tuxedoed birds regressed, as they did not have to worry about predators like polar bears or arctic foxes in their Antarctic habitat. The once long wings morphed into short and narrow fin-like wings, serving the birds much better in their search for food in the water, and a bird of flight became a swimmer.

Today, however, the inability of many island birds to fly has gone from an advantage to a disadvantage. On many once uninhabited islands, the first human inhabitants brought along land predators like cats and ferrets. These predators preyed on the flightless and therefore completely defenseless birds with great efficiency, bringing many species to the verge of extinction, or worse.

FLIEGEN ÜBERFLÜSSIG – GEFIEDERTE LÄUFER, SCHWIMMER UND TAUCHER

Eigentlich bringt die Fähigkeit, fliegen zu können, Vögeln einen Riesenvorteil: Mit ihrem Flügelschlag können sie Fressfeinden einfach entwischen. Außerdem lassen sich Nahrungsgründe, die sich in größerer Entfernung befinden, bequem und ohne allzu viel Aufwand erschließen. Und wer fliegen kann, kann auch sein Nest in einer Baumkrone oder einer steilen Felslandschaft anlegen – Orte, die ein flugunfähiges Raubtier, wenn überhaupt, nur sehr mühsam erreichen kann.

Und doch gibt es einige Vogelarten, vor allem auf Inseln lebende, die im Laufe der Evolution die Fähigkeit zu fliegen eingebüßt haben. Darunter zwei der größten Vögel der Welt, nämlich der Emu und der Helmkasuar. Flugunfähig ist auch die Familie der Pinguine, die immerhin 18 unterschiedliche Arten umfasst. Aber auch eher unbekannte Vögel wie der schwerste Papagei der Welt, der neuseeländische Kakapo, oder die ziemlich pummelig wirkende Falkland-Dampfschiffente, haben im Laufe der Evolution das Fliegen verlernt und ihre Flügel reduziert. Hauptgrund für die Entwicklung zur Flugunfähigkeit gerade auf Inseln ist nach Ansicht der Wissenschaft die Tatsache, dass auf kleinen Inseln kaum große bodenlebende Raubtiere zu finden sind. Die Räuber finden dort nämlich oft nicht genügend Beutetiere, um stabile Populationen bilden zu können. Die Fähigkeit, einem Fressfeind einfach davonfliegen zu können, ist auf einer Insel also oft nicht mehr von Nöten. Ganz im Gegenteil, dieses Können ist hier regelrecht kontraproduktiv: Fliegen kostet nämlich eine ganze Menge Energie. Wissenschaftler haben errechnet, dass flugfähige Vögel einen bis zu einem Drittel höheren Energieverbrauch haben als ihre Kollegen, die am Boden bleiben, die sogenannten Laufvögel. Übrigens bietet auch eine Flucht per Flug gegen schnell und wendig fliegende Raubvögel wie etwa Adler oder Falken keinen so guten Schutz wie das Verstecken am Boden in einem dichten Gebüsch oder das Untertauchen im Wasser. Vorteil Laufvogel!

Andere Vögel, wie zum Beispiel Pinguine, haben dagegen im Laufe der Evolution ihre Fähigkeit zu fliegen verloren, weil es bei ihrer Lebensweise für sie viel wichtiger ist, gut schwimmen bzw. gut tauchen zu können. Die Vorfahren der Pinguine konnten noch, wie »normale« Vögel, fliegen. Über die Generationen hinweg bildeten die kleinen Frackträger aber ihre Flügel zurück, da sie in ihrem Lebensraum, der Antarktis, keine Fressfeinde wie Eisbären oder Polarfüchse fürchten mussten. Die ehemals langen Schwingen verwandelten sich in kurze und schmale flossenähnliche Flügel, die den Tieren viel besser bei der Suche nach Nahrung im Wasser dienlich waren. Aus einem Flugvogel wurde also ein Schwimmvogel. Heute ist die Flugunfähigkeit vieler Inselvögel allerdings von einem Vorteil zu einem Nachteil mutiert. Auf zahlreichen einst unbewohnten Inseln schleppten die ersten menschlichen Bewohner nämlich Landraubtiere wie Katzen oder Frettchen ein. Diese machten sich mit großer Effizienz über die flugunfähigen und daher völlig wehrlosen Vögel her und brachten viele Arten dadurch zumindest an den Rand des Aussterbens.

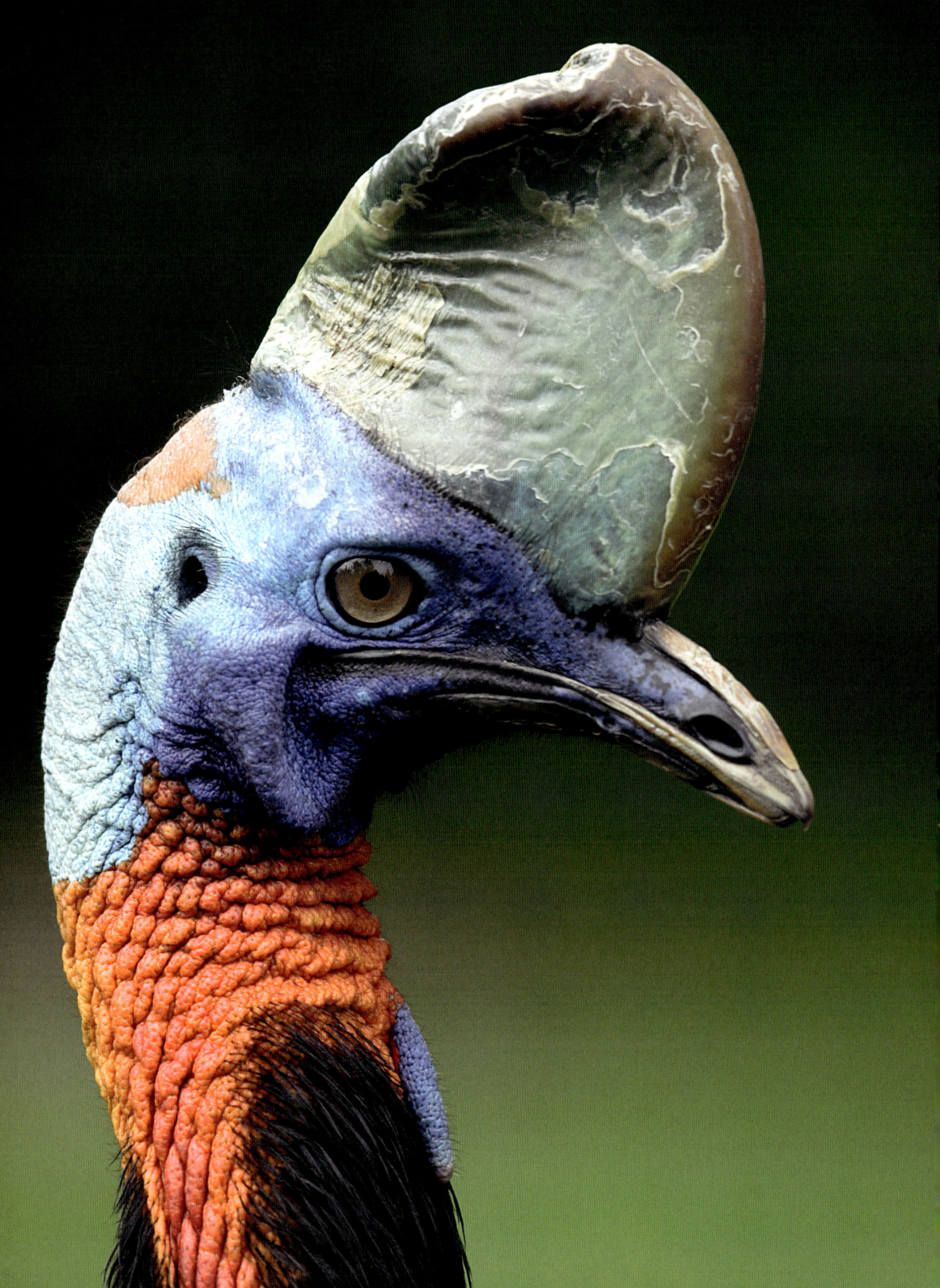

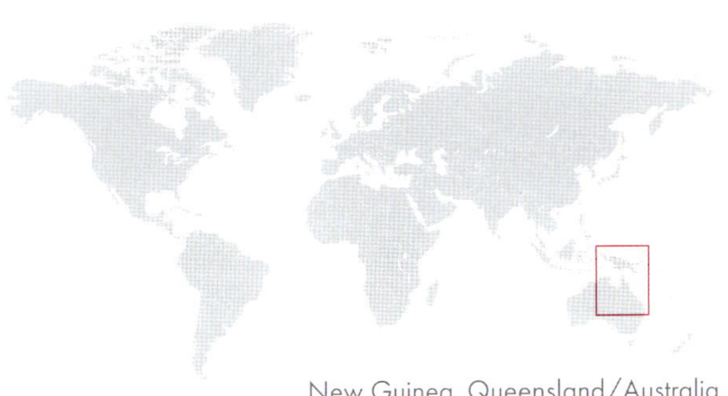

New Guinea, Queensland/Australia
Neuguinea, Queensland/Australien

Imposing and dangerous: the
Southern cassowary, Australia's
second-largest bird.

*Imposant und gefährlich: der
Helmkasuar, der zweitgrößte
Vogel Australiens.*

SOUTHERN CASSOWARY

Casuarius casuarius

After the emu, the Southern cassowary is the second-largest bird in Australia, standing at an impressive 1805centimeters tall and weighing up to 70 kilograms. It is clear that such a weight renders it no longer capable of flight, and biologists classify it as belonging to the birds known as ratites. These huge birds owe their German name, *Helmkasuar*, or helmet cassowary, to a helmet-like structure made of horn on their head, which the latest findings suggest is probably used by the birds for temperature regulation.

Cassowaries are extremely defensive and can use their powerful legs, which have dagger-like claws on their toes, to deliver kicks that can inflict fatal injuries on a human being. Nest-building, breeding and rearing of the young are strictly male activities for Southern cassowaries. In other words, male Southern cassowaries are single dads. The females, on the other hand, indulge in polyandrous mating and mate with several males, one after another, each of whom receives an egg clutch in their nest.

HELM-KASUAR

Casuarius casuarius

Nach dem Emu ist der Helmkasuar mit einer Höhe von stolzen 180 Zentimetern und einem Gewicht von bis zu 70 Kilogramm der zweitgrößte Vogel Australiens. Klar, dass man mit einem solchen Gewicht nicht mehr flugfähig ist, sondern von Biologen zu den sogenannten Laufvögeln gerechnet wird. Ihren Namen verdanken die riesigen Vögel einem helmartigen Gebilde aus Horn auf ihrem Kopf, das die Tiere nach neuesten Erkenntnissen sehr wahrscheinlich zur Thermoregulation nutzen. Kasuare sind äußerst wehrhaft und können mit ihren kräftigen Beinen, an deren Zehen sich dolchartige Krallen befinden, Tritte austeilen, die einem Menschen tödliche Verletzungen zufügen können. Nestbau, Brutgeschäft und Aufzucht der Jungen sind bei Helmkasuaren reine Männersache. Sprich, bei Helmkasuar-Männchen handelt es sich um alleinerziehende Väter. Die Weibchen dagegen frönen der Vielmännerei und paaren sich nacheinander mit mehreren Exemplaren, denen sie dann anschließend jeweils ein Eigelege ins Nest legen.

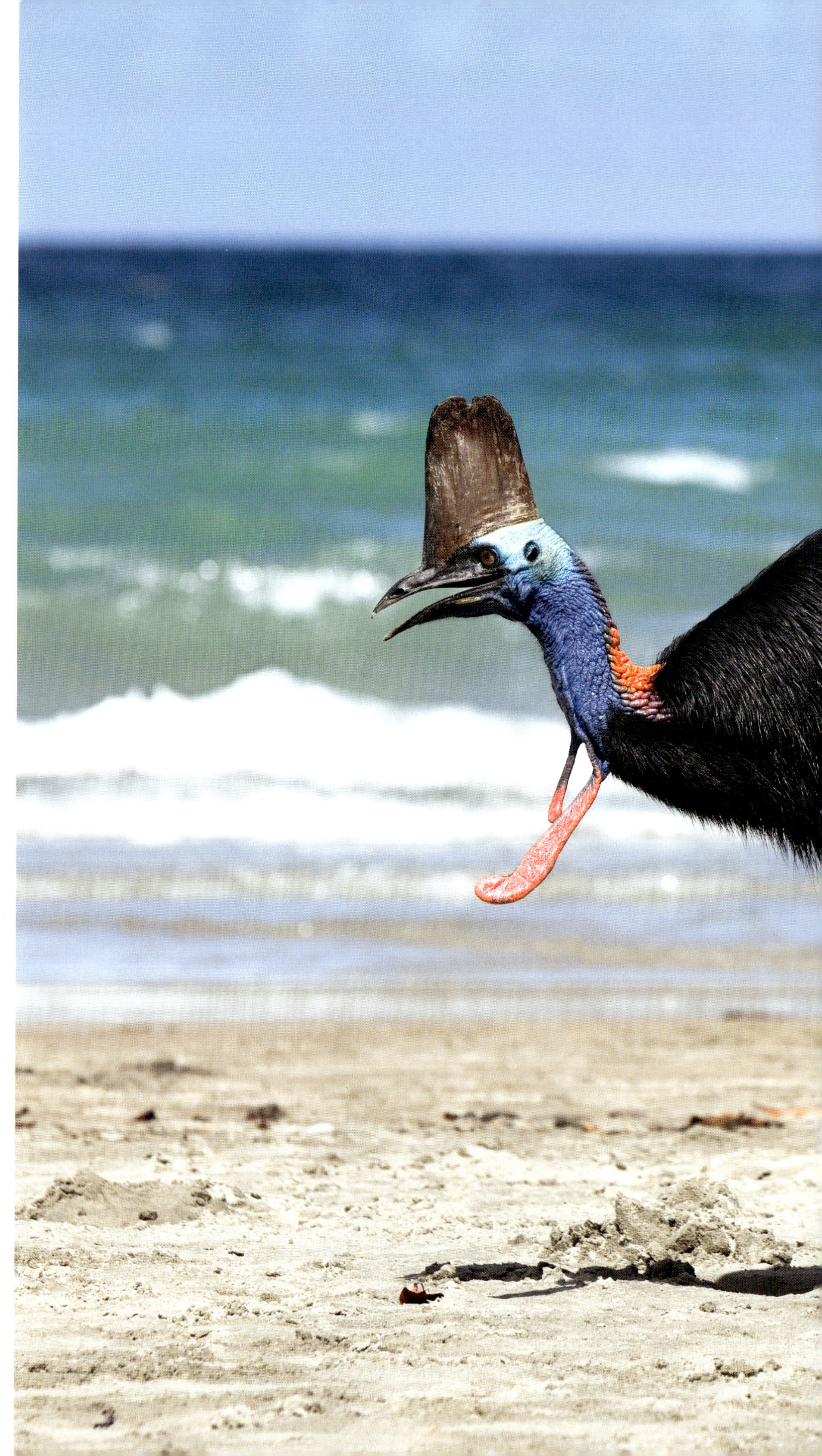

Female Southern cassowaries are somewhat larger, but otherwise indistinguishable from their male counterparts.

Helmkasuar-Weibchen sind etwas größer als die Männchen, ansonsten aber nicht von ihnen zu unterscheiden.

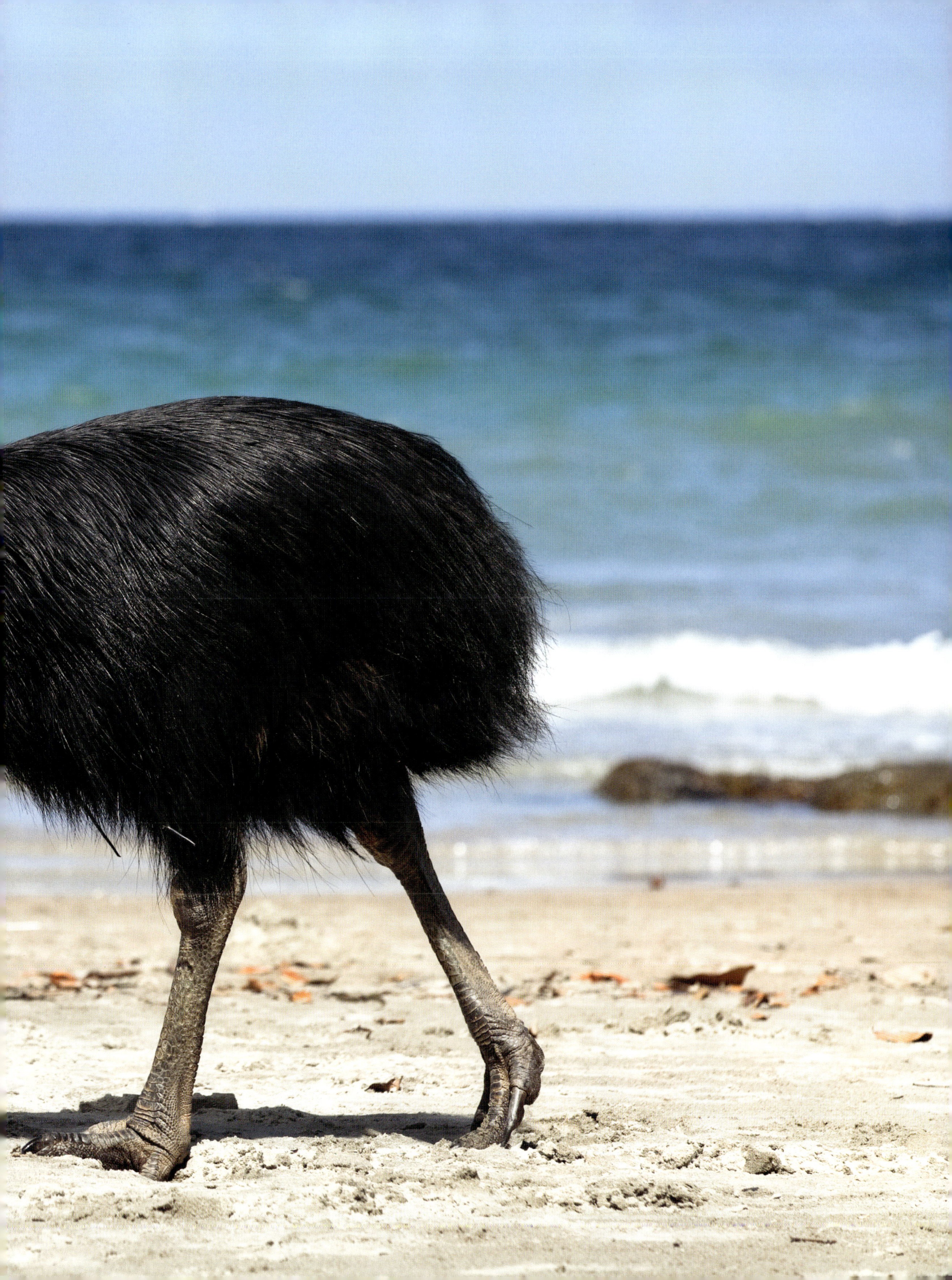

The brooding and rearing of the young are strictly
male activities among Southern cassowaries.

*Das Brutgeschäft und die Aufzucht der Jungen ist
bei Helmkasuaren reine Männersache.*

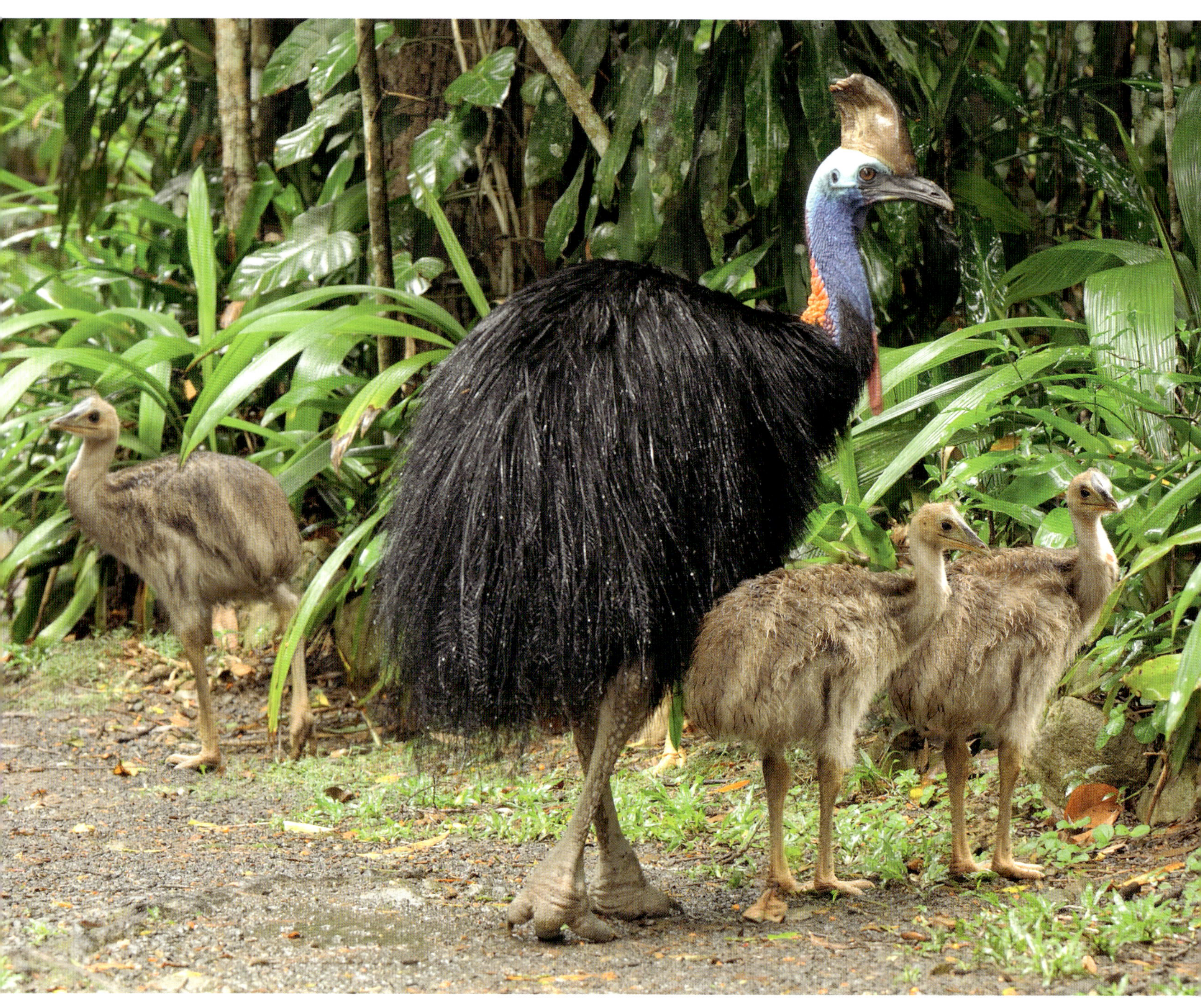

The striped plumage of the fluffy Southern cassowary
chicks provides them with good camouflage.

*Die flauschigen Helmkasuar-Küken sind durch ihr
gestreiftes Federkleid gut getarnt.*

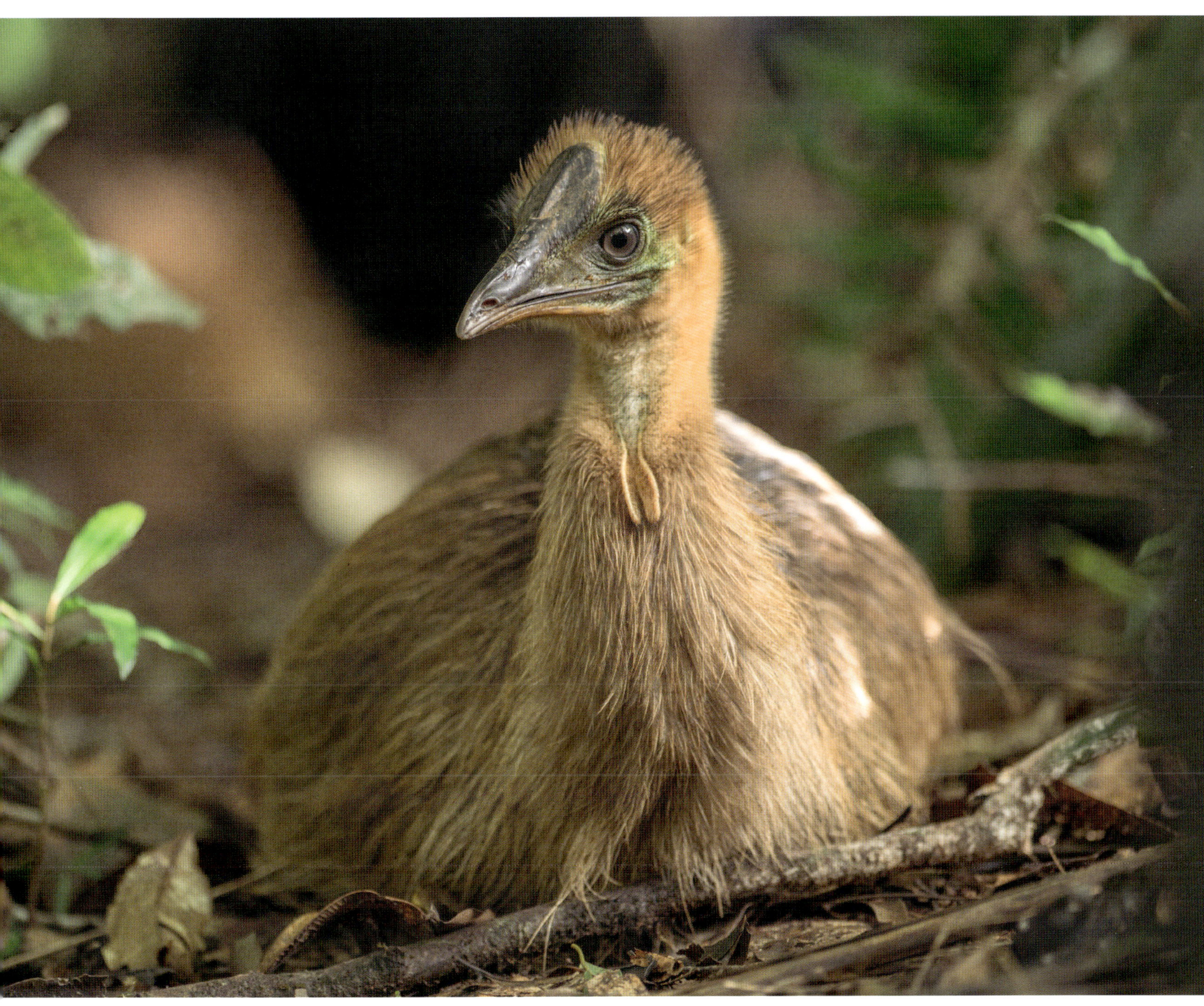

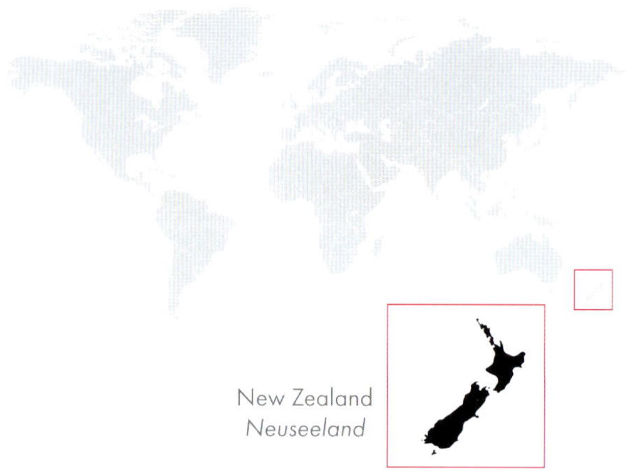

The kakapo, or owl
parrot, is one of the rarest
parrots in the world.

*Der Kakapo oder Eulen-
papagei ist einer der seltensten Papageien der Welt.*

KAKAPO

Strigops habroptila

With a body length of 60 centimeters and a weight of up
to four kilograms, the kakapo or owl parrot is not only one
of the largest parrots in the world, it is definitely also the
heaviest. The somewhat clumsy-looking bird with its yellow-green plumage is also the world's only flightless parrot. This is due to the fact that it lacks a keel on its ster-
num, where the strong flight muscles of other bird species
are anchored, and its wings are correspondingly small.
The kakapo, which used to be relatively common on
both the North and South Islands of New Zealand, is
unfortunately one of the rarest parrots in the world today. Only roughly 200 specimens of these extraordinary
birds can be found on two small islands off the coast of
New Zealand. Each of these kakapos has its own individual name, and they are now among the best protected creatures, intensively cared for by conservationists.

KAKAPO

Strigops habroptila

Mit einer Körperlänge von 60 Zentimetern und einem
Gewicht von bis zu vier Kilogramm ist der Kakapo oder
Eulenpapagei nicht nur einer der größten, sondern
definitiv auch der schwerste Papagei der Welt. Der immer etwas plump wirkende Vogel mit dem gelbgrünen
Gefieder ist zugleich der einzige flugunfähige Papagei
weltweit. Das hängt damit zusammen, dass ihm das
verstärkte Brustbein fehlt, an dem bei anderen Vogelarten die starke Flugmuskulatur ansetzt. Entsprechend
klein sind auch seine Flügel.
Der Kakapo, der früher sowohl auf der Nord-, als auch
auf der Südinsel Neuseelands relativ häufig anzutreffen
war, ist heute leider einer der seltensten Papageien der
Welt. Lediglich auf zwei kleinen Inseln vor der Küste
Neuseelands leben noch rund 200 Exemplare der au-
ßergewöhnlichen Vögel. Diese Kakapos, die übrigens
alle einen eigenen Namen tragen, gehören mittlerweile
zu den am besten geschützten sowie am intensivsten
durch Naturschützer betreuten Tieren überhaupt.

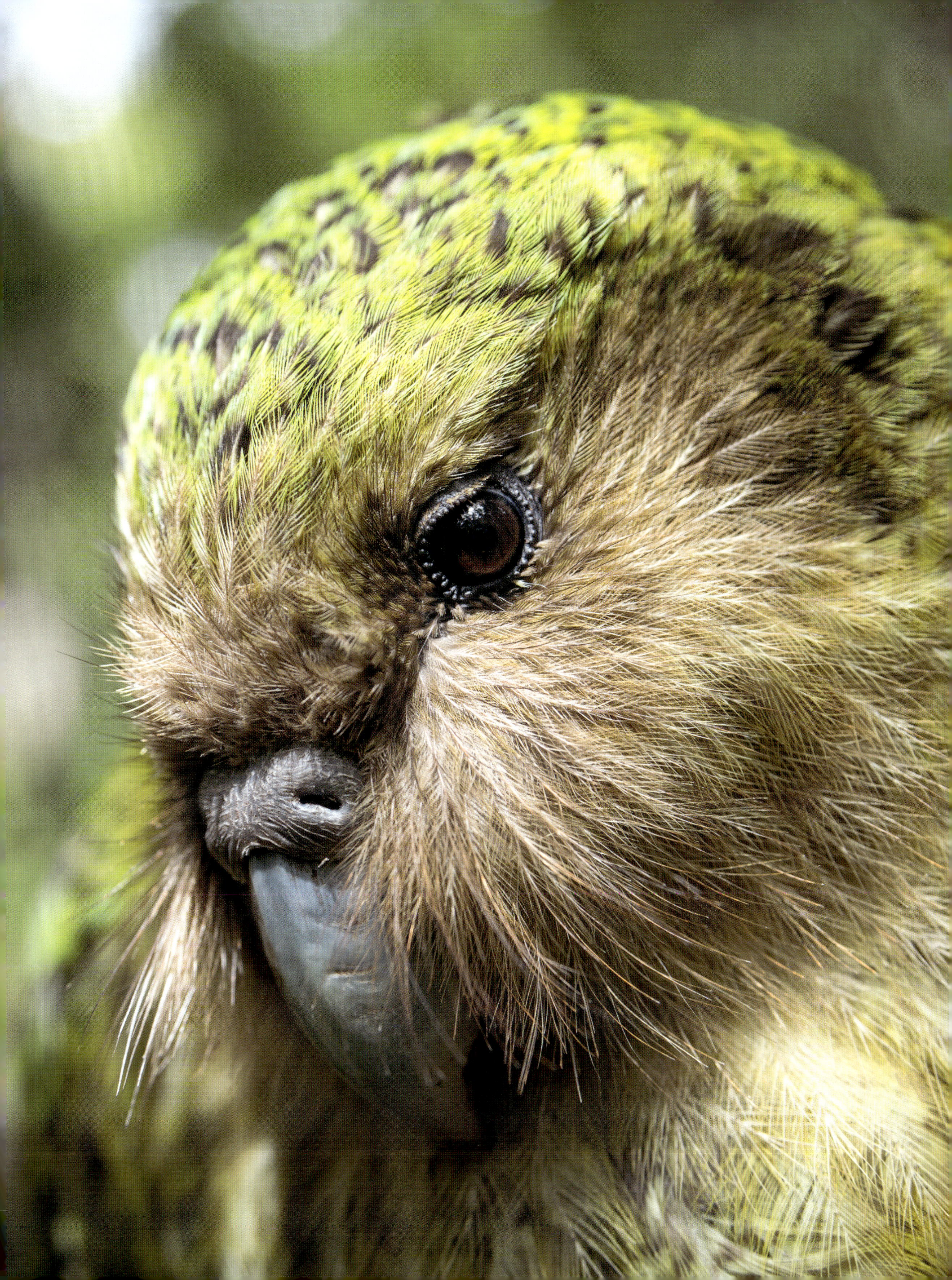

Kakapo foraging for food in dense thorny undergrowth.

Kakapo auf Nahrungssuche im dichten Dornengestrüpp.

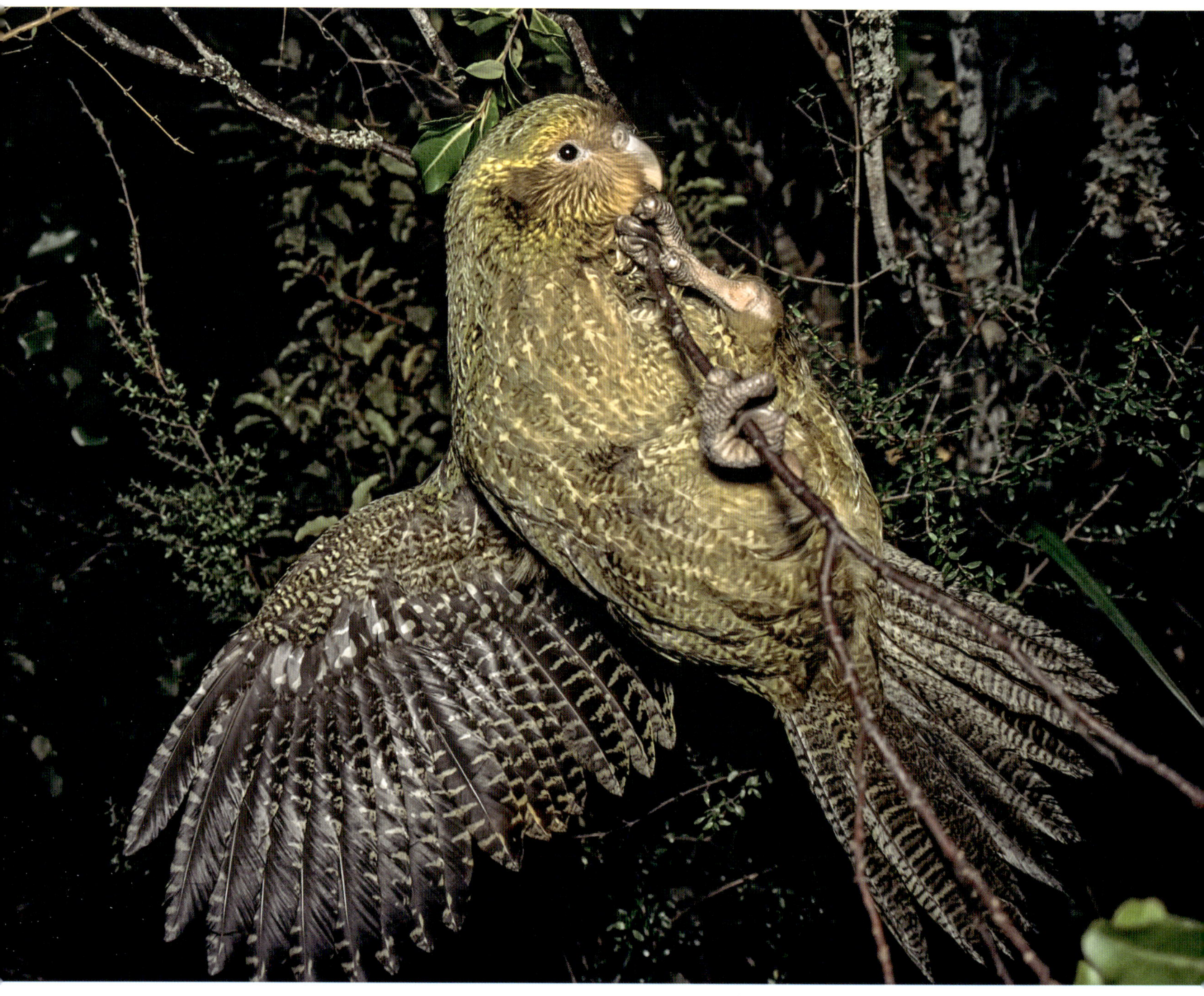

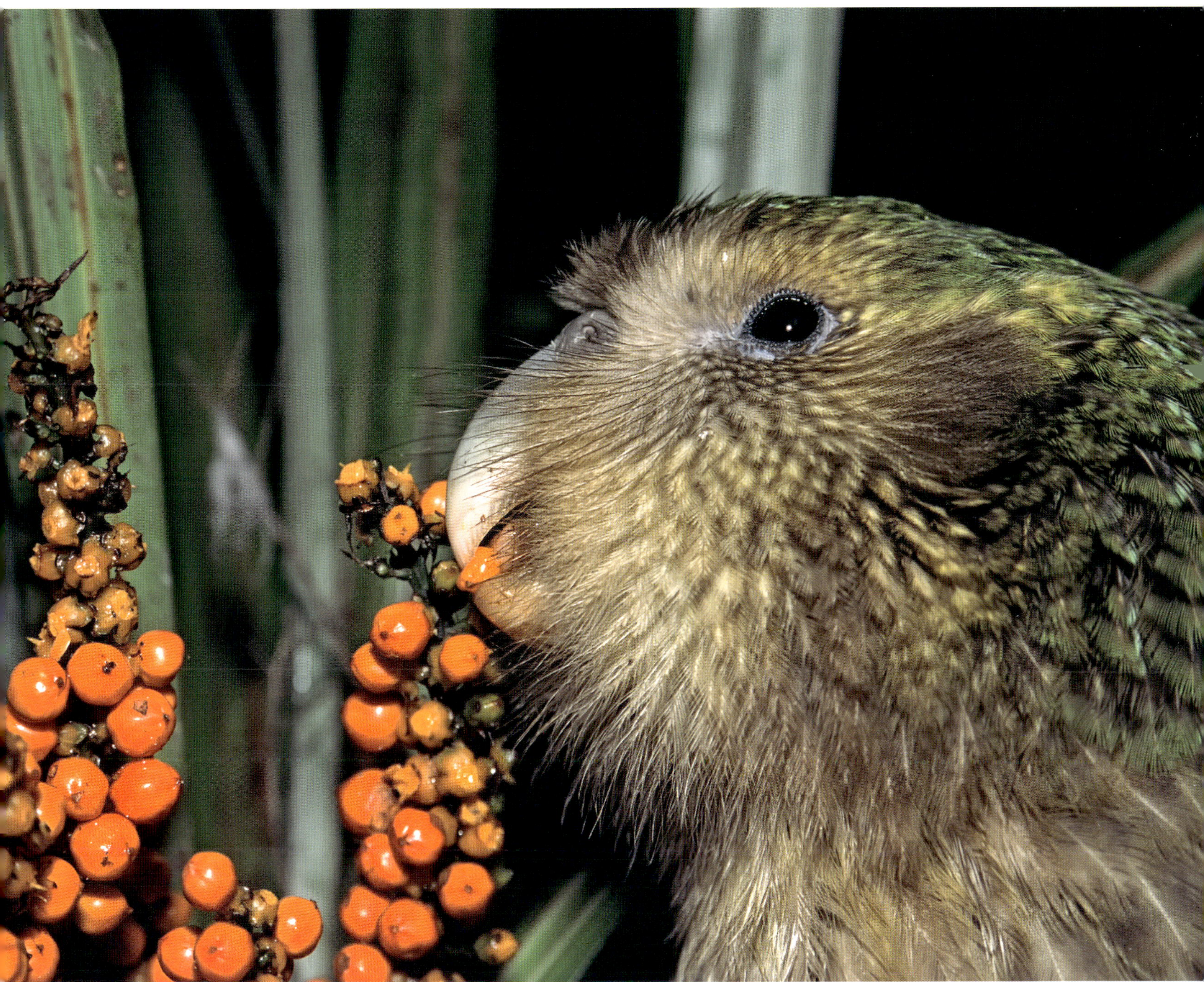

Kakapos primarily dine on berries and fruits.

Kakapos ernähren sich hauptsächlich von Beeren und Früchten.

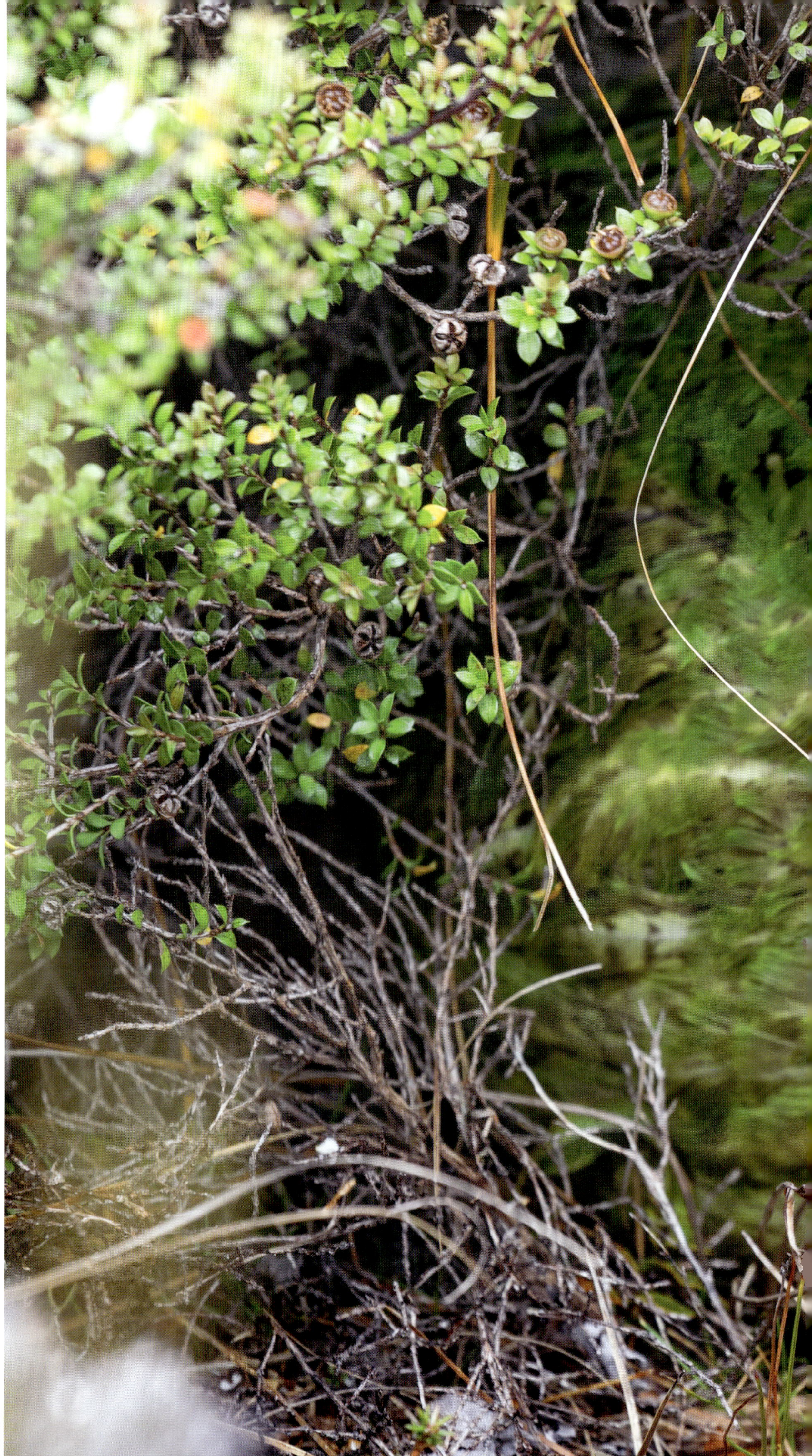

Kakapos have what is called a face veil. Their face is surrounded by fine feathers, which is the origin of their second name, owl parrot.

Kakapos besitzen einen soge-nannten Gesichtsschleier. Ihr Gesicht ist von feinen Federn umgeben. Daher auch ihr zwei-ter Name: Eulenpapagei.

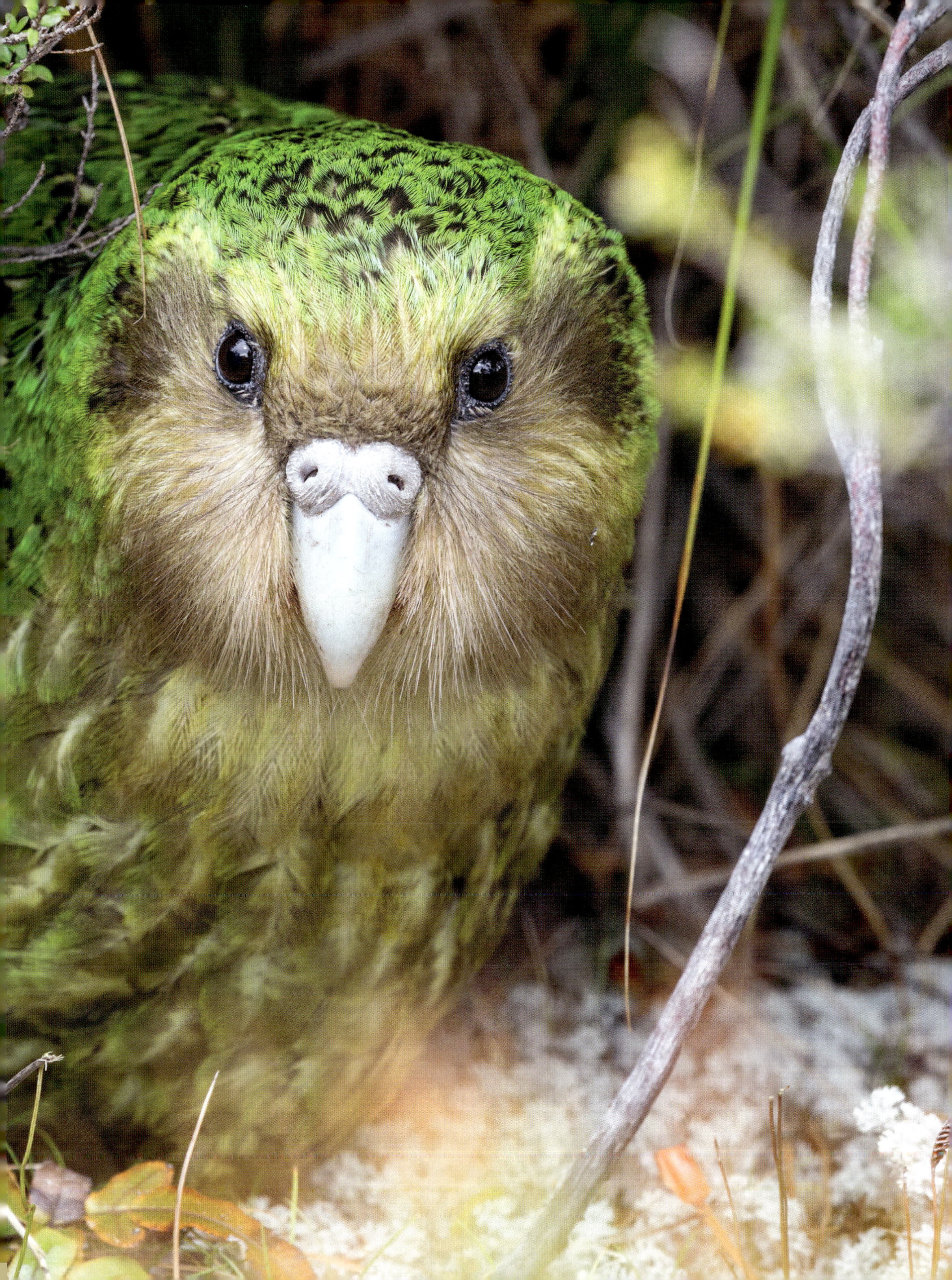

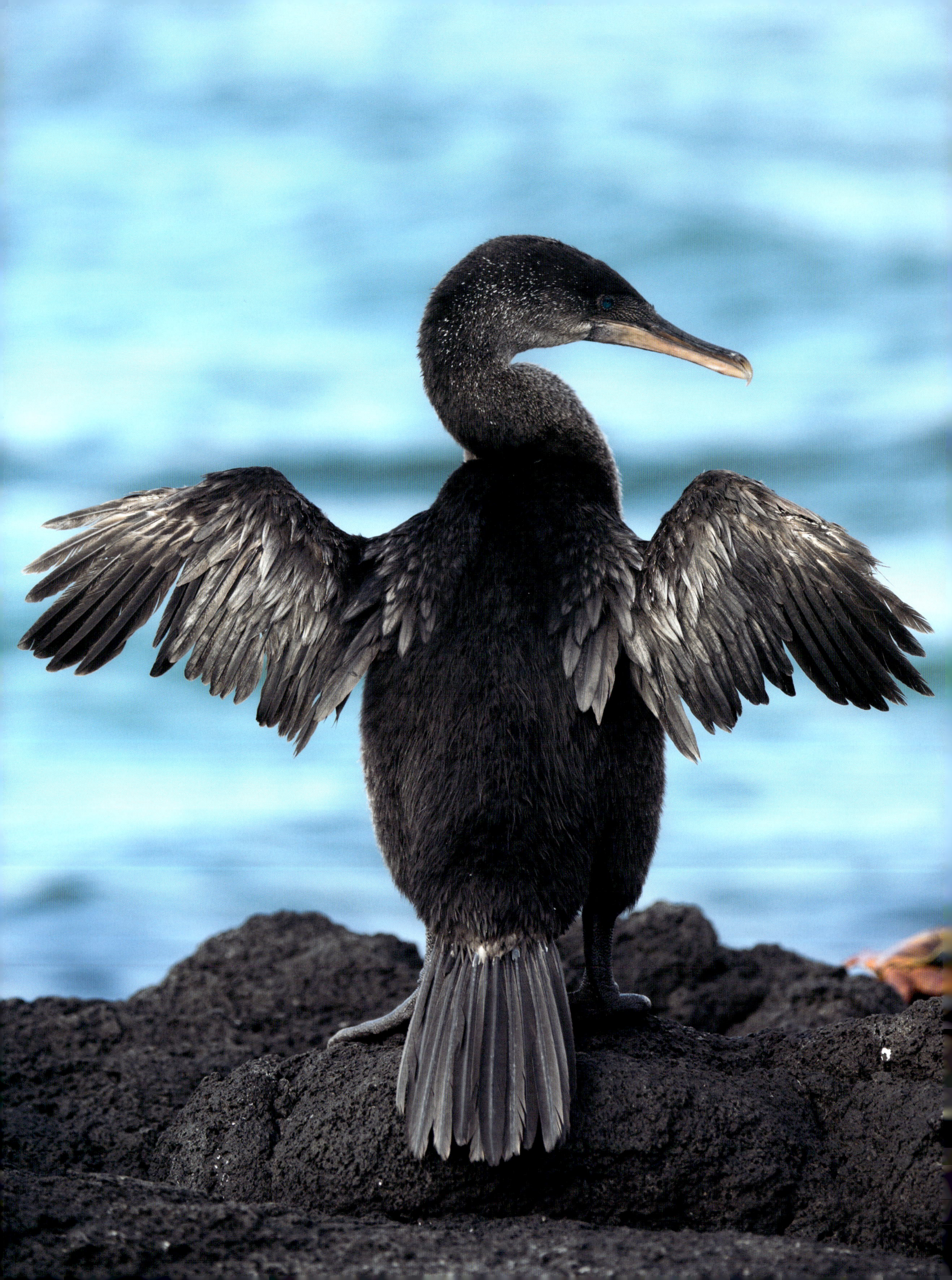

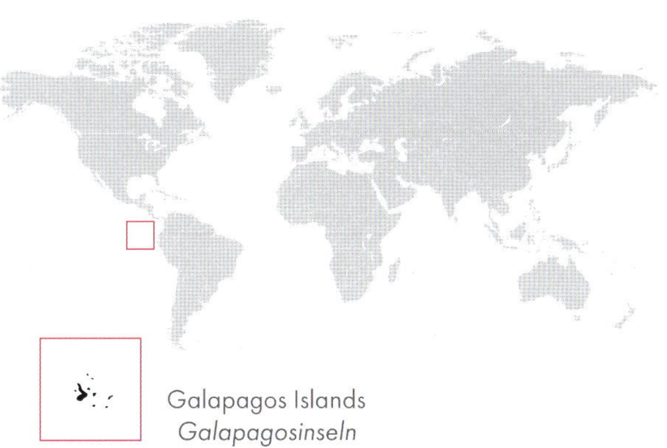

Miniature wings: The flightless cormorant is the only cormorant in the world that cannot fly.

Miniaturflügel: Die Galapagos-Scharbe ist der einzige flug-unfähige Kormoran der Welt.

FLIGHTLESS CORMORANT

Nannopterum harrisi

The world's only flightless cormorant and at the same time its heaviest cormorant, the flightless cormorant, is solely found in the Galapagos Islands. This cormorant, with its stubby, underdeveloped wings, lost its ability to fly over time thanks to the unique location of the Galapagos Islands. Since the birds did not have to fear any natural predators and the waters around the islands were extremely rich in fish, the best swimmers and divers among the birds prevailed over the good aviators over generations. With this way of life, proper wings were no longer an evolutionary advantage and became unnecessary. Another characteristic of the flightless cormorant is the fact that only its neck protrudes from the water when it swims. Since these birds do not have a gland called the uropygial or preen gland to waterproof their plumage, their feathers quickly become saturated with water, pulling their bodies below the water's surface. Flightless cormorants move quite awkwardly on land, incidentally.

GALAPAGOS-SCHARBE

Nannopterum harrisi

Der einzige flugunfähige und zugleich schwerste Kormoran der Welt, die Galapagosscharbe, lebt, der Name verrät es schon, ausschließlich auf den Galapagosinseln. Seine Flugfähigkeit hat der Kormoran, der lediglich über stummelartige, unterentwickelte Flügelchen verfügt, mit der Zeit dank der einzigartigen Lage der Galapagosinseln verloren. Da die Vögel dort zum einen keine natürlichen Fressfeinde fürchten mussten und zum anderen die Gewässer um die Inseln äußerst fischreich waren, setzten sich über die Generationen hinweg die besten Schwimmer und Taucher unter den Vögeln gegenüber den guten Fliegern durch. Richtige Flügel waren bei dieser Lebensweise kein evolutionärer Vorteil mehr und nicht mehr von Nöten.
Ein weiteres Merkmal der Galapagosscharbe ist die Tatsache, dass beim Schwimmen nur ihr Hals aus dem Wasser ragt. Da die Tiere nämlich über keine sogenannte Bürzeldrüse verfügen, mit der sie ihr Federkleid wasserdicht einfetten können, saugt sich ihr Gefieder schnell mit Wasser voll und zieht dadurch den Körper unter die Wasseroberfläche. An Land bewegen sich Galapagosscharben übrigens ziemlich unbeholfen.

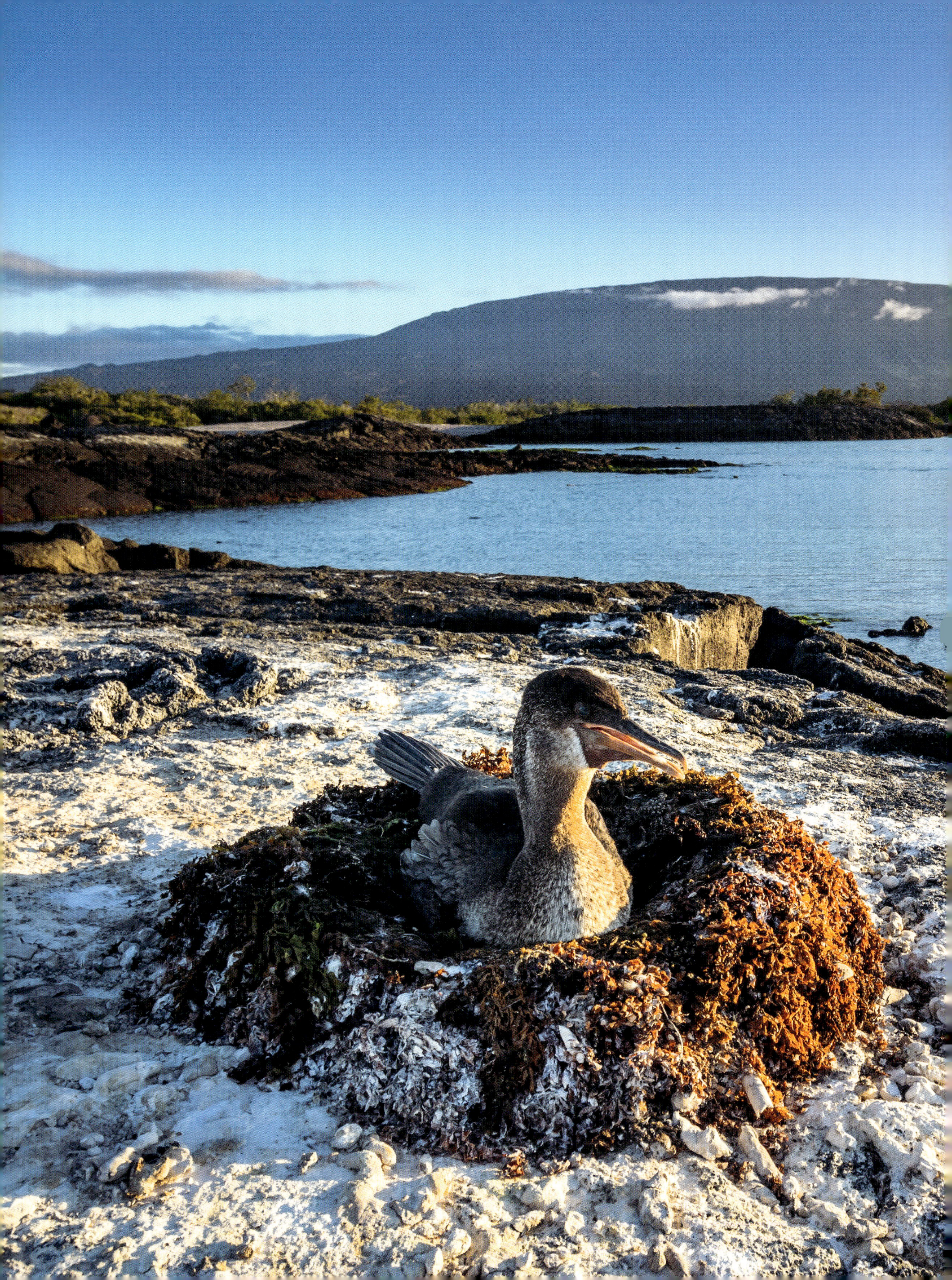

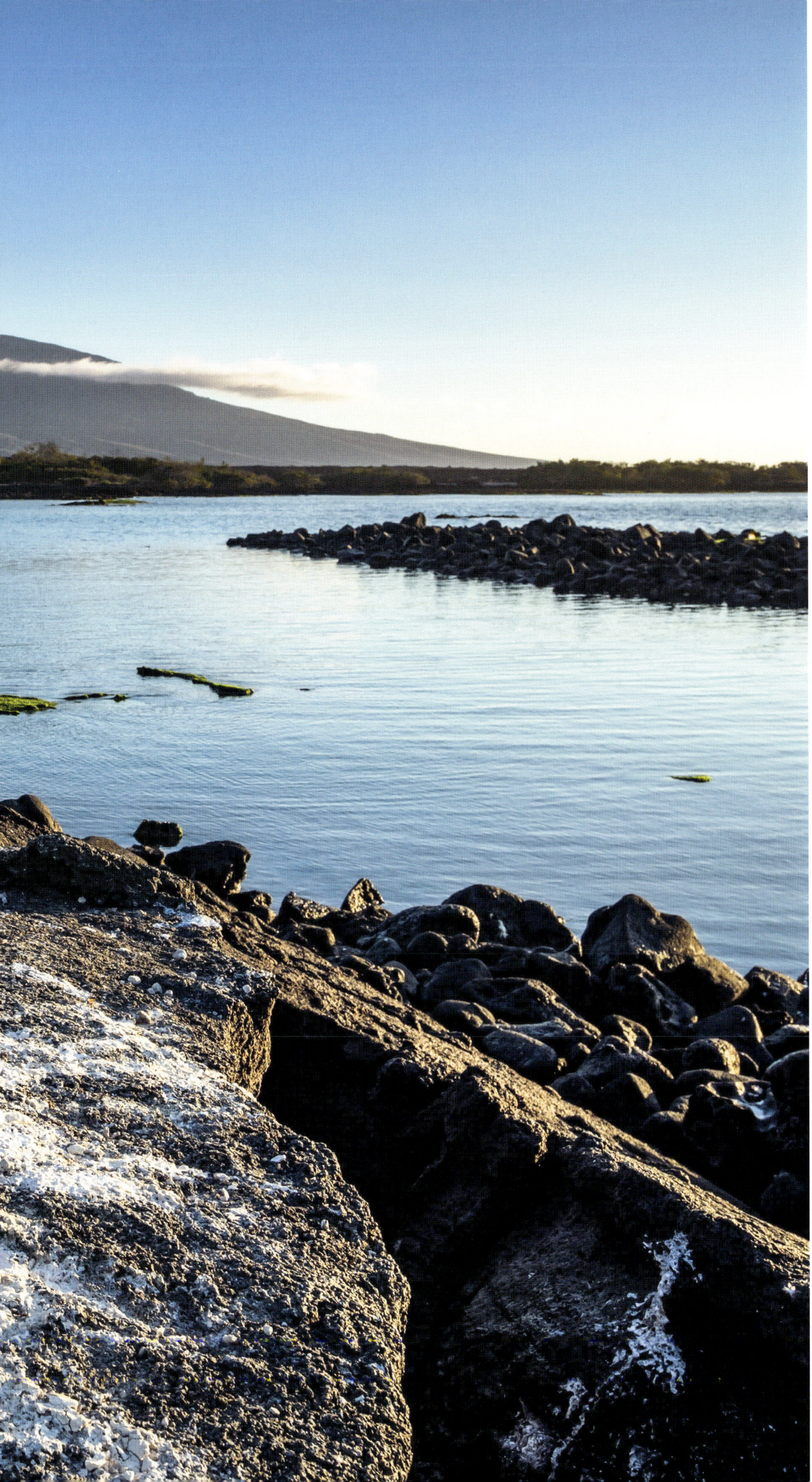

Flightless cormorant incubating her eggs on the coast of the Gala-pagos Island of Fernandina.

Brütende Galapagosscharbe an der Küste der Galapagosinsel Fernandina Island.

Like all cormorants, flightless
cormorants are excellent divers.

Galapagosscharben sind wie alle
Kormorane hervorragende Taucher.

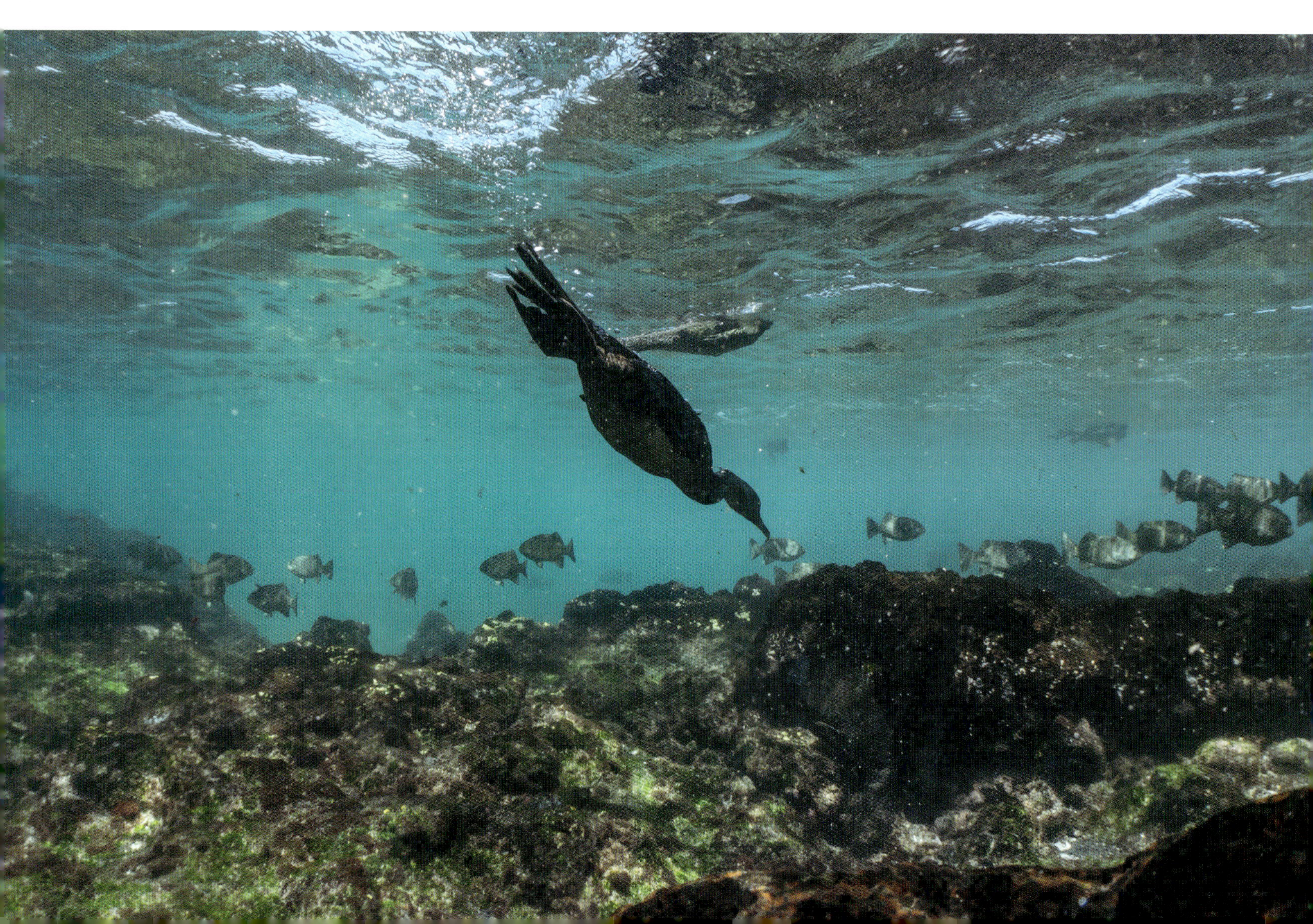

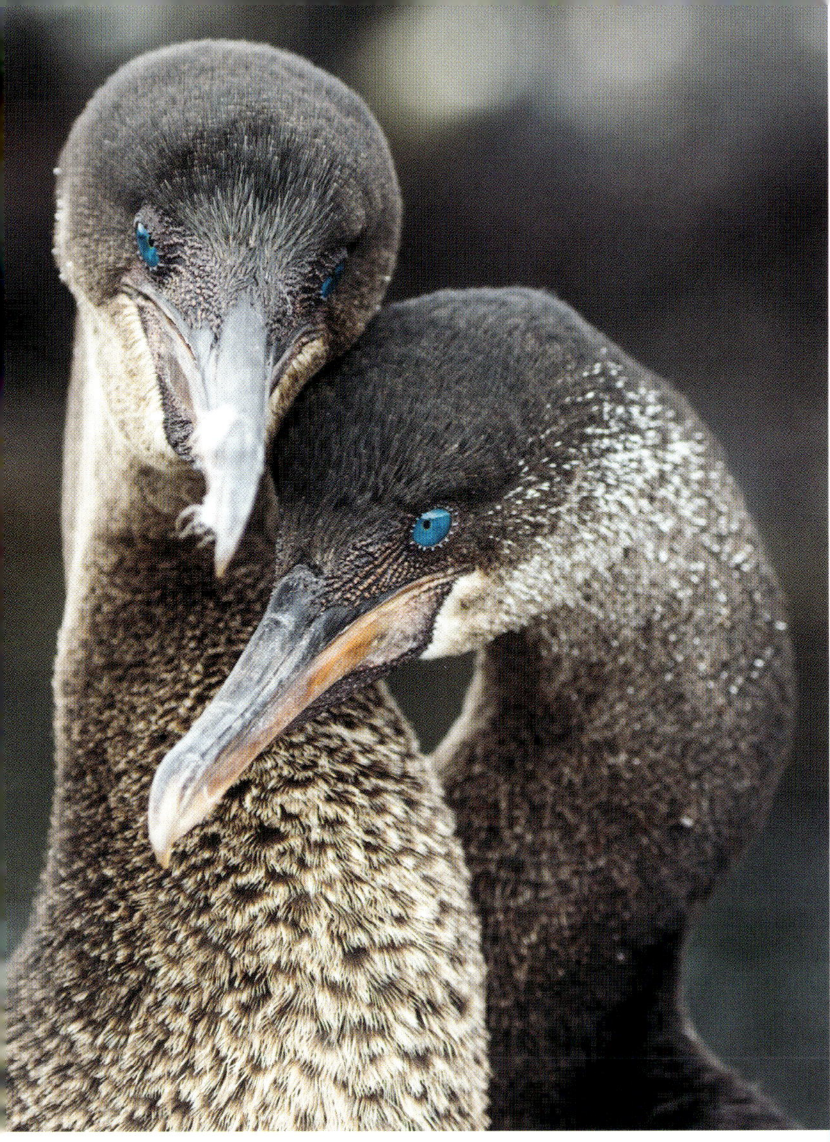

Flightless cormorant
couple during courtship.

*Galapagosscharben-
Paar bei der Balz.*

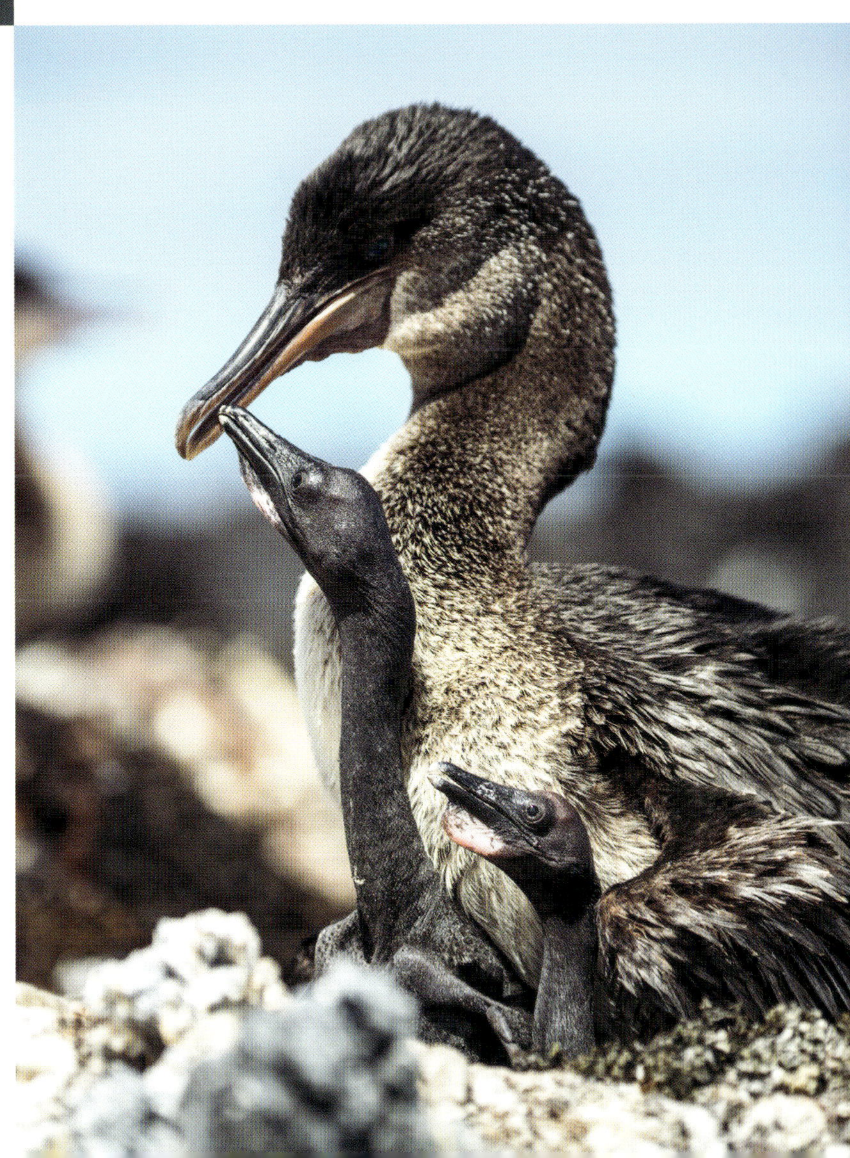

Flightless cormorant
feeding its chicks.

*Galapagosscharbe bei der
Fütterung ihrer Jungtiere.*

Emus regularly eat stones, which help break down and digest the food in their stomachs.

Emus fressen regelmäßig Steine. Sie helfen dabei, die Nahrung im Magen zu zerkleinern und zu verdauen.

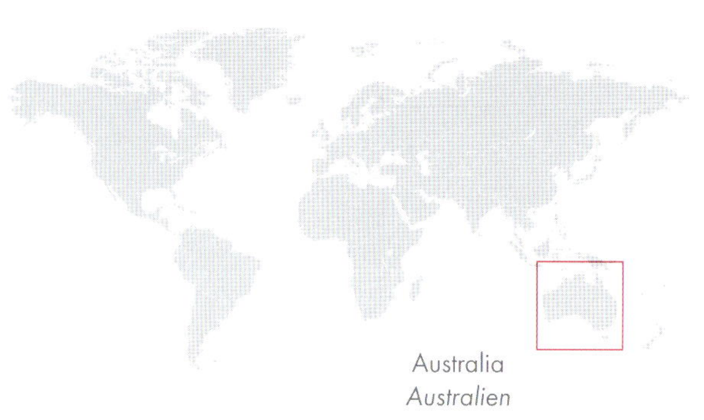

Australia
Australien

The emu is strictly a ground bird, or ratite, and is incapable of flight.

Der Emu ist ein reiner Laufvogel, der nicht in der Lage ist, zu fliegen.

EMU

Dromaius novaehollandiae

With a height of up to 1.90 meters and a weight of up to 50 kilograms, the emu is not only the largest bird in Australia, it is the second-largest bird in the world, after the North African ostrich. With its weight and its stubby, hand-sized wings, this giant cannot fly, of course. But emus are extremely good runners, reaching a top speed of 50 kilometers per hour, and they can maintain this speed over long distances. Speaking of running: When food becomes scarce in an area, emus often band together in large groups of several thousand and embark on long migrations in search of new regions with more abundant food.

Along with the kangaroo, the emu is the official national animal of Australia. With good reason, as both of them are, in terms of size, the most distinctive animals from the Land Down Under. But even more important is the fact that both the marsupial and the giant ratite are incapable of walking backwards. This non-attribute is meant to symbolize Australia's progress and development.

GROSSER EMU

Dromaius novaehollandiae

Der Emu ist mit einer Größe von bis zu 1,90 Metern und einem Gewicht von bis zu 50 Kilogramm nicht nur der größte Vogel Australiens, sondern nach dem afrikanischen Strauß auch der zweitgrößte Vogel der Welt. Mit diesem Gewicht und seinen gerade mal handgroßen Stummelflügeln kann dieser Riese natürlich nicht mehr fliegen. Dafür sind Emus ausgesprochen gute Läufer, die es auf eine Spitzengeschwindigkeit von 50 km/h bringen und dieses Tempo auch über größere Distanzen durchhalten können. Apropos laufen: Wenn die Nahrung in einem Gebiet knapp wird, schließen sich Emus oft zu großen Gruppen von mehreren tausend Tieren zusammen, um sich auf langen Wanderungen auf die Suche nach neuen futterreicheren Regionen zu begeben.

Neben dem Känguru ist der Emu das offizielle Wappentier Australiens. Und das hat einen guten Grund: Beide sind, von der Größe her, die markantesten Tiere Down Unders. Was aber noch wichtiger ist: Sowohl das Beuteltier als auch der riesige Laufvogel können nicht rückwärtslaufen. Eine Nicht-Eigenschaft, die den Fortschritt und die Entwicklung Australiens symbolisieren soll.

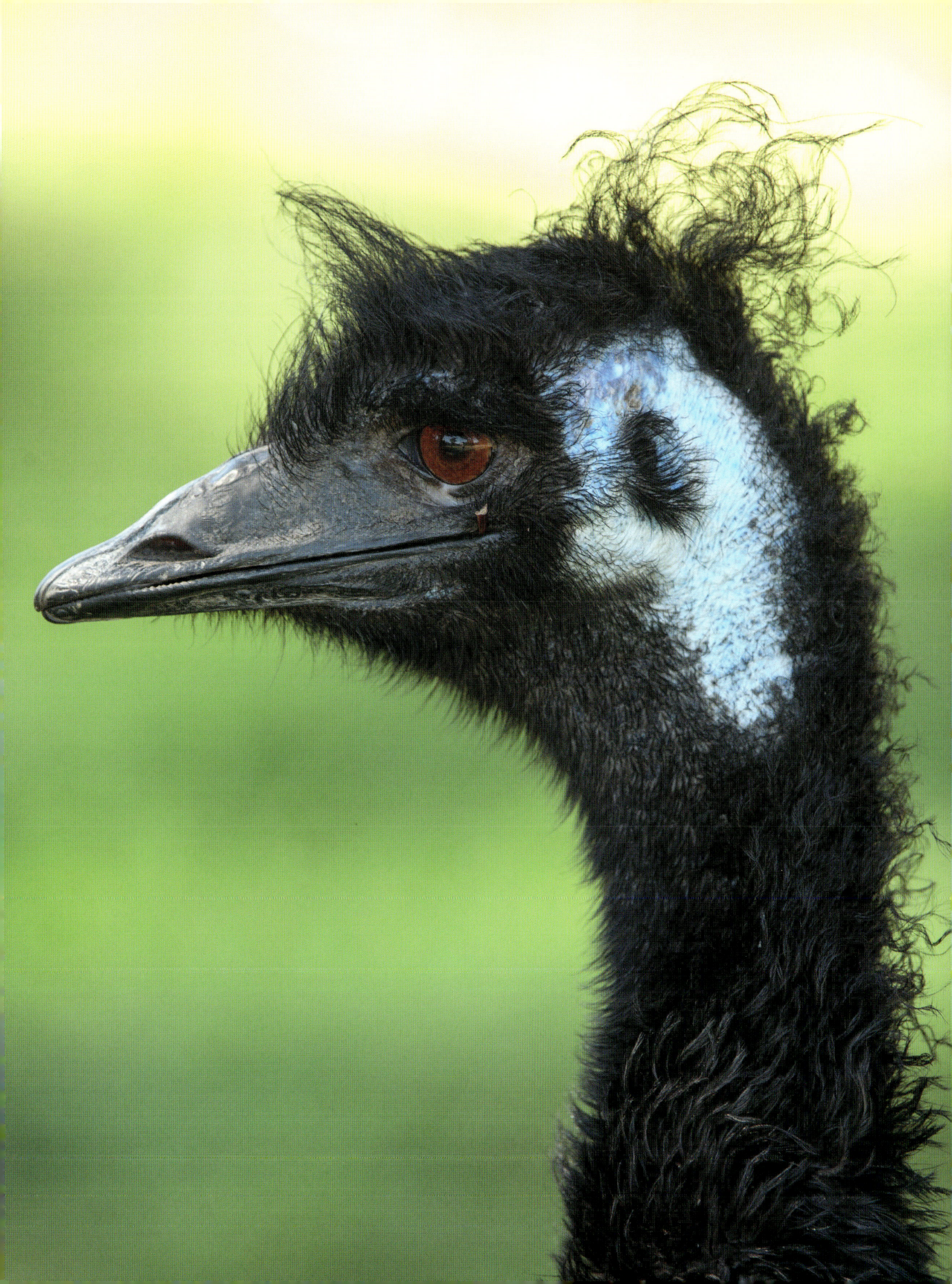

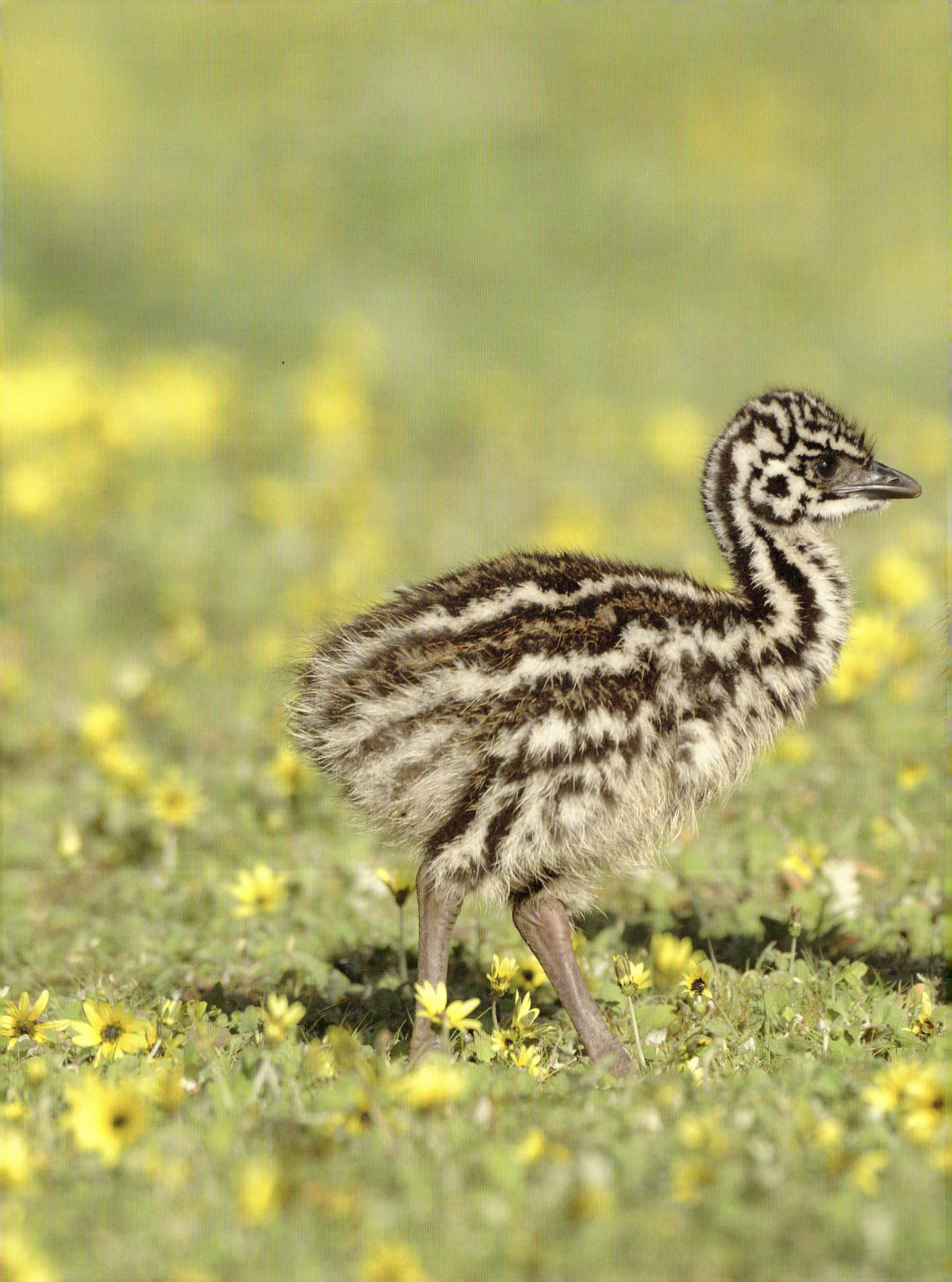

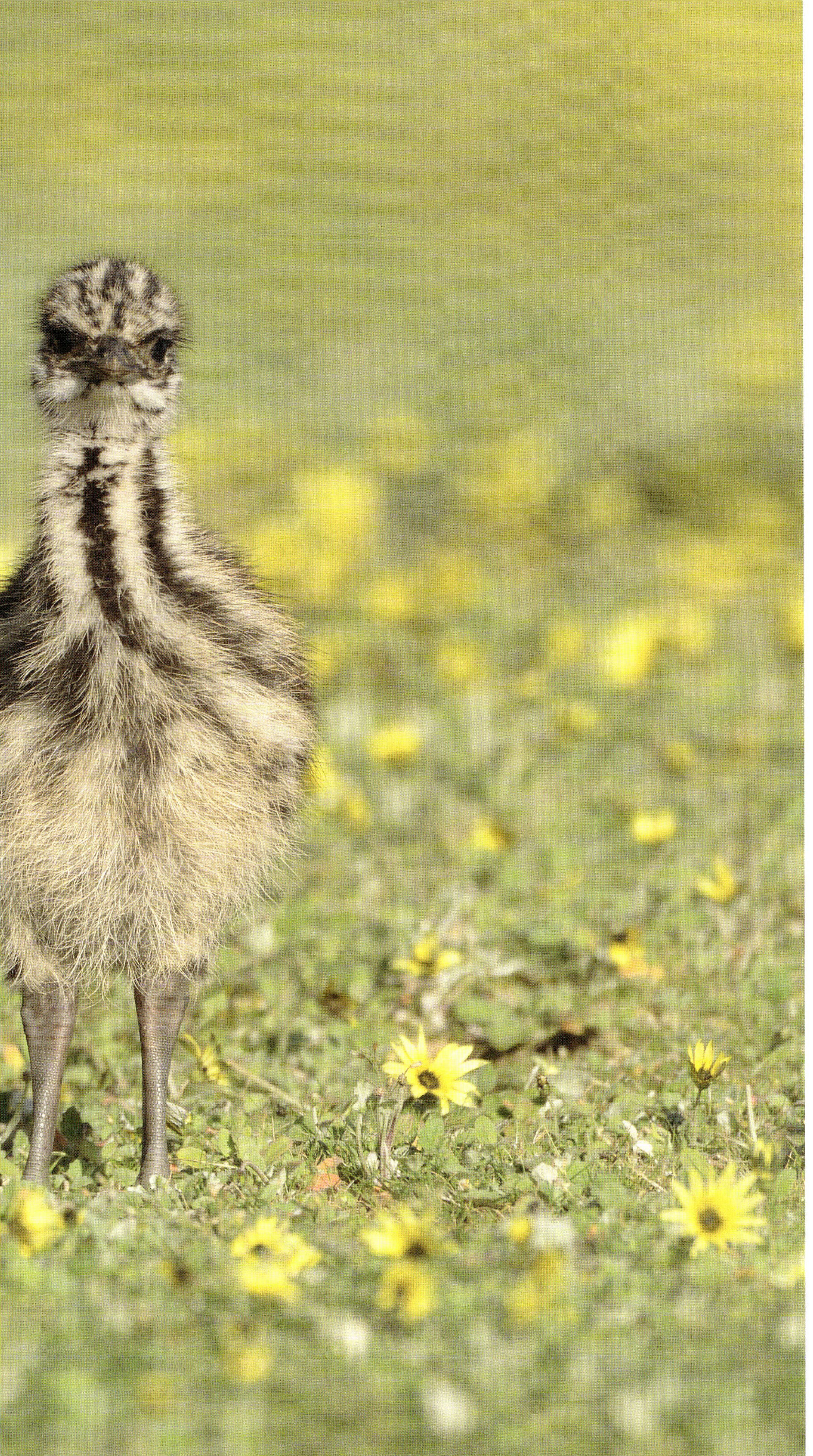

Emu chicks have brown and white vertical stripes, along with irregular spotted pattern on their heads.

Emu-Küken sind braun-weiß-längsgestreift mit einer unregelmäßigen Fleckenzeichnung am Kopf.

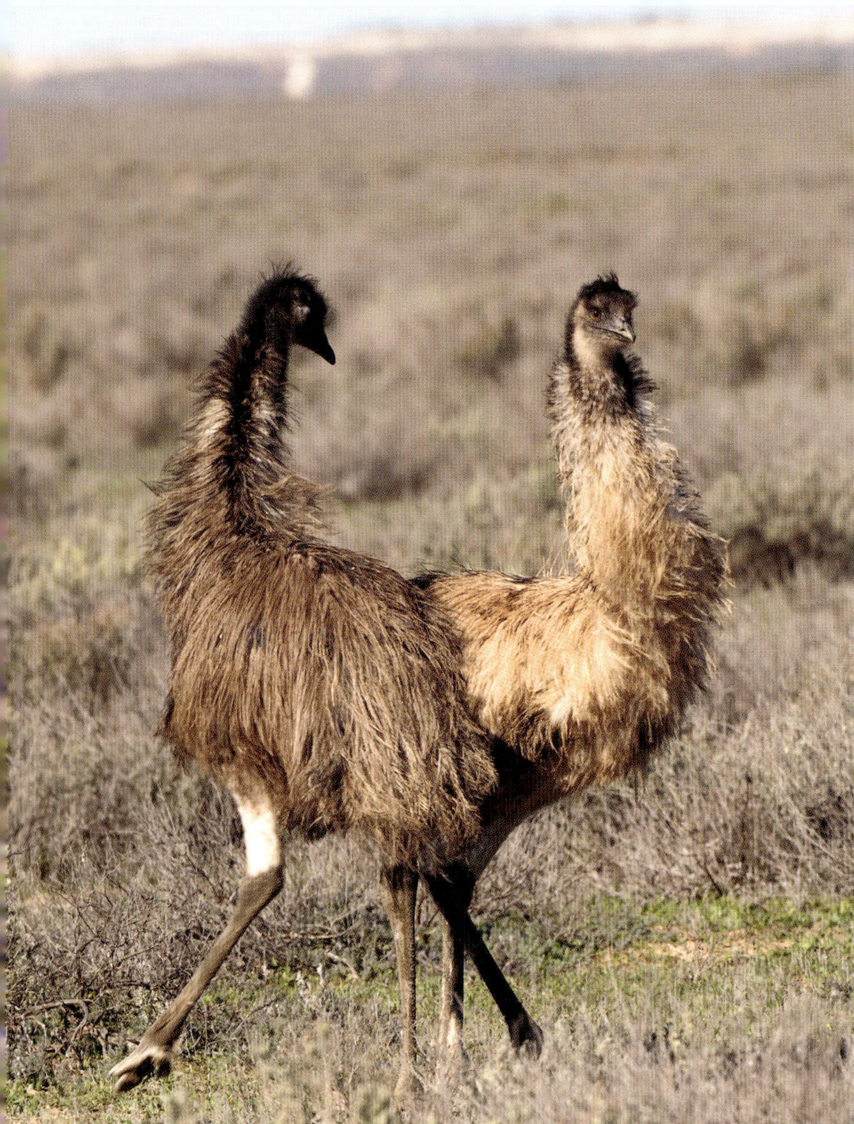

Two emus fighting each other for territorial dominance.

Zwei Emus kämpfe um die Vorherrschaft im Revier.

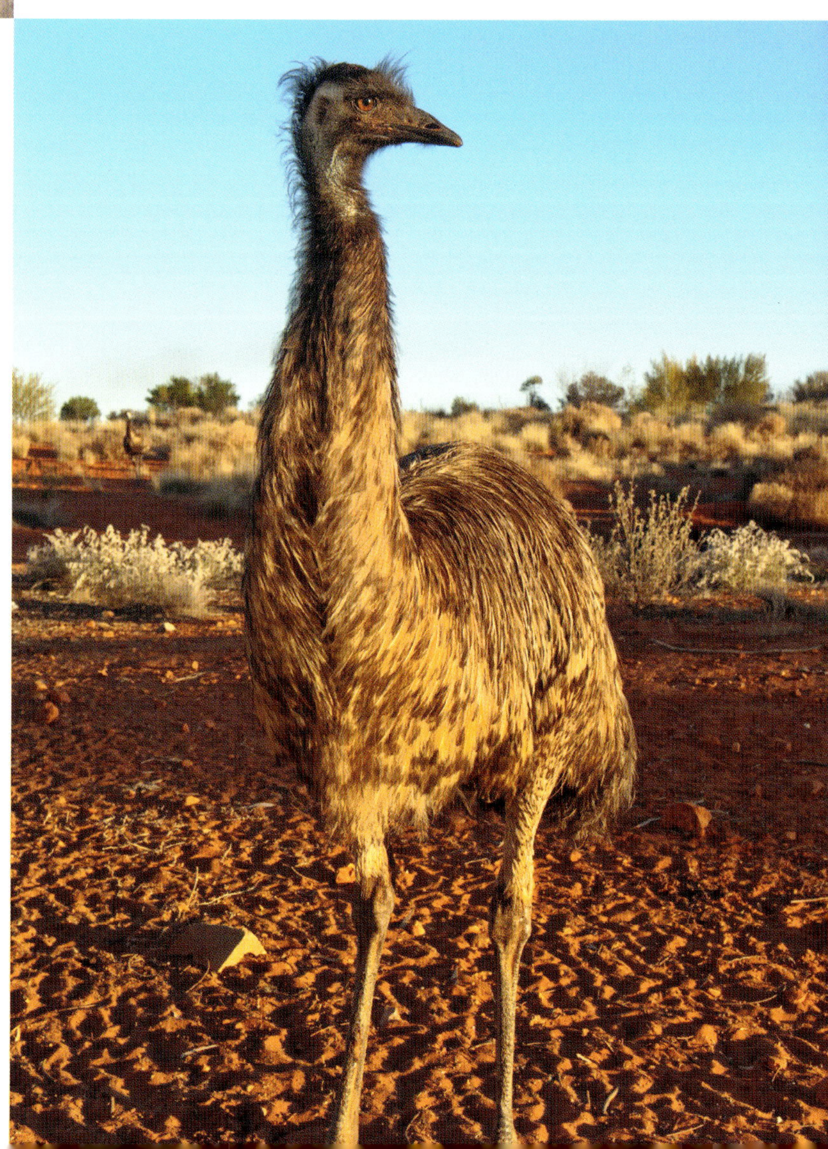

A true secret weapon, the emu's long legs enable it to reach speeds of up to 50 kilometers an hour.

Eine echte Geheimwaffe: Die langen Beine des Emus erlauben es ihm, Geschwindigkeiten von bis zu 50 Stundenkilometern zu erreichen.

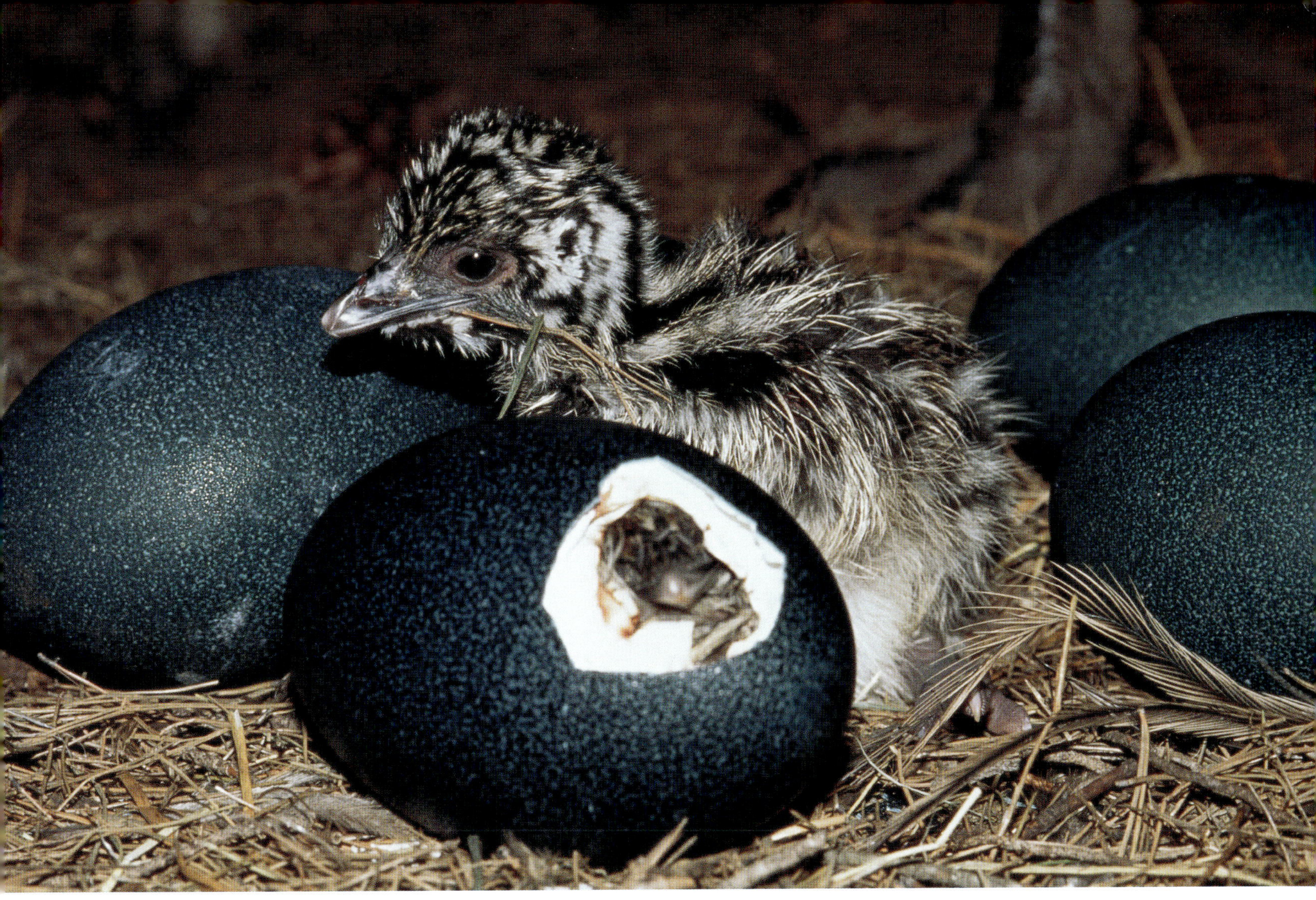

Emu chicks hatching from their eggs, which, by the
way, are always incubated by the male.

*Emu-Küken beim Schlüpfen aus dem Ei. Die Eier
werden übrigens stets vom Männchen ausgebrütet.*

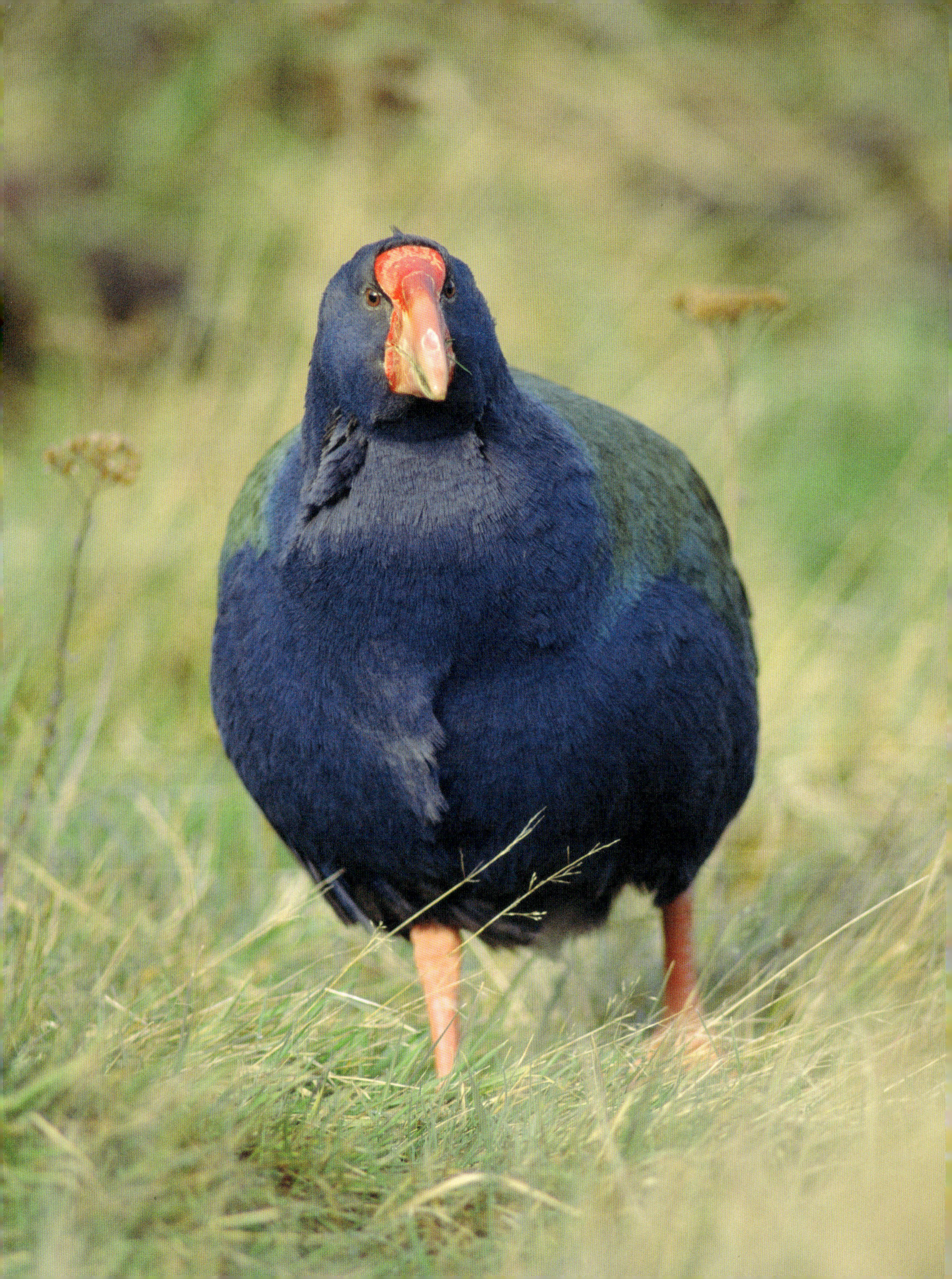

South Island takahes perform a spectacular courtship ritual at mating time, during which the flightless birds like to demonstrate just how good they are on their feet.

Südinseltakahes vollführen zur Paarungszeit ein spektakuläres Balzritual, bei dem die flugunfähigen Vögel gerne demonstrieren, dass sie gut zu Fuß sind.

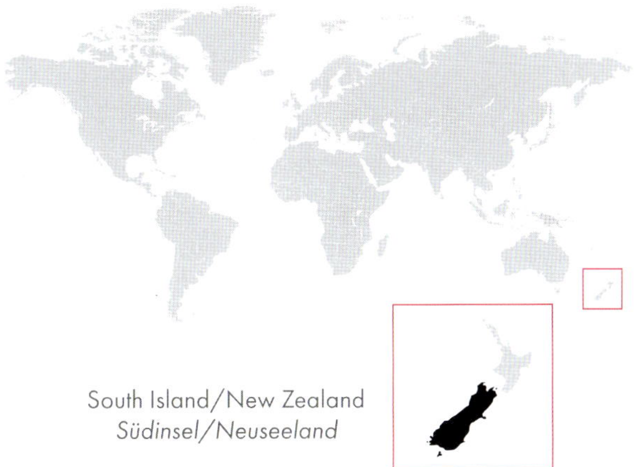

The South Island takahe is a good example of what is called a Lazarus species: It was considered extinct since 1894, but rediscovered in 1948.

Die Südinseltakahe ist ein gutes Beispiel für den sogenannten Lazarus-Effekt: Sie galt seit 1894 als ausgestorben, wurde jedoch 1948 wiederentdeckt.

SOUTH ISLAND TAKAHE

Porphyrio hochstetteri

The South Island takahe, whose name comes from the Maori language, is a goose-sized, flightless bird that used to be very common on New Zealand's South Island. However, because the takahe could not fly, it became prey, hunted by hungry humans time and again. This was compounded by the destruction of its habitat and the introduction of predators like the stoat, weasel and rat by the first Europeans. Consequently, the takahe was already considered extinct by 1894. In 1948, however, around 400 individuals were discovered in a remote high valley in New Zealand's Southern Alps. Unfortunately, even these birds became fewer and fewer in number due to predators.
In 1982, with just 118 animals remaining, government conservation authorities intervened. Invasive food competitors in the takahe's habitat, like the red deer introduced by Europeans, were shot and predators like the stoat, which had also been introduced, were systematically hunted. In addition, these New Zealand birds were bred in captivity in zoos. Today there are once again around 400 animals of this species, with an upward trend.

SÜDINSEL- TAKAHE

Porphyrio hochstetteri

Bei der Südinseltakahe – der Name stammt aus der Sprache der Maori – handelt es sich um einen gänsegroßen, flugunfähigen Vogel, der früher auf der Südinsel Neuseelands weit verbreitet war. Da die Takahe jedoch nicht fliegen konnte, wurde sie immer wieder Beute von hungrigen Menschen. Dazu kam die Zerstörung ihres Lebensraums und die Einführung von Fressfeinden wie dem Hermelin, dem Wiesel und der Ratte durch die ersten Europäer. Mit der Folge, dass die Takahe bereits 1894 als ausgestorben galt. 1948 wurden dann allerdings in einem entlegenen Hochtal der neuseeländischen Alpen rund 400 Exemplare wiederentdeckt. Aber auch diese Vögel wurden durch Fressfeinde immer weniger. Als dann 1982 nur noch 118 Tiere übrig waren, griffen die Naturschutzbehörden ein: Die invasiven Nahrungskonkurrenten der Takahes, wie das von Europäern eingeschleppte Rotwild, wurden im Takahegebiet erlegt und Raubtiere wie der ebenfalls eingeschleppte Hermelin konsequent bejagt. Außerdem hat man die neuseeländischen Vögel im Zoo nachgezüchtet. Heute gibt es wieder rund 400 Tiere dieser Art. Tendenz steigend.

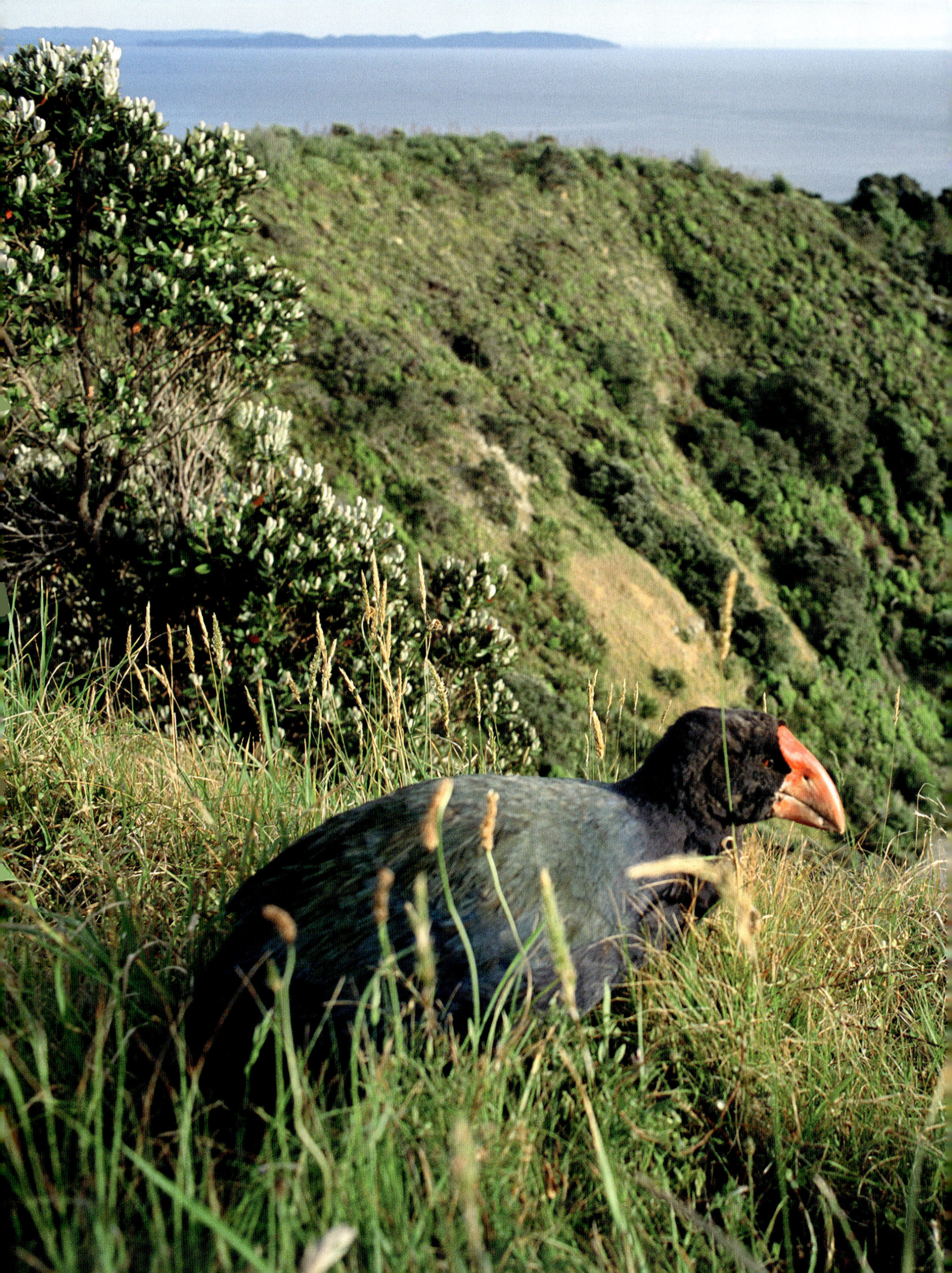

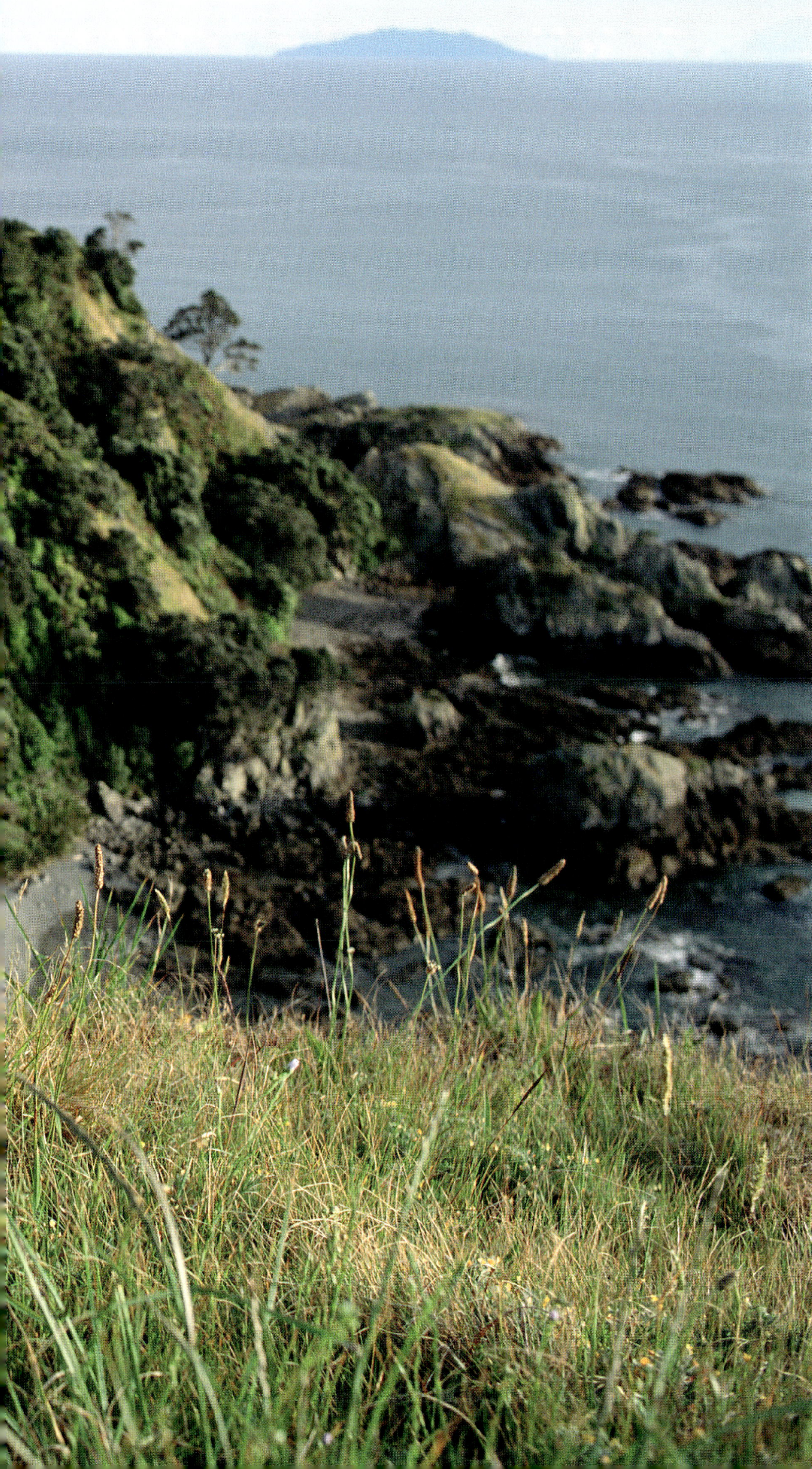

South Island takahes mainly feed
on low-nutrient grasses and herbs.

*Südinseltakahes ernähren sich
überwiegend von nährstoffarmen
Gräsern und Kräutern.*

The parents of newly hatched South Island takahe chicks primarily
feed them insects and mollusks.

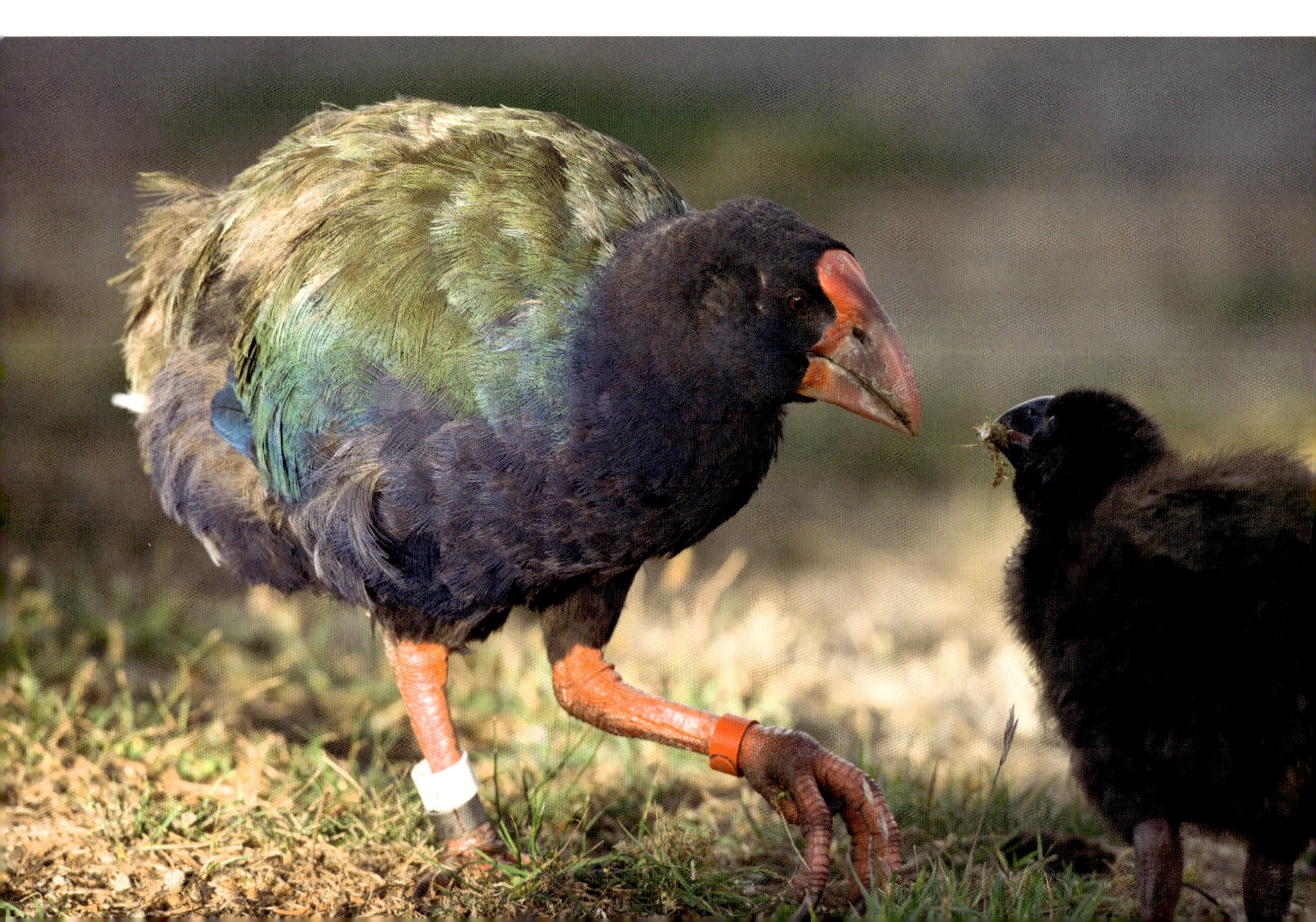

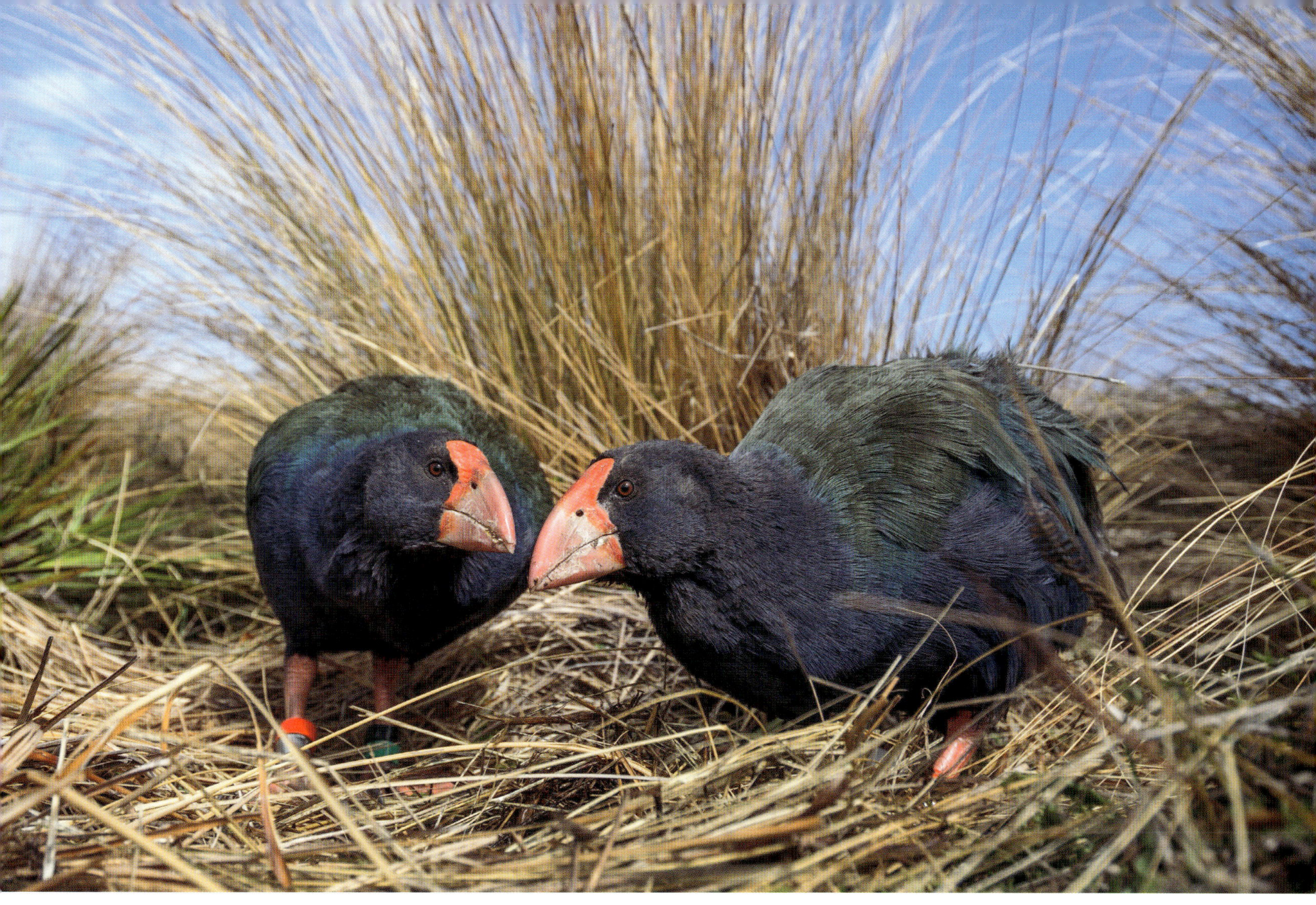

Both the female and male South Island takahe
are involved in building their nest.

*Sowohl das Weibchen als auch das Männchen
der Südseetakahe sind am Nestbau beteiligt.*

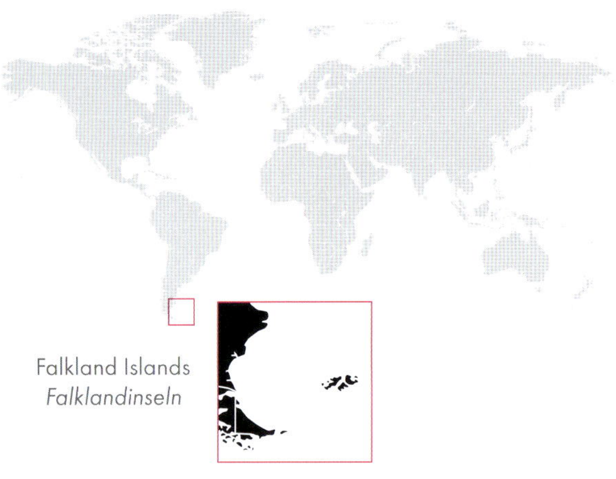

Falkland Islands
Falklandinseln

In the course of evolution, the wings of Falkland steamer ducks regressed extensively, resulting in the loss of their ability to fly.

Falkland-Dampfschiffenten haben im Laufe der Evolution ihre Flügel stark zurückgebildet und damit ihre Flugfähigkeit verloren.

FALKLAND STEAMER DUCK

Tachyeres brachypterus

The Falkland steamer duck is a large duck that exclusively inhabits the rocky coasts of the Falkland Islands. This duck owes its name to its distinctive mode of propulsion on the water. When faced with danger, it uses its short, narrow wings in much the same way a canoeist uses a double paddle. This movement produces a lot of splashing, reminiscent of the paddle steamers that used to travel the Mississippi and other North American rivers. Falkland steamer ducks mostly feast on small marine creatures like mussels, snails and crustaceans, which they capture on their dives. They are extremely territorial birds that defend their territory vigorously against fellow steamer ducks and other bird species, especially during breeding season.

Despite their limited range, the overall population of the Falkland steamer duck is fairly stable, such that it is classified as "not endangered" by the IUCN.

FALKLAND-DAMPFSCHIFF-ENTE

Tachyeres brachypterus

Die Falkland-Dampfschiffente ist ein großer Entenvogel, der ausschließlich die felsigen Küsten der Falklandinseln bewohnt. Ihren Namen verdankt die Ente ihrer markanten Fortbewegungsart auf dem Wasser: Wenn Gefahr droht, setzt sie nämlich ihre kurzen schmalen Flügel ähnlich ein wie ein Kanufahrer sein Doppelpaddel. Eine Bewegung, bei der viel Wasser aufspritzt und daher an die Raddampfer erinnert, die früher auf dem Mississippi und anderen nordamerikanischen Flüssen unterwegs waren. Falkland-Dampfschiffenten ernähren sich hauptsächlich von kleinen Meerestieren wie Muscheln, Schnecken und Krebstieren, die sie bei ihren Tauchgängen erbeuten. Sie sind äußerst territoriale Vögel, die ihr Revier vor allem in der Brutzeit mit großem Einsatz gegenüber Artgenossen und anderen Vogelarten verteidigen.

Trotz ihres begrenzten Verbreitungsgebiets ist die Gesamtpopulation der Falkland-Dampfschiffente ziemlich stabil, so dass sie von der Weltnaturschutzorganisation als »nicht gefährdet« eingestuft wird.

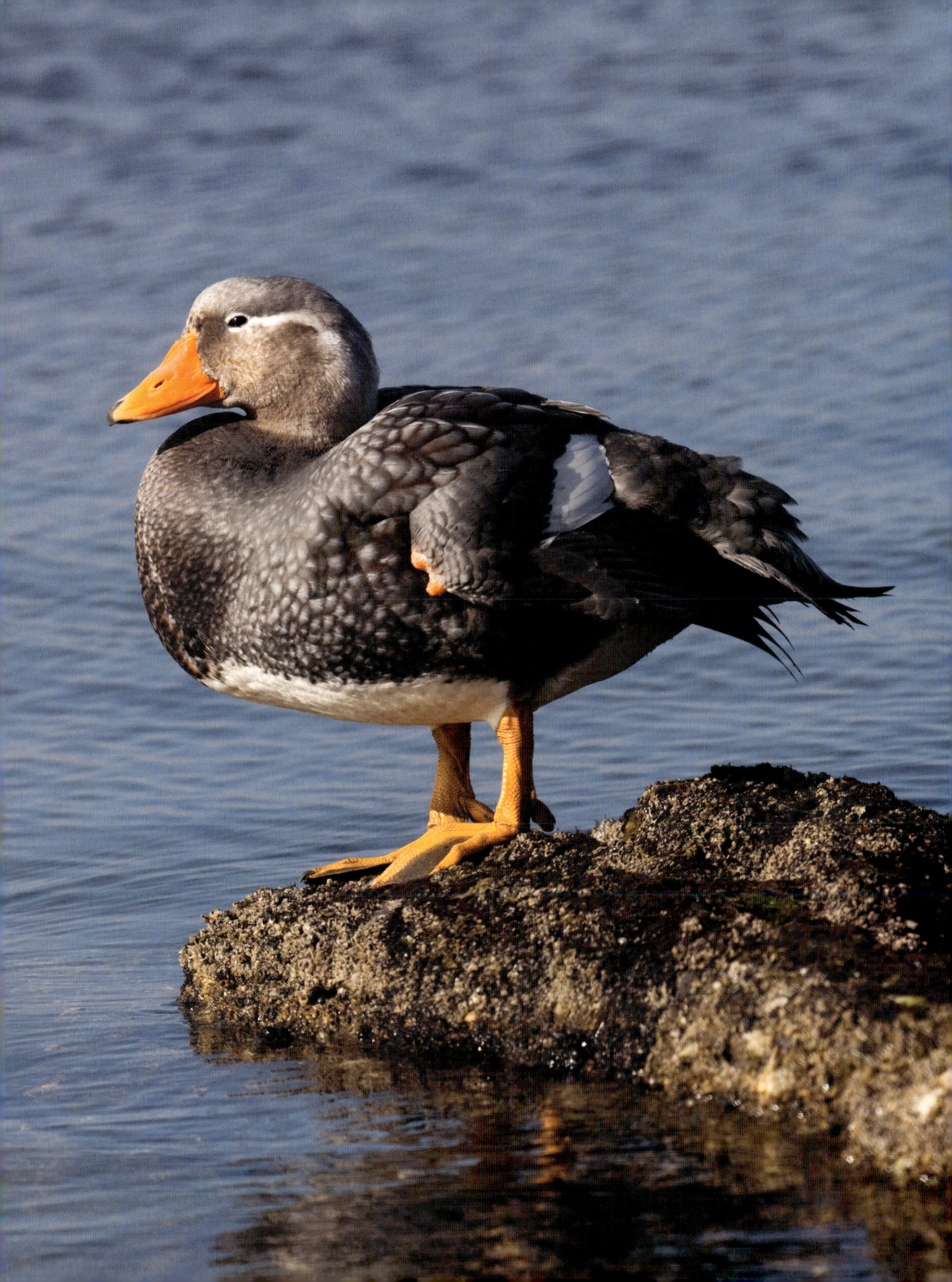

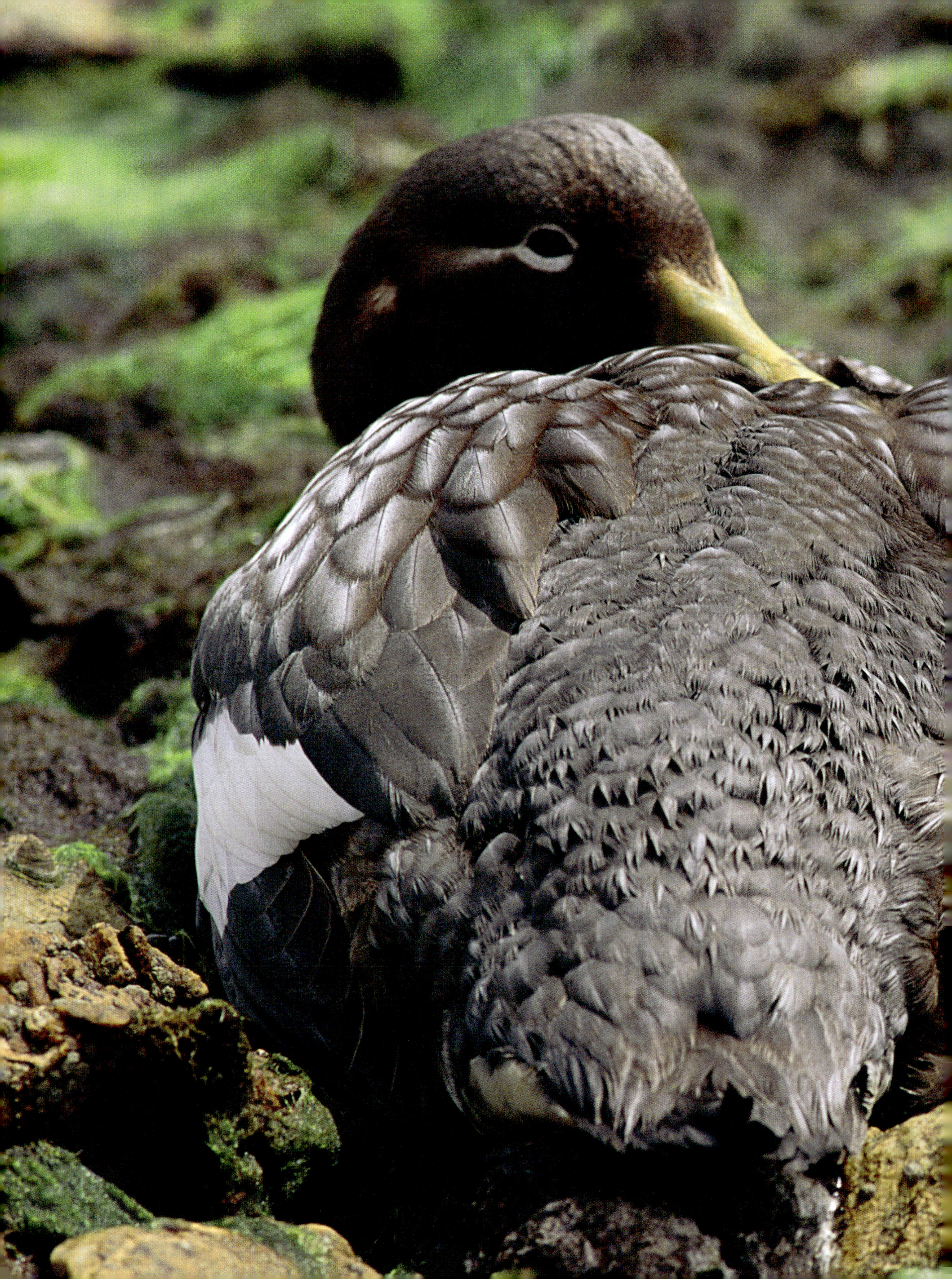

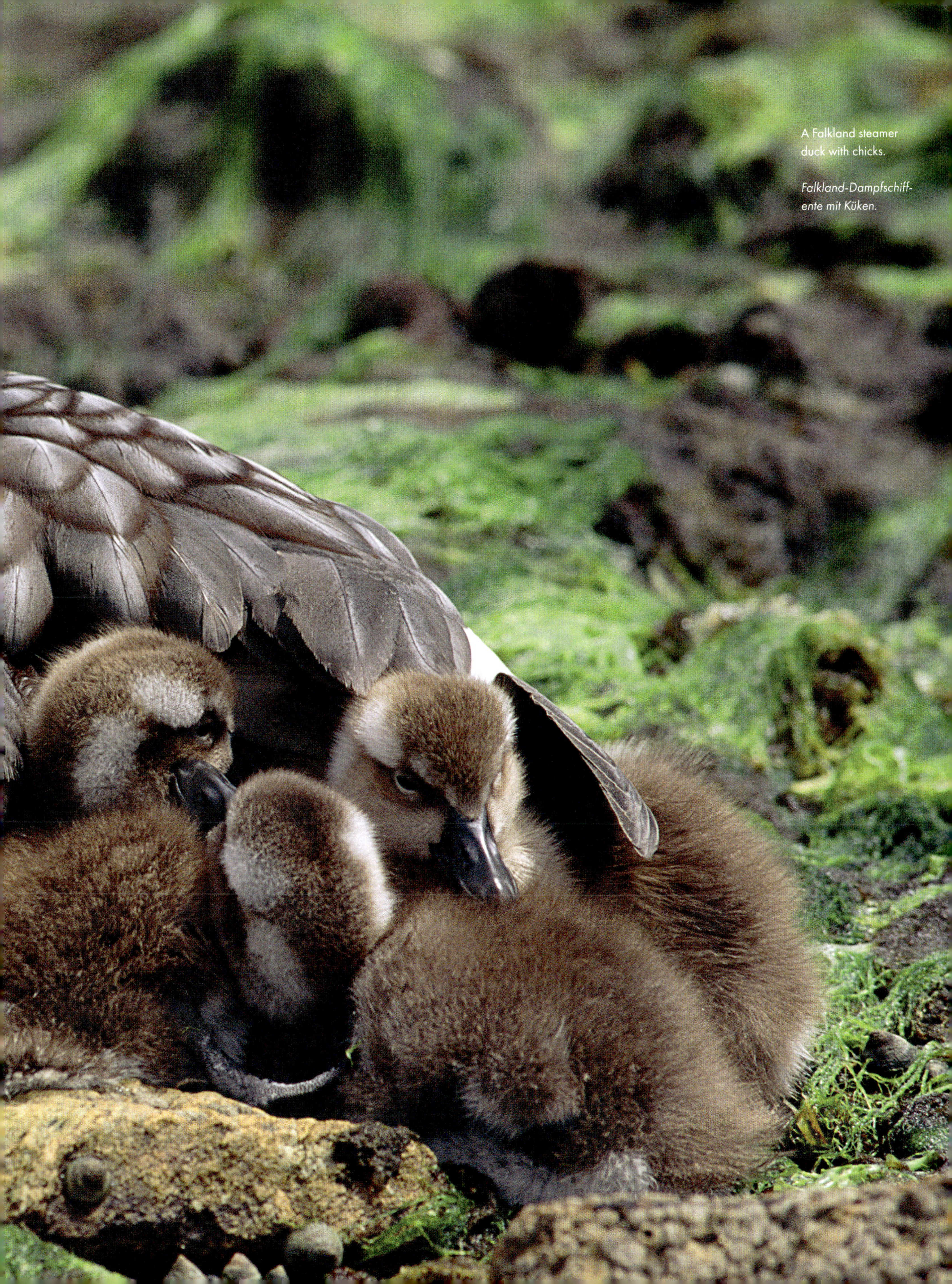

A Falkland steamer
duck with chicks.

Falkland-Dampfschiff-
ente mit Küken.

A Falkland steamer duck in coastal surf.

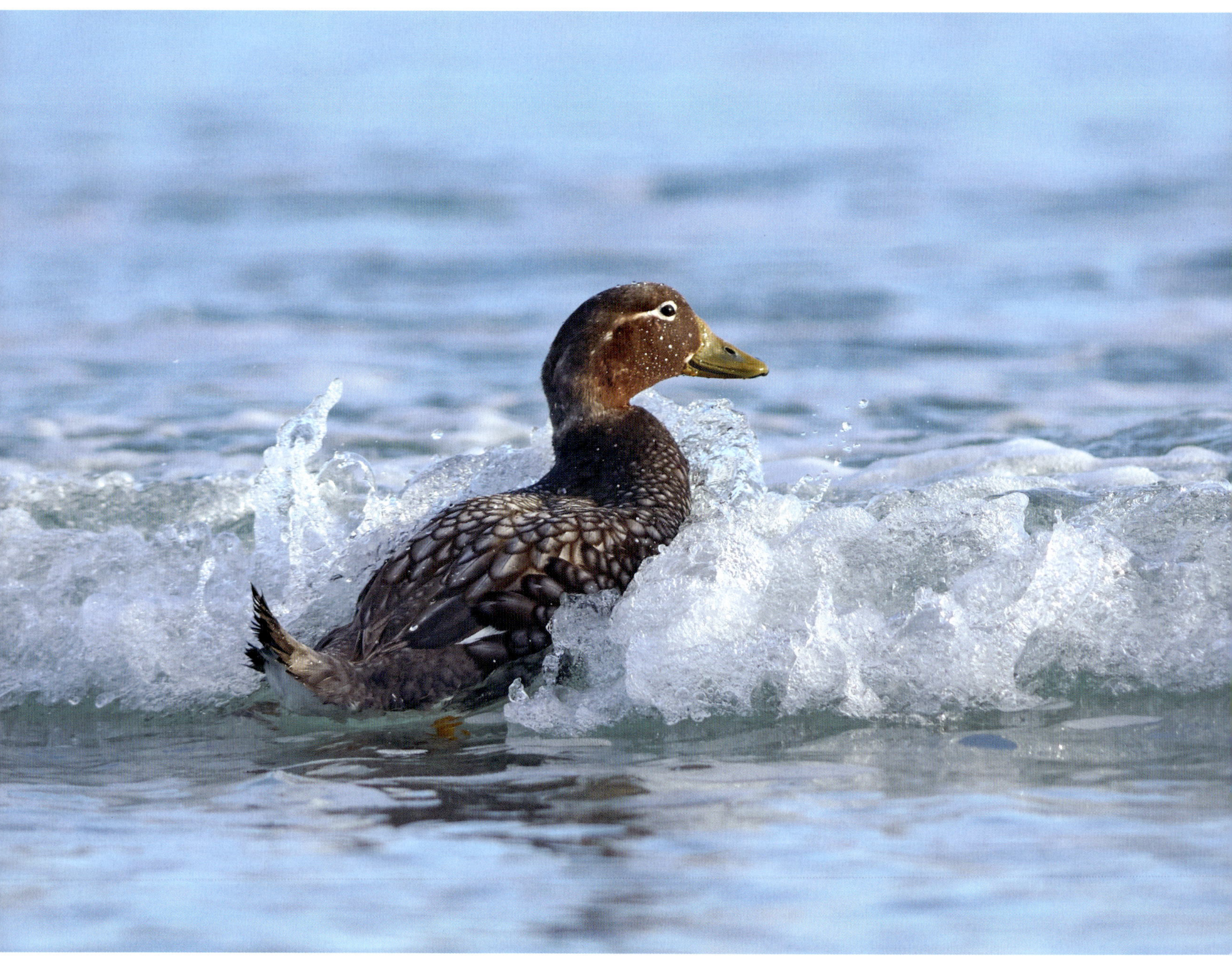

Falkland steamer ducks live monogamous lives. The two mates
share brooding and rearing duties when it comes to their young.

Falkland-Dampfschiffenten leben monogam. Beide Partner teilen
sich das Brutgeschäft und die Aufzucht der Jungen.

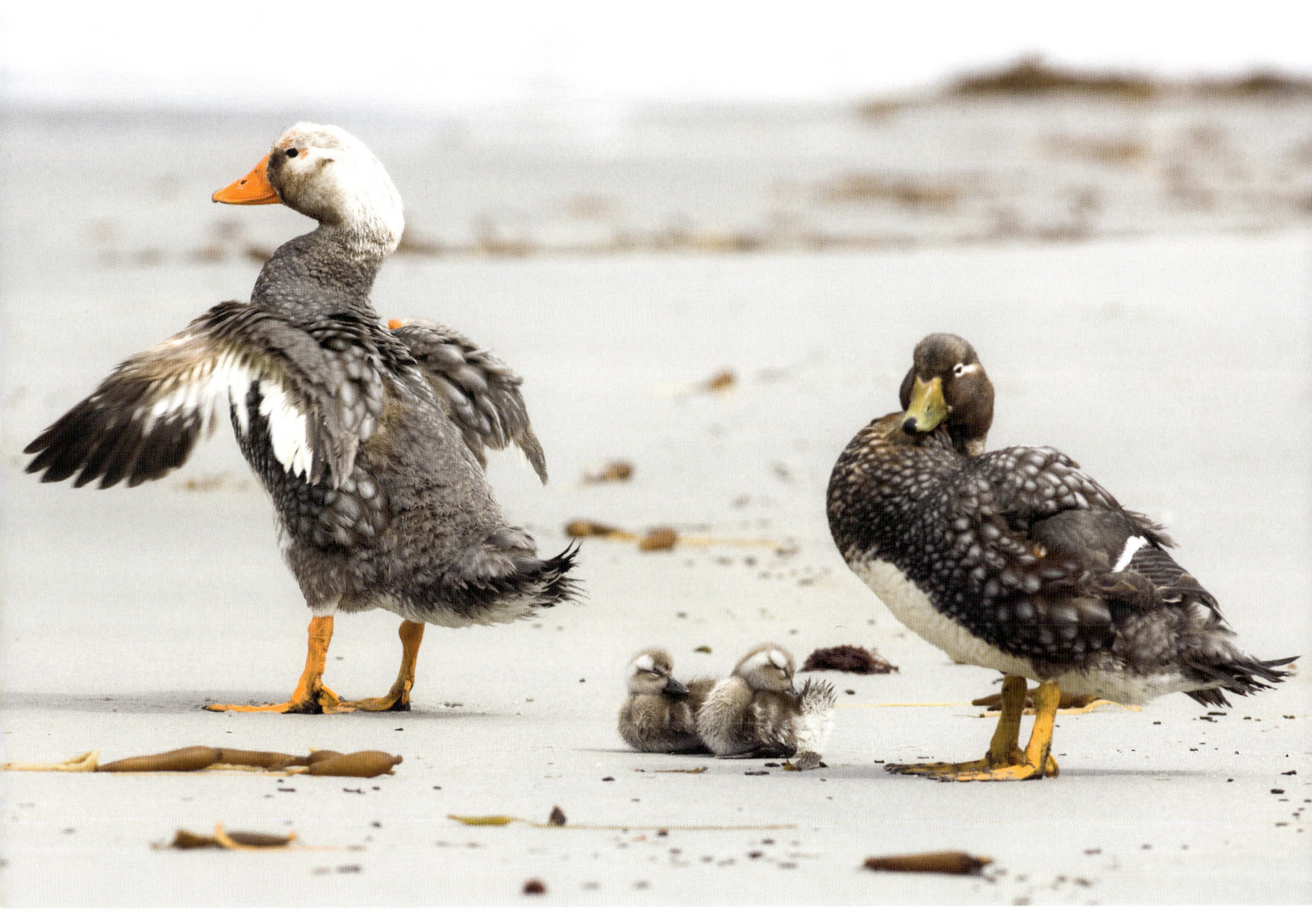

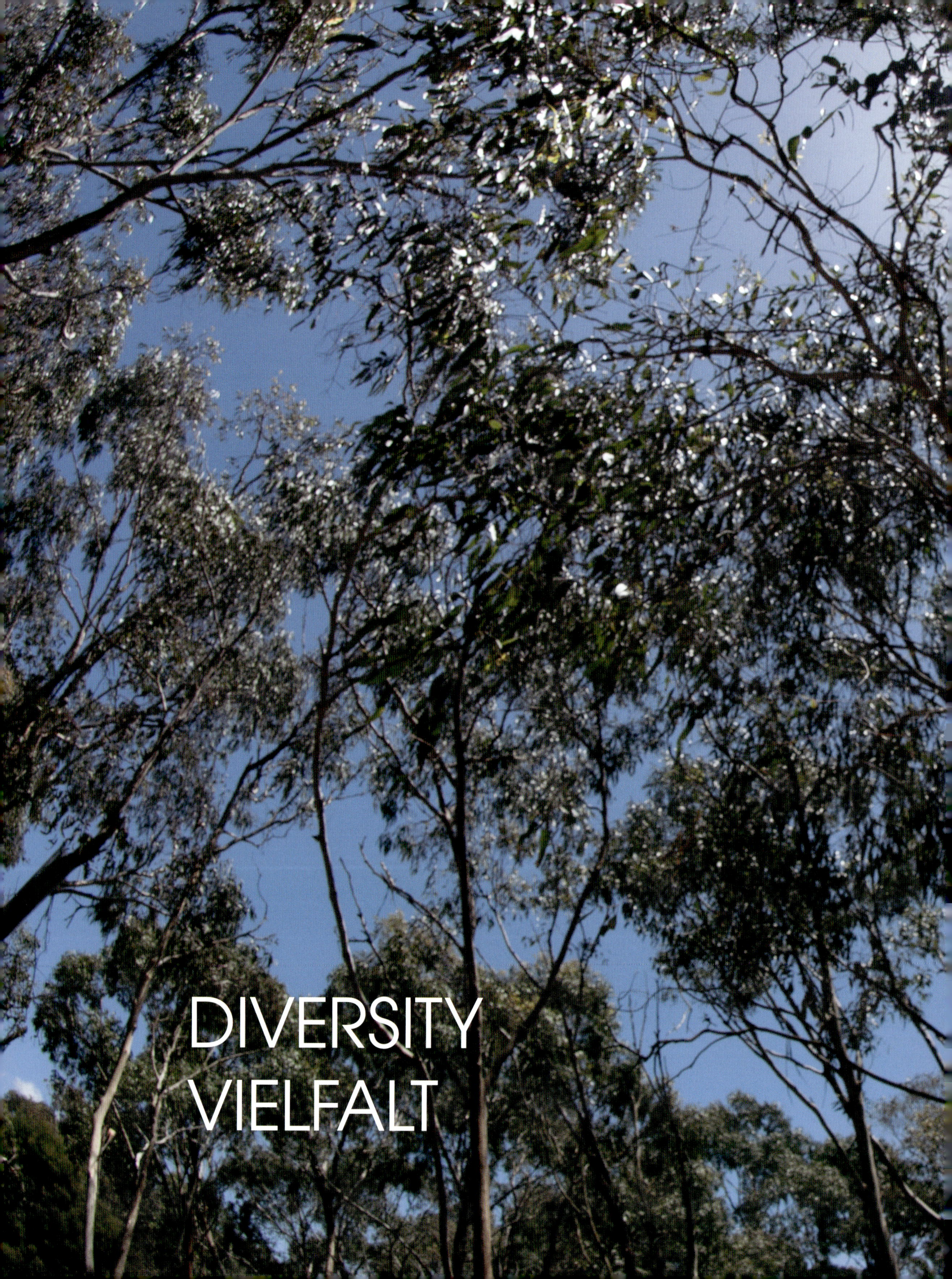

DIVERSITY
VIELFALT

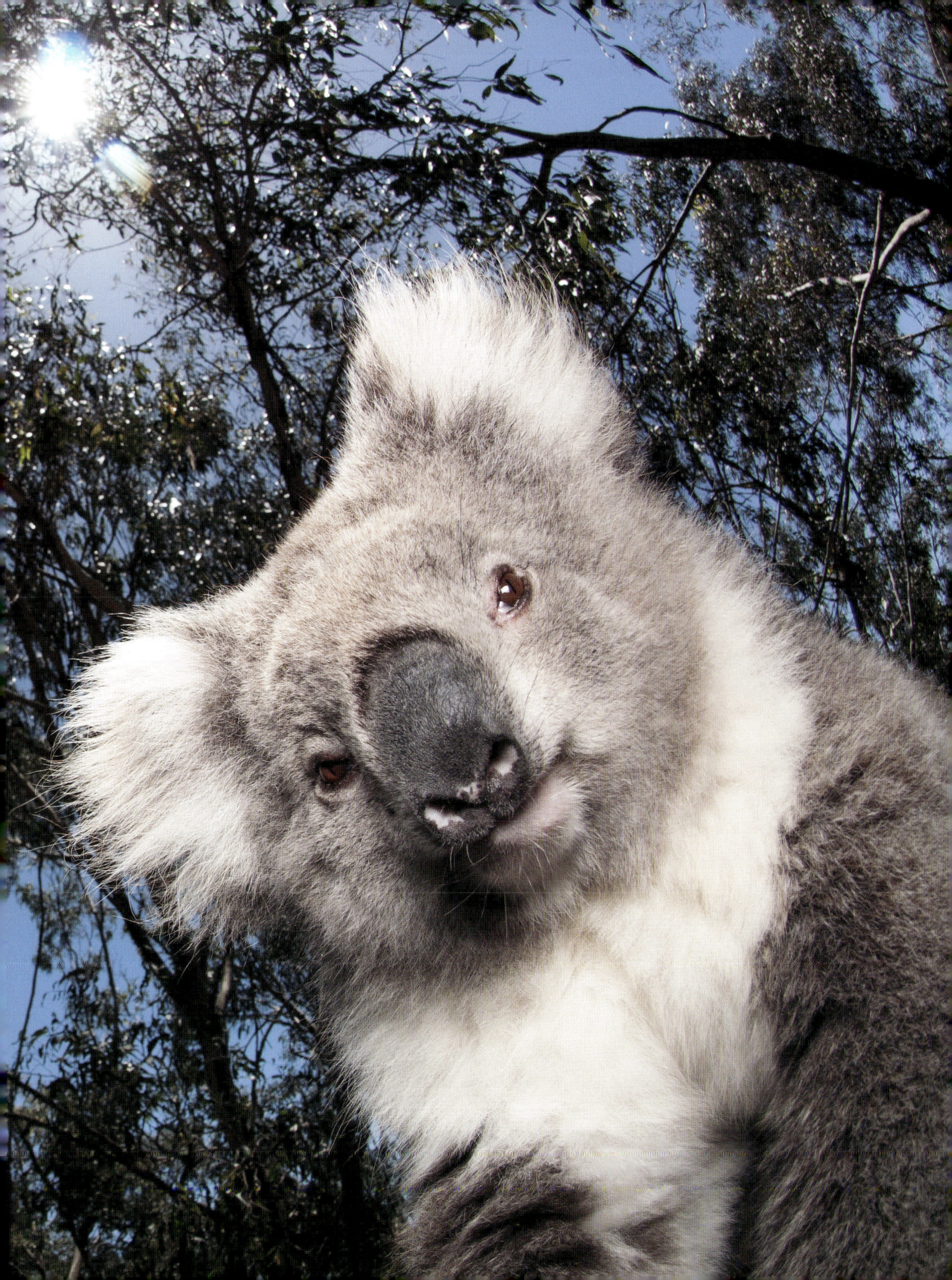

DIVERSITY–AN ABUN-DANCE OF SPECIES

An American study showed that islands are about nine times more valuable for the conservation of biodiversity on our planet than an area of mainland comparable in size. Islands are home to around 20 percent of all known species of flora and fauna. And that despite the fact that islands make up just seven percent of our planet's land mass. This astonishing fact can be explained quite well using the example of the lemur, a family of monkeys previously referred to a bit disparagingly as prosimians (believed more primitive than simians), which are found exclusively on the world's fourth-largest island, Madagascar.

When Madagascar split off from the African continent in the course of the earth's history, roughly 160 million years ago during the age of the dinosaurs, there were no mammals there and therefore no lemurs. They arrived on the island much later, about 60 million years ago. According to recent scientific findings, it is very likely that the ancestors of today's lemurs traveled the 400-kilometer-wide strait between Africa and Madagascar as passengers on rafts of driftwood or floating vegetation. On Madagascar, these animal voyagers found a virtual paradise, an abundance of the most diverse habitats. And most importantly, there were no other competing mammals. By adapting to the multitude of unoccupied ecological niches, numerous species were able to evolve from a single ancestral one through a rapid succession of species splits. Scientists talk about "adaptive radiation"

here. Ultimately, a great diversity of species developed, which today includes about 100 often very different species of lemurs. These range from the pygmy mouse lemur, weighing just 40 grams, to the largest lemur, the indri, with an impressive weight of 10 kilograms.
The development of marsupials in Australia is similar. While the marsupials in North America and Europe were not able to compete with the higher-order mammals because of their lower intelligence and inferior reproductive strategy, this competition was missing in Australia. Prehistoric marsupials were the first mammals here. And before other, more favorably equipped animals could colonize the Land Down Under, the land bridge to Australia broke off. This enabled the marsupials to develop undisturbed into a cornucopia of the most diverse species. This diversity now includes not only various species of kangaroos, wombats, koalas and the famous Tasmanian devil, but also lesser-known animals such as sugar gliders and bilbies.
What suited lemurs and marsupials was also favorable to the legendary birds-of-paradise. These magnificently colored birds, known for their exuberant courtship behavior, can only be found on New Guinea and some surrounding islands, as well as on the northern tip of Australia. In the absence of competition and predators, birds-of-paradise have also been able to occupy a wide variety of ecological niches, resulting in 43 species of these extravagant-looking birds today.

VIELFALT – DIE FÜLLE DER ARTEN

Eine amerikanische Studie hat es an den Tag gebracht: Inseln sind für den Erhalt der biologischen Vielfalt auf unserer Erde etwa neunmal wertvoller als ein von der Größe her vergleichbares Stück Festland. Inseln beherbergen rund 20 Prozent aller bekannten Tier- und Pflanzenarten. Und das, obwohl sie gerade mal sieben Prozent der Landfläche unserer Erde ausmachen. Diese verblüffende Tatsche lässt sich ziemlich gut am Beispiel der Lemuren erklären, einer Affenfamilie, die früher etwas despektierlich als sogenannte »Halbaffen« bezeichnet wurde und ausschließlich auf der viertgrößten Insel der Welt, Madagaskar, vorkommt. Als sich im Laufe der Erdgeschichte, vor rund 160 Millionen Jahren – also im Zeitalter der Dinosaurier -, Madagaskar vom afrikanischen Kontinent abspaltete, gab es dort noch keine Säugetiere und damit auch keine Lemuren. Die kamen erst viel später, nämlich vor rund 60 Millionen Jahren, auf die Insel. Sehr wahrscheinlich, so neuere wissenschaftliche Erkenntnisse, haben die Vorfahren der heutigen Lemuren die rund 400 Kilometer breite Meerenge zwischen Afrika und Madagaskar überbrückt – und zwar als »blinde Passagiere« auf Flößen aus Treibholz oder treibender Vegetation. Auf Madagaskar fanden die tierischen Seefahrer dann geradezu paradiesische Zustände vor: eine Fülle der unterschiedlichsten Lebensräume. Und besonders wichtig: Es gab keine konkurrierenden anderen Säugetiere. Durch Anpassung an die Vielzahl »freier« ökologischer Nischen konnten so aus einer Stammart durch eine rasche Folge von Artaufspaltungen viele Tochterarten entstehen. Wissenschaftler sprechen hier von einer »adaptiven Radiation«. So entwickelte sich letztlich eine große Artenvielfalt, die heute rund 100 oft ganz unterschiedliche Lemurenarten umfasst. Das reicht vom winzigen Zwergmausmaki, der gerade mal 40 Gramm auf die Waage bringt, bis zum größten Lemuren, dem Indri, der stolze 10 Kilogramm wiegt. Ähnliches gilt für die Entwicklung der Beuteltiere in Australien. Während sich die Beuteltiere in Nordamerika und in Europa auf Grund geringerer Intelligenz und schlechterer Fortpflanzungsstrategie gegen die sogenannten »höheren Säugetiere« nicht durchsetzen konnten, fehlte diese Konkurrenz in Australien. Hier waren »Ur- Beuteltiere« die ersten Säuger. Und bevor die vorteilhafter ausgestatteten Tiere Down Under ebenfalls besiedeln konnten, brach die Landbrücke nach Australien ab. Dadurch konnten sich die Beuteltiere hier ungestört zu einem Füllhorn der unterschiedlichsten Arten entwickeln. Eine Vielfalt, die heute nicht nur diverse Känguruarten, Wombats, Koalas und den berühmten Tasmanischen Teufel, sondern auch weniger bekannte Tiere wie den Gleitbeutler oder Kaninchenbeutler umfasst. Was Lemuren und Beuteltieren recht war, war auch den berühmten Paradiesvögeln billig. Diese prächtig gefärbten Vögel, die für ihr opulentes Balzverhalten bekannt sind, kommen ausschließlich auf Neuguinea und einigen umliegenden Inseln sowie auf der Nordspitze Australiens vor. Mangels Konkurrenz und Fressfeinden konnten auch die Paradiesvögel die unterschiedlichsten ökologischen Nischen besetzen, so dass es dort heute 43 Arten der immer etwas extravagant aussehenden Vögel gibt.

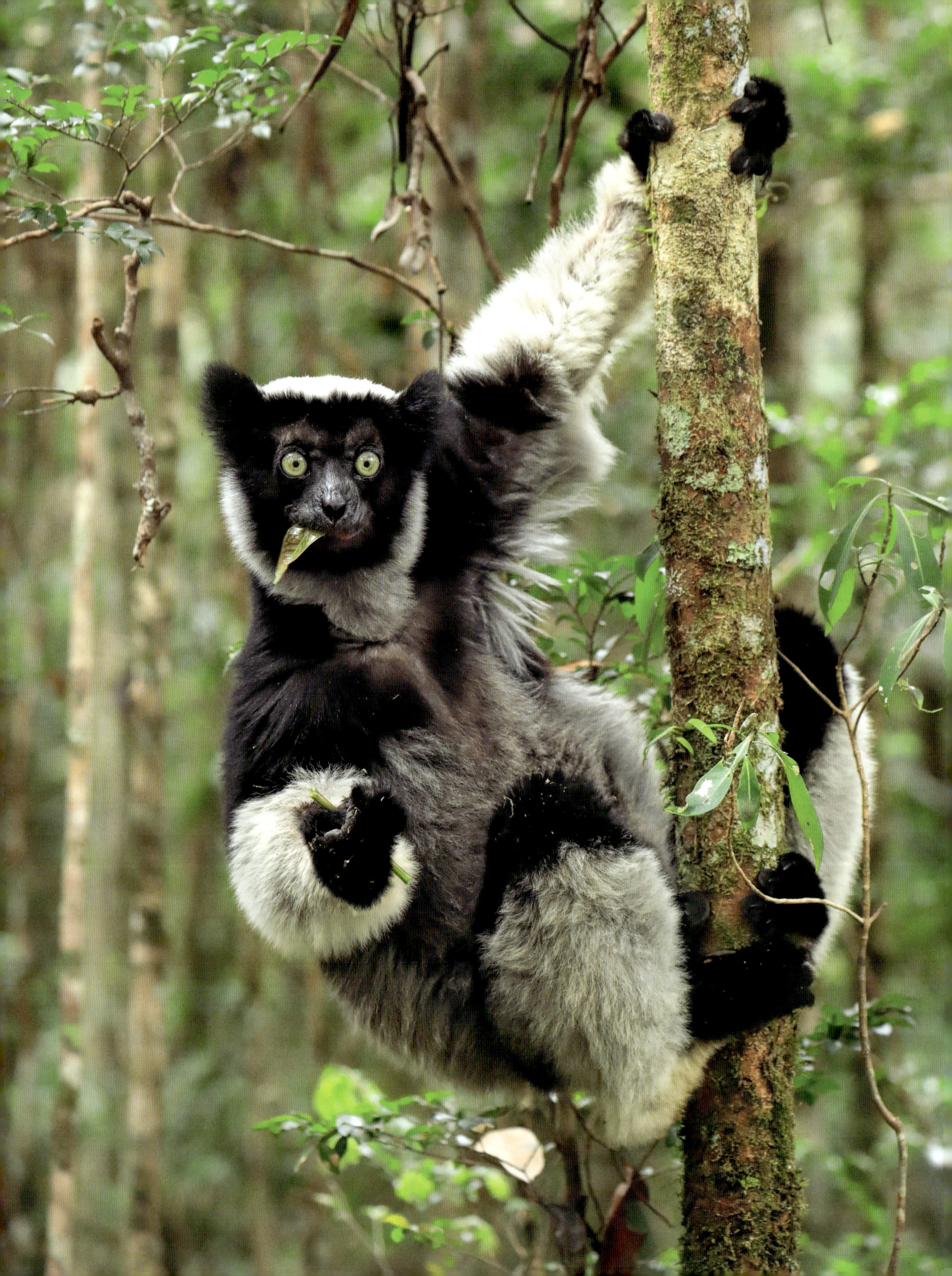

During their lifetime, indris change their eye color – from baby blue to yellow-green.

Indris verändern im Laufe ihres Lebens ihre Augenfarbe – von babyblau zu gelb-grün.

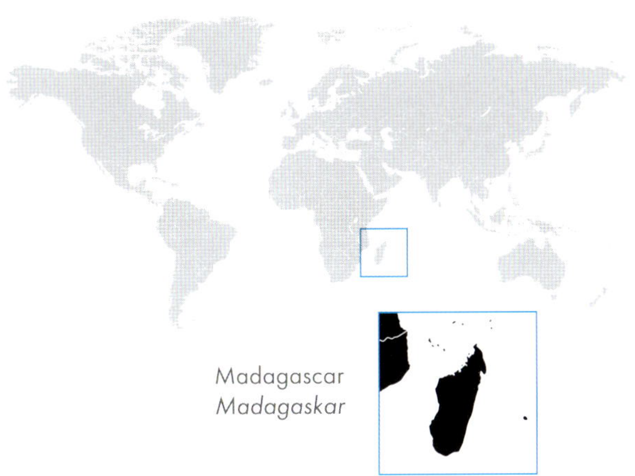

Indris are the largest and heaviest lemurs found on Madagascar.

Indris sind die größten und schwersten Lemuren Madagaskars.

INDRI

Indri indri

The morning family songs of the indri, the largest lemur species of Madagascar, are not just very impressive, they also serve an important purpose: to acoustically defend their territory against neighboring indri families. After all, a territory has bountiful feeding locations and comfortable, safe trees to sleep in. And since indris don't like to fight tooth and nail, they try to out-sing the neighboring family. The somewhat melancholy-sounding songs of the indris, which can often be heard for miles around in the morning, are also what gave the lemur family its name. When French scientists first heard the songs of the indris some 200 years ago, they named these unusual singers "lemurs". Their namesakes were the Lemures, Roman spirits of the dead, who, the ancient Romans believed, wandered around the houses at night, wailing loudly, because they had not been given a suitable final resting place.

INDRI

Indri indri

Die morgendlichen Familiengesänge der Indris, der größten Lemurenart Madagaskars, sind nicht nur ziemlich beeindruckend, sondern erfüllen auch einen wichtigen Zweck: Nämlich das eigene Revier gegenüber benachbarten Indrifamilien auf akustischem Wege zu verteidigen. Geht es hier doch um ertragreiche Futterstellen und komfortable, sichere Schlafbäume. Und da man unter Indris Streitigkeiten nicht gerne mit Zähnen und Klauen austrägt, versucht man eben die Nachbarfamilie regelrecht in Grund und Boden zu singen. Die immer etwas melancholisch klingenden Gesänge der Indris, die morgens oft kilometerweit zu hören sind, waren es auch, die der Familie der Lemuren ihren Namen eingebracht haben. Als vor rund 200 Jahren französische Wissenschaftler erstmals die Gesänge der Indris hörten, verpassten sie den seltsamen Sängern den Namen »Lemuren«. Namenspate waren die Lemures, die römischen Totengeister, die nach dem Glauben der alten Römer nachts laut klagend um die Häuser zogen, da sie keine angemessene Grabstätte bekommen hatten.

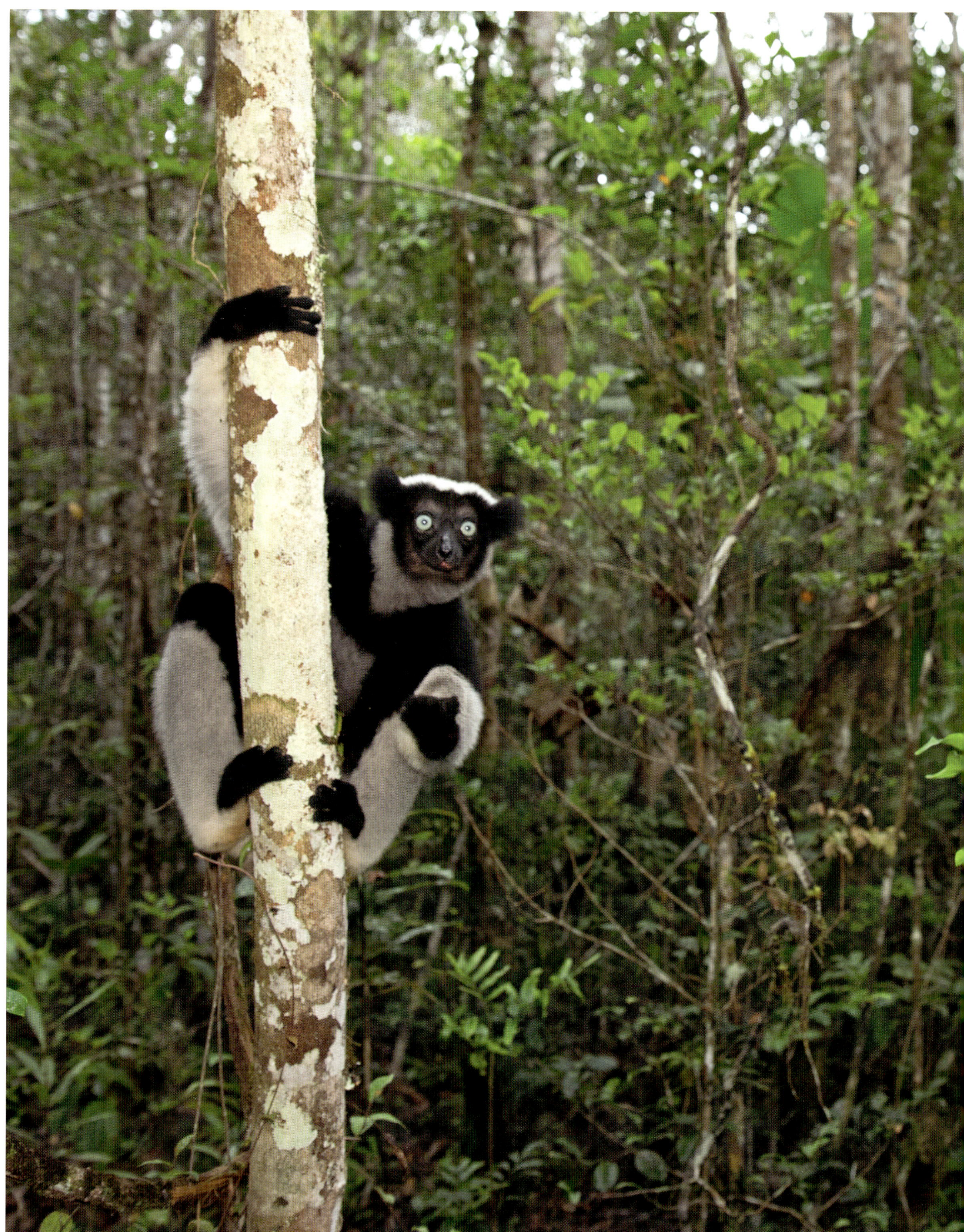

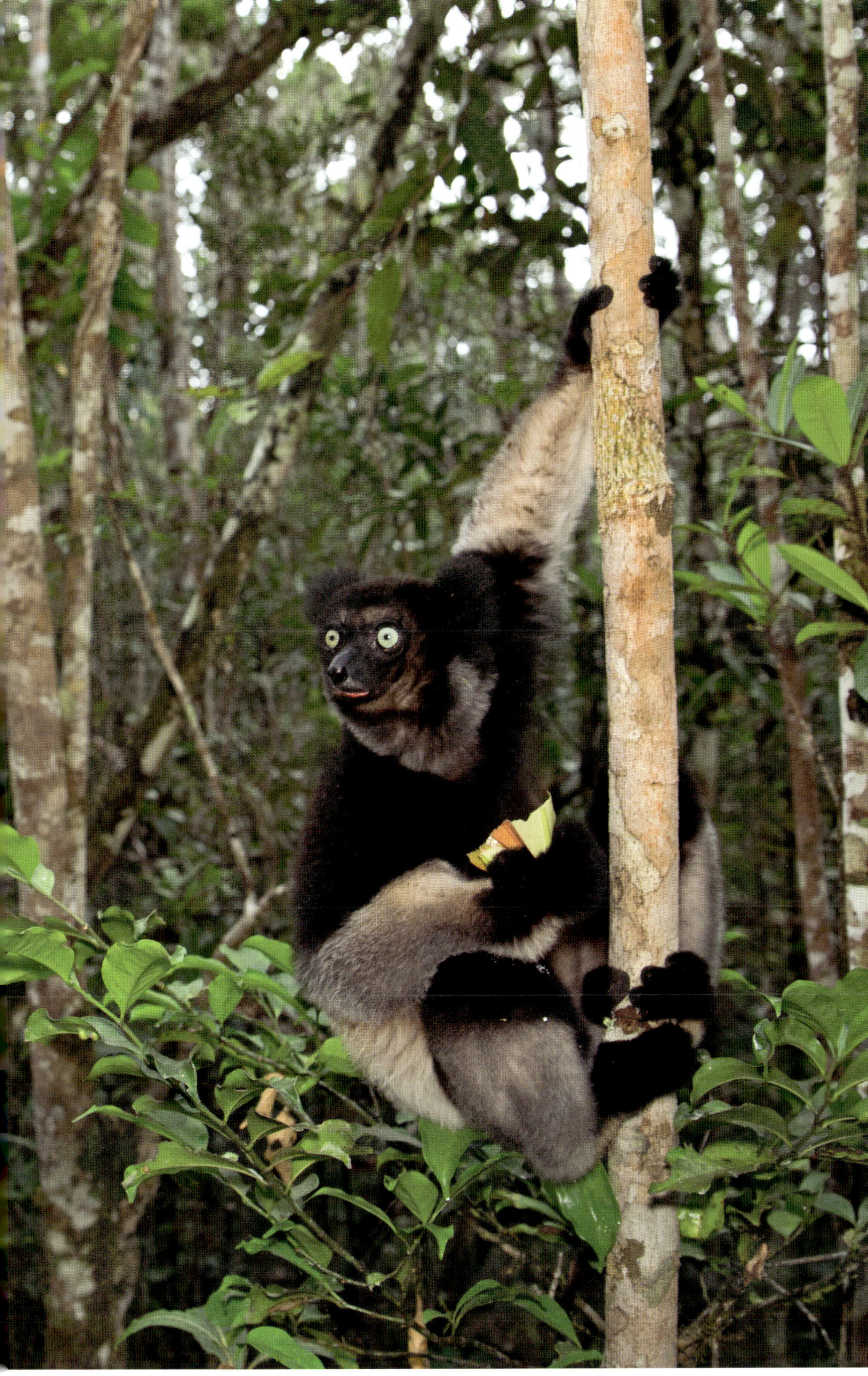

The family songs of the indris
can often be heard for kilometers
in Madagascar's rainforest.

*Die Familiengesänge der Indris
sind im Regenwald Madagaskars
oft kilometerweit zu hören.*

Unlike other lemurs, indris do not have a long tail.
They possess just a short stub, often hidden by fur.

Indris haben, im Gegensatz zu anderen Lemuren,
keinen langen Schwanz, sondern nur einen kurzen
Stummel, der oft vom Fell verdeckt wird.

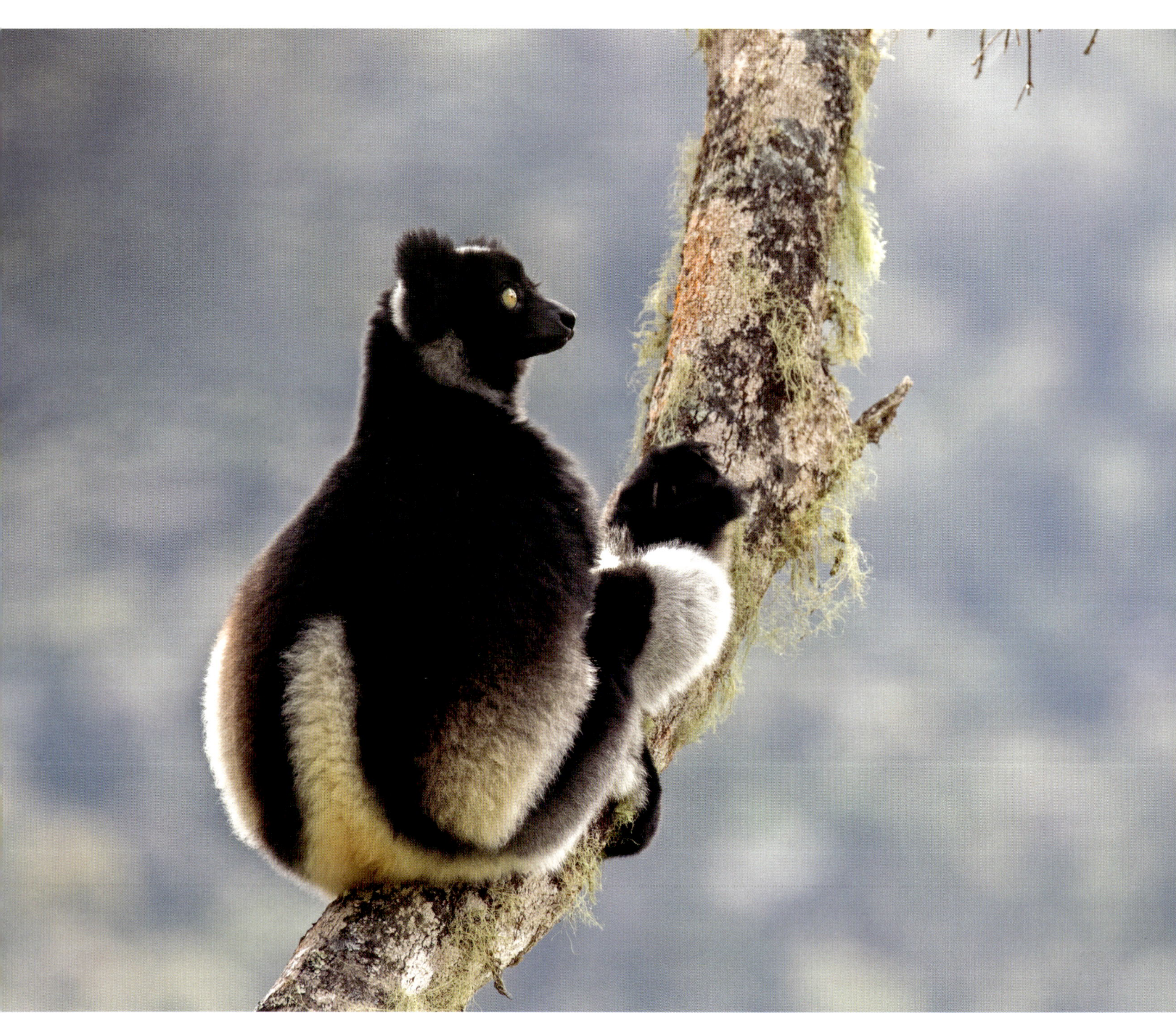

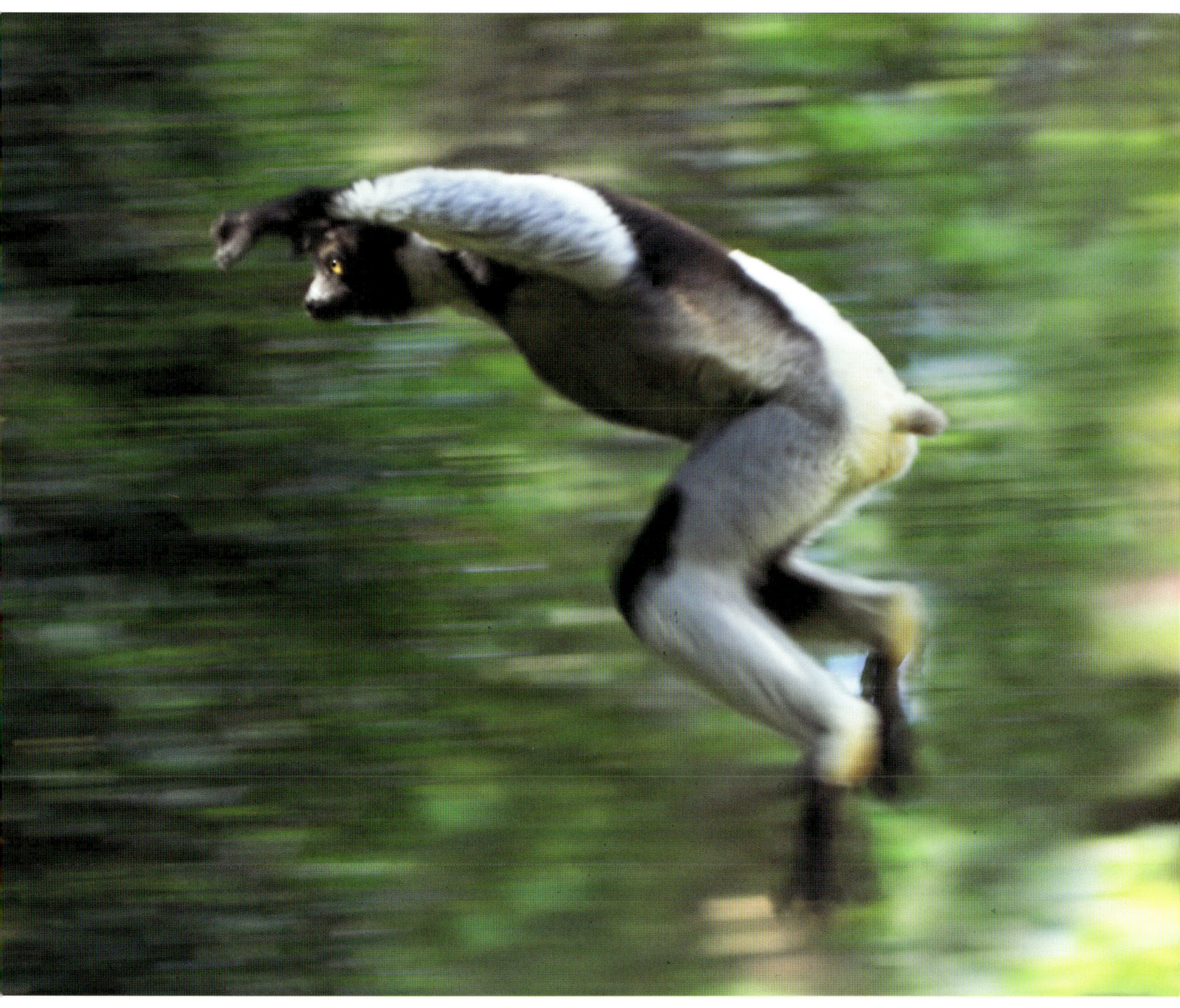

Thanks to their long limbs, indris can leap
effortlessly from tree to tree.

*Indris können dank ihrer langen Gliedmaßen
mühelos von Baum zu Baum springen.*

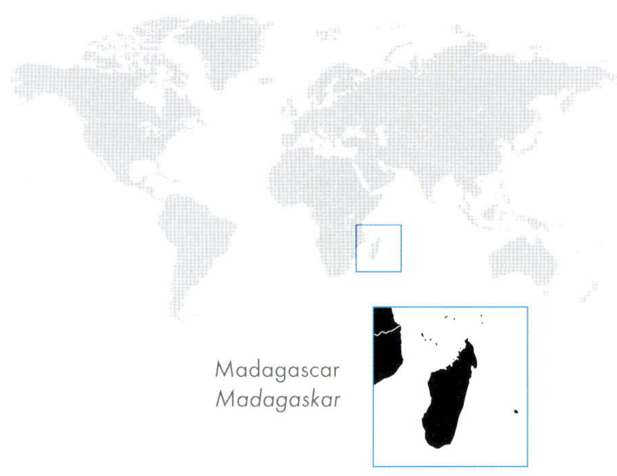

The aye-aye is perhaps not the most attractive-looking of all the lemurs, but it is definitely the most interesting one.

Das Fingertier ist wahrscheinlich nicht gerade der optisch ansprechendste Vertreter aller Lemuren, mit Sicherheit aber der interessanteste.

AYE-AYE

Daubentonia madagascariensis

When opinions are surveyed on the ugliest animal in the world, the aye-aye regularly lands among the top ten. This is pretty easy to understand if you take a closer look at this roughly cat-sized lemur with its shaggy fur and large, yellow-green eyes, its big ears and protruding incisors. The aye-aye looks more like the alien from *E. T. the Extra-Terrestrial* than a "normal" lemur. An especially eye-catching feature are the long fingers of these nocturnal island inhabitants, to which they also owe their German name: *Fingertier*, or finger animal. To be precise, it is their extremely long middle finger that catches the eye, which they use to carefully and systematically tap tree bark. With good reason. Using its excellent hearing, the aye-aye can detect from the sound whether there is a cavity under the bark that might contain a tasty maggot. Once it has discovered such a cavity, it uses its pointed incisors to gnaw a small hole in the bark. And now it can conveniently dig out maggots and other tasty treats with its long middle finger.

FINGERTIER

Daubentonia madagascariensis

Wenn es in Umfragen um das hässlichste Tier der Welt geht, landet das Fingertier regelmäßig in den Top Ten. Eine Tatsache, die man relativ leicht nachvollziehen kann, wenn man diesen Lemuren, der etwa so groß ist wie eine Katze, einmal etwas genauer unter die Lupe nimmt: struppiges Fell, große, gelbgrüne Augen, Segelohren, hervorstehende Schneidezähne. Das Fingertier erinnert eher an den Filmaußerirdischen E. T. als an einen »normalen« Lemuren. Besonders auffällig sind jedoch die langen Finger der nachtaktiven Inselbewohner, denen sie auch ihren Namen verdanken. Genauer gesagt, der extrem lange Mittelfinger. Mit ihm klopft das Tier sorgfältig und systematisch die Rinde von Bäumen ab. Und das hat einen guten Grund: Mit Hilfe seines exzellenten Gehörs kann es nämlich am Klanggeräusch feststellen, ob sich unter der Rinde ein Hohlraum befindet, in dem möglicherweise eine leckere Made sitzt. Hat das Fingertier solch einen Hohlraum entdeckt, nagt es mit seinen spitzen Schneidezähnen ein kleines Loch in die Rinde. Und jetzt kann es ganz bequem, mit ebendiesem langen Mittelfinger, Maden und andere kulinarische Köstlichkeiten hervorholen.

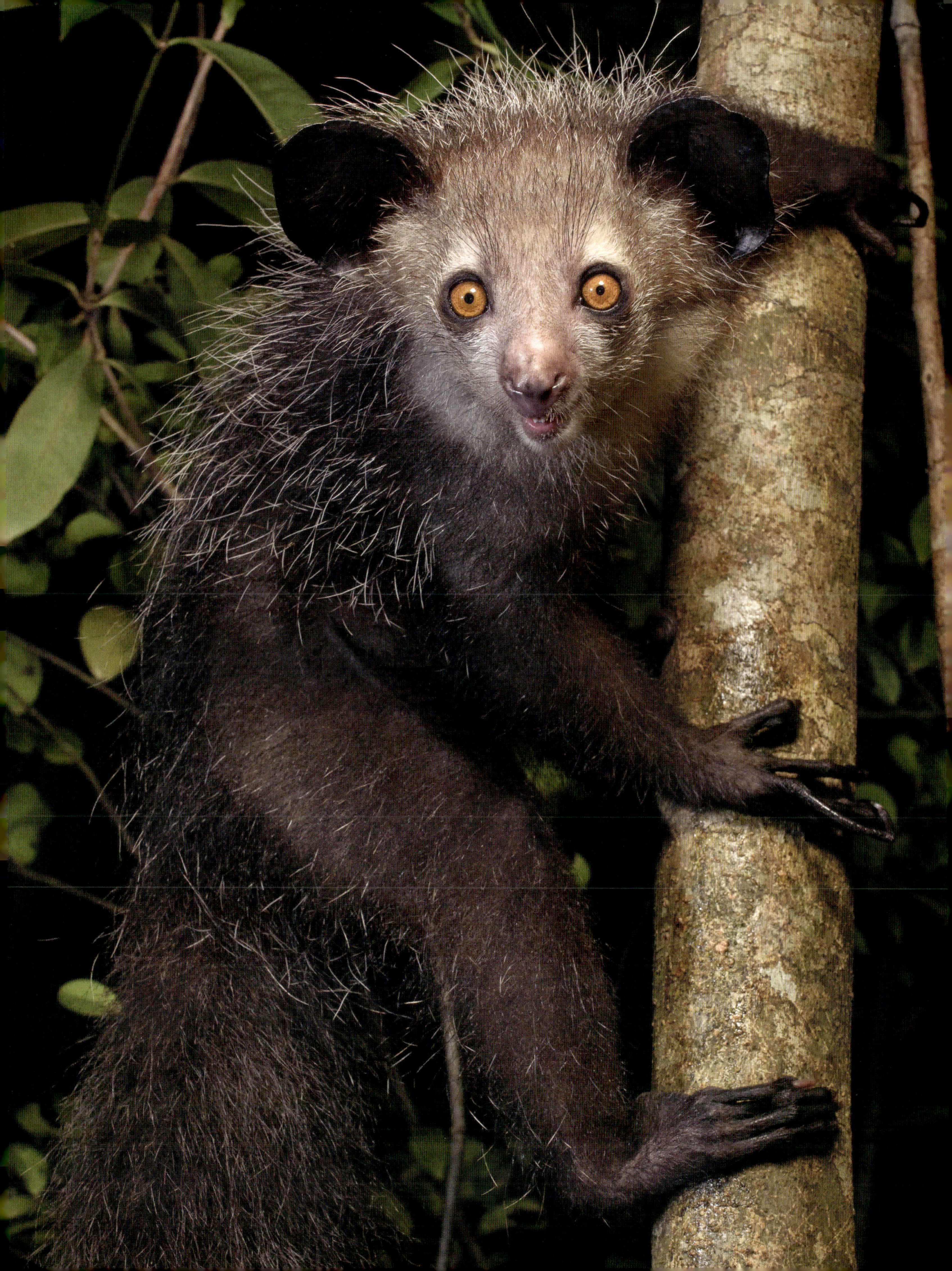

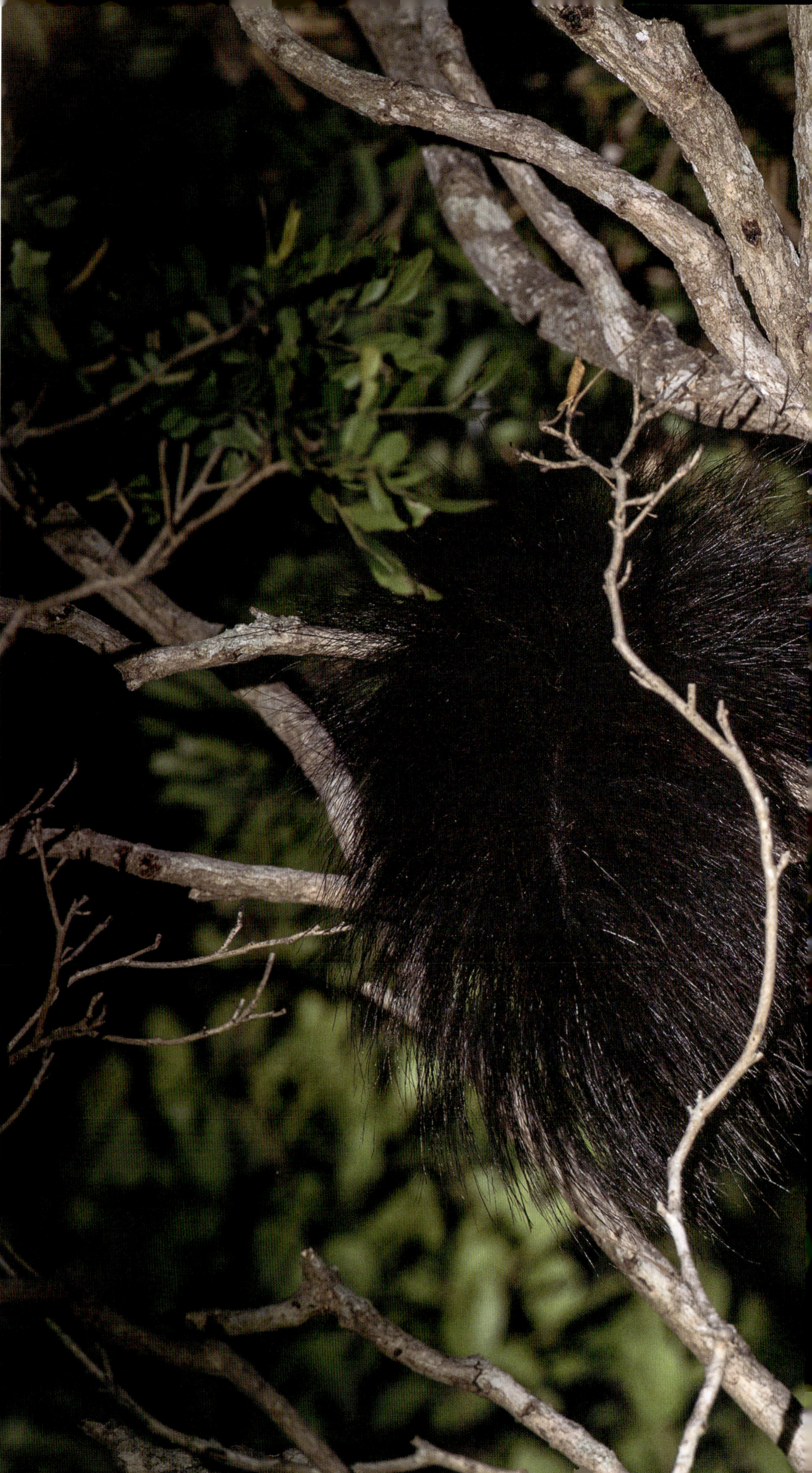

Aye-ayes are nocturnal tree dwellers that sleep during the day in nests they construct themselves high up in the trees.

Fingertiere sind nachtaktive Baumbewohner, die tagsüber in selbstgemachten Nestern hoch oben in den Bäumen schlafen.

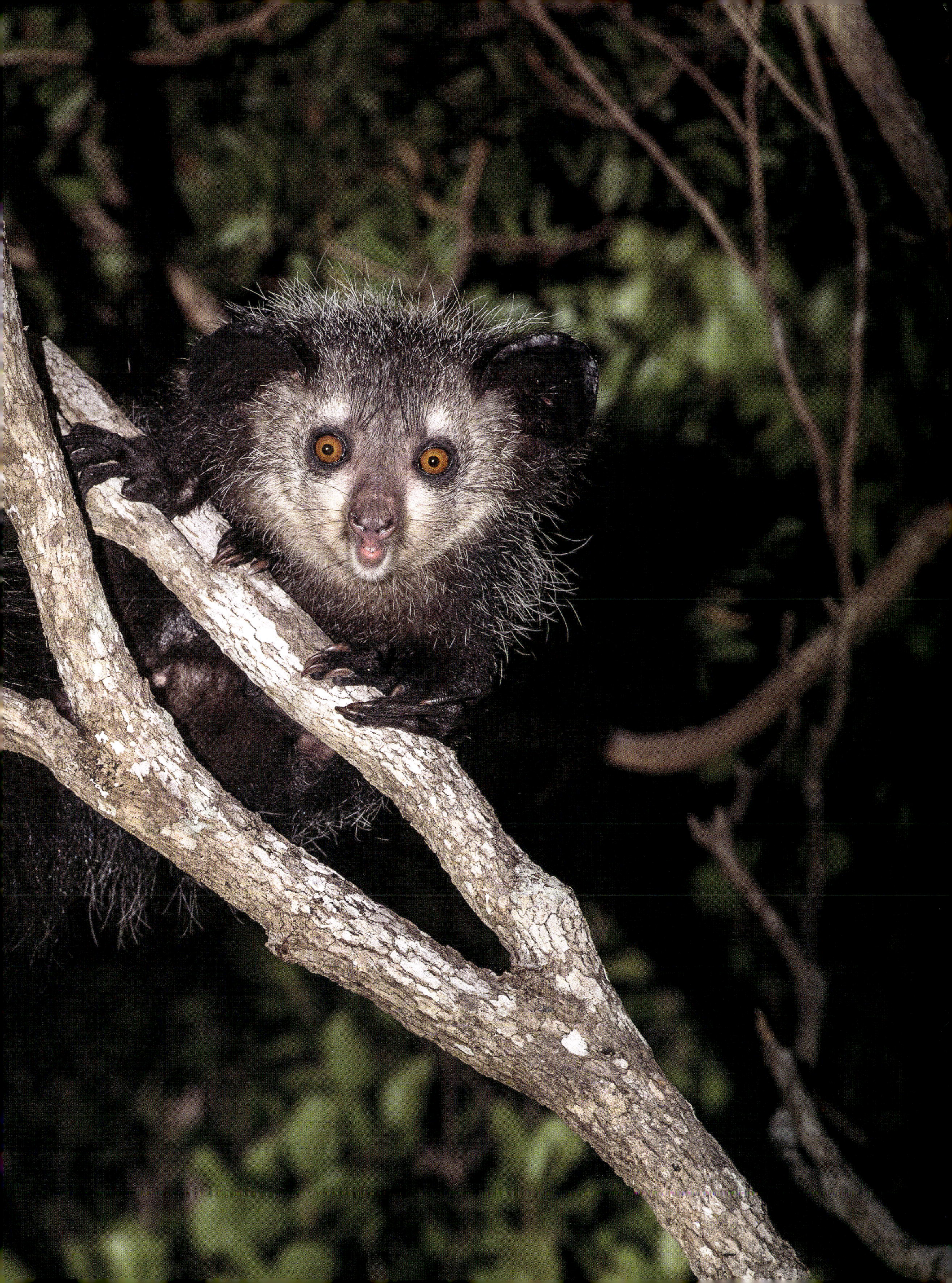

Female aye-ayes give birth to just
one baby aye-aye at a time.

*Fingertierweibchen bringen immer
nur ein einziges Jungtier zur Welt.*

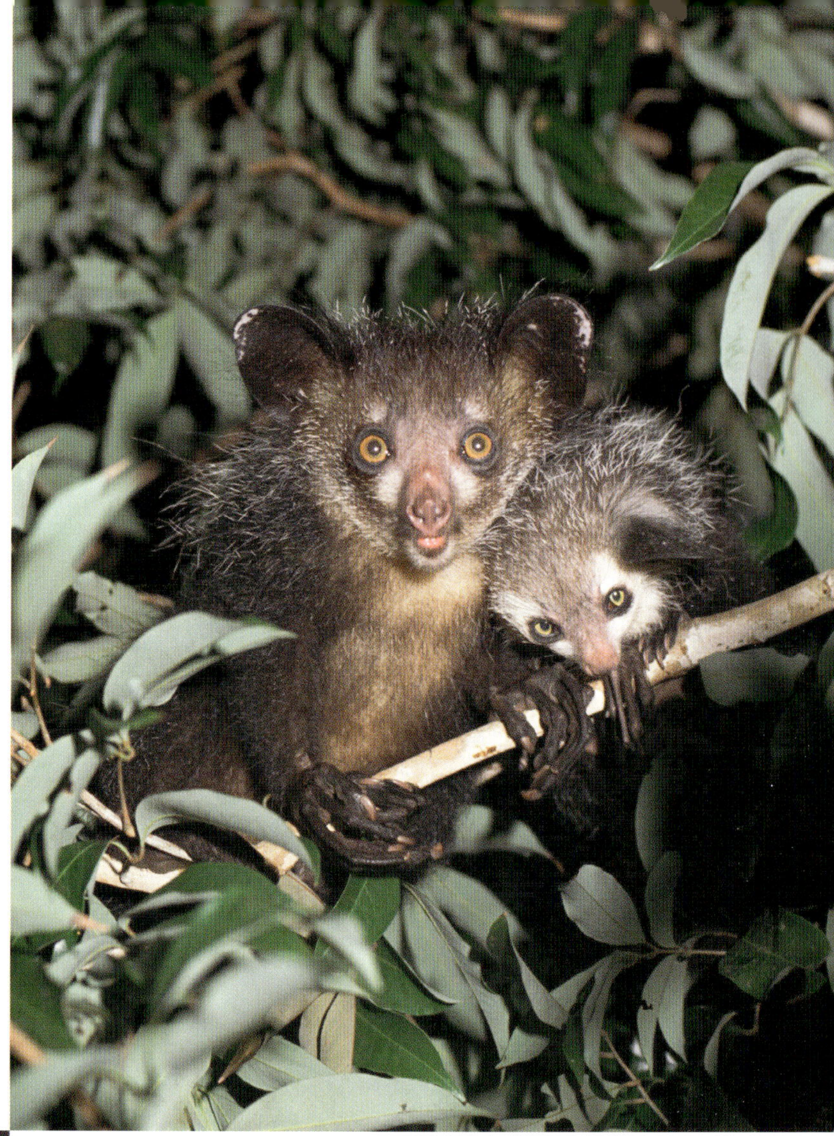

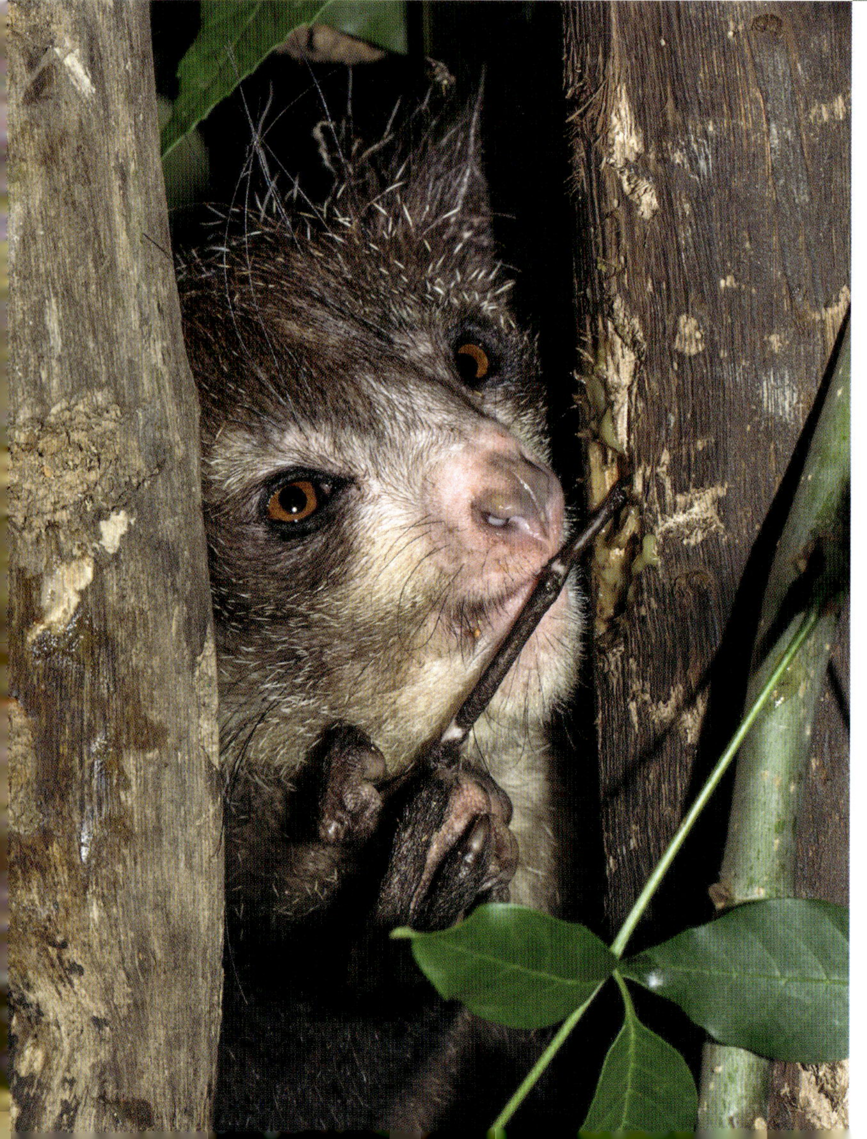

Aye-ayes owe their German name,
Fingertier, or finger animal, to their
extremely long middle finger.

*Ihren Namen verdanken Fingertiere
ihrem extrem langen Mittelfinger.*

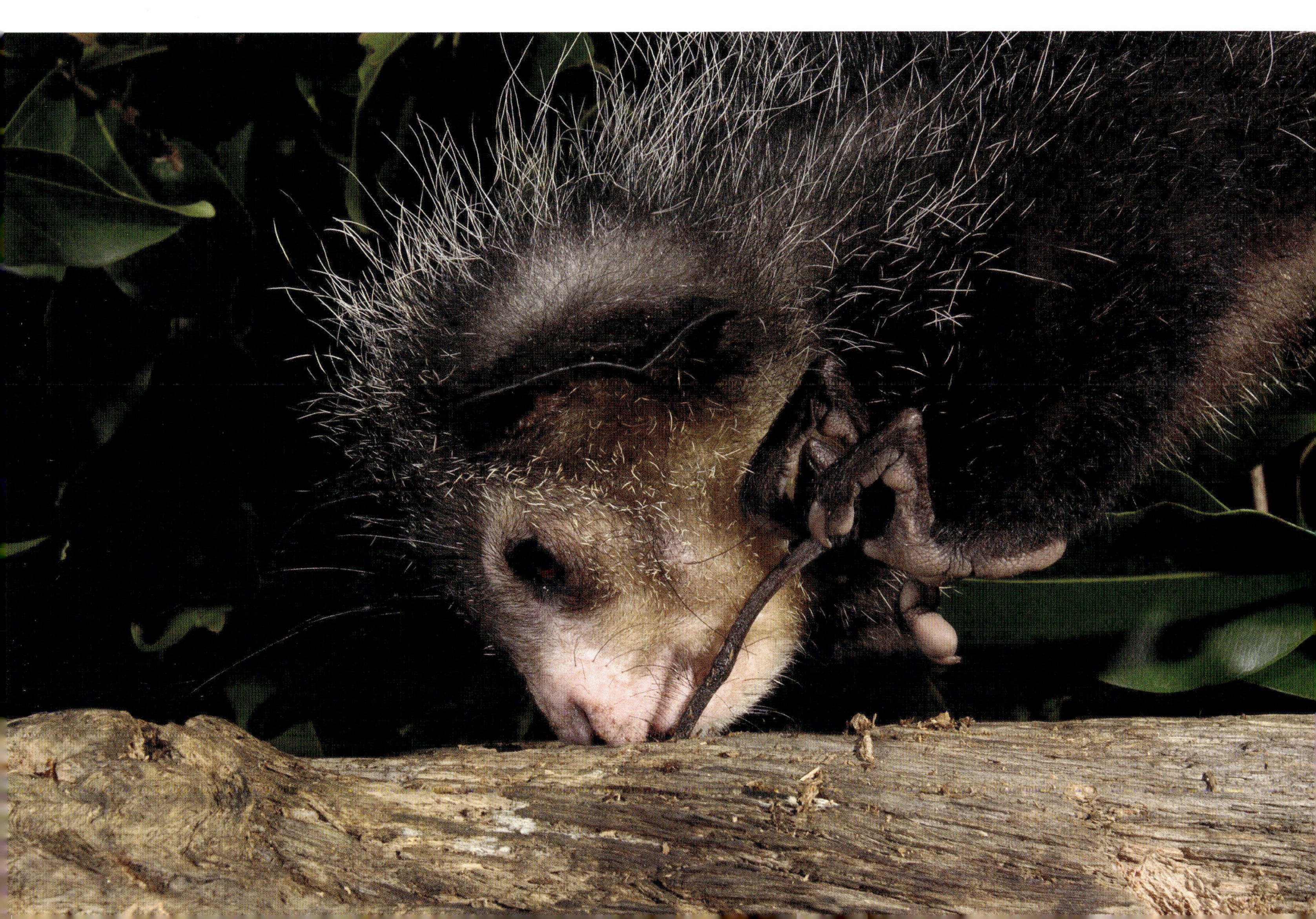

An aye-aye tries to get hold of an insect
concealed in the wood using its long finger.

*Ein Fingertier versucht mit Hilfe seines langen Fin-
gers ein im Holz verstecktes Insekt zu erbeuten.*

MORE LEMURS

WEITERE LEMURENARTEN

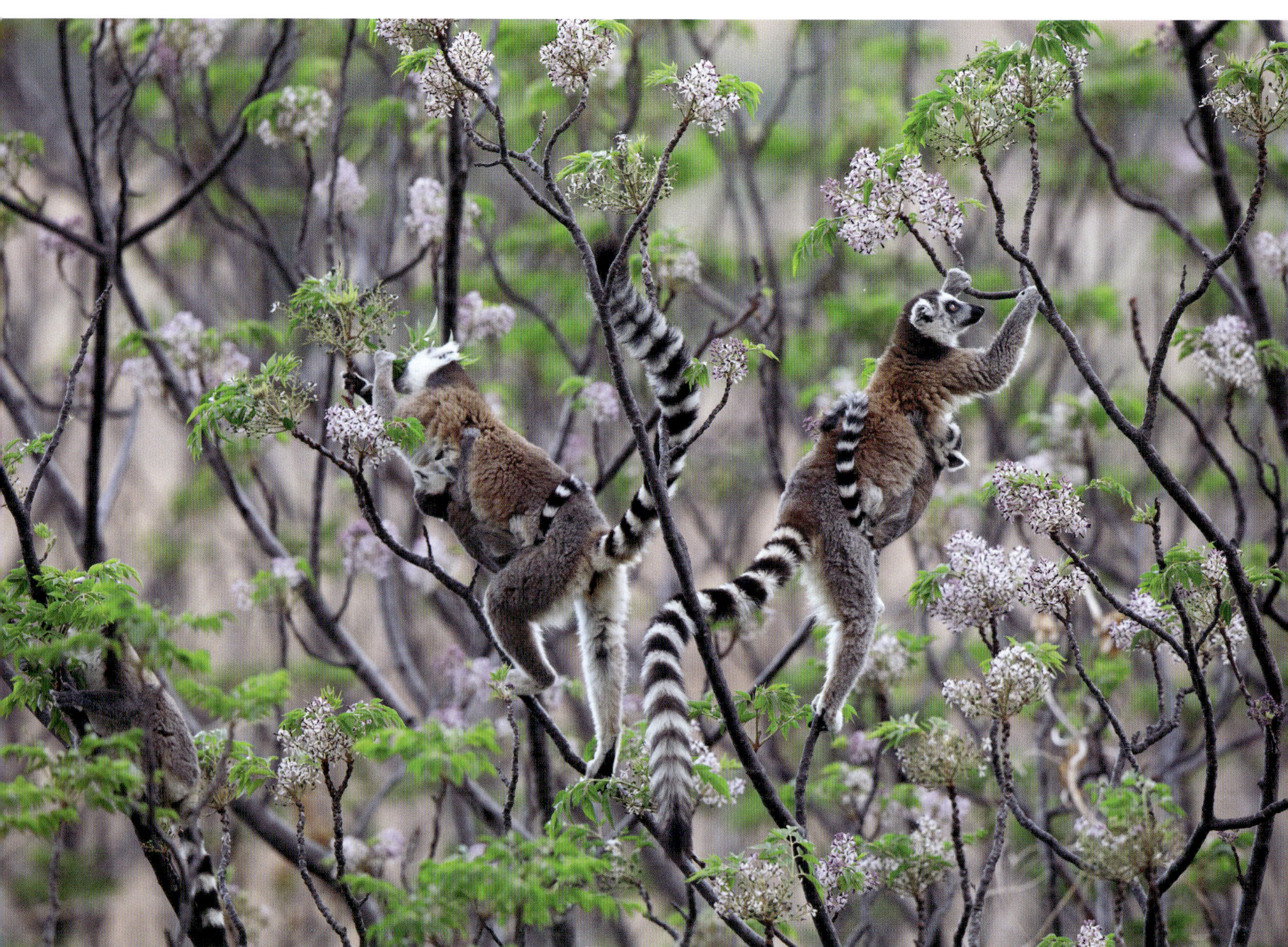

Ring-tailed lemurs are easily recognizable by their long
tails bearing black and white rings.

Kattas macht ihr langer Ringelschwanz unverwechselbar.

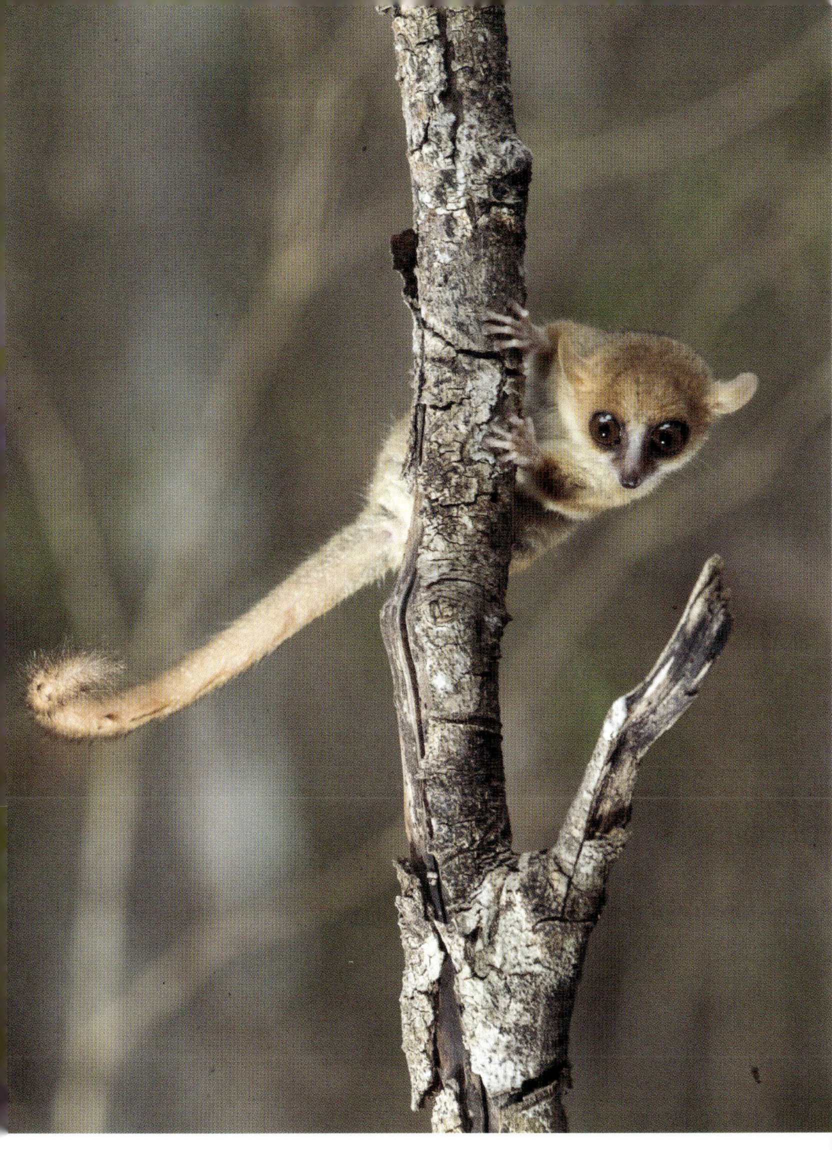

With a body length measuring just nine centimeters, Madam Berthe's mouse lemur is the world's smallest primate.

Der Berthe-Mausmaki ist mit einer Körperlänge von gerade mal neun Zentimetern der kleinste Primat der Welt.

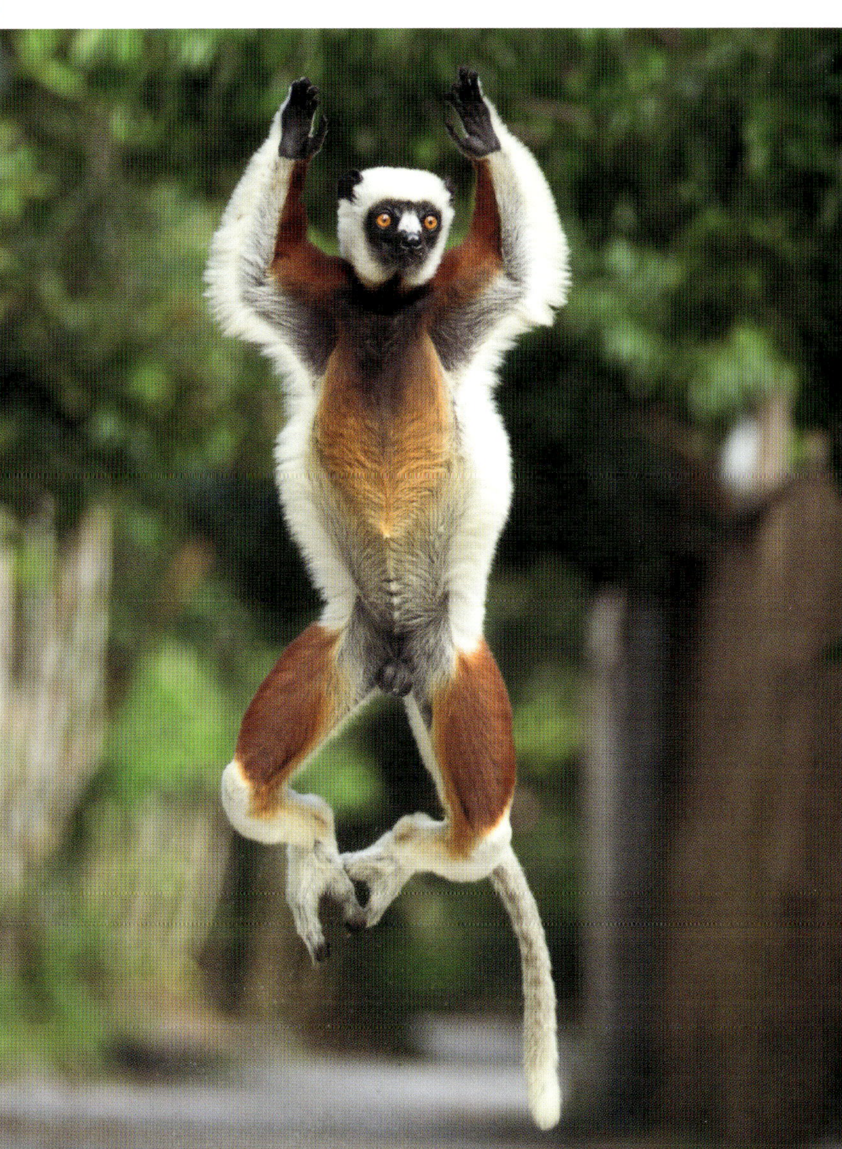

Coquerel's sifakas are able to jump great distances, courtesy of their powerful hind legs.

Coquerel-Sifakas können, dank ihrer kräftigen Hinter-beine, sehr weit springen.

Decken's sifakas live in the dry
leafy forests of Madagascar.

*Von-der-Decken-Sifakas leben in den
trockenen Laubwäldern Madagaskars.*

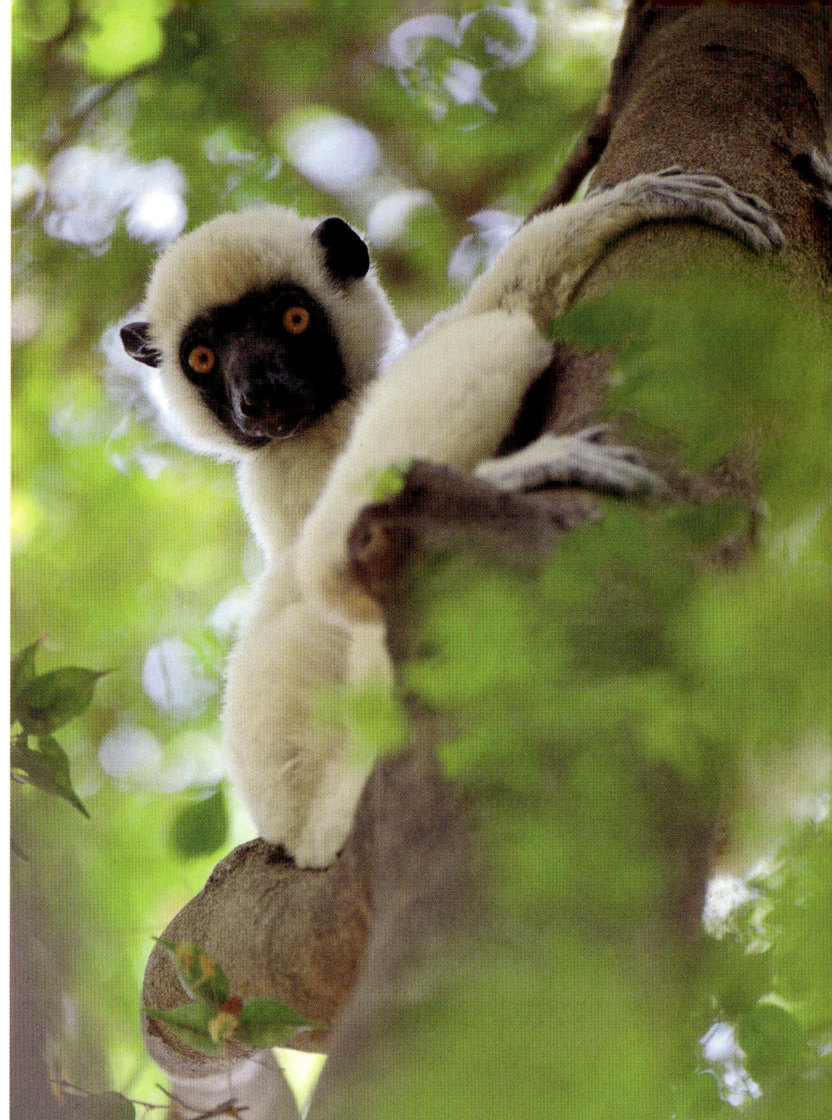

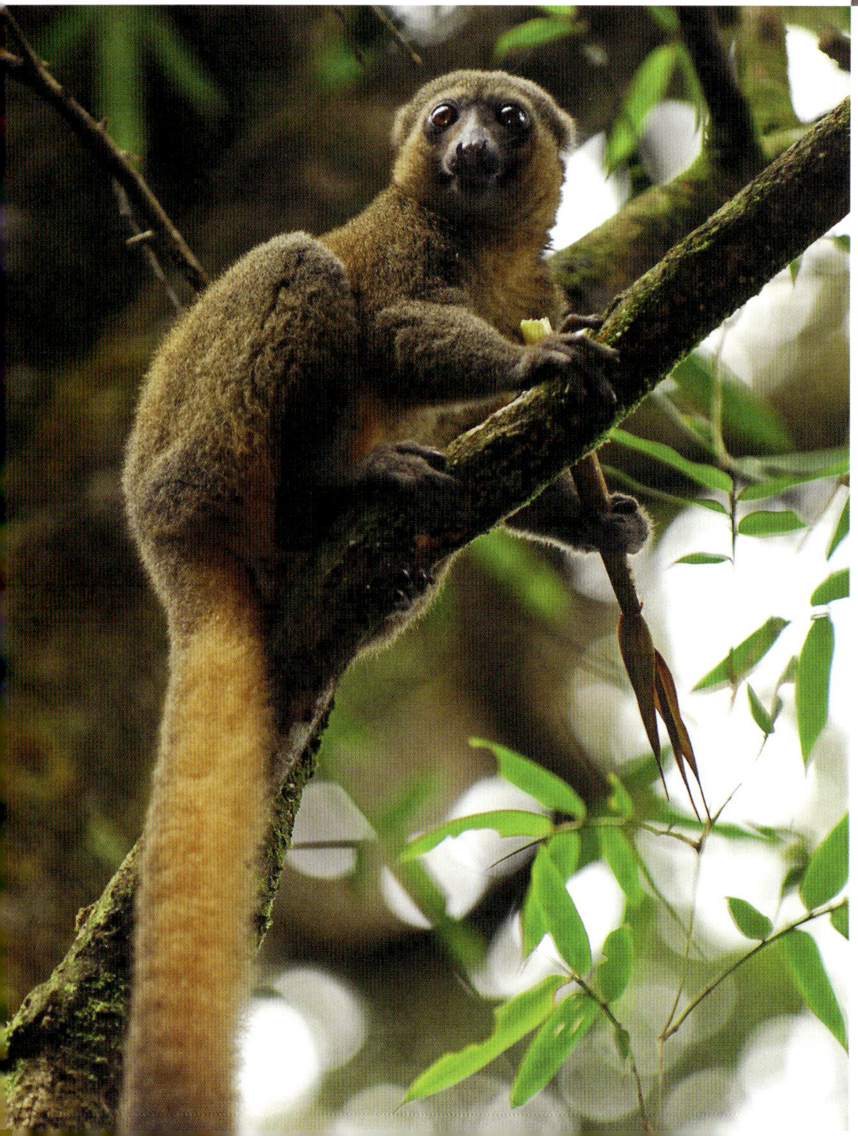

As their name suggests, golden
bamboo lemurs dine exclusively on
the shoots and leaves of a single
species of bamboo.

*Goldene Bambuslemuren ernähren
sich, wie bereits ihr Name verrät, ausschließlich von den Schösslingen und
Blättern einer einzigen Bambusart.*

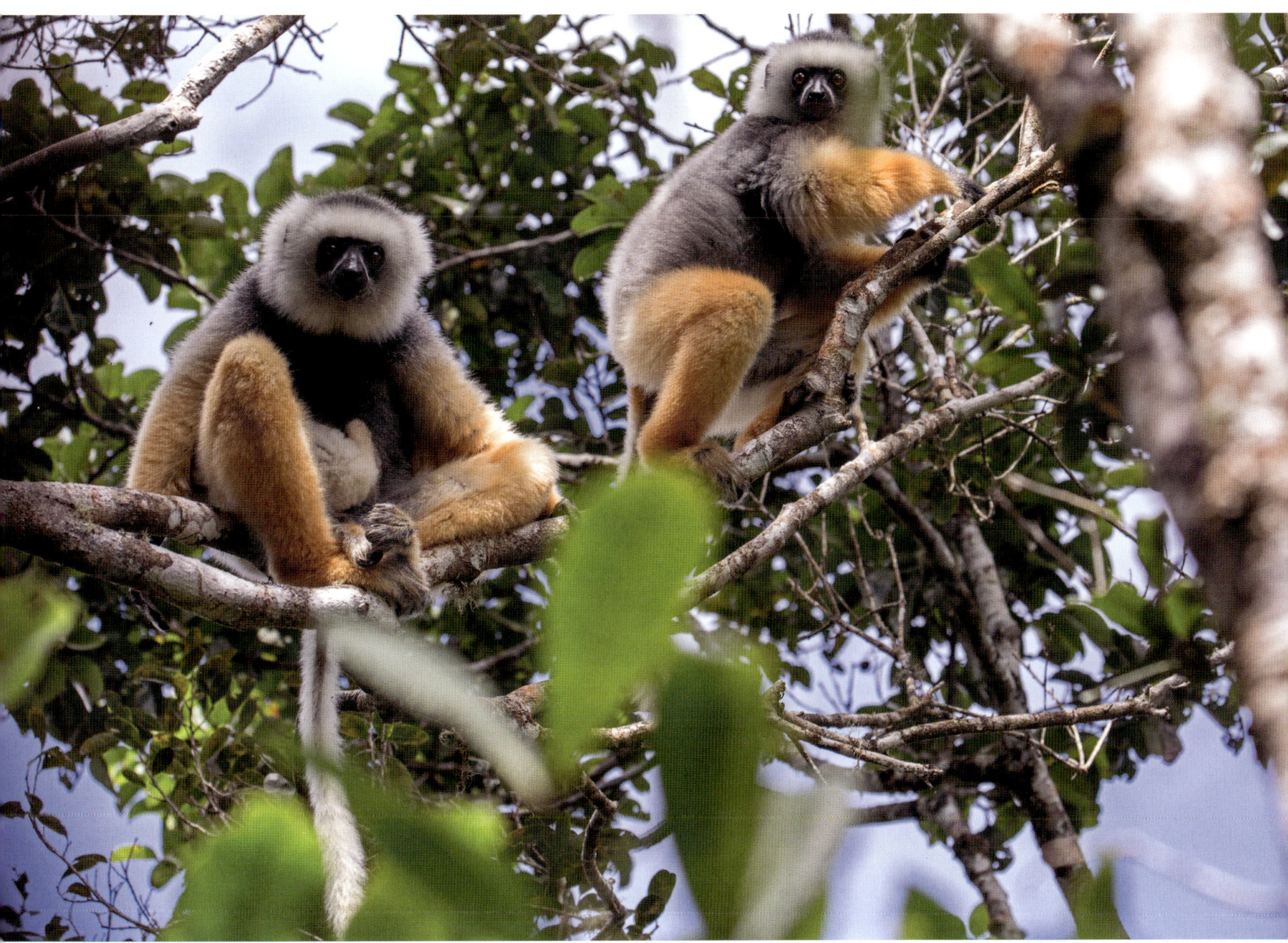

Diademed sifakas are tree dwellers that are active
during the day, living in groups of up to eight animals.

Diadem-Sifakas sind tagaktive Baumbewohner,
die stets in Gruppen von bis zu acht Tieren leben.

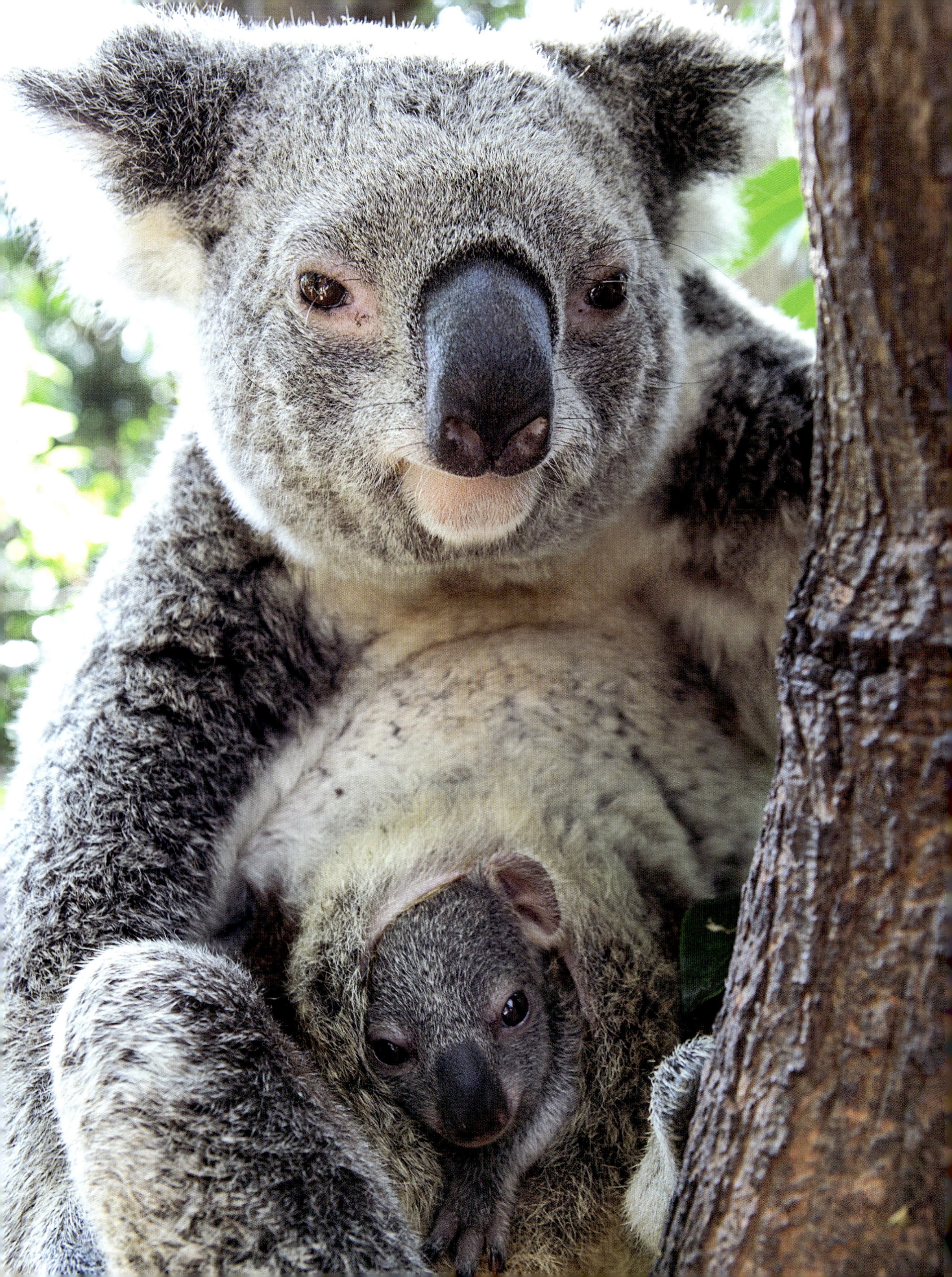

Koalas subsist almost entirely on a diet of the leaves and fruits of various species of eucalyptus.

Koalas ernähren sich fast ausschließlich von Blättern und Früchten diverser Eukalyptusarten.

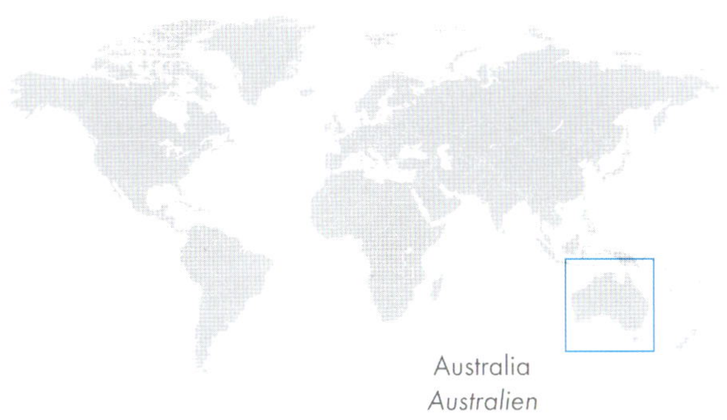

A koala mother with her seven-month-old baby in her pouch.

Koala-Mutter mit sieben Monate altem Baby im Beutel.

KOALA

Phascolarctos cinereus

More than anything else, it is the koala's cute appearance with its plush fur, fluffy ears and distinctive nose that has made it one of the most popular animals of all. After all, the creature with its childlike facial features was the model for the cuddliest toy of all – the teddy bear. And this despite the fact that the koala bear is biologically not even a bear, but rather a marsupial. Unfortunately, the future does not look good for koalas. Populations have drastically shrunk, mainly due to the destruction of their natural habitats from steadily advancing urban development. In addition, koalas, relatively slow animals, are killed by the thousands every year – run over by cars, killed by dogs and bushfires. Interestingly, the name "koala" comes from the Aboriginal language and means something like "without drinking". Koalas typically drink hardly any water, mainly covering their water needs by eating eucalyptus leaves, which have a very high water content.

KOALA

Phascolarctos cinereus

Es ist vor allem sein niedliches Aussehen mit dem plüschigen Fell, den flauschigen Ohren und der markanten Nase, das den Koala zu einem der beliebtesten Tiere überhaupt gemacht hat. Schließlich war das fleischgewordene Kindchenschema sogar das Vorbild für *das* Kuscheltier überhaupt: den Teddybären. Und das, obwohl der »Koalabär« biologisch gesehen gar kein Bär ist, sondern zu den Beuteltieren gehört.
Leider sieht es für die Zukunft des Koalas nicht gut aus. Die Populationen sind dramatisch geschrumpft. Der Hauptgrund: die Zerstörung ihrer natürlichen Lebensräume durch die immer weiter voranschreitende Ausbreitung von Großstädten. Dazu kommt noch, dass tausende Koalas, bei denen es sich ja um relativ langsame Tiere handelt, jährlich von Autos überfahren oder durch Hunde und Buschfeuer getötet werden.
Der Name »Koala« stammt übrigens aus der Sprache der Aborigines und bedeutet so viel wie »ohne zu trinken«. Koalas trinken normalerweise kaum Wasser, sondern decken ihren Wasserbedarf hauptsächlich durch den Verzehr von Eukalyptus-Blättern, die sehr wasserreich sind.

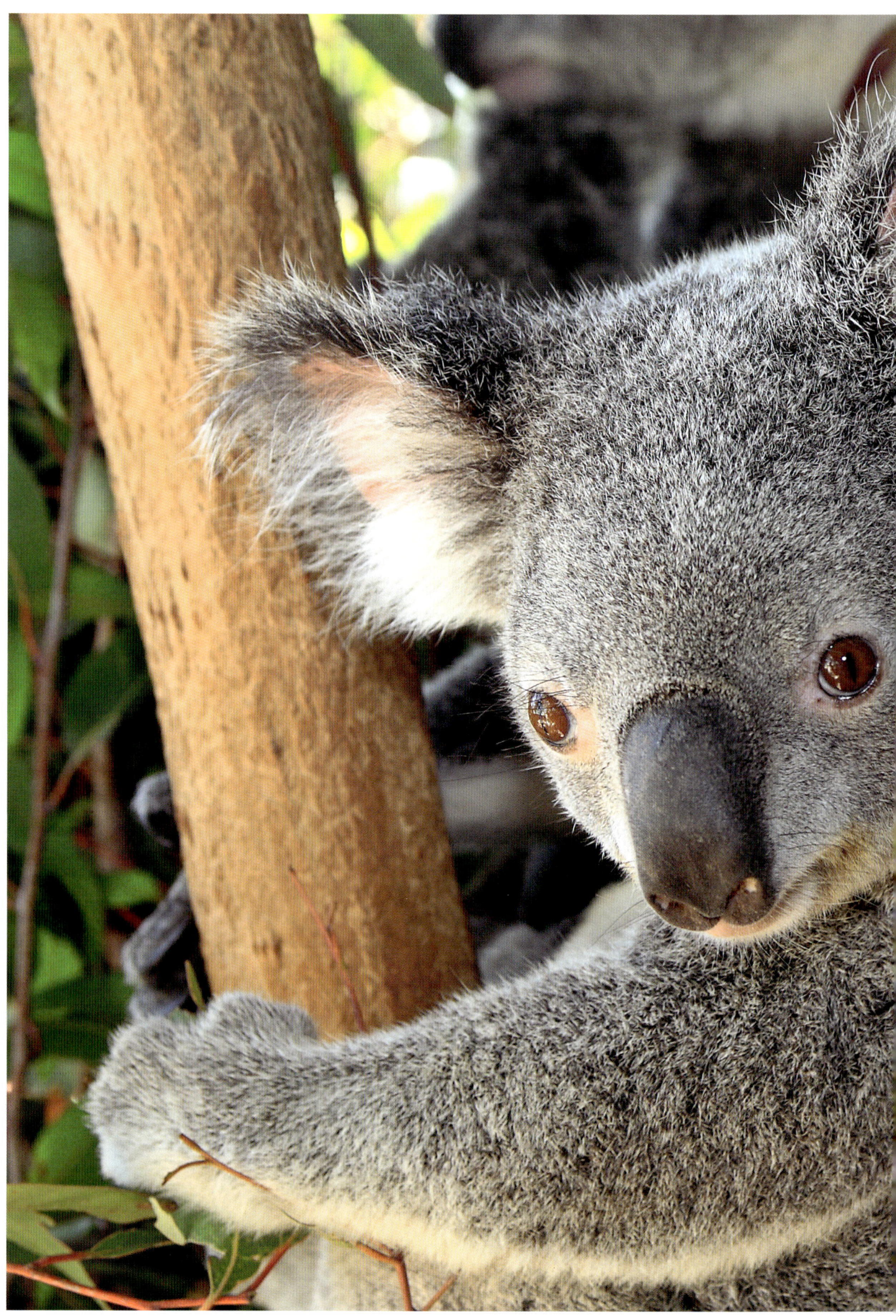

After their time in the pouch
has ended, koala cubs still let
their mother carry them around
for quite some time.

*Nach der »Beutelzeit« lassen
sich Koala-Junge noch eine
ganze Zeitlang von ihrer Mutter
herumtragen.*

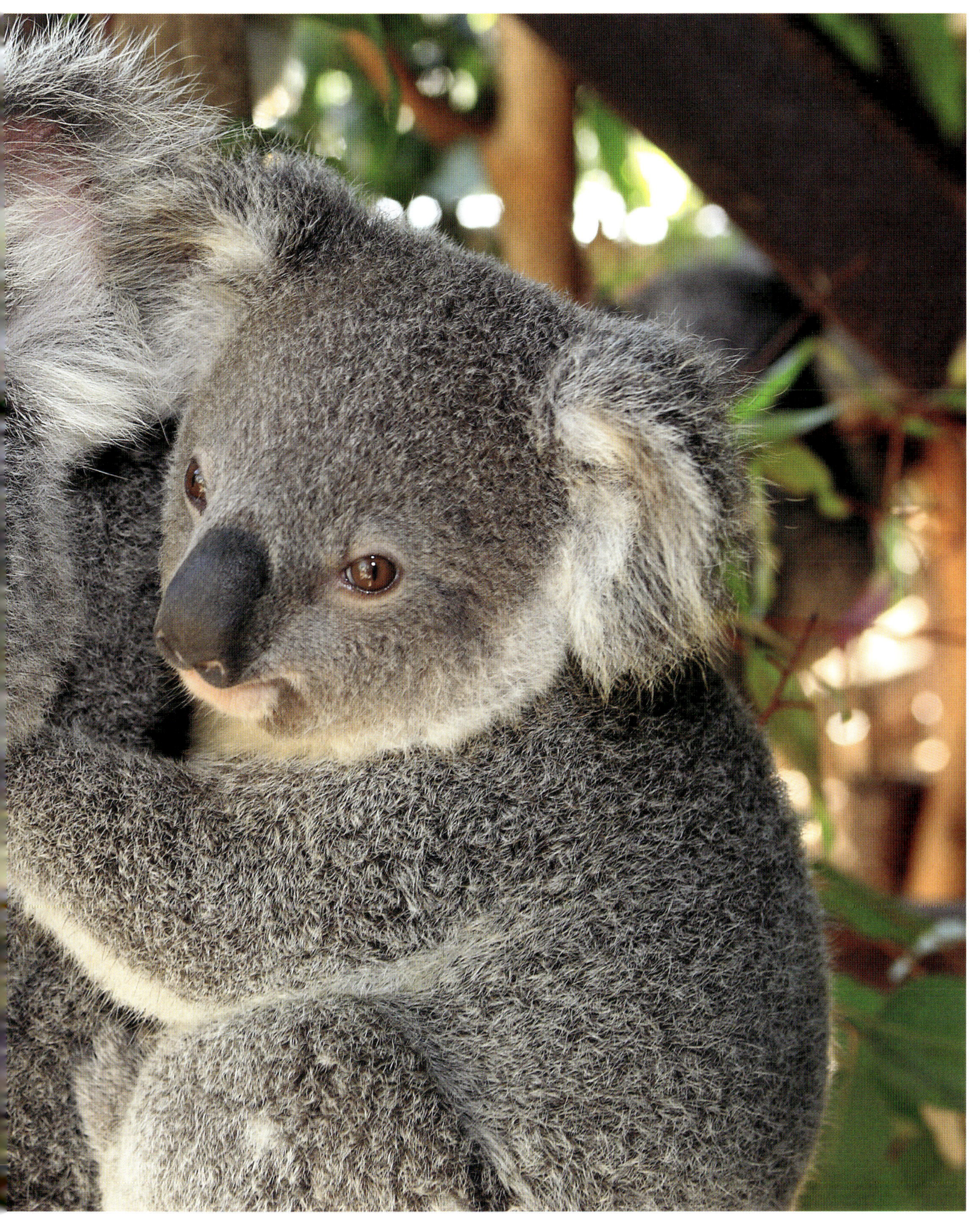

Koalas are quite picky when it comes to food. They will only eat about
70 out of the more than 600 species of eucalyptus in Australia.

*In Sachen Nahrung sind Koalas ziemlich wählerisch. Von den über
600 Eukalyptusarten in Australien fressen sie gerademal rund 70.*

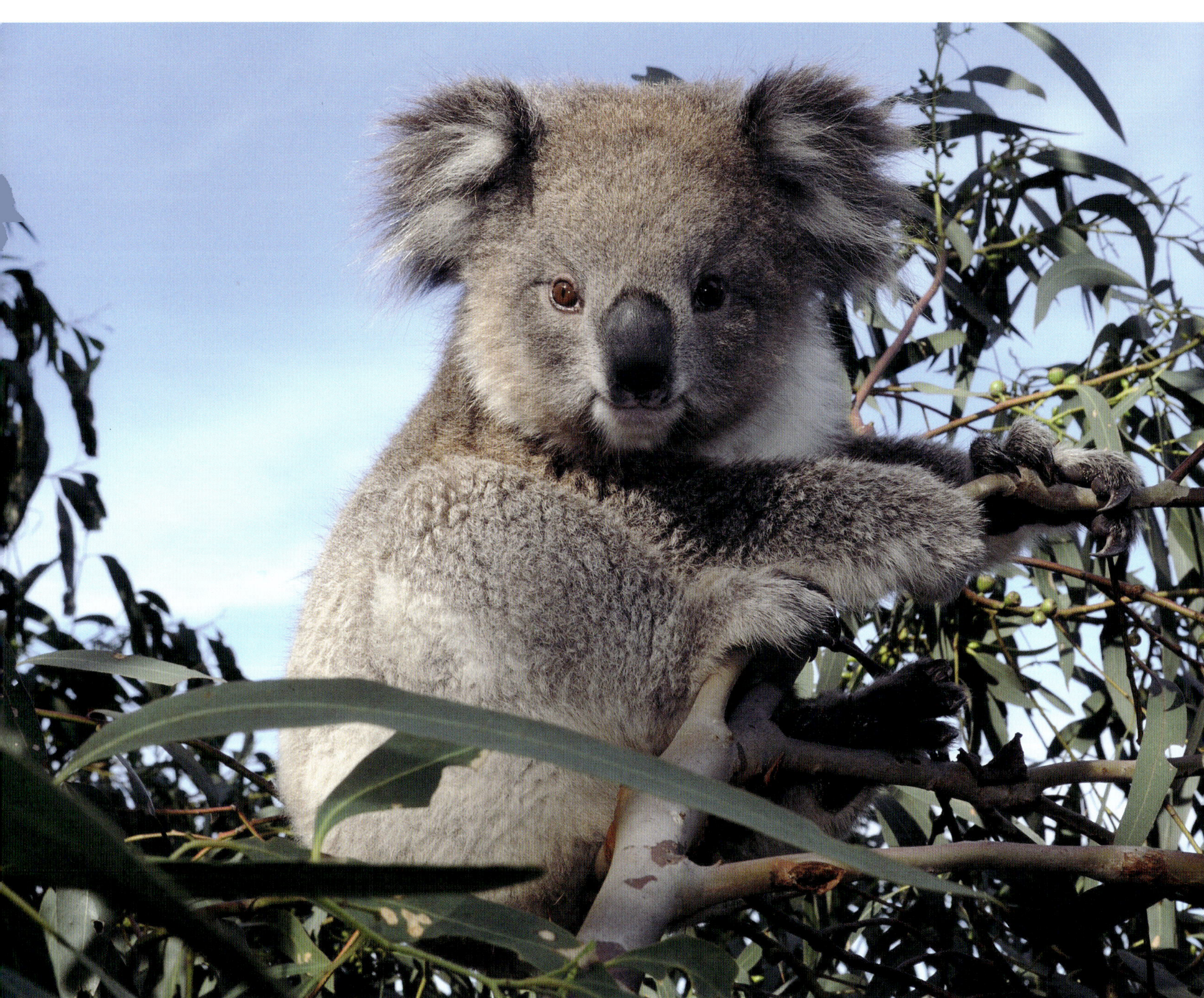

Koalas have a very sensitive nose with an
extraordinary olfactory ability.

Koalas haben eine sehr empfindliche Nase mit
einem außerordentlichen Riechvermögen.

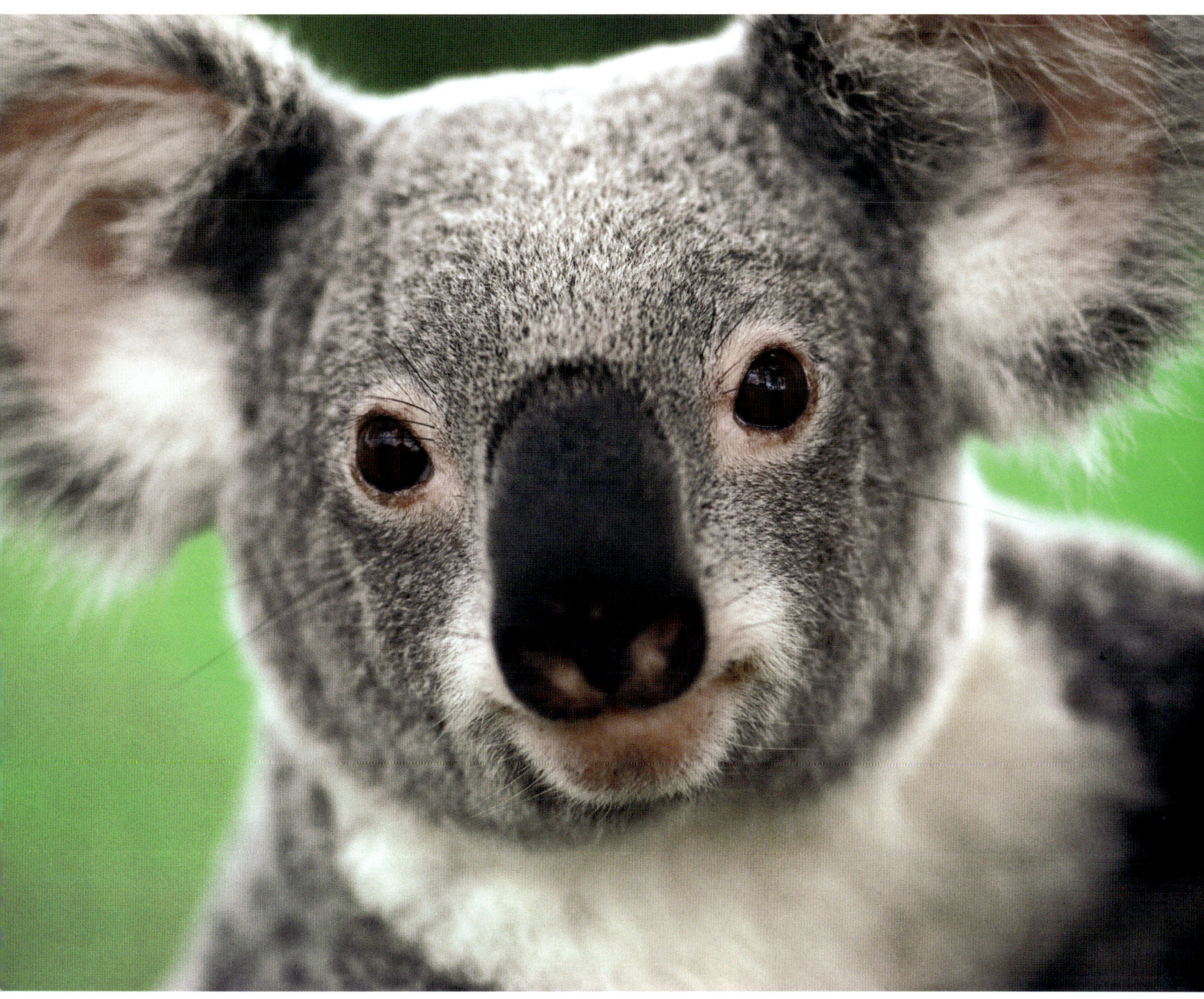

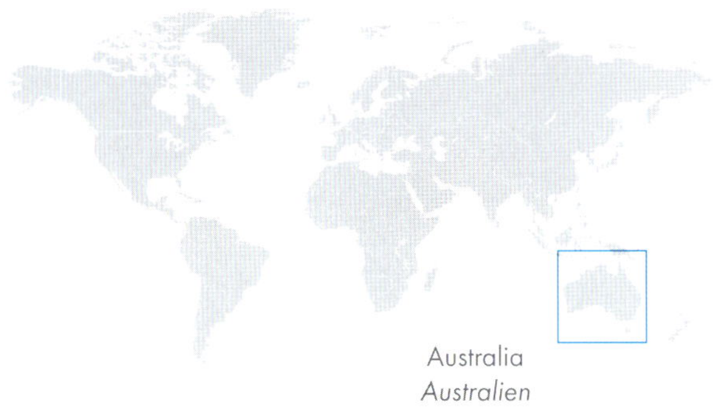

Australia
Australien

WOMBAT

Vombatus ursinuns

Wombats are clearly an absolute favorite of everyone who visits Australia. These fluffy marsupials, which resemble little, friendly, somewhat chubby, low-slung bears, have plenty more to offer than just a cute and fluffy appearance. Wombats have a characteristic that, although perhaps a bit offensive to mention, is unique in the world – the wombat is the only animal whose, shall we say, metabolic end products are, to put it in strictly scientific terms, cube-shaped. In other words, the wombat's intestinal walls, which are of varying elasticity and flexibility, produce small cubes that come out at the end of the intestine. This unusual shape is related to the fact that wombats, like many other animals, use their droppings to mark their territory. And the higher and better placed these droppings are, the more likely other wombats are to realize, "This territory is marked, so this place is not for me." In these exposed places, however, there is a risk of normal-shaped droppings simply rolling away. That's why they produce little cubes. Cubes stay put.

WOMBAT

Vombatus ursinuns

Wombats gehören ganz klar zu den absoluten Lieblingen aller Australienbesucher. Die flauschigen Beuteltiere, die immer ein bisschen an einen kleinen, freundlichen, etwas pummeligen und tiefergelegten Bären erinnern, haben aber deutlich mehr zu bieten, als »nur« putzig und flauschig auszusehen. Wombats verfügen nämlich über eine Eigenschaft, die, wenn auch etwas anrüchig, einmalig auf der Welt ist: Der Wombat ist das einzige Tier, dessen Stoffwechselendprodukte, um es einmal streng wissenschaftlich zu formulieren, würfelförmig sind. Plakativer ausgedrückt: Beim Wombat kommen dank unterschiedlich elastischer und beweglicher Darmwände hinten kleine Würfel raus. Diese außergewöhnliche Form hat etwas mit der Tatsache zu tun, dass Wombats ihr Revier, wie viele andere Tiere auch, mit ihren Hinterlassenschaften markieren. Und dabei gilt: Je höher und besser platziert das Häufchen ist, desto eher wissen andere Wombats: »Dieses Territorium ist abgesteckt. Hier habe ich nichts zu suchen.« An diesen exponierten Orten besteht aber die Gefahr, dass »normale« Häufchen einfach wegrollen. Deshalb die kleinen Würfel. Die bleiben liegen.

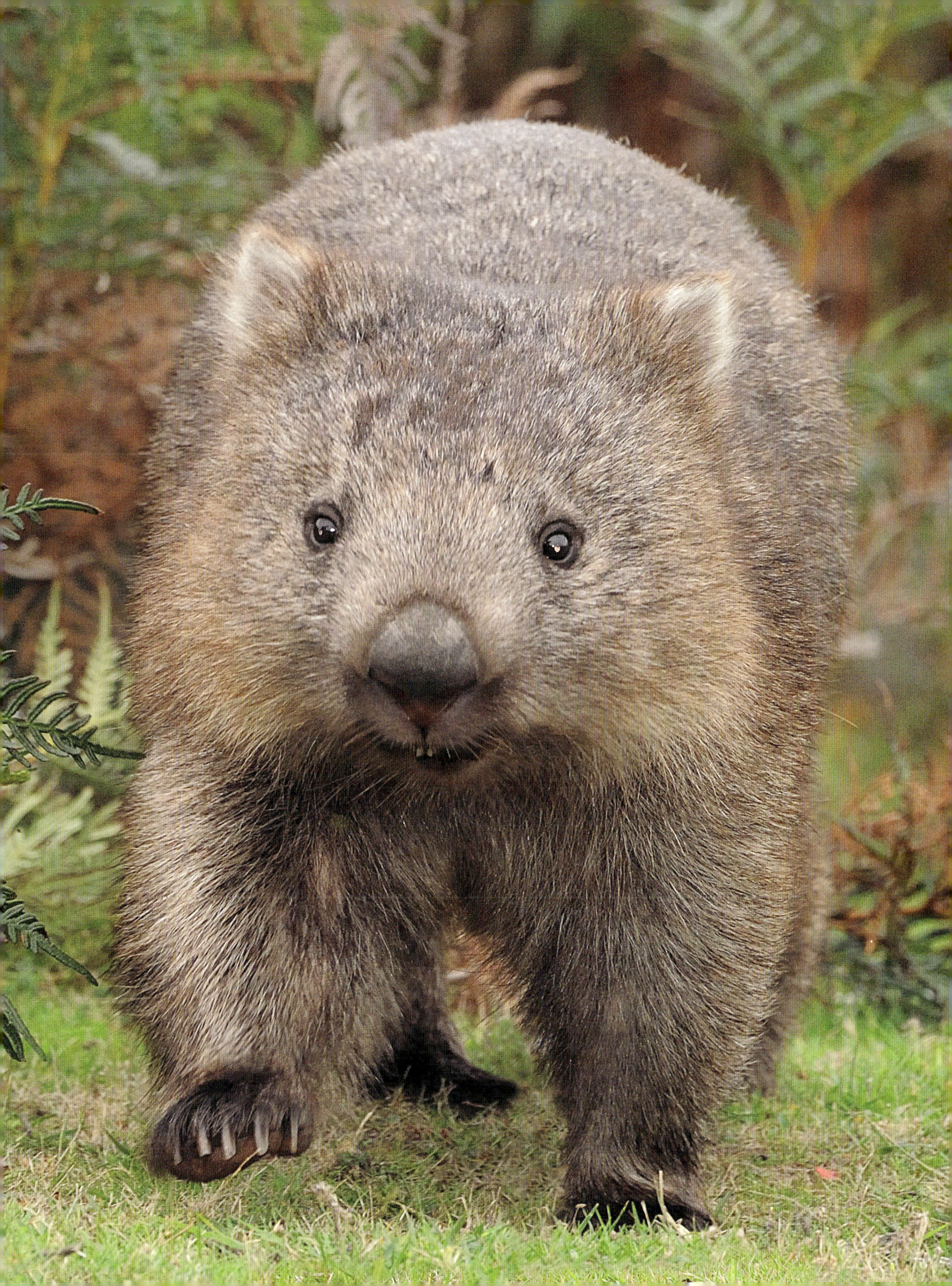

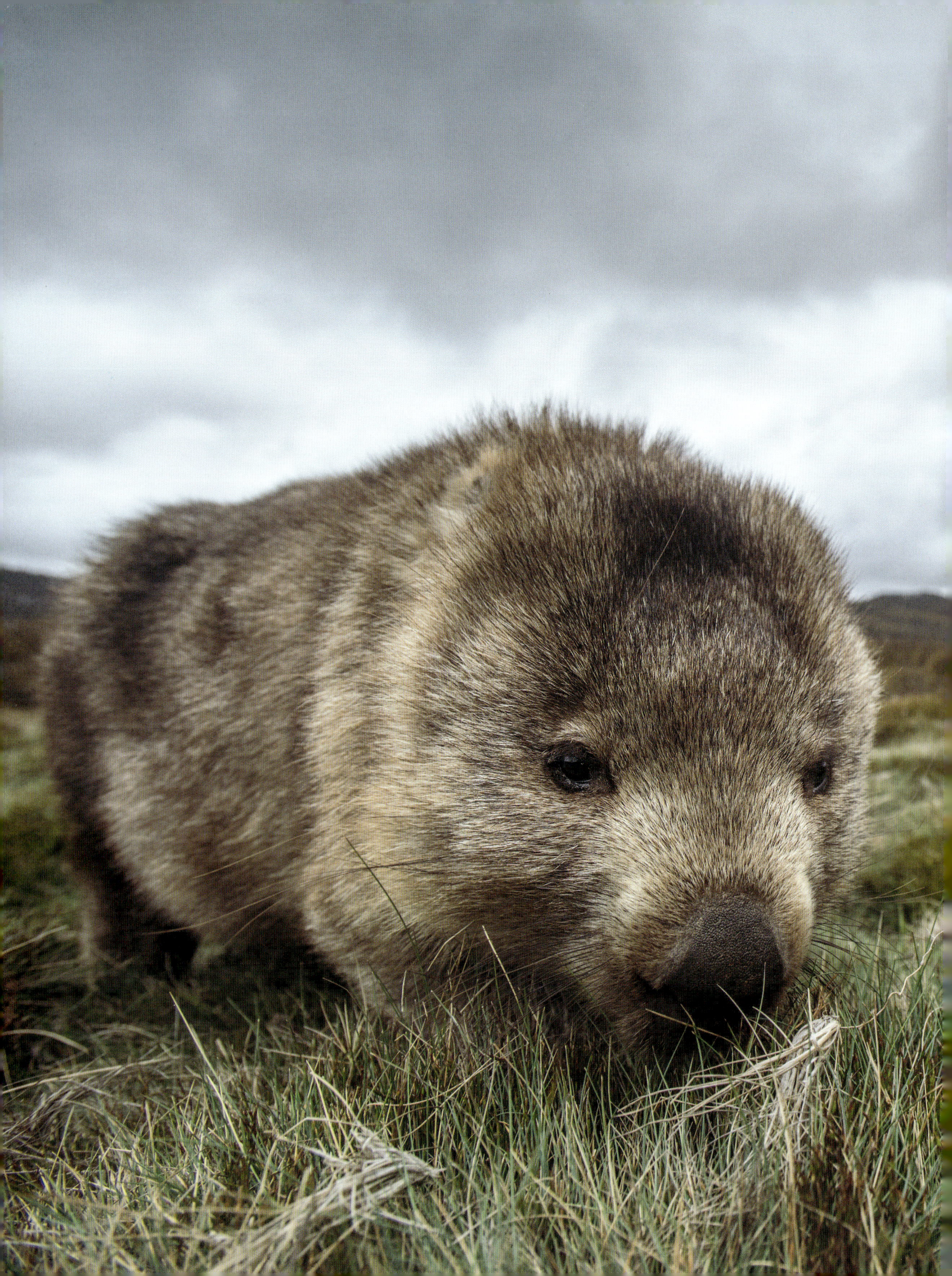

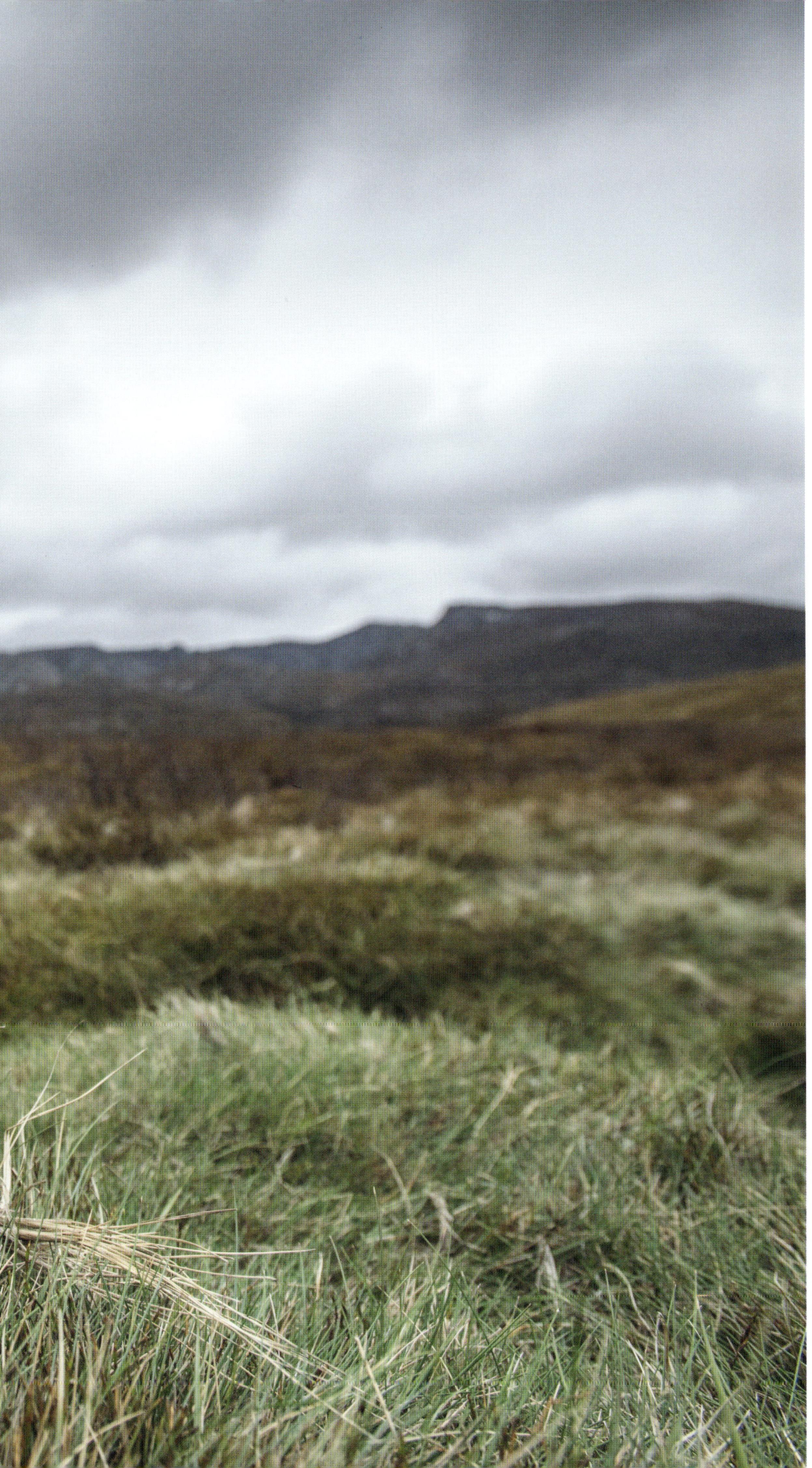

Wombats have a very slow metabolism, taking as much as three days to digest a meal.

Wombats haben einen sehr langsamen Stoffwechsel. Zum Verdauen einer Mahlzeit brauchen sie bis zu drei Tage.

Safely enjoying a good view: a wombat
joey in its mother's pouch.

Gute Aussicht und sicher geborgen:
Wombat-Baby im Beutel der Mutter.

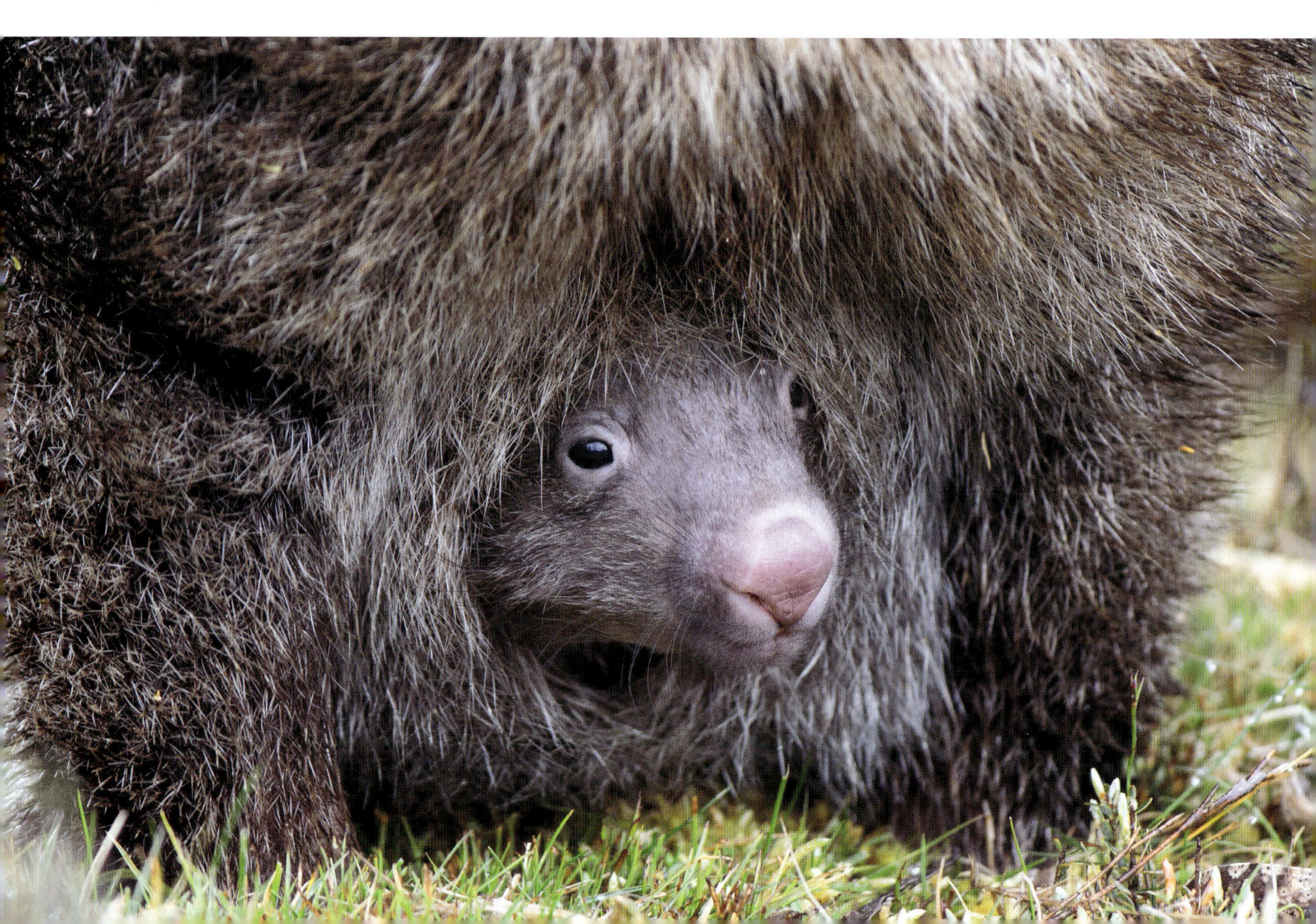

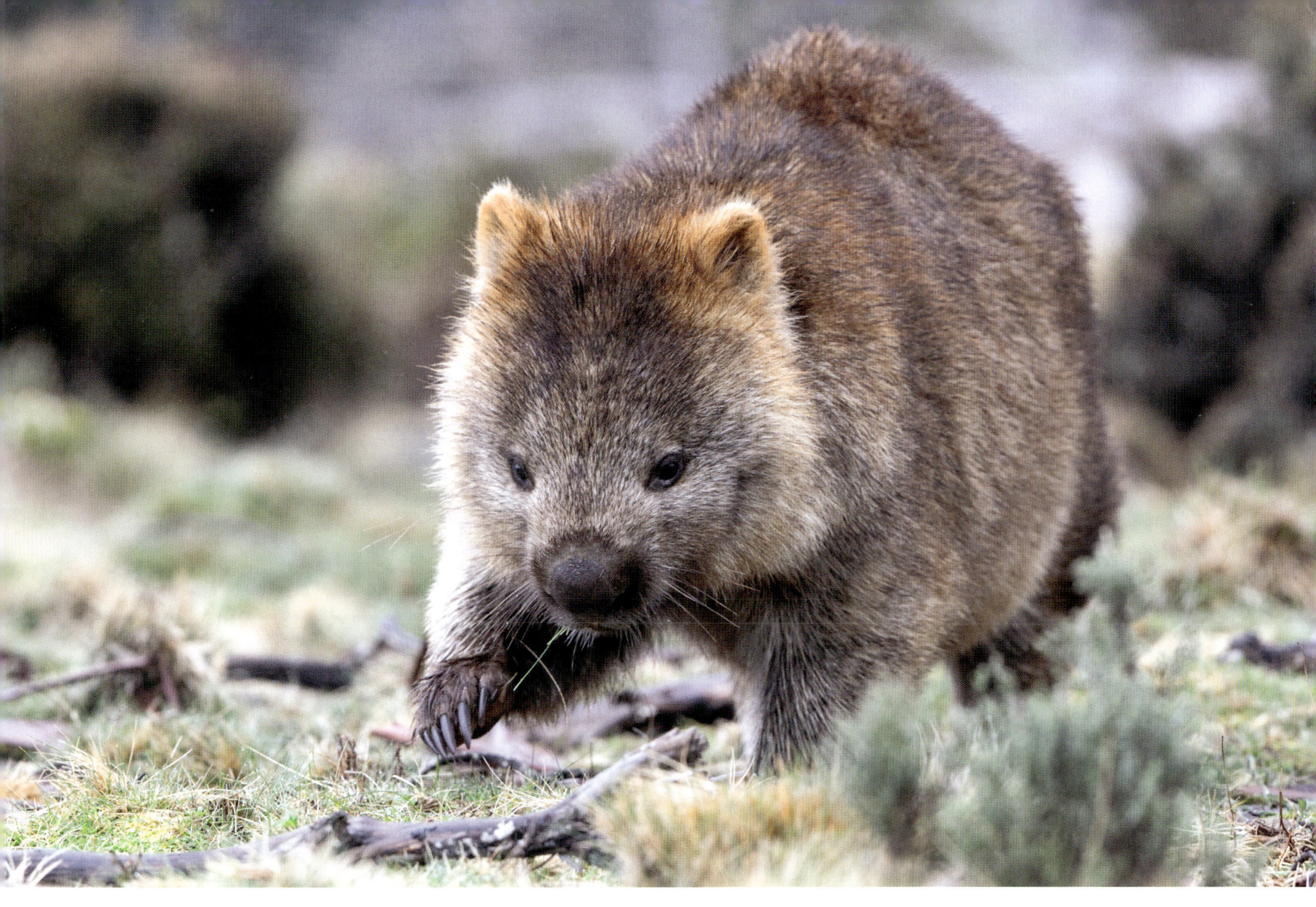

Wombats use their sharp claws to
dig complex tunnel systems.

Wombats können mit ihren scharfen
Krallen komplexe Tunnelsysteme graben.

MORE MARSUPIALS

WEITERE BEUTELTIERARTEN

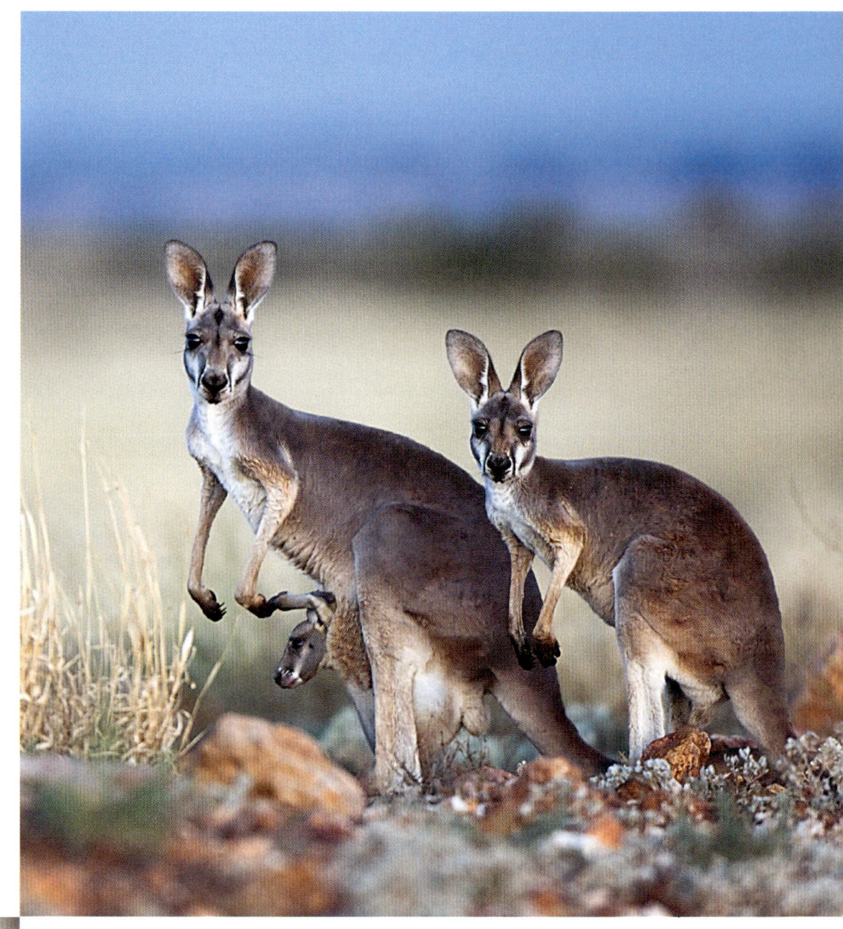

Red kangaroos – here two females, one with a joey in her pouch – are the largest marsupials of all.

Riesenkängurus – hier zwei Weibchen, eines mit Jungtier im Beutel –, sind die größten Beuteltiere überhaupt.

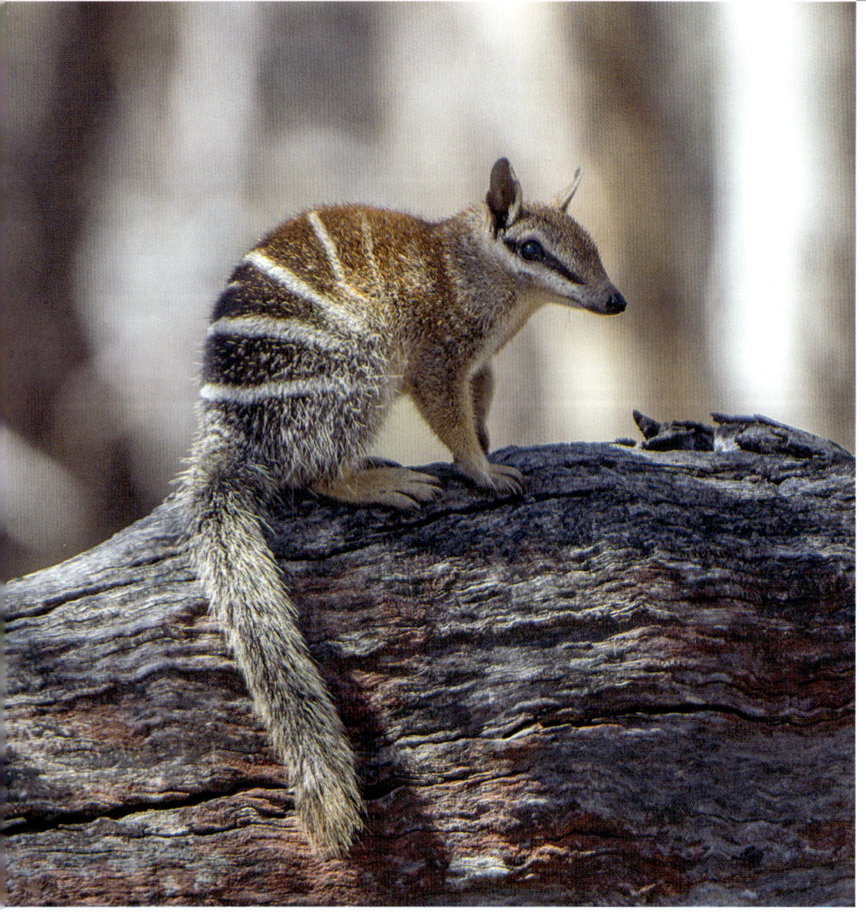

The numbat, or anteater, subsists exclusively on a diet of ants and termites.

Der Numbat oder Ameisenbeutler ernährt sich ausschließlich von Ameisen und Termiten.

Spotted-tailed quolls are nocturnal
solitary animals that prey on small
mammals and birds for food.

*Riesenbeutelmarder sind nachtaktive
Einzelgänger, die sich räuberisch von
kleinen Säugern und Vögeln ernähren.*

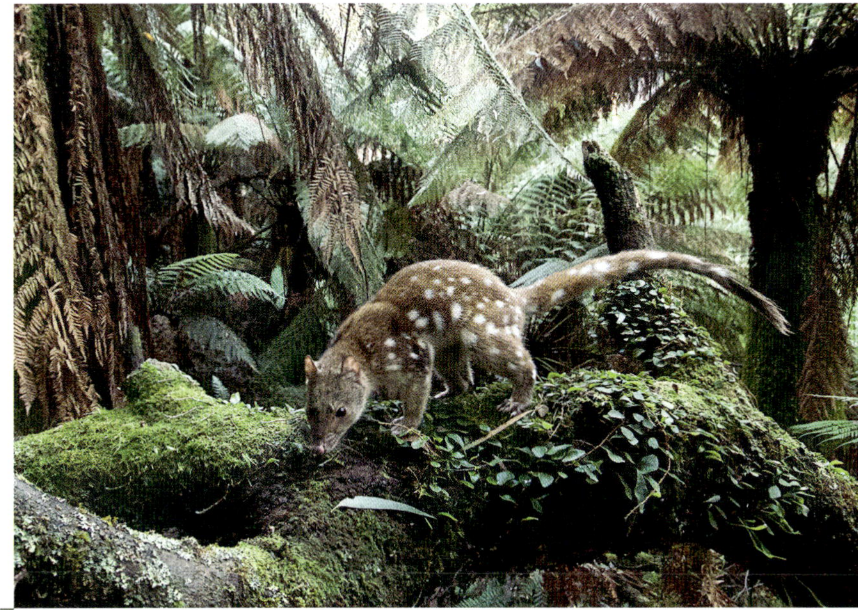

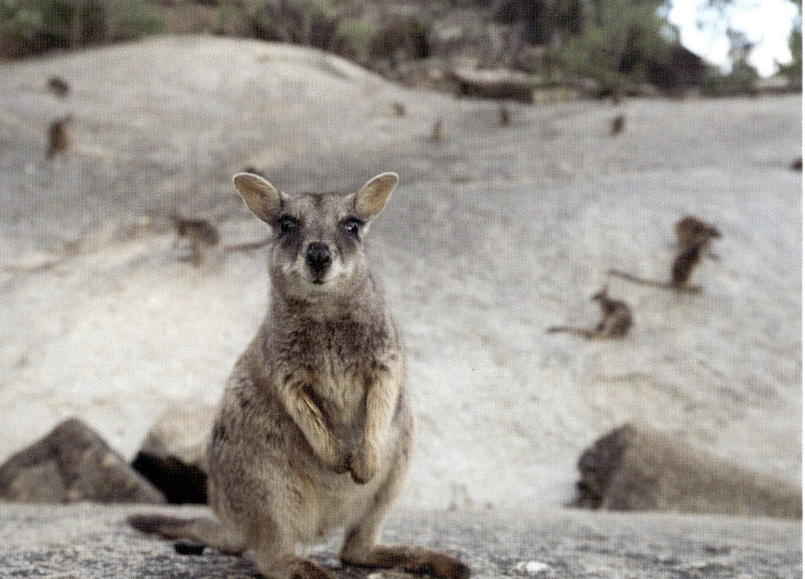

Like with its relative, the kangaroo,
the hind legs of the Mareeba rock-
wallaby are substantially longer
and stronger than its front legs.

*Wie bei den meisten Kängurus
sind beim Mareeba-Felsenkänguru
die Hinterbeine deutlich länger und
kräftiger als die Vorderbeine.*

The quokka is generally considered
the cutest marsupial of all.

*Das Quokka gilt als niedlichstes
Beuteltier überhaupt.*

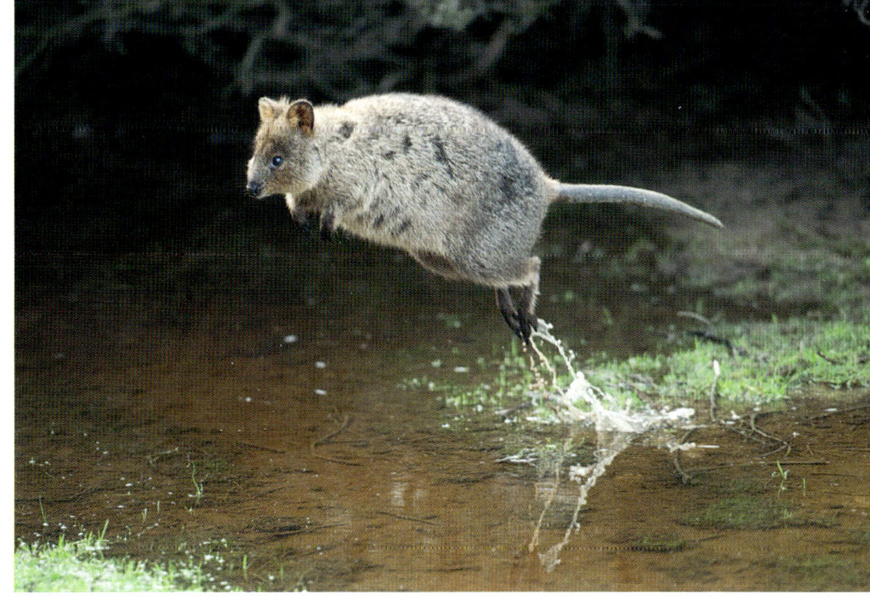

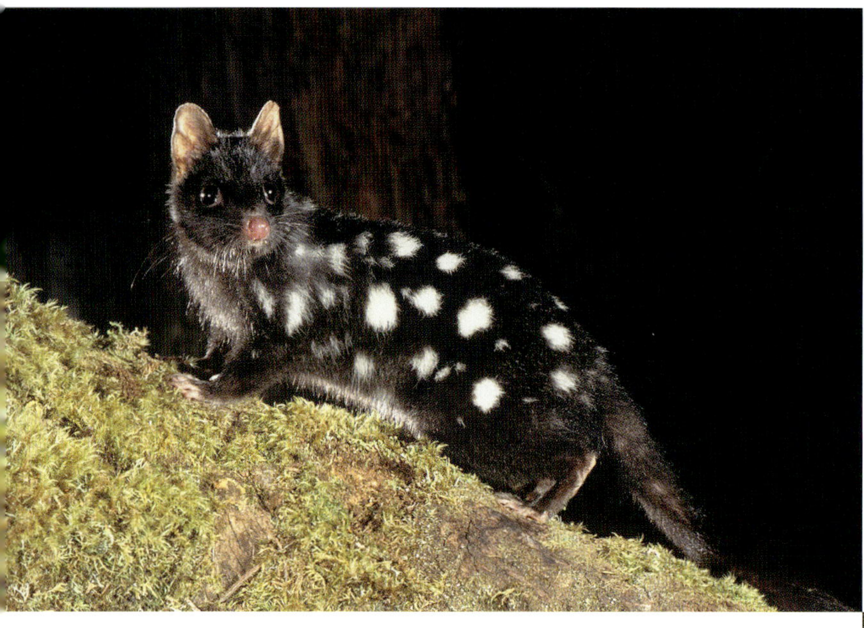

A little predator with extravagant fur:
the Eastern quoll black morph.

*Kleines Raubtier mit extravagantem
Fell: der Tüpfelbeutelmarder.*

Wuhl-wuhls, also called Kulttarrs, inhabit
the savannas and grasslands of Australia.

*Springbeutelmäuse bewohnen die
Savannen und Grasländer Australiens.*

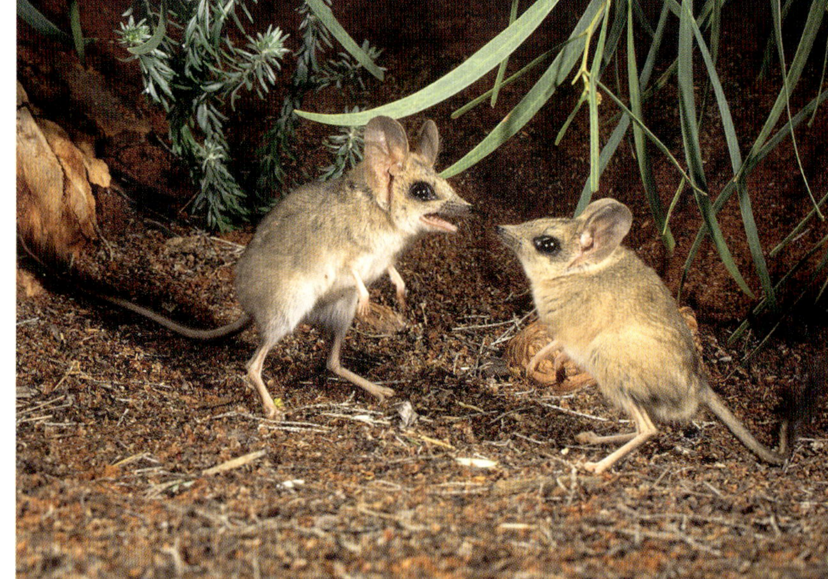

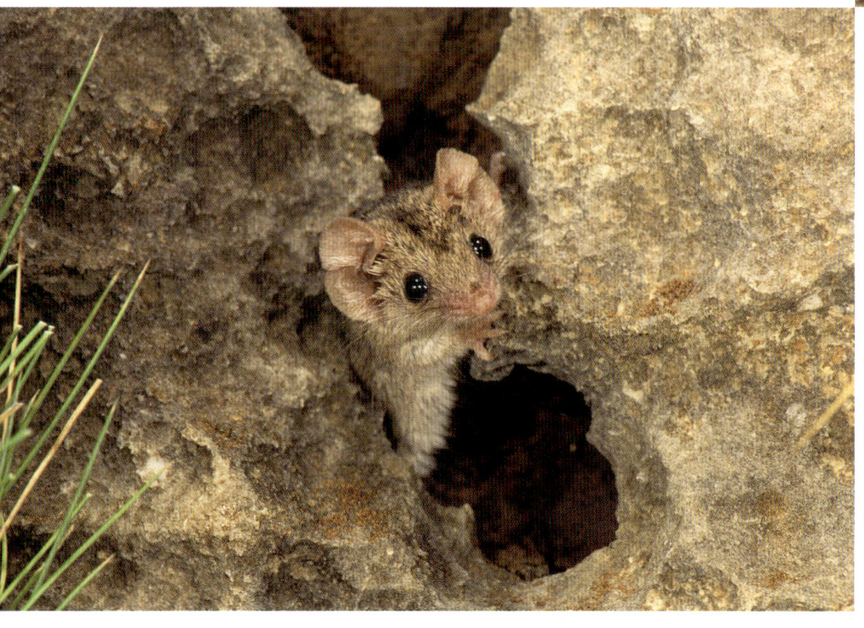

The long-tailed planigale lives
in narrow burrows and crevices
in dried clay soil.

*Die Nördliche Flachkopfbeutel-
maus lebt in den schmalen
Höhlen und Spalten von aus-
getrockneten Lehmböden.*

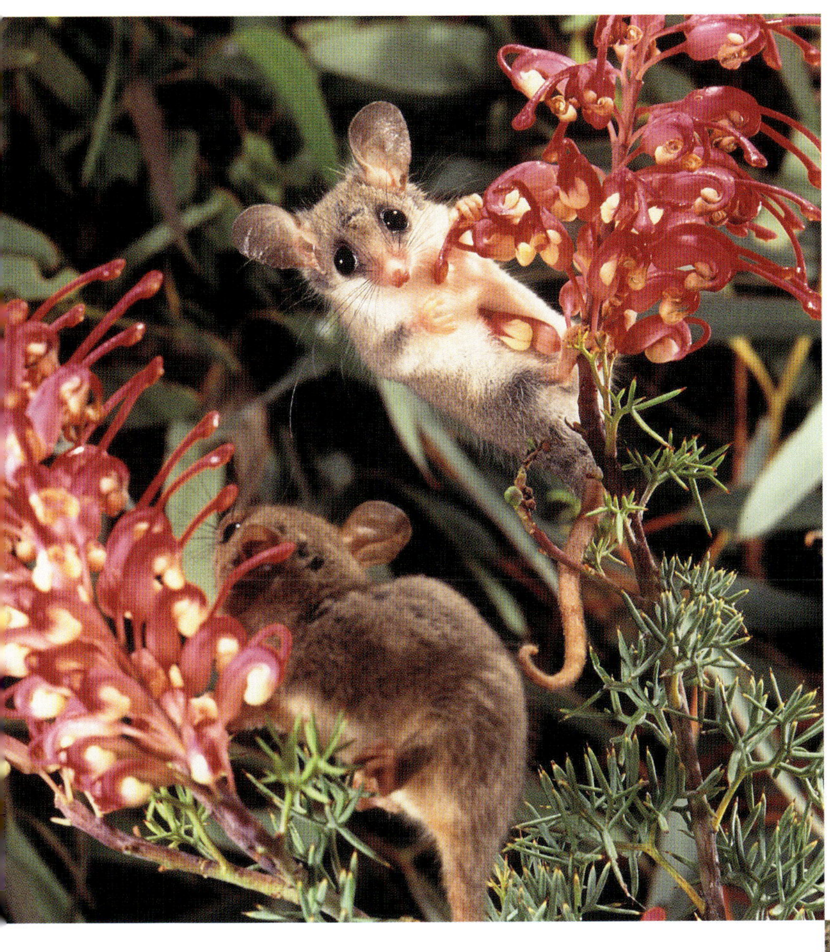

The Western pygmy possum can enter a state of torpor during inclement weather, conserving its energy.

Der Dünnschwanz-Schlafbeutler kann bei schlechten Wetterverhält-nissen in eine Art energiesparenden Starrezustand verfallen.

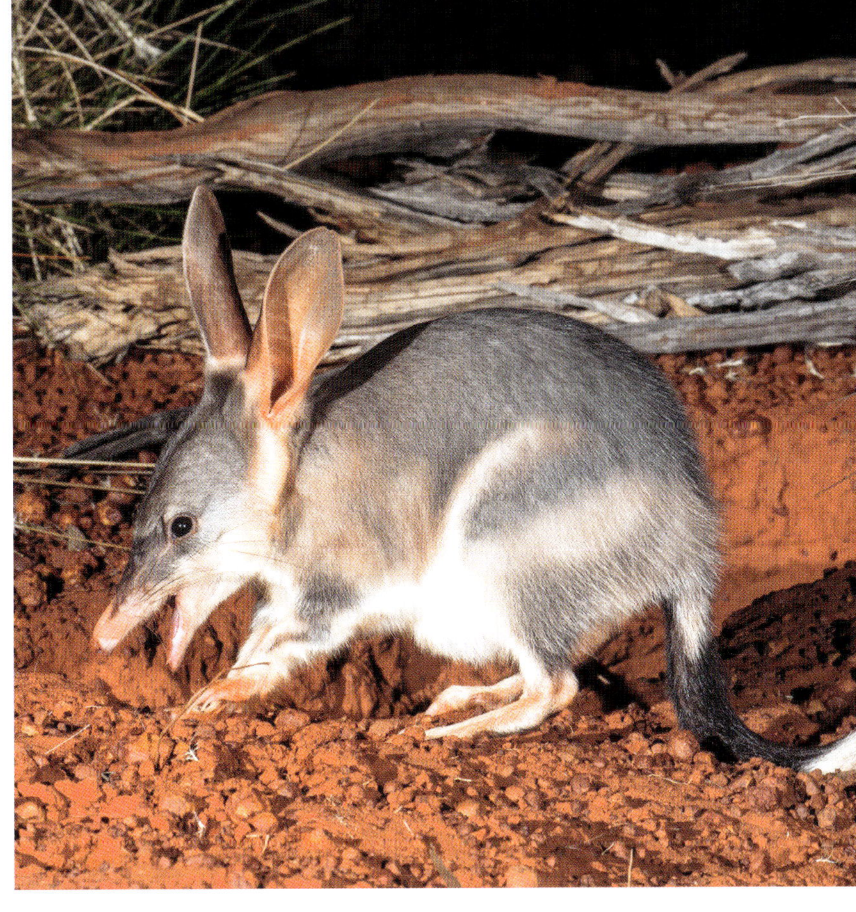

The greater bilby is in danger of extinction and, as such, is strictly protected in Australia.

Der Große Kaninchennasenbeutler ist vom Aussterben bedroht und daher in Australien streng geschützt.

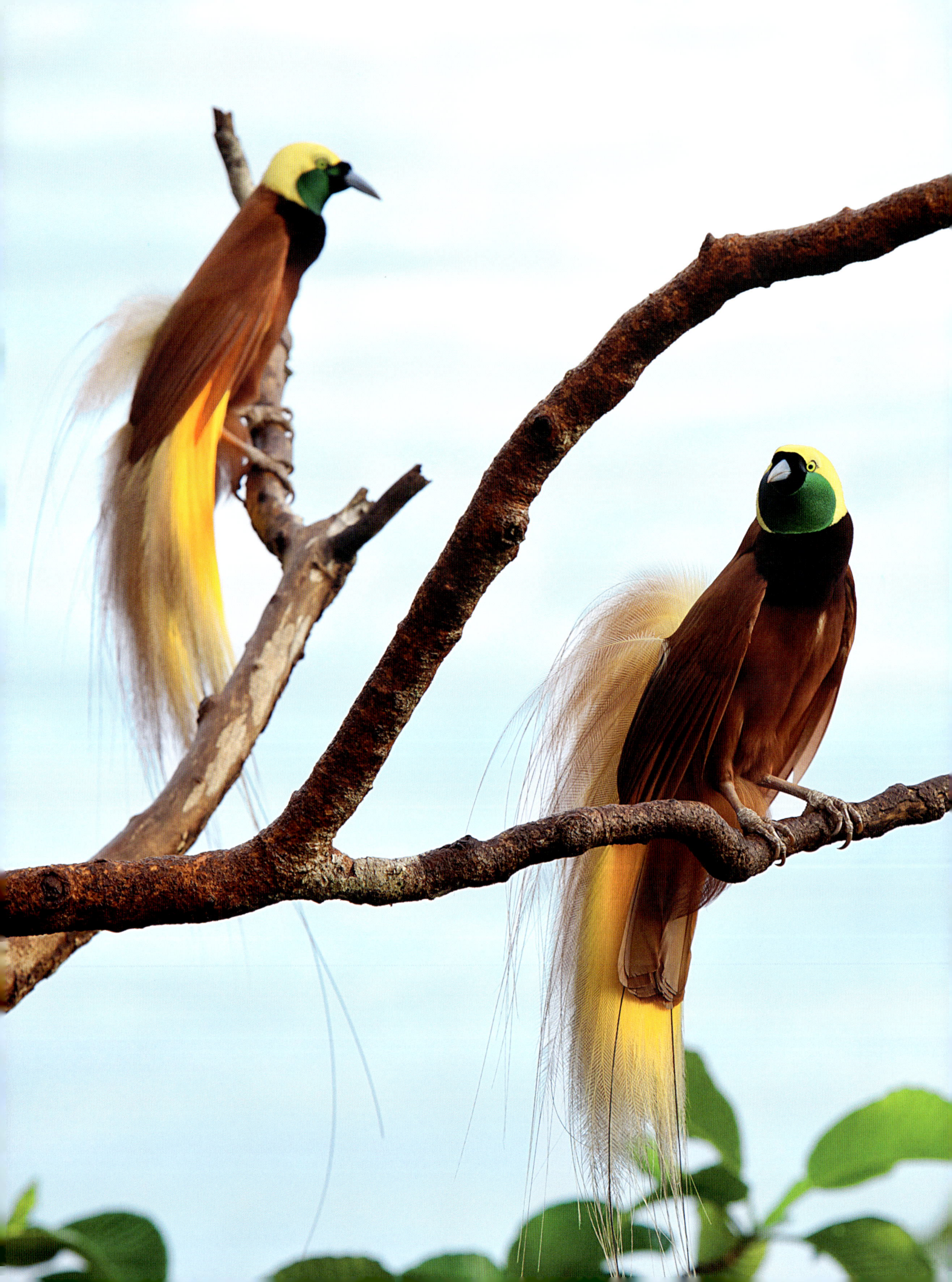

For many centuries, the feathers of the greater bird-of-paradise adorned the headdresses of Nepalese kings.

Die Federn des Großen Paradiesvogels schmückten viele Jahrhunderte lang die Kopfbedeckung der nepalesischen Könige.

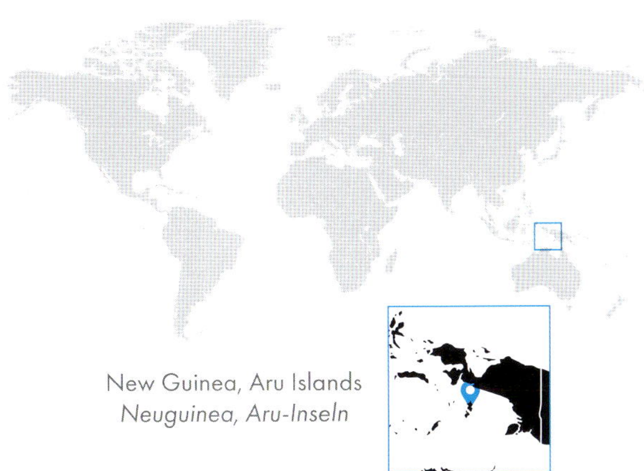

Two greater bird-of-paradise males during the courtship ritual, high up in the branches of a tree.

Zwei Männchen des Großen Paradiesvogels bei der Balz, hoch oben im Geäst eines Baumes.

GREATER BIRD-OF-PARADISE

Paradisaea apoda

When greater birds-of-paradise are courting, it looks to the viewer like a cross between the popular TV shows *American Idol* and *Let's Dance*. The only difference is that the contestants are all men, while the judges are all women. During mating season, up to 15 males of these brightly colored birds gather high up in the treetops in special courtship spots, presenting themselves in a fierce competition to the ladies watching with interest. The males of this magnificent bird species, only found in New Guinea, not only proudly display their brightly colored decorative feathers, they also back their efforts with extremely complex dance steps and various vocalizations. A truly multifunctional show, but with a distinct hierarchy. The older experienced males are allowed to perform in the coveted spaces in the center of the courtship arena, while younger contestants have to make do with places on the edge. The ladies have their pick of suitors, but usually opt for a dominant male.

GROSSER PARADIES-VOGEL

Paradisaea apoda

Wenn Große Paradiesvögel balzen, wirkt das auf den Betrachter wie eine Mischung aus den bekannten TV-Shows »Deutschland sucht den Superstar« und »Let's Dance«. Nur, dass es sich bei den Kandidaten ausschließlich um Männer handelt, während in der Jury nur Frauen zu finden sind. In der Balzzeit versammeln sich nämlich bis zu 15 Männchen der bunt gefärbten Vögel hoch oben in den Baumkronen auf speziellen Balzplätzen und präsentieren sich in einem harten Wettbewerb der interessiert zuschauenden Damenwelt. Da zeigen die Männchen der ausschließlich auf Neuguinea vorkommenden, prächtigen Vogelart nicht nur voller Stolz ihre grell-bunt gefärbten Schmuckfedern, sondern unterstützen ihre Bemühungen auch mit überaus komplexen Tanzschritten und diversen Lautäußerungen. Eine echte multifunktionale Show, bei der es jedoch eine klare Hierarchie gibt. Die älteren erfahrenen Männchen dürfen auf den begehrten Plätzen in der Mitte der Balzarenen performen, während sich jüngere Bewerber mit den Randplätzen begnügen müssen. Die Weibchen haben bei ihren Verehrern die freie Wahl, entscheiden sich jedoch meist für ein dominantes Männchen.

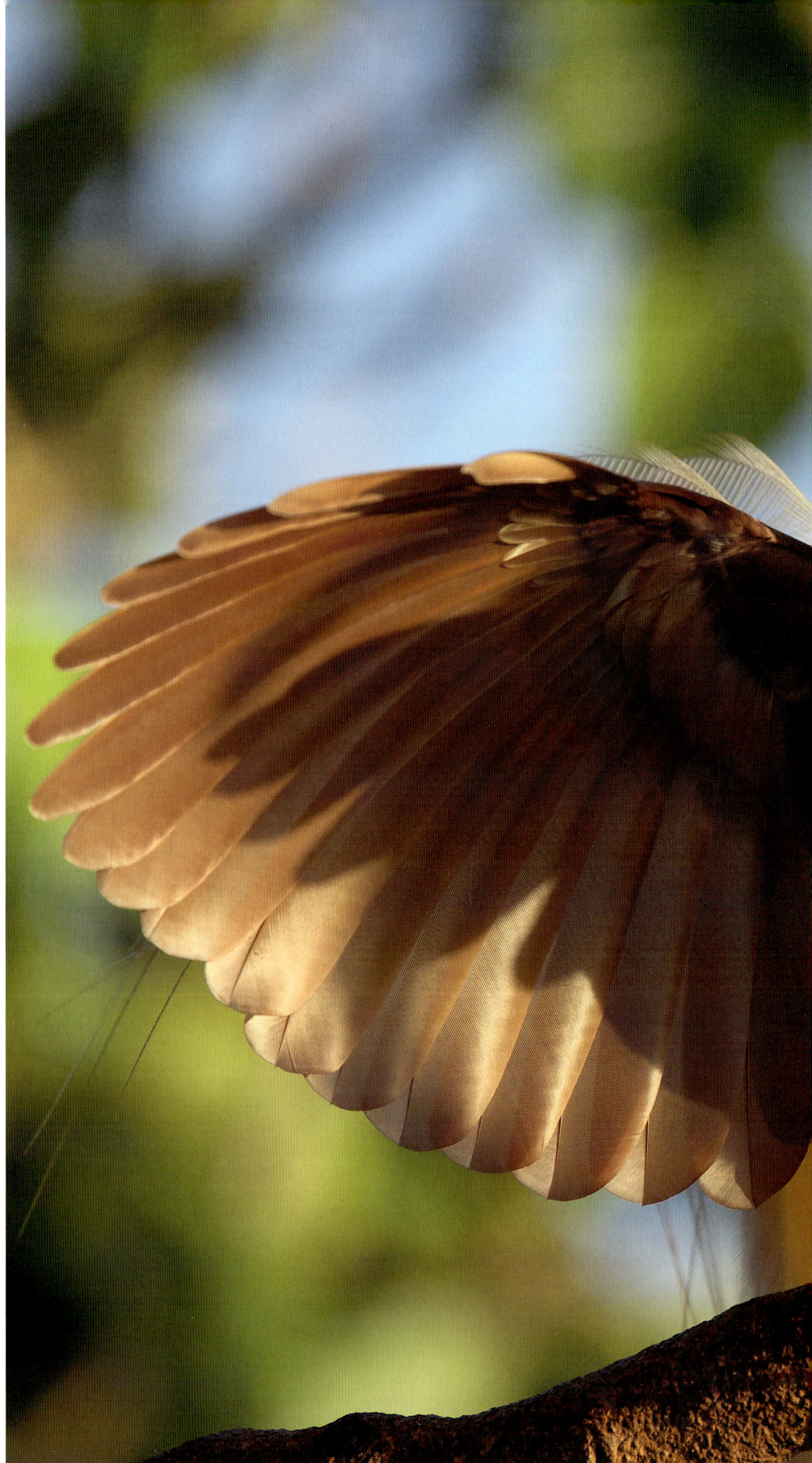

A male greater bird-of-paradise
strikes a typical courtship pose.

*Ein Männchen des Großen Para-
diesvogels wirft sich während des
Balztanzes in eine typische Pose.*

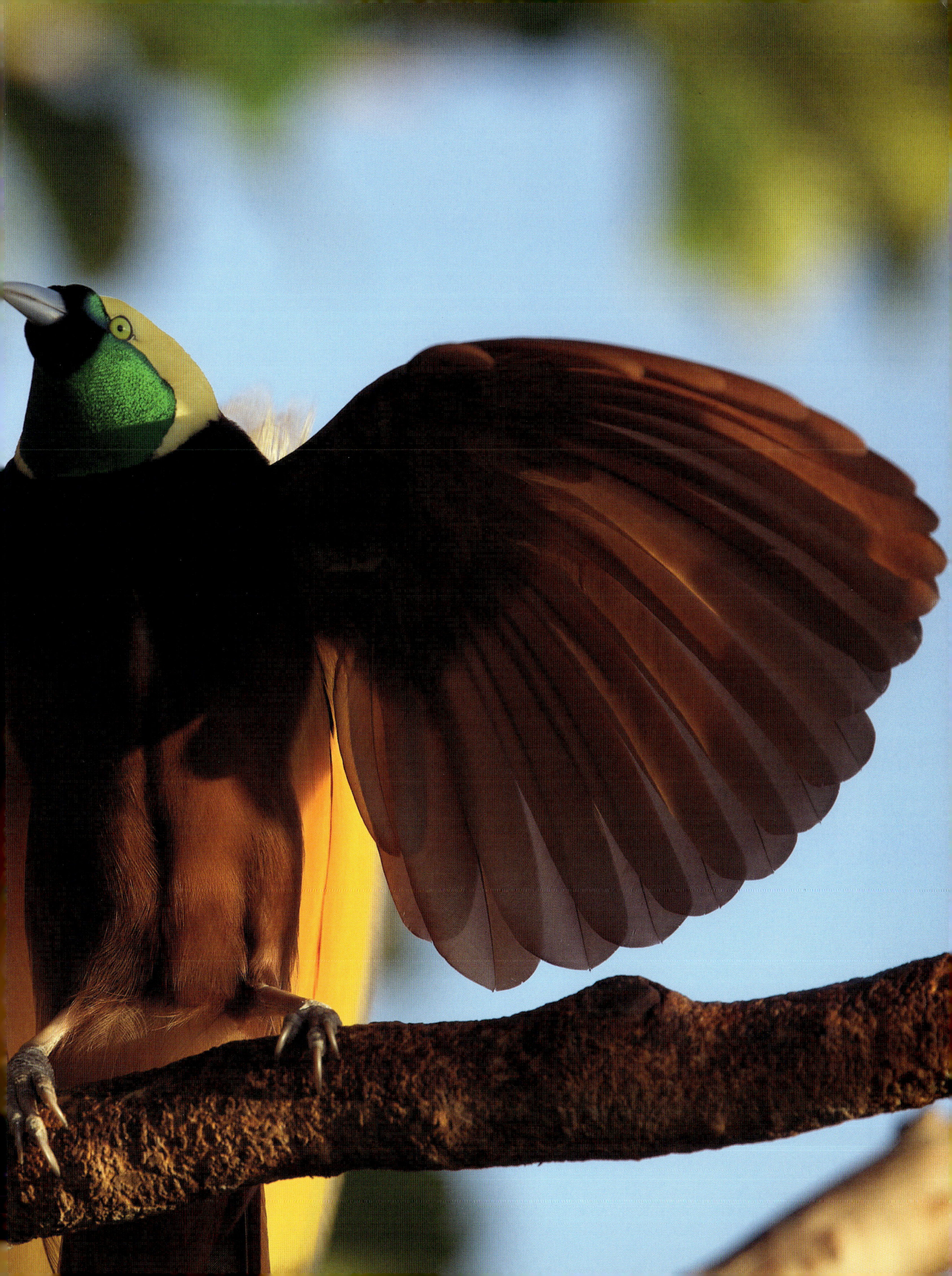

Greater bird-of-paradise males repeatedly present their very elongated
and magnificent plumes during their courtship dance.

*Die Männchen des Großen Paradiesvogels präsentieren während ihres
Balztanzes immer wieder ihre stark verlängerten, prächtigen Flankenfedern.*

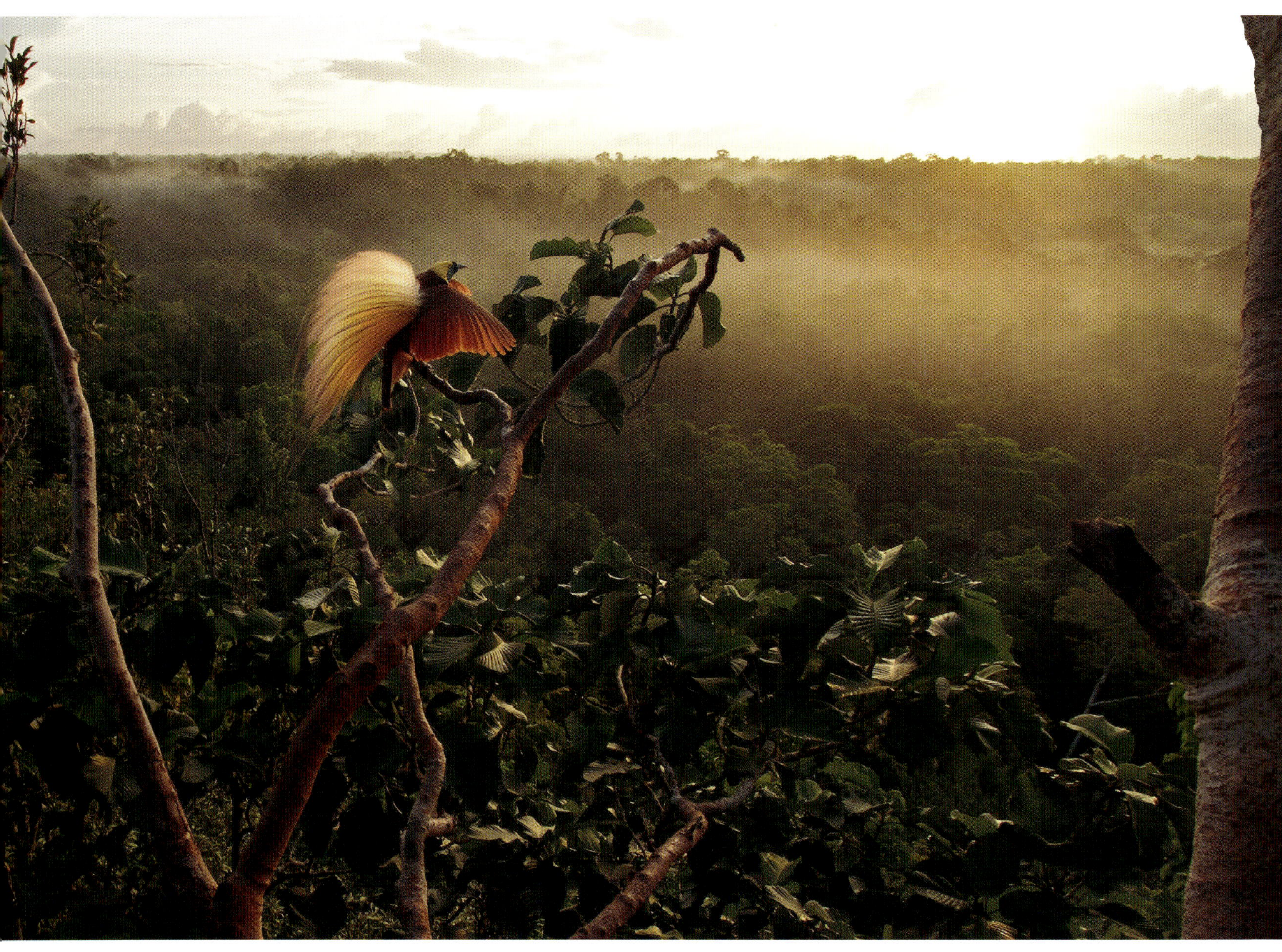

A greater bird-of-paradise male in full courtship splendor.

Männchen des Großen Paradiesvogels in voller Balz-Pracht.

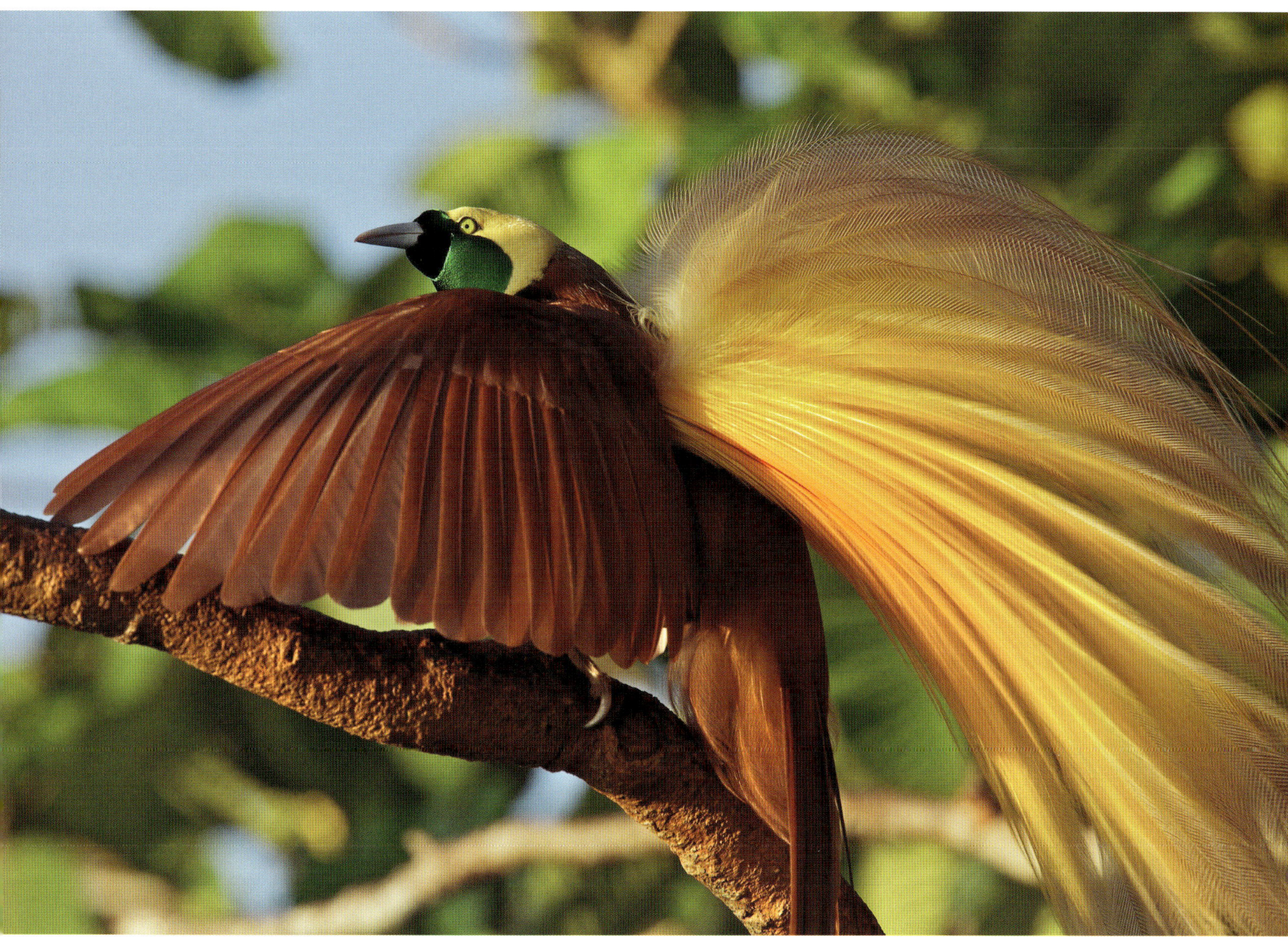

Raggiana bird-of-paradise females are sometimes found to mate with males of the greater bird-of-paradise species.

Die Weibchen des Raggi-Paradiesvogels paaren sich auch manchmal mit Männchen des Großen Paradiesvogels.

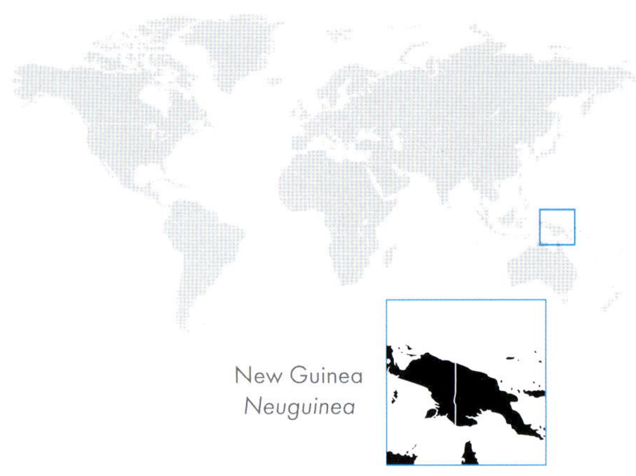

The Raggiana bird-of-paradise, arguably the most beautiful of all birds-of-paradise.

Der wahrscheinlich schönste aller Paradiesvögel: Der Raggi-Paradiesvogel.

RAGGIANA BIRD OF PARADISE

Paradisaea raggiana

The male Raggiana bird-of-paradise, found exclusively in the southern and eastern sections of the island of New Guinea, is probably the most magnificent of all the 40 or so species of birds-of-paradise. The most beautiful among the beautiful, so to speak. Like all birds-of-paradise, the male uses his lush, brightly colored plumage to convince an interested female of his abilities as a lover with a finely choreographed courtship dance. Raggiana bird-of-paradise males don't think much of being faithful, by the way, and instead try to mate with as many females as possible. An obviously very strenuous affair, which the magnificent fellows then have to recover from. Nest-building, breeding and raising the youngsters are strictly female activities for these birds. The decorative feathers of the Raggiana bird-of-paradise are a valuable commodity for trading and bartering among the indigenous peoples of New Guinea, used for example by the groom's family to pay the bride price.

RAGGI-PARADIES-VOGEL

Paradisaea raggiana

Der männliche Raggi-Paradiesvogel, der ausschließlich im Süden und Osten der Insel Neuguinea vorkommt, ist wahrscheinlich der prächtigste aller rund 40 Paradiesvogelarten. Sozusagen der Schönste der Schönen. Sein üppiges und farbenfroh leuchtendes Schmuckgefieder setzt das Männchen natürlich, wie alle Paradiesvögel, dazu ein, um mit einem fein choreografierten Balztanz ein geneigtes Weibchen von seinen Fähigkeiten als Liebhaber zu überzeugen. Von Treue halten Raggi-Paradiesvögel-Männer übrigens nicht viel, sondern versuchen sich mit so vielen Weibchen wie möglich zu paaren. Eine offensichtlich sehr anstrengende Angelegenheit, von der sich die prächtigen Herren dann erst einmal erholen müssen. Nestbau, Brutgeschäft und Aufzucht der Jungvögel sind bei Raggi-Paradiesvögeln nämlich reine Frauensache. Die Schmuckfedern des Raggi-Paradiesvogels sind bei den indigenen Ethnien Neuguineas ein wertvolles Handels- und Tauschobjekt, das unter anderem zur Bezahlung des sogenannten »Brautpreises« genutzt wird.

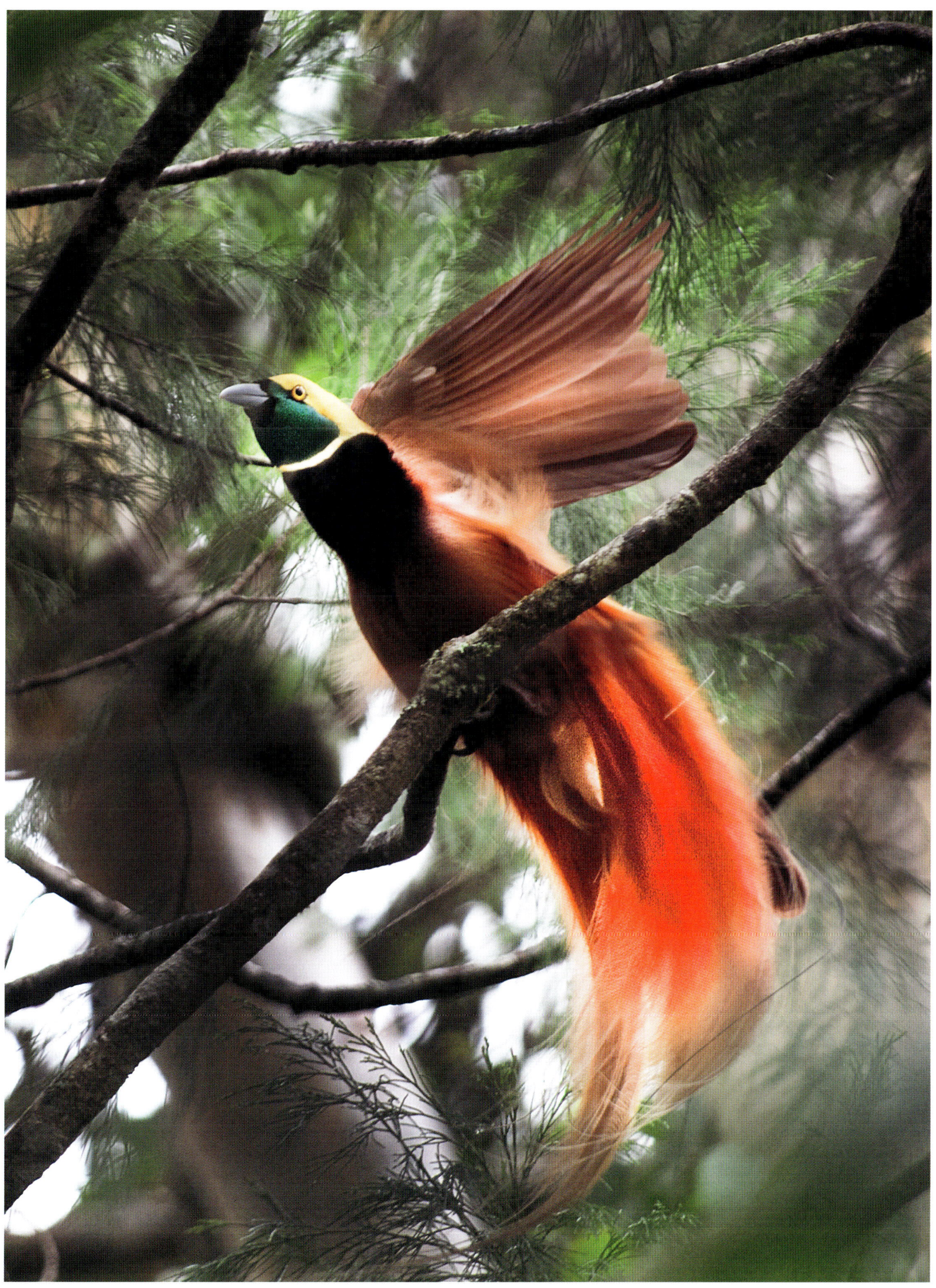

The courtship dance of the Raggiana bird-of-paradise always
follows a strict choreography.

Der Balztanz des Raggi-Paradiesvogels folgt stets einer
strengen Choreographie.

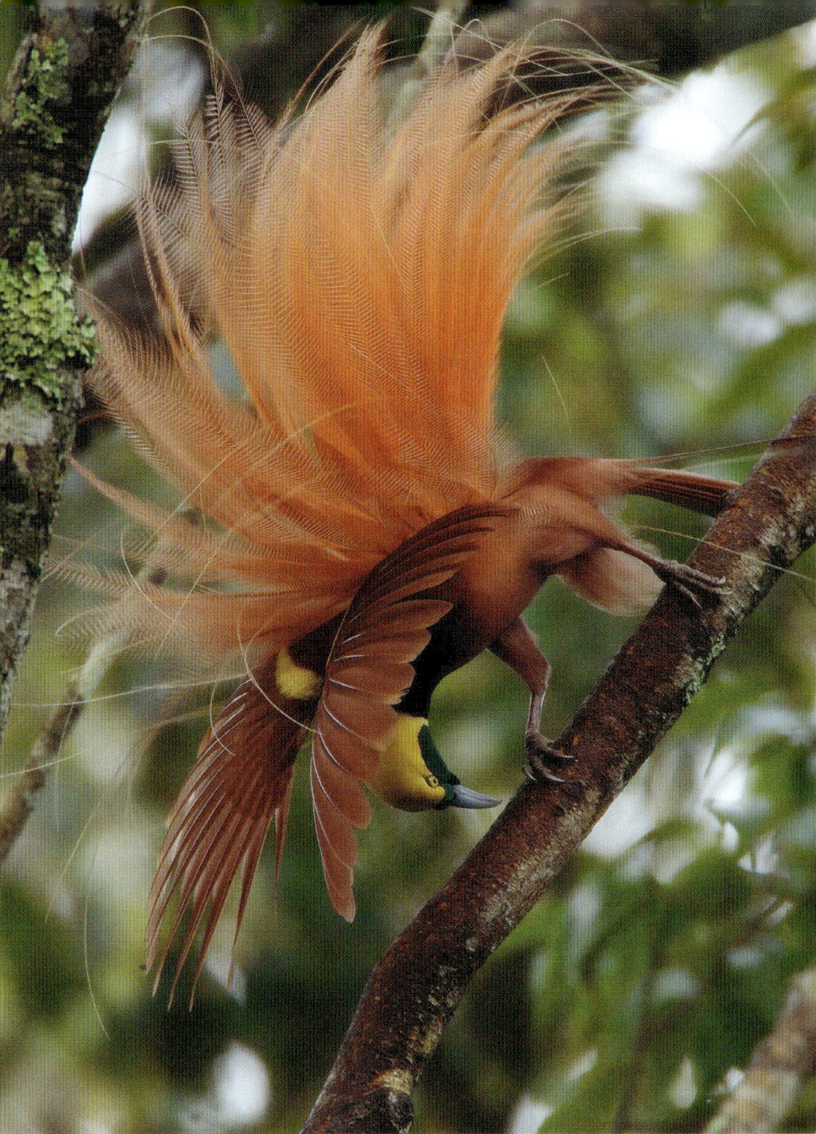

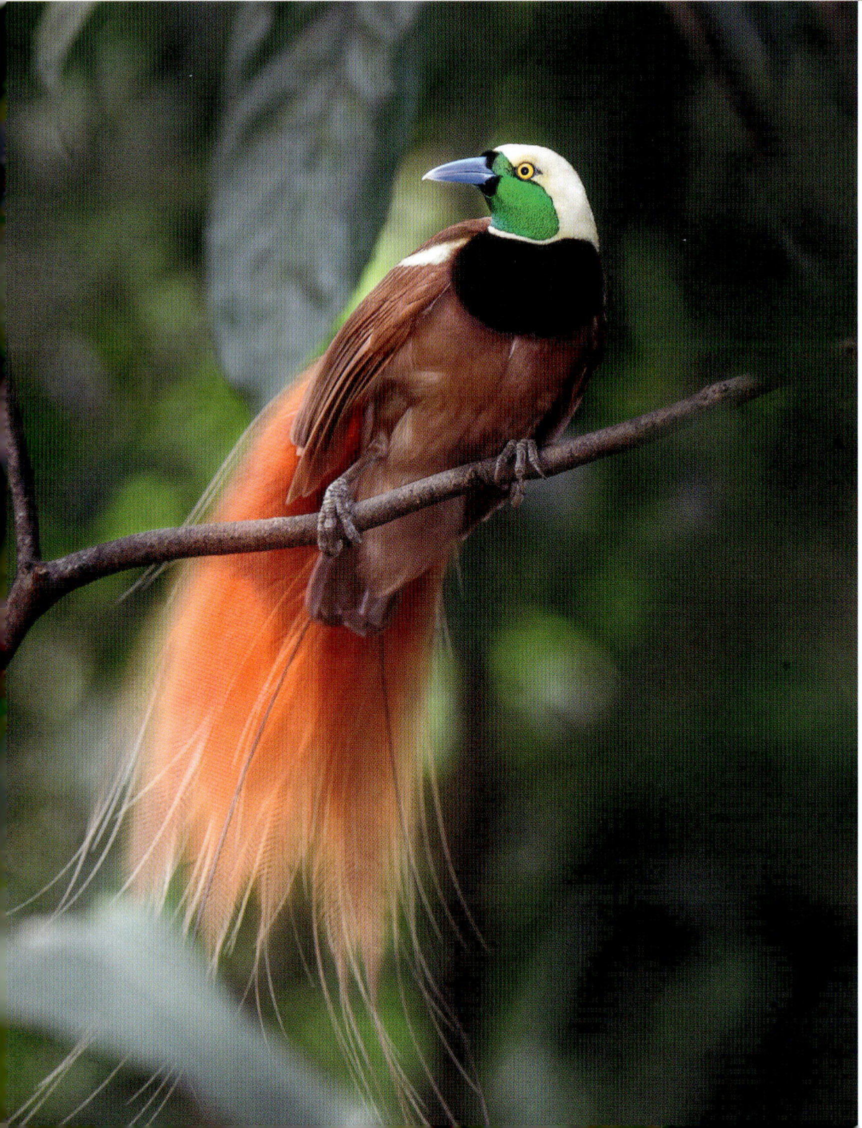

The deep green throat color of the
Raggiana bird-of-paradise shimmers
in the sunlight like a big emerald.

Die Kehlfärbung des Raggi-Paradiesvogels schimmert im Sonnenlicht wie
ein riesiger Smaragd.

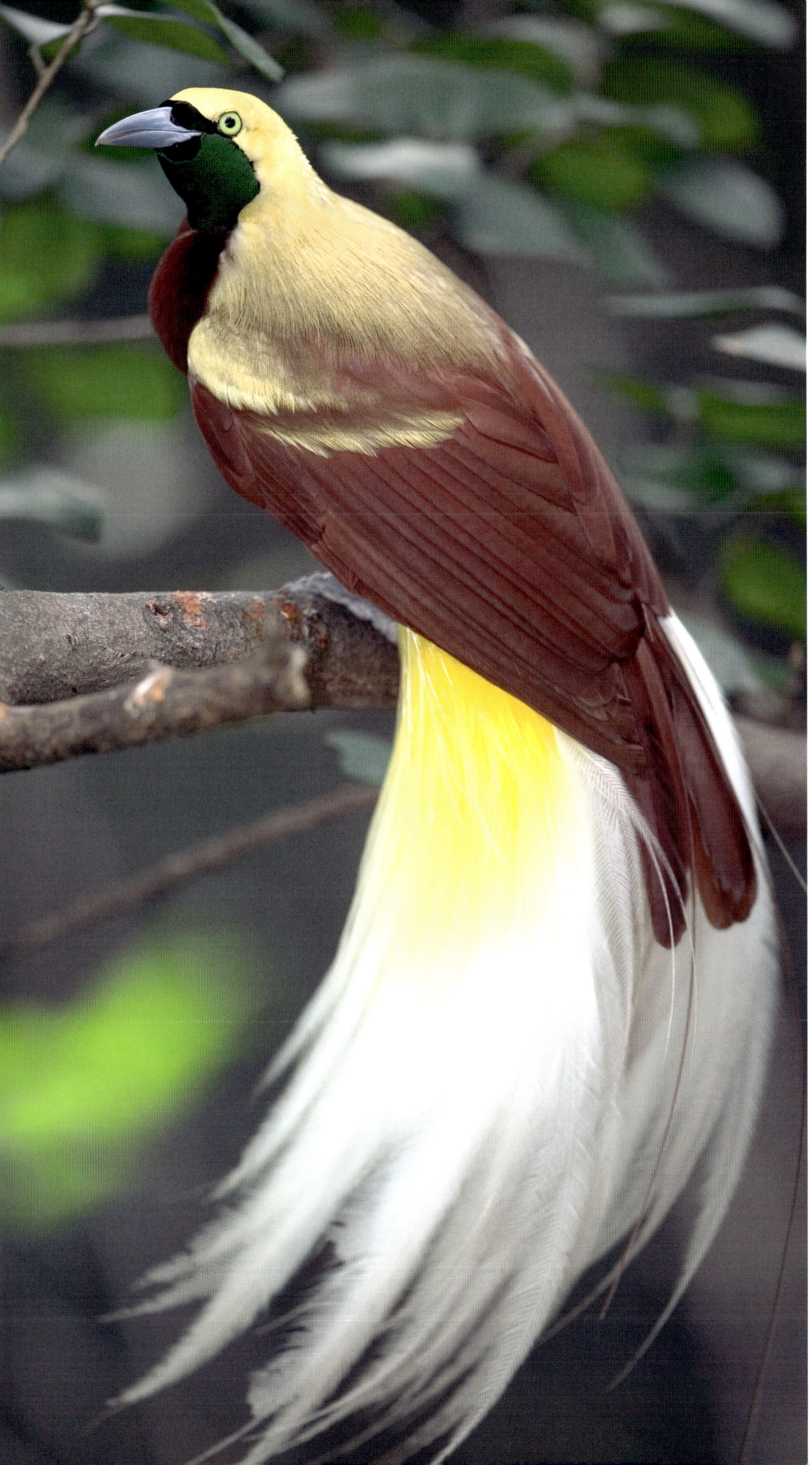

The calls of the Raggiana bird-
of-paradise during courtship can
often be heard over a distance
of several kilometers.

*Die Rufe des Raggi-Paradies-
vogels sind während der Balz
oft kilometerweit zu hören.*

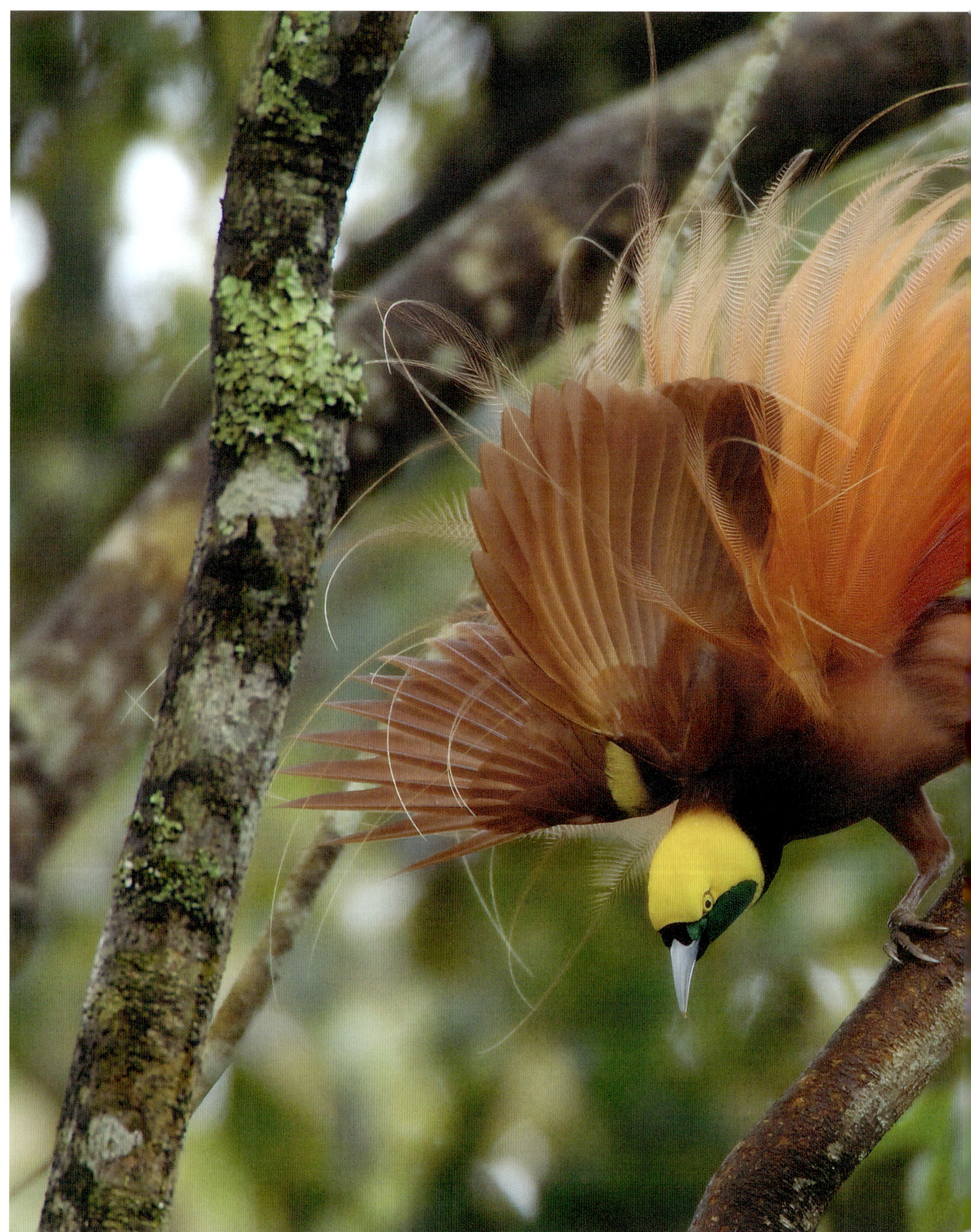

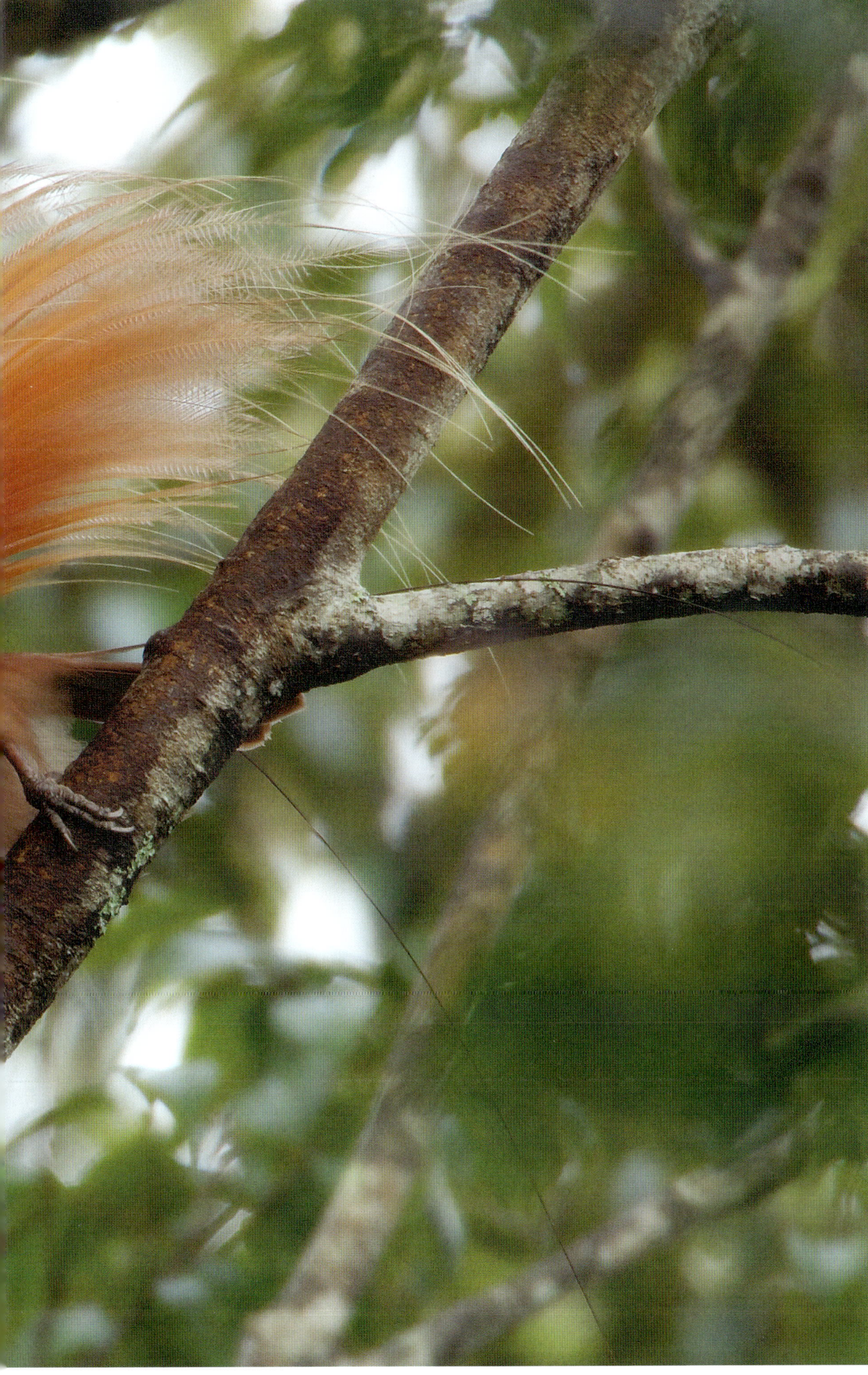

Strike a pose: A male Raggiana bird-of-paradise shows the ladies his very best side.

Gutes Posing: Ein Männchen des Raggi-Paradiesvogels zeigt sich den Weibchen von seiner allerbesten Seite.

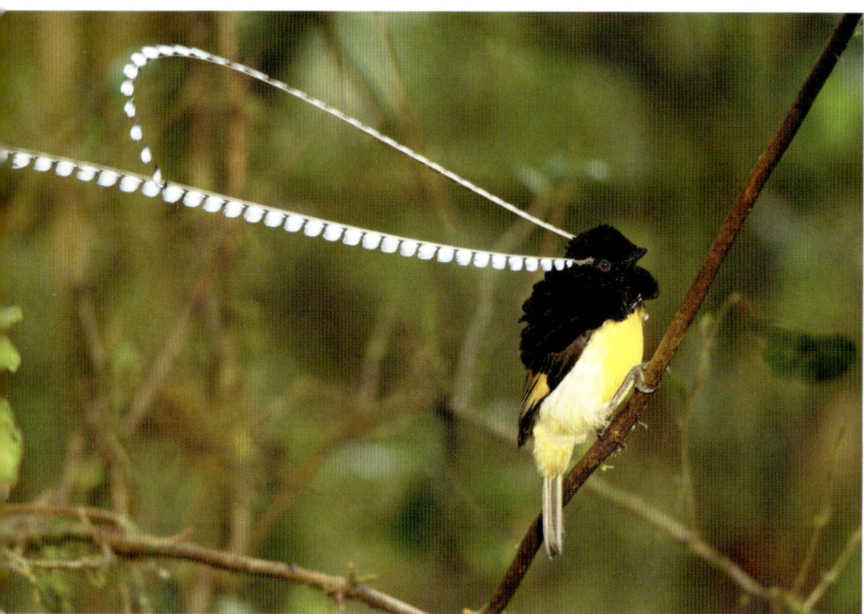

King of Saxony birds-of-paradise are easy to recognize by the streamer-like structures of their plumed head feathers, which can reach up to 50 centimeters in length.

Männliche Wimpelträger-Paradiesvögel kann man leicht an ihren wimpelähnlichen Strukturen an den bis zu 50 Zentimeter langen Kopffedern erkennen.

The growling riflebird is only found in eastern and southeastern Papua New Guinea.

Der Papua-Paradiesvogel kommt ausschließlich im Osten und Süd- osten von Neuguinea vor.

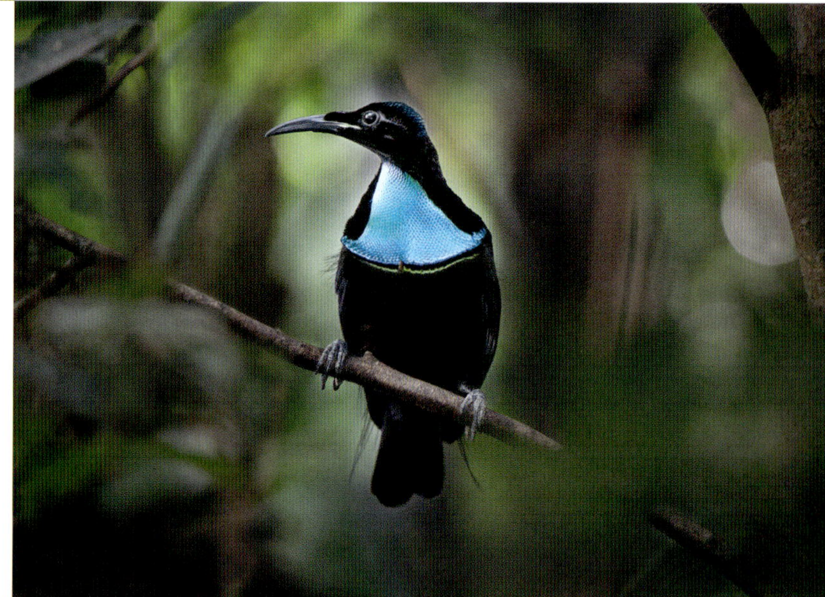

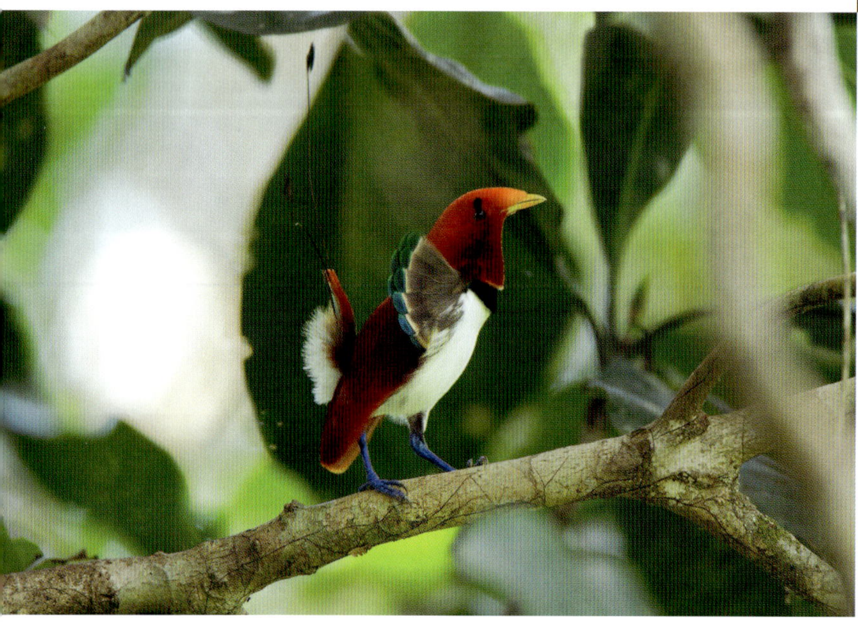

The king bird-of-paradise is the smallest bird-of-paradise of all, measuring up to just 19 centimeters.

Der Königs-Paradiesvogel ist mit ei- ner Größe bis zu 19 Zentimetern der kleinste Paradiesvogel überhaupt.

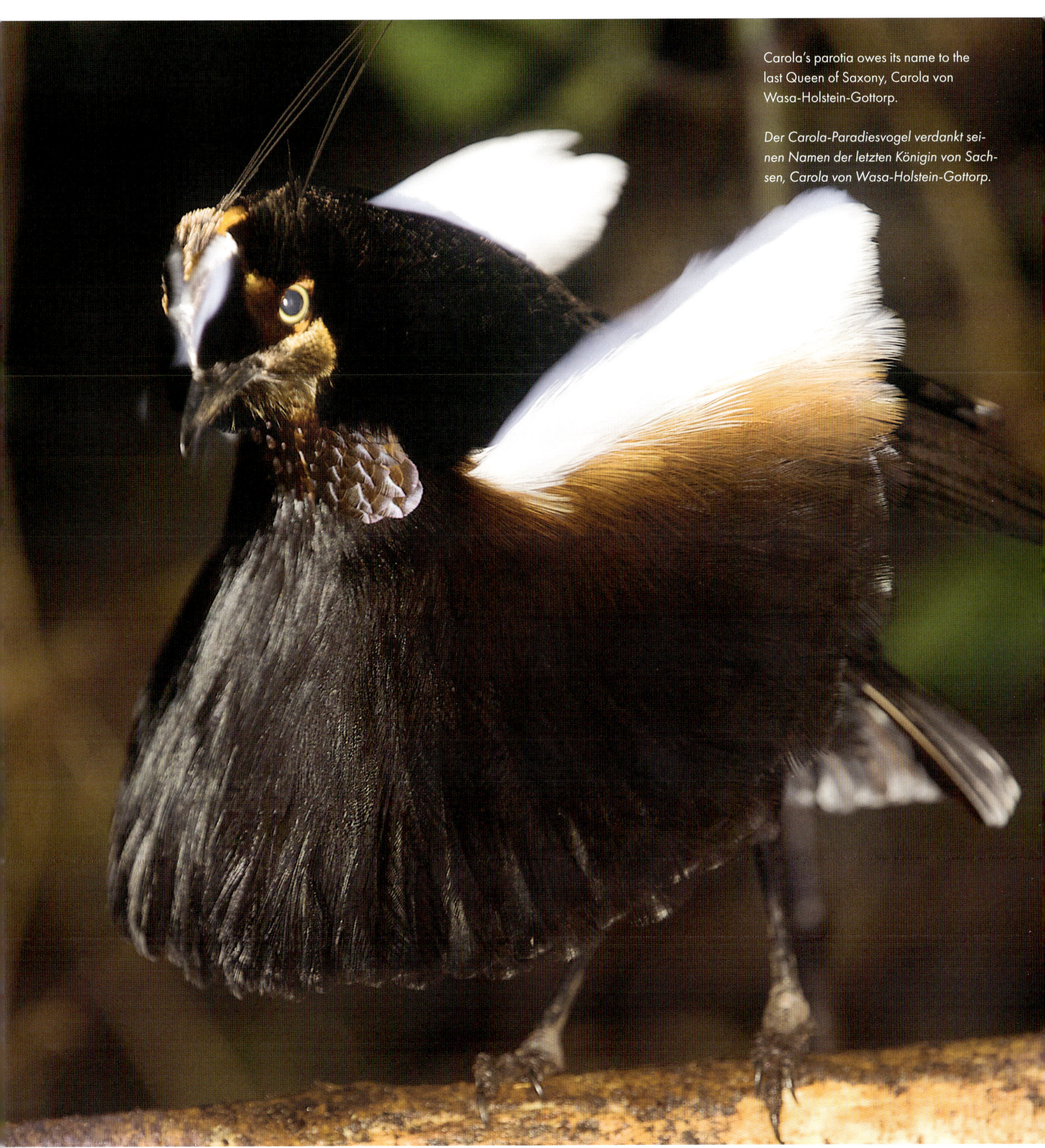

Carola's parotia owes its name to the last Queen of Saxony, Carola von Wasa-Holstein-Gottorp.

Der Carola-Paradiesvogel verdankt seinen Namen der letzten Königin von Sachsen, Carola von Wasa-Holstein-Gottorp.

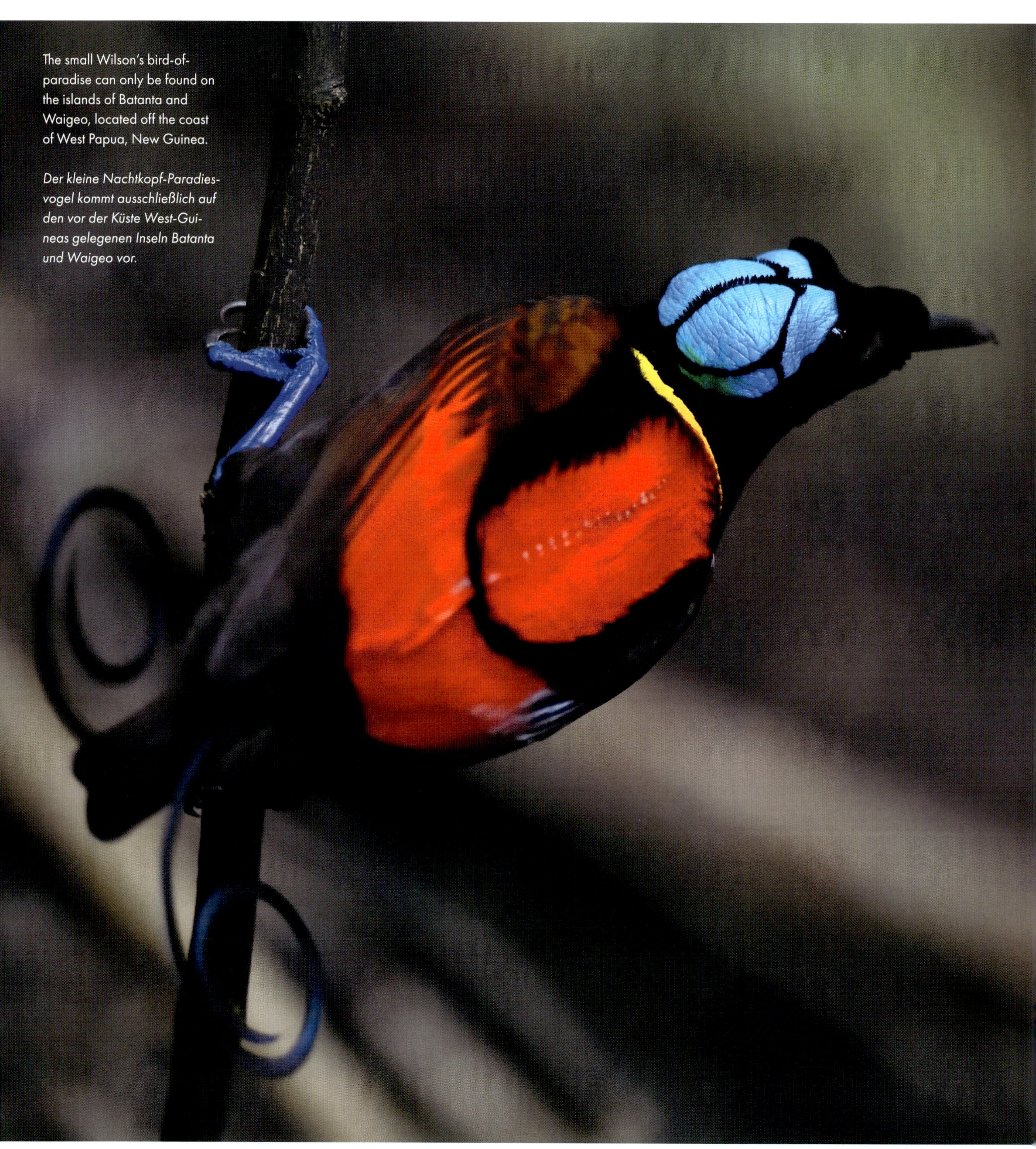
The small Wilson's bird-of-paradise can only be found on the islands of Batanta and Waigeo, located off the coast of West Papua, New Guinea.

Der kleine Nachtkopf-Paradies-vogel kommt ausschließlich auf den vor der Küste West-Gui-neas gelegenen Inseln Batanta und Waigeo vor.

The twelve-wired bird-of-paradise
primarily inhabits the rainforest in the
lowlands of Papua New Guinea.

*Der Zwölffädige Paradiesvogel
bewohnt vor allem den Regenwald in
den Tiefebenen Neuguineas.*

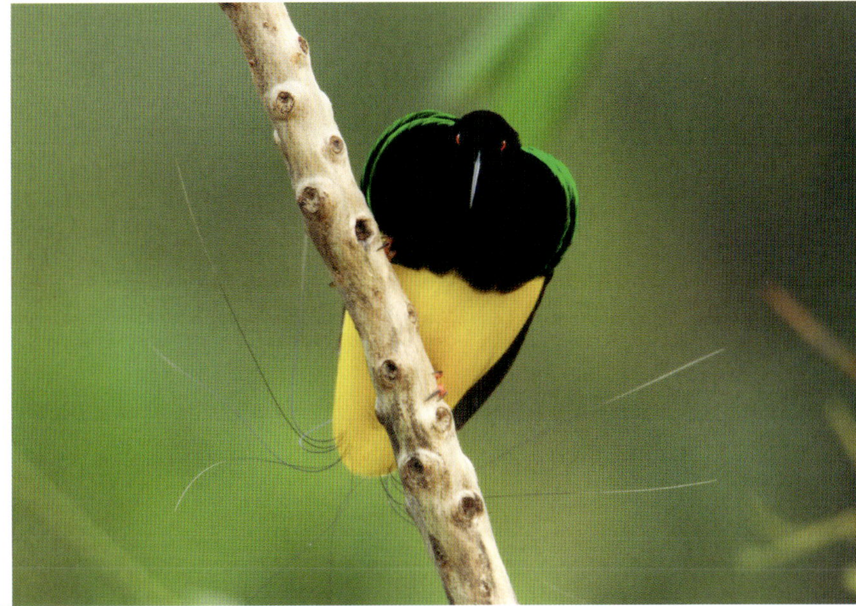

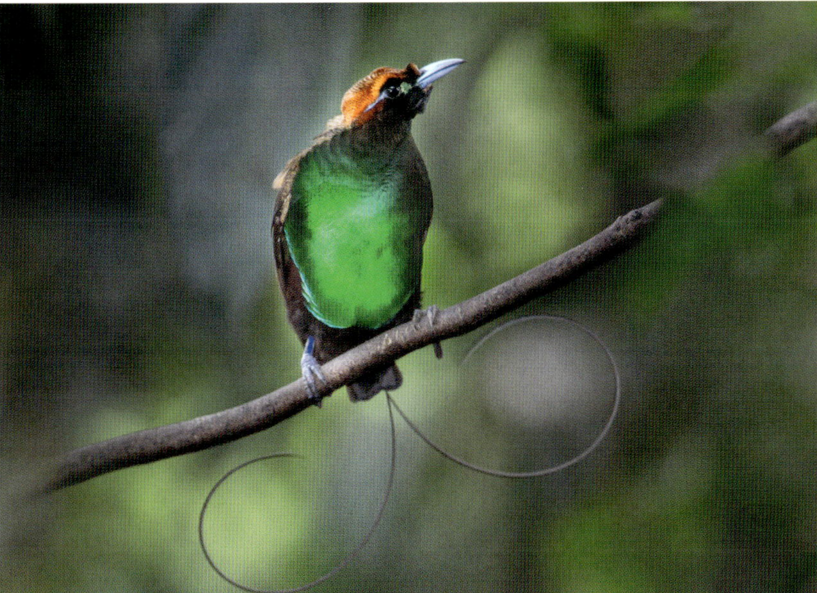

The magnificent bird-of-paradise
has sickle-shaped tail plumes that
curve to the outside.

*Der Sichelschwanz-Paradies-
vogel verdankt seinen Namen
seinen sichelförmig nach außen
gebogenen Steuerfedern.*

The endangered blue bird-of-
paradise is still hunted by the
indigenous inhabitants of Papua
New Guinea for its magnificent
decorative plumage.

*Gefährdet: Der Blaufeder-Para-
diesvogel wird auf Neuguinea
wegen seines prächtigen Schmuck-
gefieders von den indigenen
Bewohnern immer noch gejagt.*

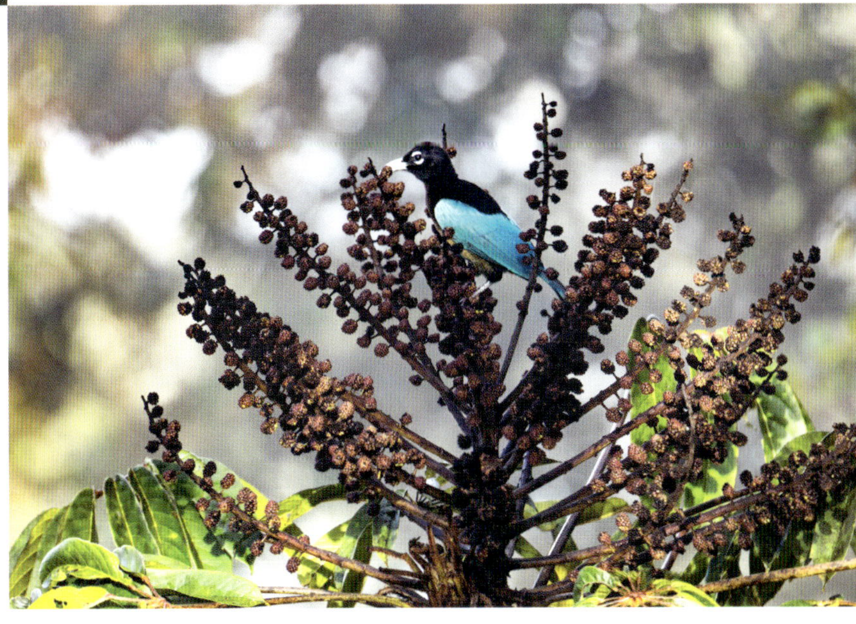

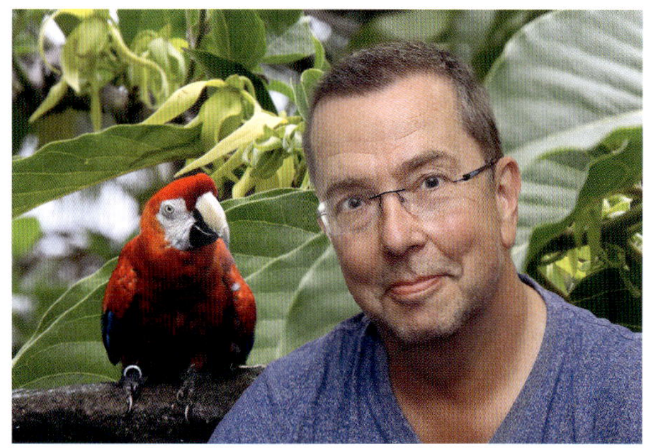

Mario Ludwig

Dr. Mario Ludwig gained widespread public recognition with numerous television appearances on various talk shows and other programs in Germany.

He has published 30 books to date. In these books, the Karlsruhe-based biologist deals with various aspects of the natural world in an entertaining and humorous manner. Some of his books have made it onto Amazon's bestseller list, along with the bestseller lists of popular magazines.

With his doctorate in biology, he presents new insights from the world of science in his weekly radio broadcasts, and his podcast *Wie die Tiere … (How do animals …)* is definitely worth a listen.

Dr. Ludwig is also a regular contributor to several animal and nature magazines, as well as other periodicals in Germany and Switzerland.

Mario Ludwig

Einer breiten Öffentlichkeit bekannt wurde Dr. Mario Ludwig durch seine zahlreichen Auftritte in TV-Talkshows und anderen Fernsehsendungen (»Johannes B. Kerner«, »3 nach 9«, »Frank Elstners Menschen der Woche«, »Galileo Mystery«, »Welt der Wunder«, »Planet Wissen«, »Tigerentenclub«, »TV Total«, …).

30 Bücher, in denen er sich unterhaltsam und humorvoll mit den Phänomenen der Natur auseinandersetzt, hat der Karlsruher promovierte Biologe bisher veröffentlicht. Einige davon schafften es bis auf die *Spiegel*-Bestsellerliste.

Wöchentlich stellt er in seinen Sendungen »Das Tiergespräch« im Deutschlandfunk Nova und »Tiere« bei Radio Bremen neue Erkenntnisse aus der Wissenschaft vor. Hörenswert auch sein Podcast »Wie die Tiere …«, dessen Folgen u. a. in der ARD-Mediathek abrufbar sind.

Ludwig schreibt regelmäßig für die Zeitschriften *TIERWELT SCHWEIZ, BADISCHE NEUESTE NACHRICHTEN, KONRADSBLATT* und *LANDKIND* sowie für die *PFORZHEIMER ZEITUNG.*

Karine Aigner 118, 123;
Theo Allofs 202;
Ingo Arndt 33, 50, 52, 96/97;
Peter Bassett 160/161;
Fred Bavendam 157;
Stephen Belcher 68;
Stephen Belcher/Minden 69, 79, 81, 83;
Lorraine Bennery 100, 102/103, 188;
Espen Bergersen 91;
Barrie Britton 104;
John Cancalosi 6/7, 158;
Mark Carwardine 28, 29;
Bernard Castelein 47;
Sylvain Cordier 80, 192/193;
Sean Crane 32;
Sean Crane/Minden 198/199;
Bruno D'Amicis 122;
Agustin Esmoris 168;
Suzi Eszterhas 201;
Suzi Eszterhas/Minden 108/109, 111, 184, 190, 200;
Eladio Fernandez 121;
Juergen Freund 31, 34, 35, 58, 63, 64/65, 139, 203;
David Gallan 203;
Nick Garbutt 56/57, 82, 179, 182/183, 214, 218, 221;
Steve Gettle 107;
Steve Gettle/Minden 110;
Edwin Giesbers 61;

Doug Gimesy 12/13;
Jaymi Heimbuch 126/127;
Pal Hermansen 92/93;
Alex Hyde 36, 40;
Mitsuhiko Imamori/Minden 54, 55;
Mitsuaki Iwago/Minden 195;
Richard Kirby 94;
Tim Laman 18/19, 22/23, 128, 206, 208/209, 210, 211, 214, 216/217, 218, 218, 219, 221;
Chien Lee/Minden 48/49, 181;
Ole Jorgen Liodden 95, 98/99;
Marie Lochman 202;
Jiri Lochman 204, 205;
Enrique Lopez-Tapia 62, 188;
Thomas Marent/Minden 51;
Steven David Miller 10, 15, 153, 156, 156;
Pedro Narra 84/85, 86/87;
Piotr Naskrecki/Minden 26/27;
Pete Oxford 166/167;
Pete Oxford/Minden 165, 185;
Houdin and Palanque 187;
D. Parer & E. Parer-Cook/ Minden 14;
Mike Parry/Minden 60
David Pattyn 178, 189;

Roger Powell 20;
Inaki Relanzon 105;
Jouan & Rius 194;
Jeff Rotman 63;
Andy Rouse 17, 21, 70, 174, 176/177, 187;
Tui De Roy 72/73, 75, 130/131, 141, 142, 143, 146, 150, 151;
Tui De Roy/Minden 42/43, 74, 76/77, 148/149, 163, 170/171;
Cyril Ruoso 186;
Cyril Ruoso/Minden 215;
Kevin Schafer 116, 129;
Kevin Schafer/Minden 112, 114/115, 117, 120, 125, 203;
Brent Stephenson 38/39, 40, 41, 144/145;
David Tipling 169, 213;
Duncan Usher/Minden 134;
Andrew Walmsley 24;
Dave Watts 138, 154/155, 197;
Michele Westmorland 162;
Shane P. White/Minden 67;
Staffan Widstrand 220;
Konrad Wothe 136/137, 221;
Konrad Wothe/Minden 184;
Christian Ziegler/Minden 50

All photos/Alle Fotos © Nature Picture Library

Nature Picture Library is one of the world's finest sources of wildlife and nature photos and footage, representing more than 500 leading photographers with worldwide coverage. They support and promote truthful, ethical nature photography and regularly donate to a number of conservation charities in order to support their vital work.
For more information, visit
www.naturepl.com

Die **Nature Picture Library** gehört zu den weltweit führenden Anbietern hochklassiger Tier- und Naturaufnahmen. In ihrem Portfolio finden sich realistische, ethische Fotos und Videos von mehr als 500 exzellenten Fotografinnen und Fotografen. Mit einem Teil der Erlöse unterstützt die Nature Picture Library wichtige Naturschutzprojekte.
Mehr Information finden Sie unter
www.naturepl.com

© 2022 teNeues Verlag GmbH

Texts: © Dr. Mario Ludwig. All rights reserved.
Translations by Robin Limmeroth
Editorial Coordination by Birthe Vogelmann, teNeues Verlag
Production by Nele Jansen, teNeues Verlag
Photo Editing, Color Separation by Robert Kuhlendahl and
Jens Grundei, teNeues Verlag
Picture Research by Rachelle Morris, Nature Picture Library
Design by Eva Stadler
Book Composition by Ewald Tange
Copyediting by Birthe Vogelmann, teNeues Verlag
Proofreading by Birthe Vogelmann, teNeues Verlag
Cover photo: Tui De Roy/naturepl.com
ISBN: 978-3-96171-391-2 (German version)

978-3-96171-390-5 (English version)
Printed in the Czech Republic by PB TISK

Library of Congress Number: 2022931492

Picture and text rights reserved for all countries. No part of this
publication may be reproduced in any manner whatsoever.

While we strive for utmost precision in every detail, we cannot
be held responsible for any inaccuracies, neither for any
subsequent loss or damage arising.

Every effort has been made by the publisher to contact holders
of copyright to obtain permission to reproduce copyrighted
material.
However, if any permissions have been inadvertently
overlooked, teNeues Publishing Group will be pleased to make
the necessary and reasonable arrangements at the first
opportunity.

Bibliographic information published by the Deutsche Nationalbibliothek: The Deutsche Nationalbibliothek lists this publication in the Deutsche Nationalbibliografie; detailed bibliographic
data are available on the Internet at dnb.dnb.de.

Published by teNeues Publishing Group

teNeues Verlag GmbH
Ohmstraße 8a
86199 Augsburg, Germany

Düsseldorf Office
Waldenburger Str. 13, 41564 Kaarst, Germany
e-mail: books@teneues.com

Augsburg/München Office
Ohmstraße 8a
86199 Augsburg, Germany
e-mail: books@teneues.com

Berlin Office
Lietzenburger Str. 53, 10719 Berlin, Germany
e-mail: books@teneues.com

Press department Stefan Becht
Phone: +49-152-2874-9508 /
+49-6321-97067-97
e-mail: sbecht@teneues.com

teNeues Publishing Company
350 Seventh Avenue, Suite 301, New York,
NY 10001, USA
Phone: +1-212-627-9090
Fax: +1-212-627-9511

www.teneues.com

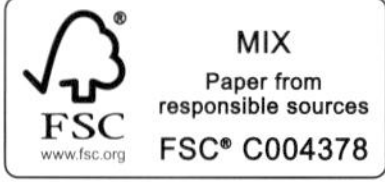

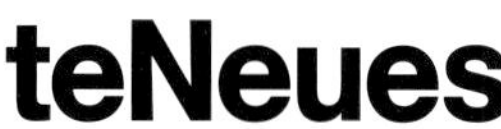

teNeues Publishing Group
Augsburg / München
Berlin
Düsseldorf
London
New York

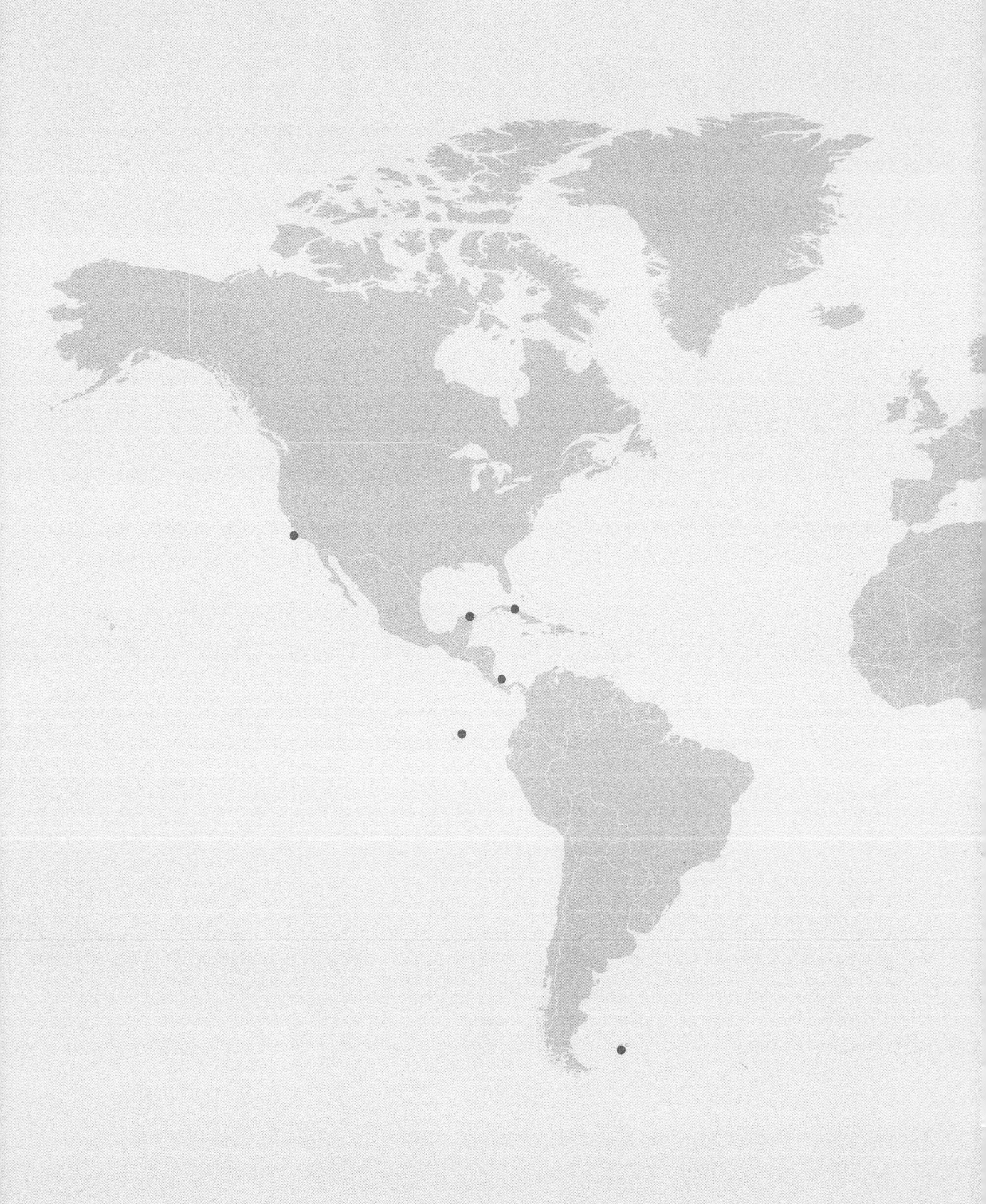